全国本科院校机械类创新型应用人才培养规划教材

机械制图

主　编　张　艳　杨晨升
副主编　李丹婷　曲　芳
主　审　黄乾贵　宋胜伟

内容简介

本书是编者根据近年来教学改革对机械制图教学内容更新的要求，在总结了多年来机械制图教学经验的基础上编写的。

本书主要内容包括：绪论，制图的基本知识，点、直线和平面的投影，立体的投影，组合体的视图及尺寸标注，轴测图，机件的常用表达方法，标准件和常用件，零件图和装配图。

每章后附有思考题，与本书配套使用的《机械制图习题集》也由北京大学出版社出版。

本书可作为普通高等工科院校近机械类和非机械类各专业的教材，也可供其他类型学校的相关专业学生及其他有关工程技术人员选用。

图书在版编目(CIP)数据

机械制图/张艳，杨晨升主编. —北京：北京大学出版社，2012.8

(全国本科院校机械类创新型应用人才培养规划教材)

ISBN 978-7-301-21138-0

Ⅰ.①机… Ⅱ.①张…②杨… Ⅲ.①机械制图—高等学校—教材 Ⅳ.①TH126

中国版本图书馆CIP数据核字(2012)第193925号

书　　　名：机械制图
著作责任者：张　艳　杨晨升　主编
责 任 编 辑：童君鑫
标 准 书 号：ISBN 978-7-301-21138-0/TH·0310
出　版　者：北京大学出版社
地　　　址：北京市海淀区成府路205号　100871
网　　　址：http://www.pup.cn　http://www.pup6.cn
电　　　话：邮购部62752015　发行部62750672　编辑部62750667　出版部62754962
电 子 邮 箱：pup_6@163.com
印　刷　者：北京鑫海金澳胶印有限公司
发　行　者：北京大学出版社
经　销　者：新华书店
787毫米×1092毫米　16开本　19印张　437千字
2012年8月第1版　2012年8月第1次印刷
定　　　价：37.00元

前　　言

本书是按照国家教育部制定的高等学校工科本科“画法几何及工程制图课程教学基本要求”及“工程制图基础课程教学基本要求”，根据应用型本科院校人才培养目标、教学特点、内容及教学改革的需要，在总结了多年来教学经验的基础上编写而成的。

在编写的过程中，本着以工程实践应用为目的，理论与实践相结合的原则，本书削减了实用性不强的内容，如换面法、曲线与曲面等；同时针对学生“听课容易做题难”的特点，在内容阐述上突出重点、抓住难点、增加例题，力求做到教材内容与教改相适应，文字叙述力求简明扼要、通俗易懂，插图也力求简单清晰，有利于学生空间想象、空间思维能力的培养。

本书由黑龙江科技学院、哈尔滨商业大学两所院校教师共同编写。第2章和第3章及思考题部分由黑龙江科技学院张艳编写，第5章和第8章及思考题部分由黑龙江科技学院杨晨升编写，第4章和第6章及思考题部分由黑龙江科技学院曲芳和刘远义编写，第1章和第9章及思考题部分由哈尔滨商业大学智慧和黑龙江科技学院李洪涛编写，第7章及思考题部分由哈尔滨商业大学李丹婷编写。

本书由张艳、杨晨升主编，李丹婷、曲芳为副主编，智慧、李洪涛和刘远义参编。全书由黑龙江科技学院黄乾贵和宋胜伟同志主审，张艳统稿、定稿。在本书的编写和出版过程中，得到了北京大学出版社各位编辑的热情支持和指导，在此表示感谢。

由于编者水平有限，书中不足之处在所难免，请使用本书的广大师生和读者批评指正。

编　者

2012年7月

目　录

绪　论

1. 本课程的研究对象、性质与任务

机械制图是研究工程图样的绘制、表达和阅读的一门应用学科。工程图样是工业生产中一项重要的技术文件，近代一切机器、仪器和工程建筑都是根据图样进行制造和建设的。设计者通过图样来描述设计对象，表达其设计意图；制造者根据图样来了解设计要求，组织制造和施工；使用者通过图样来了解使用对象的结构和性能，进行保养和维修。所以，图样被称为工程界的技术语言。

本课程研究绘制和阅读工程图样的原理和方法，培养学生的形象思维能力，是一门既有系统理论又有较强实践性的技术基础课。本课程包括画法几何、制图基础、机械制图等部分。画法几何部分学习用正投影法图示空间几何形体和图解简单空间几何问题的基本原理和方法。制图基础部分学习国家标准《机械制图》和《技术制图》的基本规定，训练用工具和仪器的尺规绘图、徒手绘图、计算机绘图的操作技能，培养绘制和阅读投影图的基本能力，学习标注尺寸的基本方法，这一部分是本课程的重点。尤其应该强调的是：计算机的广泛应用促进了计算机图形学(Computer Graphics，CG)的发展，以计算机绘图为基础的计算机辅助设计(Computer Aided Design，CAD)技术推动了各个领域的设计革命，CAD技术的发展和应用水平已成为衡量一个国家科技现代化和工业现代化的一个重要标志。所以在本课程之外，学生应学会用一种典型的绘图软件绘制机械图样，具有计算机绘图的初步能力。机械制图部分培养绘制和阅读常见机器或部件的零件图和装配图的基本能力，并以培养读图能力为重点。

本课程的主要任务如下。

(1) 学习正投影的基本理论及其应用。

(2) 培养空间思维能力、形体表达能力、空间几何问题的图解能力。

(3) 培养绘制和阅读机械图样的基本能力。

(4) 培养徒手绘图、尺规绘图和计算机绘图的综合能力。

(5) 培养查阅有关制图国家标准和设计资料的能力。

(6) 培养认真负责的工作态度和严谨细致的工作作风。

2. 本课程的学习方法

本课程包括投影理论、工程制图和计算机绘图等内容，它既有系统的理论，又有较强的实践性和技术性，各部分又各有特点，学习方法不尽相同。

(1) 学习投影理论时，应掌握基本概念、基本规律和基本作图方法；结合作业，将投影分析、几何作图同空间想象、逻辑推理和分析判断结合起来，通过从空间到平面、从平面到空间的反复研究，不断提高空间分析能力和构思能力。

(2) 学习工程制图时，应运用形体分析法、线面分析法等构形的理论和方法，不断地由物画图、由图想物，提高读图能力；并且自觉遵守有关制图国家标准，查阅和使用有关手册和标准；通过作业培养绘图和读图能力。制图作业应做到：投影正确、视图选择与配置恰当、图线分明、尺寸齐全、字体工整、图面整洁。

(3) 做作业时，能分析比较徒手绘图、尺规绘图、计算机绘图 3 种绘图方法的特点和要领，全面了解 3 种绘图方法的适用范围、绘图步骤，培养绘图综合能力。

由于工程图样在工程建设中起着指导性的技术文件作用，绘图和读图的差错不仅会带来经济损失，还要承担法律责任，所以在完成习题和作业的过程中，应该培养认真负责的工作态度和严谨细致的工作作风，为学好后续课程打下良好的基础。

本课程为学生的绘图和读图能力打下初步基础，绘图和读图能力需在后续课程、课程设计、生产实习、毕业设计和生产实践中进一步培养和提高。

3. 我国工程制图的发展概况

我国是世界文明古国之一，在工程图学方面有着悠久的历史，它是伴随着生产的发展和劳动人民生活水平的提高而产生和日趋完善的。迄今人类发现的最早的工程图为我国河北省平山县出土的战国时代(约公元前 308～309 年)中山王墓的建筑规划平面图(严格按照投影原理用 1∶500 的比例绘制)，距今已有 2300 多年。“图”在人类社会的文明进步中和推动现代科学技术的发展中起了重要作用。

从出土文物中考证，我国在新石器时代(约 1 万年前)就能绘制一些几何图形、花纹，具有简单的图示能力。春秋时代的一部技术著作《周礼·考工记》中，有画图工具“规、矩、绳、墨、悬、水”的记载。自秦汉起，我国已出现图样的史料记载，并能根据图样建筑宫室。宋代李诫(仲明)所著的《营造法式》一书，总结了我国两千年来的建筑技术成就。全书 36 卷，其中有 6 卷是图样(包括平面图、轴测图、透视图)，是一部闻名世界的建筑图样的巨著，图上运用投影法表达了复杂的建筑结构，这在当时是极为先进的。随着生产技术的不断发展，农业、交通、军事等器械日趋复杂和完善，图样的形式和内容也日益接近现代工程图样。如清代程大位所著《算法统筹》一书的插图中，有丈量步车的装配图和零件图。制图技术在我国虽有光辉成就，但因我国长期处于封建制度的统治状态，其在理论上缺乏完整的、系统的总结。新中国成立前的近百年，我国又处于半封建半殖民地的状态，致使工程图学停滞不前。新中国成立后，在中国共产党的领导下，工农业生产很快得到了恢复和发展，建立了自己的工业体系，结束了旧中国遗留下的混乱局面，为我国的科学技术和文化教育事业开辟了广阔的前景，机械制图得到了前所未有的发展。1956 年，原机械工业部颁布了第一个部颁标准《机械制图》。1959 年，国家科学技术委员会颁布了第一个国家标准《机械制图》，随后又颁布了国家标准《建筑制图》，使全国工程图样标准得到了统一，标志着我国机械制图进入了一个崭新的阶段。随着科学技术的发展和工业水平的提高，技术规定不断修改和完善，我国先后于 1970 年、1974 年、1984 年、1993 年修订了国家标准《机械制图》，并颁布了一系列《技术制图》与《机械制图》新标准。截止到 2003 年年底，1985 年实施的四类 17 项《机械制图》国家标准中已有 14 项被修改替代。此外，我国在改进制图工具和图样复制方法、研究图学理论和编写出版图学教材等方面都取得了可喜的成绩。

20 世纪 40 年代，世界上第一台计算机问世后，计算机技术以惊人的速度发展。我国从 1967 年开始计算机绘图的研制工作，计算机绘图技术已在很多部门用于生产、设计、科研和管理工作。特别是近年来，一系列绘图软件的不断研制成功给计算机绘图提供了极大的方便，计算机绘图技术日益普及。人们深信，随着我国改革开放的不断推进，机械制图定能在更加广泛的领域得到更大更迅速的发展。应该提及的是：用计算机绘制机械图样，仍需人来指挥和操纵，因而对初学机械制图的读者而言，必须认真学习，掌握本课程所述的画法几何、制图基础和机械制图的内容，才能切实地指挥和操纵计算机绘制所需的图样。

第1章 制图的基本知识

工程图样是现代工业生产中必不可少的技术资料，具有严格的规范性。本章将重点介绍国家标准《技术制图》和《机械制图》中关于“图纸幅面和格式”、“比例”、“字体”、“图线”、“尺寸标注”等有关规定，并介绍平面图形的基本画法、尺寸标注。

1.1 国家标准《技术制图》和《机械制图》的有关规定

机械图样是机械设计和制造过程中的重要文件，是技术思想交流的工具，为此必须有统一的标准和规定。国家质量技术监督局在不断吸收最新相关国际标准的成果，并密切结合我国工业生产及科学进步实际需要的基础上，制定并颁布了《技术制图》和《机械制图》等国家标准，简称“国标”，代号“GB”。它包括强制性国家标准(代号为“GB”)、推荐性国家标准(代号为“GB/T”)和指导性国家标准(代号为“GB/Z”)。本节摘录了有关《技术制图》和《机械制图》国家标准的基本规定。

1.1.1 图纸幅面和格式(GB/T 14689—2008)

1. 图纸幅面

图纸幅面是指图纸宽度与长度组成的图面。绘制图样时，应采用表 1-1 中规定的图纸基本幅面尺寸。基本幅面代号有 A0、A1、A2、A3、A4 共 5 种，见表 1-1。

表 1-1 图纸幅面及图框格式尺寸

<table>
<tr><th rowspan="2">幅面代号</th><th>幅面尺寸</th><th colspan="3">周边尺寸</th></tr>
<tr><th>$B\times L$</th><th>a</th><th>c</th><th>e</th></tr>
<tr><td>A0</td><td>841×1189</td><td rowspan="5">25</td><td rowspan="3">10</td><td rowspan="2">20</td></tr>
<tr><td>A1</td><td>594×841</td></tr>
<tr><td>A2</td><td>420×594</td><td rowspan="3">10</td></tr>
<tr><td>A3</td><td>297×420</td><td rowspan="2">5</td></tr>
<tr><td>A4</td><td>210×297</td></tr>
</table>

加长幅面的尺寸由基本幅面的短边成整数倍增加后得出，如图 1.1 所示。

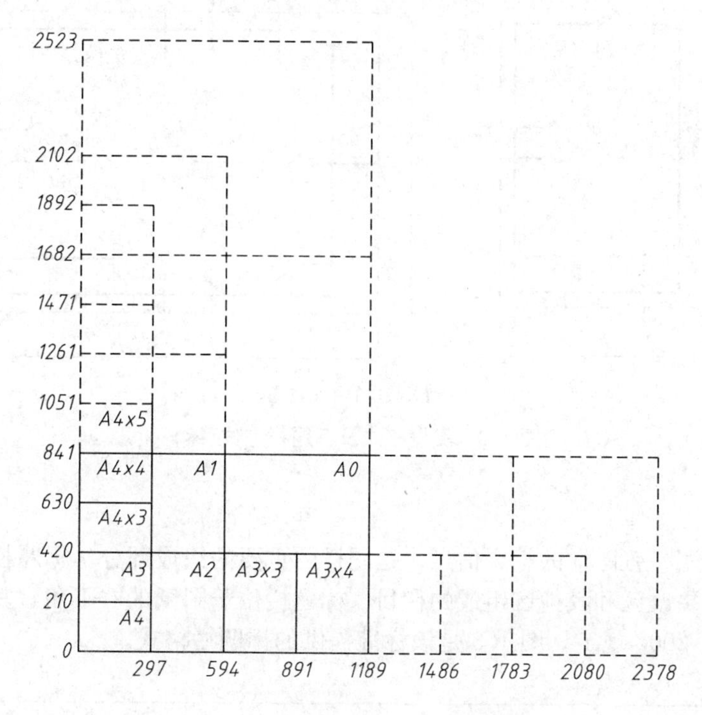

图 1.1　图纸幅面及加长边

2. 图框格式

图纸上限定绘图区域的线框称为图框。在图纸上必须用粗实线画出图框，其格式分为不留装订边和留有装订边两种。同一产品的图样只能采用一种格式，如图 1.2 所示。

为了复制或缩微摄影的方便，应在图纸各边长的中点处绘制对中符号。对中符号是从周边画入图框内 5mm 的一段粗实线，如图 1.2(b)所示。当对中符号处在标题栏范围内时，则伸入标题栏内的部分予以省略。

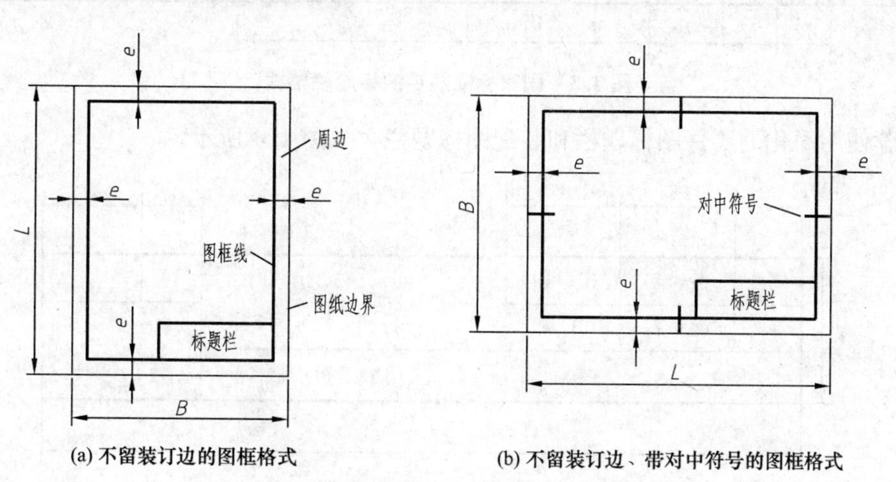

(a) 不留装订边的图框格式　　(b) 不留装订边、带对中符号的图框格式

图 1.2　图框格式及标题栏方位

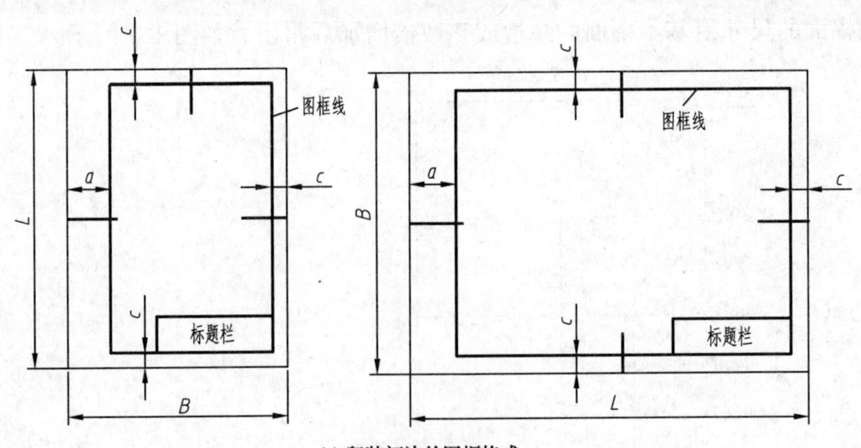

(c) 留装订边的图框格式

图 1.2　图框格式及标题栏方位(续)

3. 标题栏

标题栏反映了一张图样的综合信息，是图样的重要的组成部分。标题栏是由名称及代号区、签字区、更改区和其他区组成的栏目。标题栏位于图纸的右下角，其格式和尺寸由GB/T 10609.1—2008 规定，图 1.3 是该标准提供的标题栏格式。

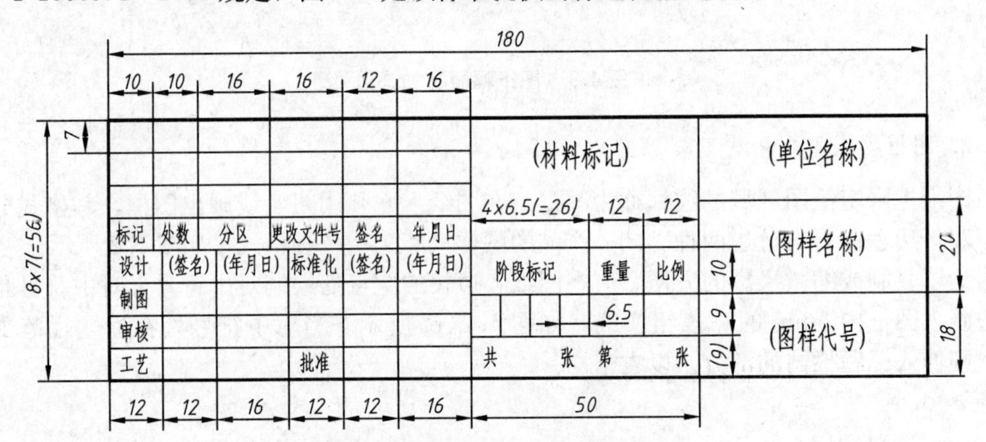

图 1.3　国家标准规定的标题栏格式

推荐使用简化的零件图标题栏和装配图标题栏，如图 1.4 所示。

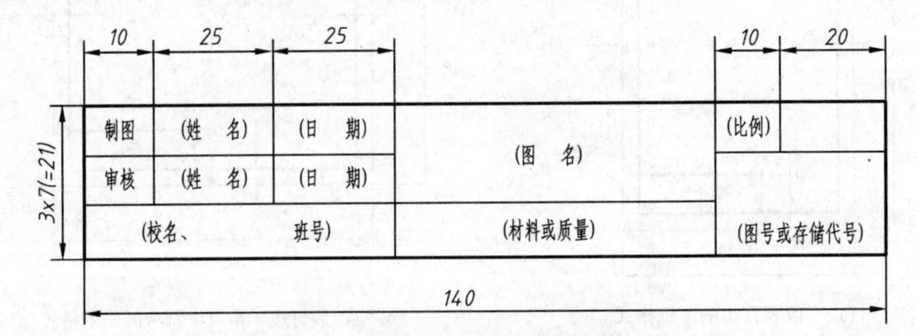

图 1.4　教学中采用的标题栏格式

注: 图中的“(材料或质量)”在零件图中为“(材料)”，在装配图中为“(质量)”。

1.1.2　比例(GB/T 14690—1993)

比例是图中图形与实物相应要素的线性尺寸之比。

绘制图样时，应根据实际需要按表 1－2 中规定的系列选取适当的比例。实践证明，这些比例能满足绝大多数情况下的使用要求，为各行各业普遍采用。用这些比例画出的图样直观性比较强，尤其是采用 1∶1 作图，画图和读图都十分方便。绘制同一机件的各个视图应采用相同的比例，并在标题栏的比例一栏中标明。当某个视图需要采用不同的比例时，必须另行标注。应注意，不论采用何种比例绘图，标注尺寸时，均按机件的实际尺寸大小注出。

表 1－2　绘图的比例

种类	比　例
原值比例	**1∶1**
放大比例	**2∶1**　2.5∶1　4∶1　**5∶1**　**1×10^n∶1**　2.5×10^n∶1　4×10^n∶1　**5×10^n∶1**
缩小比例	1∶1.5　**1∶2**　1∶1.25　1∶3　1∶4　**1∶5**　1∶6　**1∶1×10^n**　**1∶2×10^n** 1∶1.5×10^n　1∶2.5×10^n　1∶3×10^n　1∶4×10^n　**1∶5×10^n**　1∶6×10^n

注：1. n 为正整数。

2. 粗体字为优先选用比例。

1.1.3　字体(GB/T 14691—1993)

字体是技术图样中的一个重要组成部分，标注尺寸和说明设计、制造上的要求均少不了这些字体。因此，字体的标准化是十分必要的。字体指的是图中汉字、字母、数字的书写形式。图样中的字体书写必须做到：字体工整、笔画清楚、间隔均匀、排列整齐。

字体高度(用 h 表示，单位为 mm)的公称尺寸系列为：1.8、2.5、3.5、7、10、14、20。

如需书写更大的字，其字体高度应按$\sqrt{2}$的比率递增，字体高度代表字的号数。

1. 汉字

汉字应写成长仿宋体字，并应采用国家正式公布推行的简化字。汉字的高度 h 不应小于 3.5mm，其字宽一般为 $h/\sqrt{2}$(约 $0.7h$)。

长仿宋体汉字的书写要领是：横平竖直、注意起落、结构匀称、填满方格。其基本笔画有点、横、竖、撇、捺、挑、钩、折等 8 种。汉字除单体字外，一般由上、下或左、右几部分组成，书写时各部要匀称，结构要紧凑。常见的结构有 1/2、1/3、2/3、2/5、3/5 等形式。

为了保证所写汉字大小一致、整齐，书写时应先画好格子，然后再写字。其书写过程、实际笔画结构示例如下：

笔锋轨迹:

实际笔画:

大中手分专左业向固图圆圈长系备要
意级数仰侧测椭铆号审第箱共名盘密
制封影设顶明院调校描旋钢锥滚螺键

2. 数字和字母

技术图样中常用的字母有拉丁字母和希腊字母两种。拉丁字母用得比较多。字体从字型上可分A型和B型，A型字体的笔画宽度为字高的1/14，B型字体的笔画宽度为字高的1/10。同时，字体又各有斜体、直体和大写、小写之分。在同一图样上，只允许选一种形式的字体。为了与汉字协调，建议采用A型字体。而在技术图样中常用的数字有阿拉伯数字和罗马数字两种，也分A型、B型和斜体、直体。斜体字字头向右倾斜，与水平基准线成75°角。

斜体字母的书写示例如下：

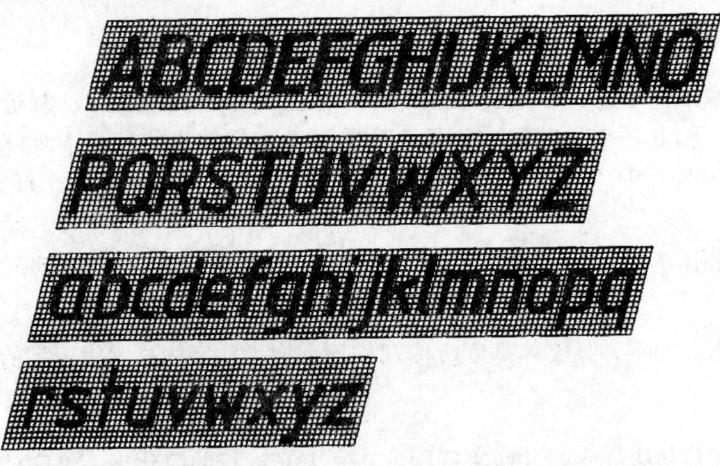

阿拉伯数字的书写示例如下：

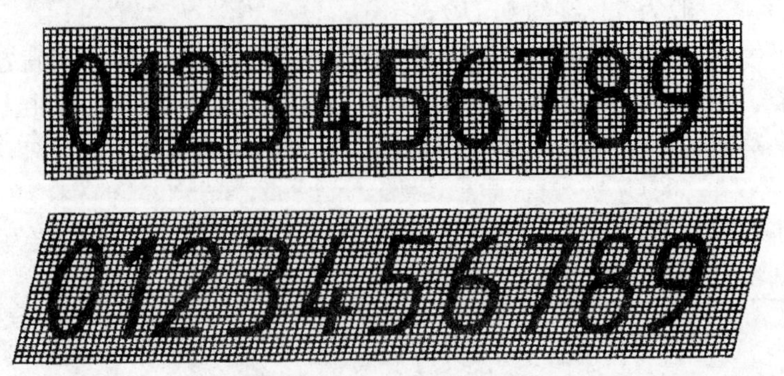

1.1.4　图线(GB/T 4457.4—2002、GB/T 17450—1998)

1. 图线形式

绘制机械图样使用8种基本图线(表1-3)，即粗实线、细实线、双折线、虚线、细点画线、波浪线、粗点画线、双点画线。图线的粗细分为两种，其比例关系为2∶1。图线宽度推荐系列为：0.25、0.35；0.5、0.7、1、1.4、2mm，粗线宽度优先采用0.5、0.7。为了保证图样清晰易读，便于复制，图样上尽量避免出现线宽小于0.18mm的图线。不连续线的独立部分称为线素，如点、长度不同的画线和间隔。各线素的长度见表1-3。

表1-3　图　　线

<table>
<tr><th>名称</th><th>型式</th><th colspan="2">宽度 d/mm</th><th colspan="2">主要用途及线素长度</th></tr>
<tr><td>粗实线</td><td></td><td>0.7</td><td>0.5</td><td colspan="2">表示可见轮廓线</td></tr>
<tr><td>细实线</td><td></td><td>0.35</td><td>0.25</td><td colspan="2">表示尺寸线、尺寸界线、通用剖面线、引出线、重合断面的轮廓线</td></tr>
<tr><td>波浪线</td><td></td><td rowspan="4">0.35</td><td rowspan="4">0.25</td><td colspan="2">表示断裂处的边界线、局部剖视的分界线</td></tr>
<tr><td>双折线</td><td></td><td colspan="2">表示断裂处的边界线</td></tr>
<tr><td>虚线</td><td></td><td colspan="2">表示不可见轮廓线。画长12d、短间隔长3d</td></tr>
<tr><td>细点画线</td><td></td><td>表示轴线、圆中心线、对称线、轨迹线</td><td rowspan="3">长画长24d、短间隔长3d、点长≤0.5d</td></tr>
<tr><td>粗点画线</td><td></td><td>0.7</td><td>0.5</td><td>表示限定范围表示线</td></tr>
<tr><td>双点画线</td><td></td><td>0.35</td><td>0.25</td><td>表示假想轮廓线、断裂处的边界线</td></tr>
<tr><td>粗虚线</td><td></td><td>0.7</td><td>0.5</td><td colspan="2">表示允许表面处理的表示线。画长12d、短间隔长3d</td></tr>
</table>

2. 图线的画法

(1) 图样中各类图线应粗细分明。同一图样中同类图线的宽度应一致。虚线、细点画线、双点画线与其他线相交时尽量交于画或长画处。

(2) 虚线直接在实线延长线上相接时，虚线应留出空隙，如图1.5所示。

(3) 虚线圆弧与实线相切时，虚线圆弧应留出间隙。

(4) 画圆的中心线时，圆心应是长画的交点，细点画线两端应超出轮廓2～5mm；当细点画线、双点画线较短时(如小于8mm)画起来有困难，允许用细实线代替细点画线和双点画线，如图1.6所示。

(5) 考虑缩微制图的需要，两条平行线之间的最小间隙一般不小于0.7mm。

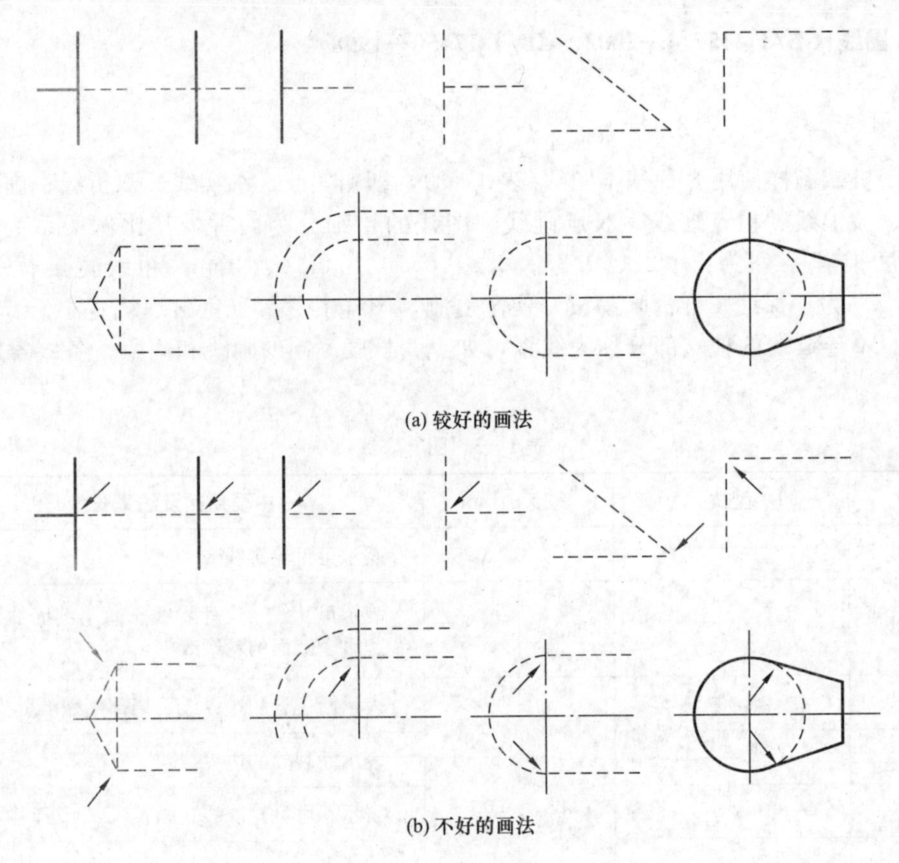

(a) 较好的画法

(b) 不好的画法

图 1.5 虚线的画法

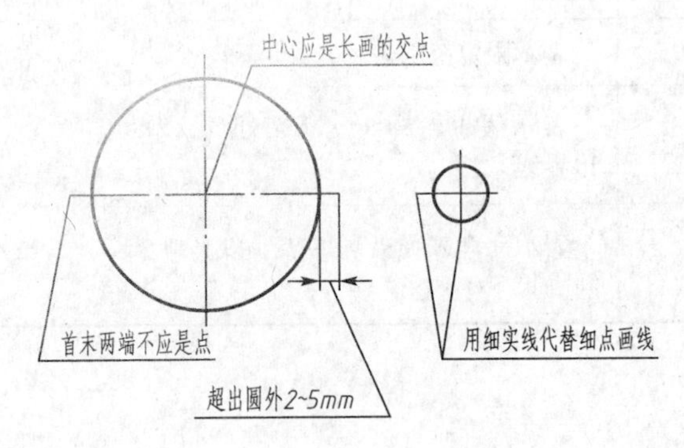

图 1.6 圆中心线的画法

3. 图线的应用

机械图样的画线应用规则见表 1-3，具体示例如图 1.7 所示。

1.1.5 尺寸注法(GB/T 4458.4—2003)

图形只能表达物体的形状，而物体的大小则必须通过标注尺寸才能确定。标注尺寸是一项极为重要的工作，必须认真细致、一丝不苟。尺寸有遗漏或错误，都会给生产带来困难或损失。尺寸的组成如图 1.8 所示，尺寸标注方法应符合国家标准的规定。

1. 基本规则

(1) 物体的真实大小应以图样上所注的尺寸数值为依据，与图形的比例及绘图的准确度无关。

(2) 图样中(包括技术要求和其他说明)的尺寸．以毫米为单位时，不需标注计量单位的名称或代号；若采用其他单位．则必须注明相应计量单位的名称或代号。

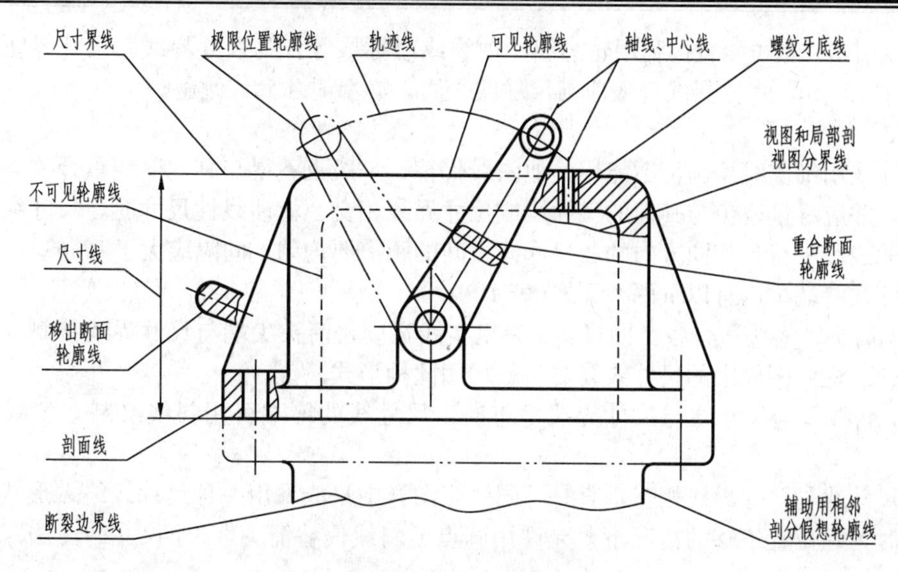

图 1.7　图线的应用

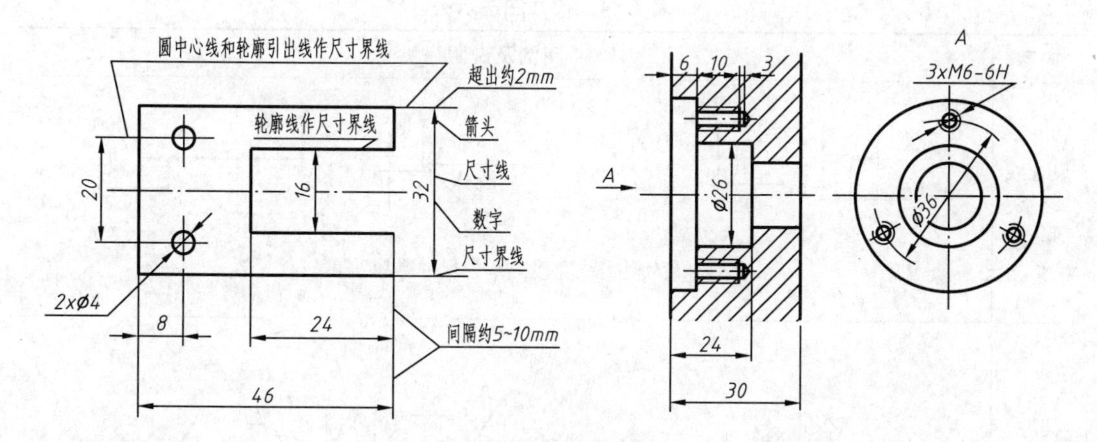

图 1.8　尺寸的组成

(3) 物体的每一个尺寸一般只标注一次，并应标注在反映该结构最清晰的图形上。

(4) 在保证不致引起误解的前提下，力求简化标注。

2. 尺寸要素

组成尺寸的要素有尺寸数字、尺寸界线、尺寸线及相关符号。

1) 尺寸数字

线性尺寸的数字一般应注写在尺寸线的上方，也允许注写在尺寸线的中断处。国标还规定了一些标注尺寸的符号或缩写词。例如，标注直径时，应在尺寸数字前加符号“ϕ”，标注半径时，应在尺寸数字前加注符号“R”(通常对小于或等于半圆的圆弧注半径“R”，对大于半圆的圆弧注直径“ϕ”)；在标注球面的直径或半径时，应在符号“ϕ”或“R”前加注“S”。

2) 尺寸界线

尺寸界线表示所注尺寸的起始及终止位置，用细实线绘制，并应由图形的轮廓线、轴线或对称线引出。也可以直接利用轮廓线、轴线或对称线等作为尺寸界线。尺寸界线应超出尺寸线 2～5mm。尺寸界线一般应与尺寸线垂直，必要时才允许倾斜。

3) 尺寸线

尺寸线用细实线绘制，不能用其他图线代替，一般也不得与其他图线重合或画在其延长线上，并应尽量避免与其他的尺寸线或尺寸界线相交。标注线性尺寸时，尺寸线必须与所标注的线段平行，相同方向的各尺寸线之间的距离要均匀，间隔应大于 5mm。

尺寸线终端可以有以下两种形式(表 1-4)。

(1) 箭头。箭头适合各类图样，d 为粗实线宽度，箭头尖端与尺寸界线接触，不得超出或离开。机件图样中的尺寸线终端一般均用此种形式。

(2) 斜线。当尺寸线与尺寸界线垂直时，尺寸线的终端可用斜线绘制．斜线采用细实线。

当尺寸线与尺寸界线相互垂直时，同一张图样中只能采用一种尺寸线终端形式。当采用箭头时，在位置不够的情况下，允许用圆点或斜线代替箭头，“小尺寸的注法”的示例见表 1-4。

表 1-4　尺寸注法示例

内容	图例及说明
尺寸线终端形式	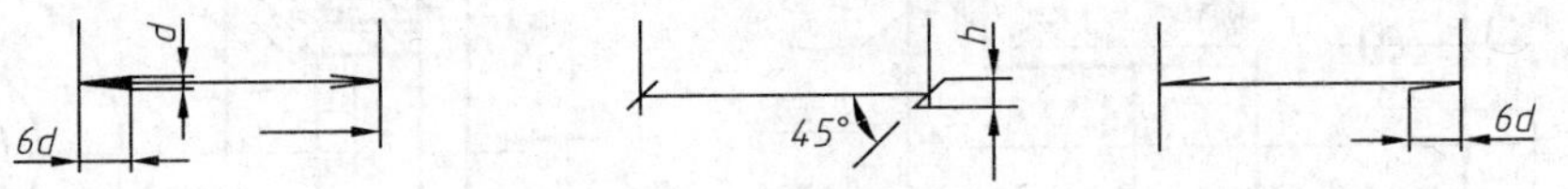 箭头　细斜线　单边箭头 d 为粗实线宽度，h 为尺寸数字高度
线性尺寸数字方向	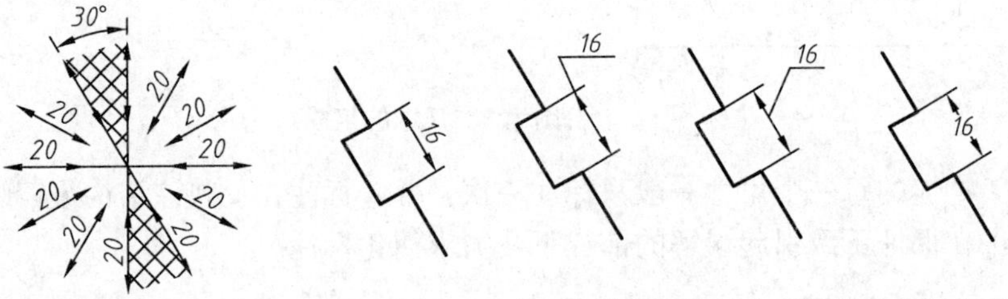 当尺寸线在图示打网线的 30°范围内时，可采用右边几种形式标注，同一张图样中标注形式要统一
线性尺寸注法	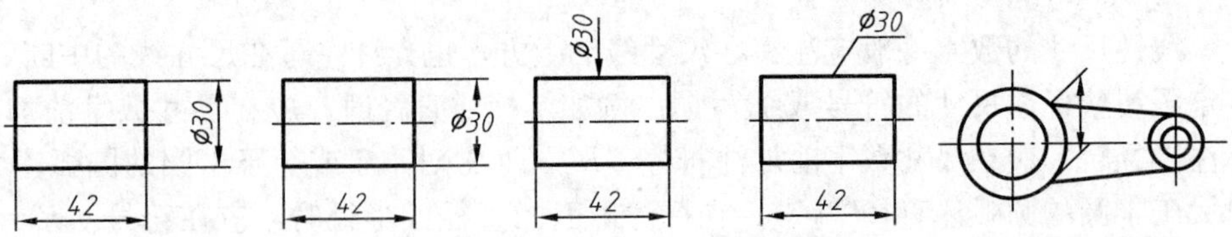 第一种方法　第二种方法　第三种方法　第四种方法　必要时尺寸界线与尺寸线允许倾斜 非水平方向的尺寸一般采用第一种方法注写

（续）

内容	图例及说明
圆及圆弧尺寸注法	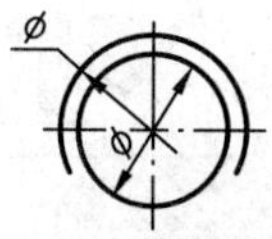 圆的直径数字前面加注“ϕ”。当尺寸线的一端无法画出箭头时，尺寸线要超过圆心一段 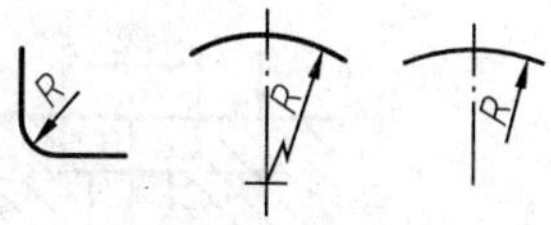 圆弧半径数字前面加注“R”。半径尺寸线一般应通过圆心 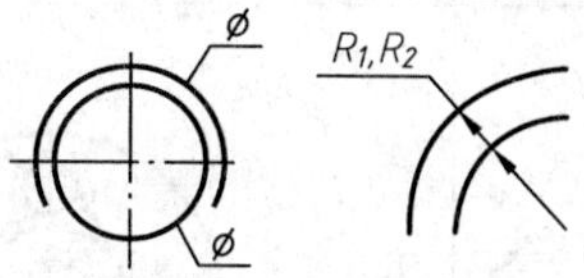 圆及圆弧尺寸的简化注法
小尺寸的注法	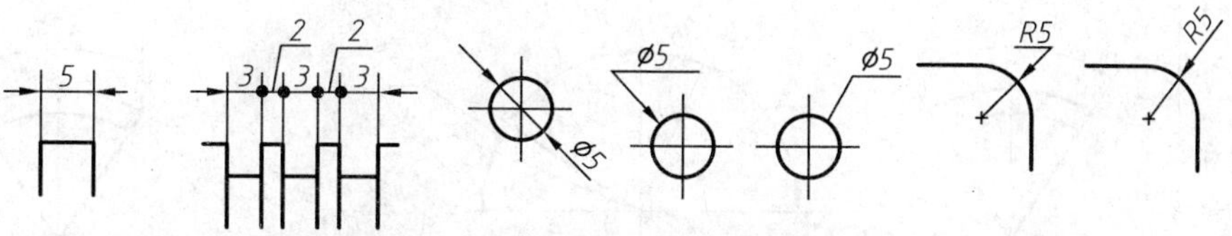 小图形，没地方标注尺寸时，箭头可外移或用小圆点代替两个箭头；尺寸数字也可写在尺寸界线外或引出标注
尺寸数字前面的符号	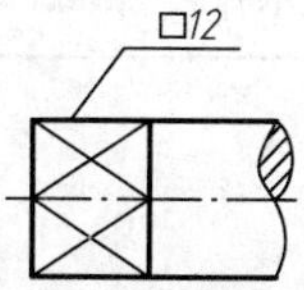 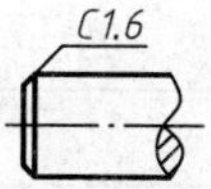 表示正方形边长为12mm 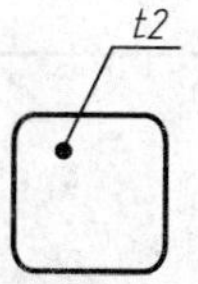 表示板厚2mm 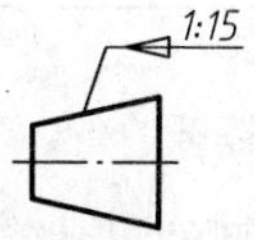 表示锥度1∶15 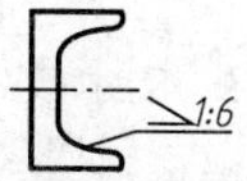 表示斜度1∶6 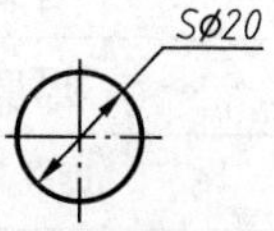 表示圆球直径ϕ20mm 表示45°倒角，倒角深度为1.6mm 表示沉孔ϕ8mm，深3.2mm 表示埋头孔ϕ9.6×90°
对称机件的尺寸注法	78、90两尺寸线的一端无法注全时，它们的尺寸线要超过对称线一段。图中4×ϕ6表示有4个ϕ6孔 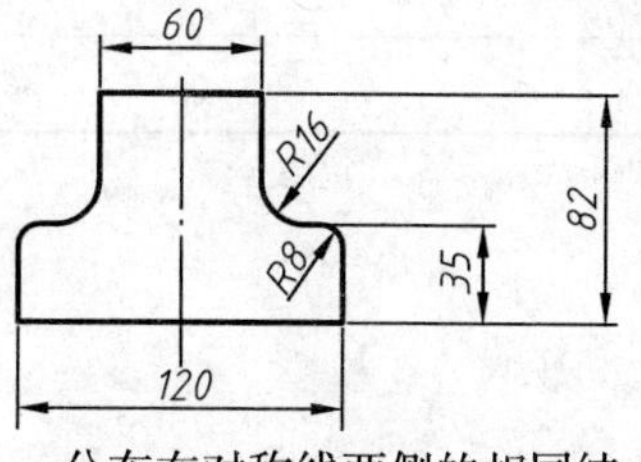 分布在对称线两侧的相同结构，可仅标注其中一侧的结构尺寸

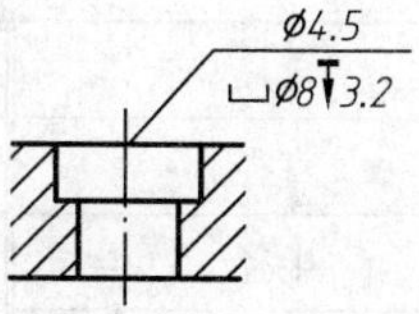

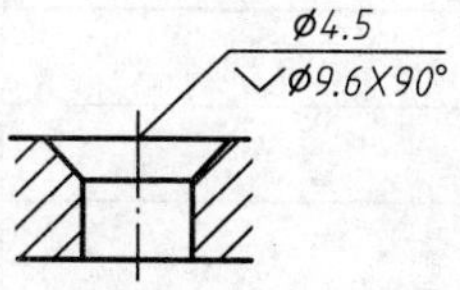

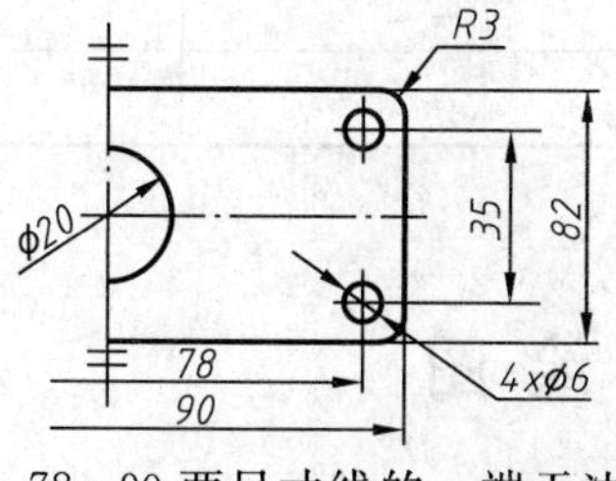

（续）

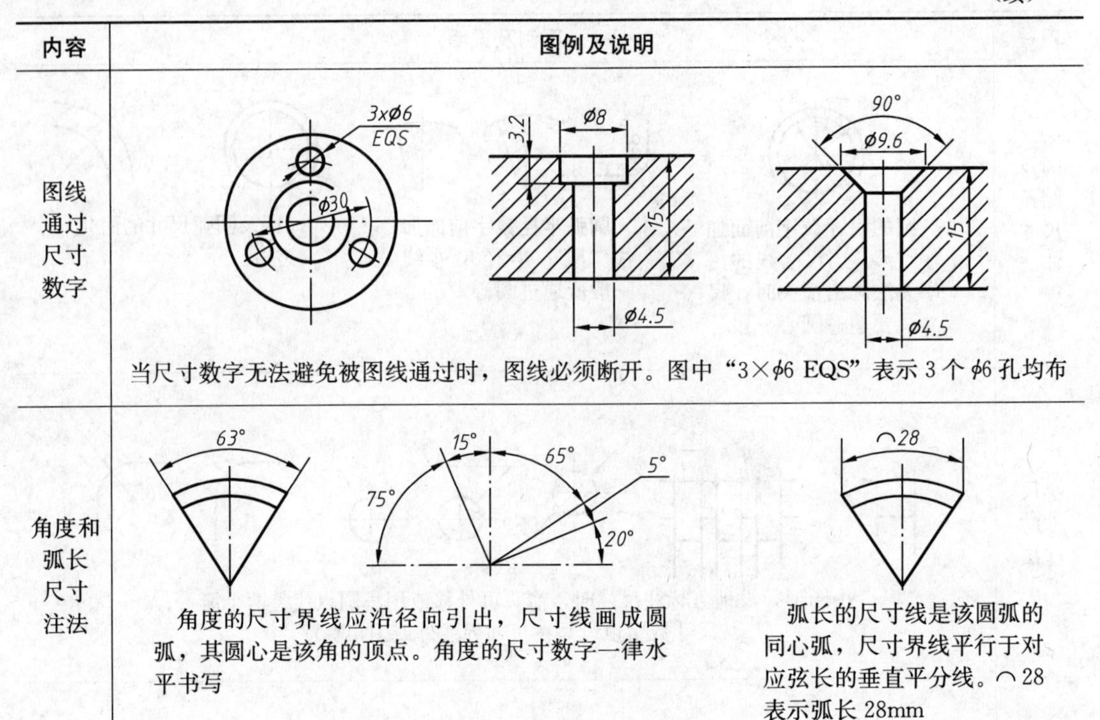

内容	图例及说明
图线通过尺寸数字	当尺寸数字无法避免被图线通过时，图线必须断开。图中“3×ϕ6 EQS”表示3个ϕ6孔均布
角度和弧长尺寸注法	角度的尺寸界线应沿径向引出，尺寸线画成圆弧，其圆心是该角的顶点。角度的尺寸数字一律水平书写 弧长的尺寸线是该圆弧的同心弧，尺寸界线平行于对应弦长的垂直平分线。⌒28表示弧长28mm

3. 尺寸数字及相关符号

表1-5表示不同类型的尺寸符号。

表1-5 尺寸符号

符号	含义	符号	含义
ϕ	直径	t	厚度
R	半径	⌵	埋头孔
S	球	⌴	沉孔或锪平
EQS	均布	↧	深度
C	45°倒角	□	正方形
∠	斜度	▷	锥度

1.2 尺规绘图

1.2.1 尺规绘图工具及其使用

正确使用和维护绘图工具，既能保证图样质量，又能提高绘图速度，而且还能延长绘图工具的使用寿命。尺规绘图是指用铅笔、丁字尺、三角板、圆规手工绘图机等为主要工具绘制图样。虽然目前技术图样已使用计算机绘制，但尺规制图既是工程技术人员的必备基本技能，又是学习和巩固图学理论知识不可缺少的方法之一，必须熟练掌握。

常用的绘图工具有以下几种。

1. 铅笔

画图时常采用 B、HB、H、2H 和 3H 的绘图铅笔。铅芯的软硬用字母 B 和 H 来表示，B 越多表示铅芯越软(黑)，H 越多则越硬。画细线和写字时铅芯应磨成锥状，而画粗实线时，可以磨成四棱柱(扁铲)状，如图 1.9 所示。

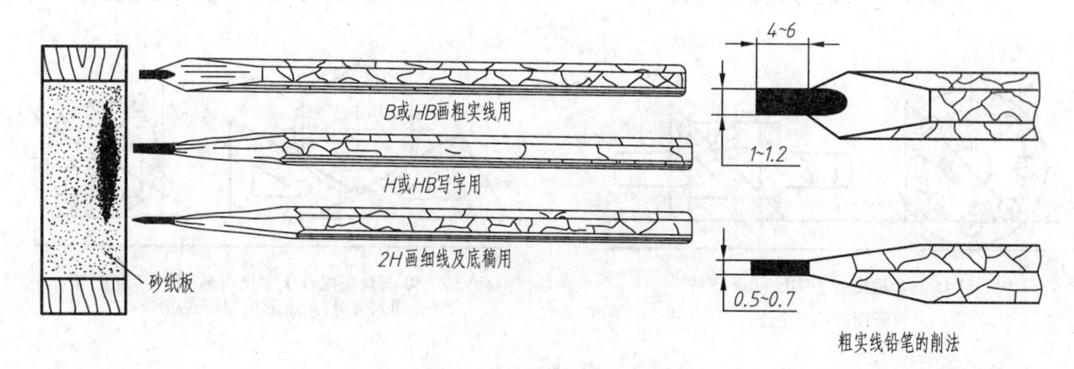

图 1.9　铅芯的形状及一般使用

画线时，铅笔可略向画线前进方向倾斜。尽量让铅笔靠近尺面，铅芯与纸面垂直。当画粗实线时，因用力较大，倾斜角度可小一些。画线时用力要均匀，匀速前进。

为了使所画的线宽均匀，推荐使用不同直径标准笔芯的自动铅笔(图 1.10)。

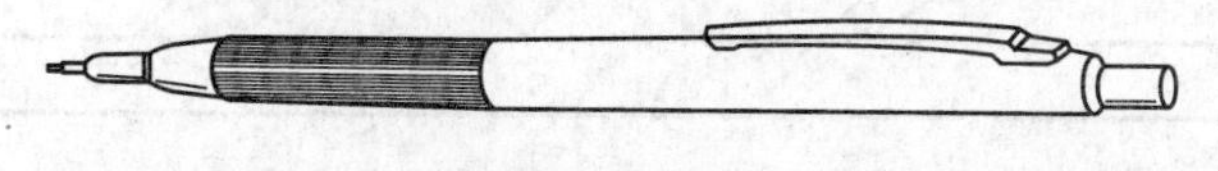

图 1.10　自动铅笔

2. 丁字尺及图板

丁字尺主要用作画水平线。丁字尺由尺头和尺身组成，两者结合处必须牢固，与三角板配合使用可画竖直线及 15°倍角的斜线。使用时，丁字尺头部要紧靠图板左边，然后用丁字尺尺身的上边画线(图 1.11)。图板供铺放图纸用，它表面平坦、光滑，左右两导边必须平直。图板是木制的矩形板，使用时要求其导边平直。

3. 三角板

三角板分 45°和 30°—60°两块，与丁字尺配合可画竖直线及 15°倍角的斜线；或用两块三角板配合画任意角度的平行线。用三角板画垂线时，三角板的一直角边紧靠丁字尺工作边，然后左手按住尺身和三角板，使笔紧贴另一直角边自下而上画线。用手指使三角板紧贴尺身作左右移动，可画一系列平行的铅垂线，手法如图 1.12 和图 1.13 所示。

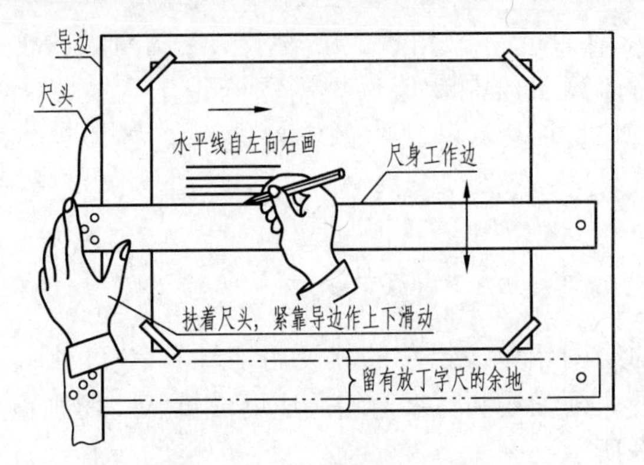

图 1.11　用丁字尺画水平线

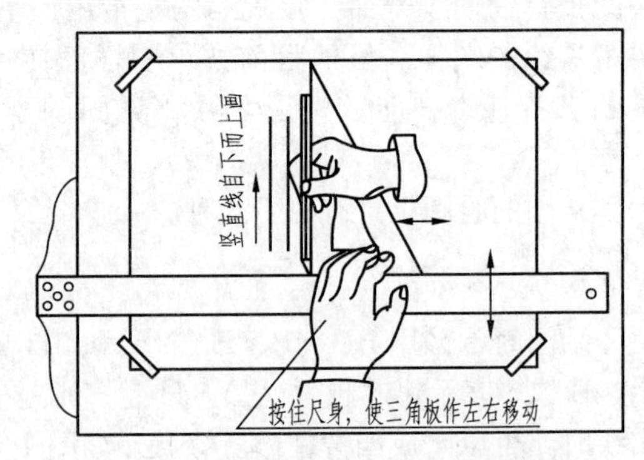

图 1.12　用丁字尺和三角尺画竖直线

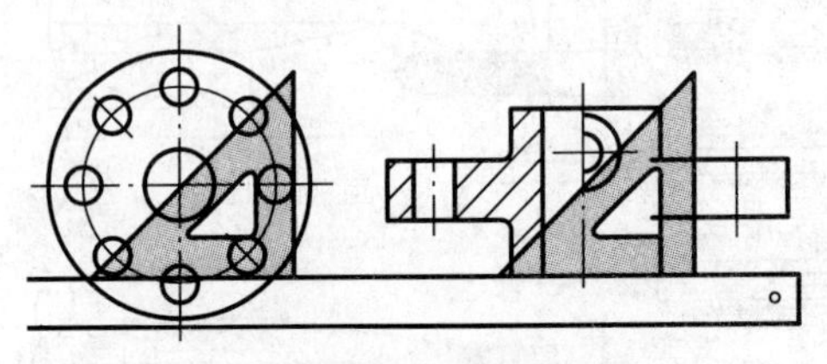

(a) 45°三角板配合丁字尺可画45°线及圆周四、八等分

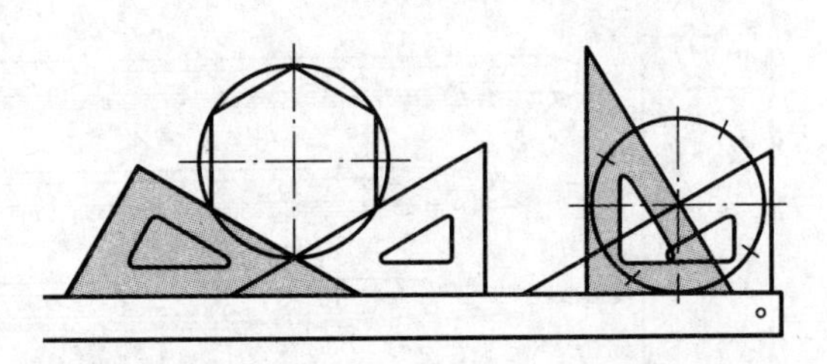

(b) 30°~60°三角板配合丁字尺可画30°、60°线及圆周六等分(六边形)、十二等分

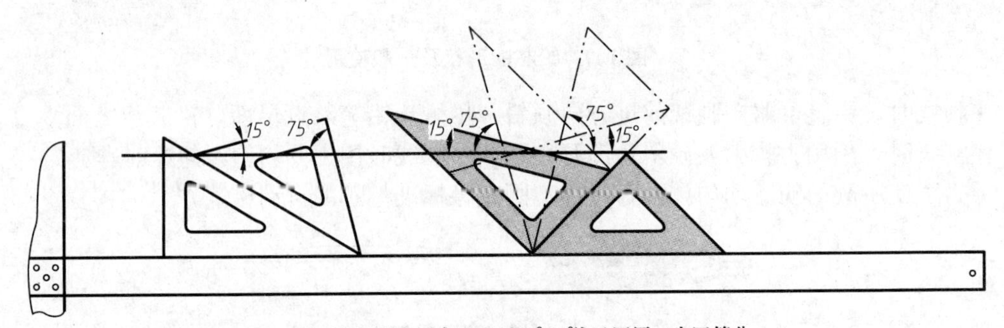

(c) 一幅三角板配合丁字尺可画15°、75°线及圆周二十四等分

图 1.13　三角板和丁字尺的配合使用

4. 比例尺

比例尺供绘制不同比例的图样时量取尺寸用，尺面上有各种不同比例的刻度，但要注意每一种刻度，常可用作几种不同的比例。例如，对于标明 1∶100 刻度的比例尺，它的每 20 小格(真实长度为 20mm)代表 2m 时，是 1∶1 的比例。对于 1∶200 刻度的比例尺，它的每 10 小格(真实长度为 10mm)代表 2m 时，是 2∶1 的比例(图 1.14、图 1.15)。

有了比例尺，在画不同比例的图形时，从尺上可直接得出某一尺寸应画的大小，省去计算的麻烦。

5. 分规和圆规

分规是用来量取线段和等分线段的工具。分规的两针尖应一样齐，作图才能准确，用法如图 1.16 所示。

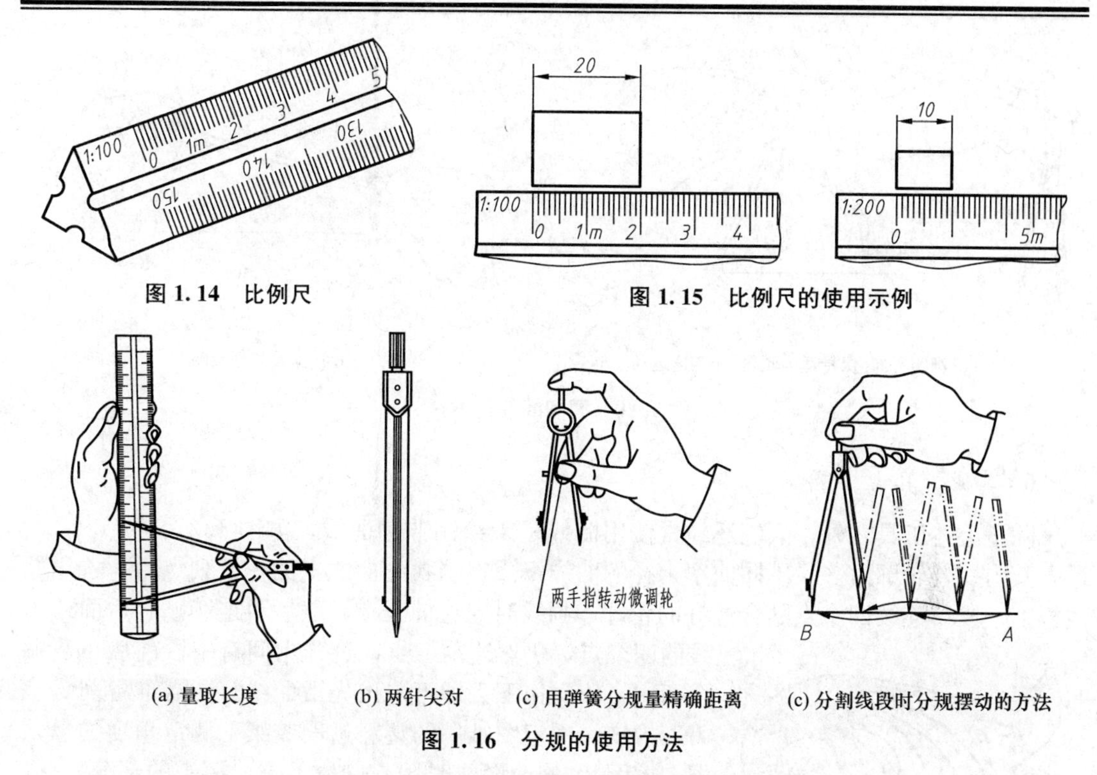

图 1.14　比例尺

图 1.15　比例尺的使用示例

(a) 量取长度　(b) 两针尖对　(c) 用弹簧分规量精确距离　(c) 分割线段时分规摆动的方法

图 1.16　分规的使用方法

圆规(图 1.17、图 1.18)用来画圆或圆弧。在画粗实线圆时，铅笔芯应用 2B 或 B(比画粗直线的铅笔芯软一号)并磨成矩形；画细线圆时，用 H 或 HB 的铅笔芯并磨成铲形(图 1.19)。它的针脚上的针，当画底稿时用普通针尖；而在描深时应换用带支承面的小针尖，以避免针尖插入图板过深，针尖均应比铅芯稍长一些。当画大直径的圆或描黑时，圆规的针脚和铅笔脚均应保持与纸面垂直(图 1.20(a)。当画大圆时，可用延长杆来扩大所画圆的半径，其用法如图 1.20(b)所示。画圆时，应当匀速前进，并注意用力均匀。圆规所在的平面应稍向前进方向倾斜。

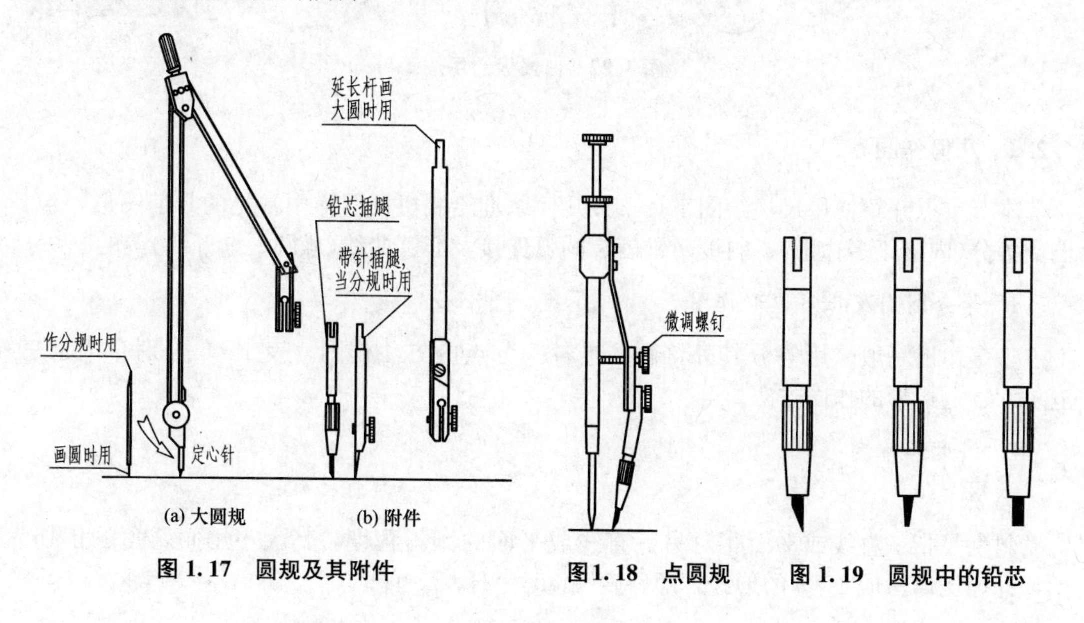

(a) 大圆规　(b) 附件

图 1.17　圆规及其附件

图 1.18　点圆规

图 1.19　圆规中的铅芯

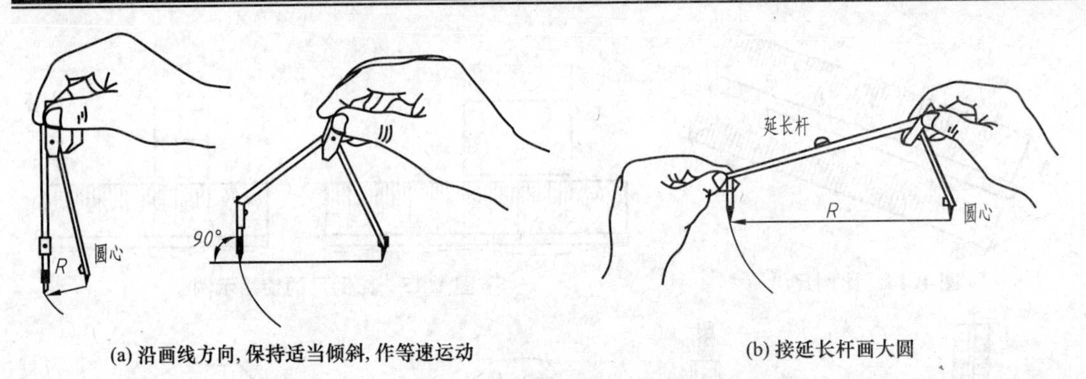

(a) 沿画线方向，保持适当倾斜，作等速运动　　　(b) 接延长杆画大圆

图 1.20　圆规的使用方法

6. 其他工具

除了上述工具之外，人们还经常使用曲线板来绘制非圆曲线，如图 1.21，图 1.22 所示，其内、外轮廓由多段不同曲率半径的曲线组成。当找到曲线上的一系列点后，选用曲线板上一段与连续四个点贴合最好的轮廓，画线时先连前三点，然后再连续贴合后面未连线的四个点，仍然连前三点，这样中间有一段前后重复贴合两次，依次作下去即可连出光滑曲线。还需准备削铅笔刀、橡皮、固定图纸用的塑料透明胶纸、测量角度的量角器、擦图片(修改图线时用它遮住不需要擦去的部分)、砂纸(磨铅笔用，通常把它剪一小块贴在对折的硬纸内面，以免磨下的铅芯粉末飞扬)以及清除图面上橡皮屑的小刷等。

图 1.21　曲线板

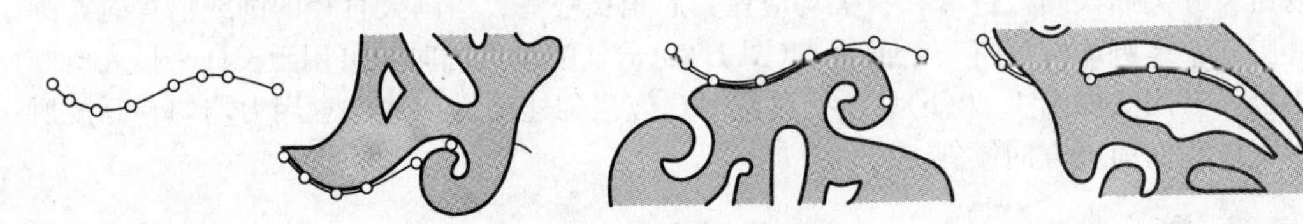

图 1.22　曲线板的用法

1.2.2　几何作图

本节重点介绍使用尺规绘图工具，按几何原理绘制机械图样中常见的几何图形，包括圆周等分(内接正多边形)、斜度、锥度、圆弧连接及非圆曲线(椭圆、渐开线)等的画法。

1. 等分圆周及正多边形作图

正多边形一般采用等分其外接圆，连各等分点的方法作图。表 1－6 分别介绍正三、五、六、七边形的作图方法。

2. 斜度和锥度

1) 斜度

斜度是指一直线或平面相对另一直线或平面的倾斜程度。其大小用倾斜角的正切表示，并把比值写成 $1:n$ 的形式，即斜度 $=\tan\alpha=H:L=1:n$。

表1-6　正多边形的画法

等分	作图步骤	说明
三等分（内接正三角形）	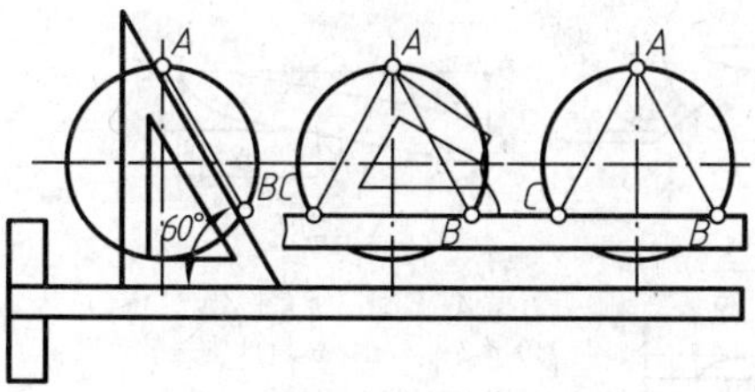	(1) 用60°三角板过点 A 画60°斜线交点 B； (2) 旋转三角板，同法画60°斜线交点 C； (3) 连 BC 则得正三角形
五等分（内接正五边形）	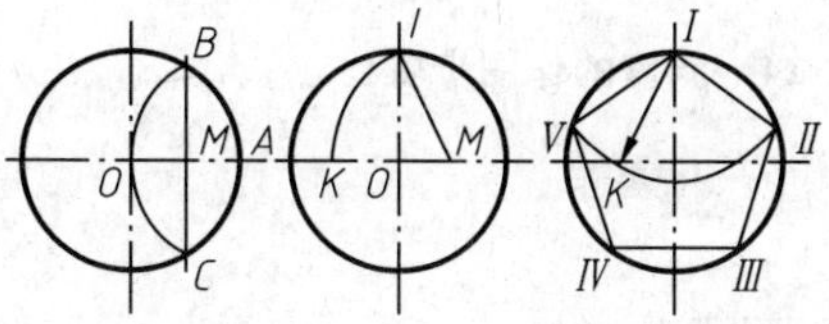	(1) 以点 A 为圆心，OA 为半径，画弧交圆于 B、C，连 BC 得 OA 中点 M； (2) 以 M 为圆心，MI 为半径画弧得交点 K； (3) 以 KI 长从1起截圆周得点Ⅱ、Ⅲ、Ⅳ、Ⅴ，依次连接得正五边形
六等分（内接正六边形）	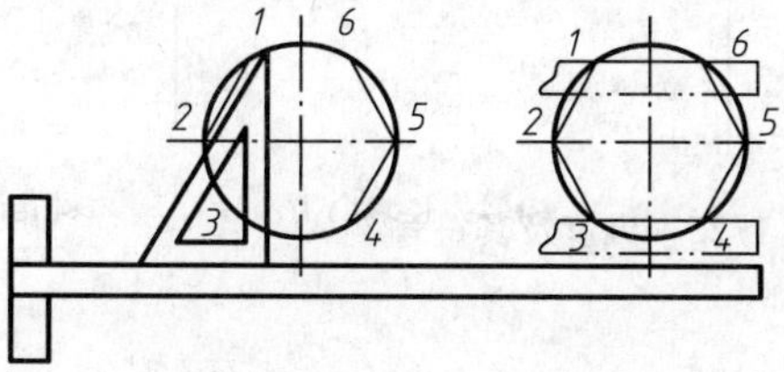	(1) 用60°三角板自2起作弦21，右移至5作弦45，旋转三角板作23、65两弦； (2) 以丁字尺连接16、34，即得正六边形
n 等分（内接正七边形）	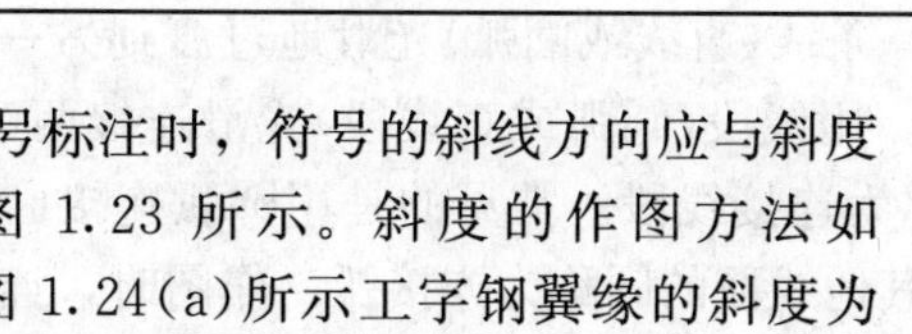	(1) 将直径 AB 七等分(对 n 边形可 n 等分直径)； (2) 以 B 为圆心；AB 为半径，画弧交 CD 延长线于 K 和对称点 K'； (3) 自 K 或 K' 与直线上的奇数点(或偶数点)连线，延长到圆周即得各分点Ⅰ、Ⅱ、Ⅲ、Ⅳ，及对称点Ⅴ、Ⅵ、Ⅶ； (4) 依次连接得正七边形

采用斜度符号标注时，符号的斜线方向应与斜度方向一致，如图1.23所示。斜度的作图方法如图1.24所示，图1.24(a)所示工字钢翼缘的斜度为1∶6，其作法和标注如图1.24(b)所示。

2) 锥度

锥度是正圆锥底圆直径与圆锥高度之比或正圆锥台两底圆直径之差与圆锥台高度之比，如图1.25所

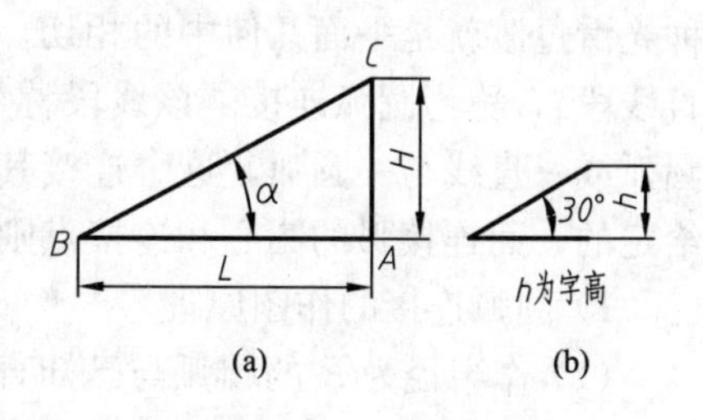

图1.23　斜度及其符号

示，即：锥度$=2\tan(\alpha/2)=D:L=(D-d):1$。锥度的作图方法如图 1.26 所示。如果是圆台，则是两底圆直径之差与锥台高度之比。

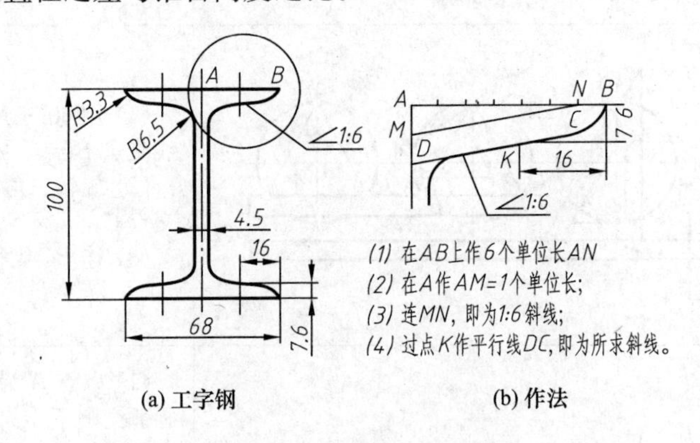

(a) 工字钢　　(b) 作法

图 1.24　斜度的作图步骤

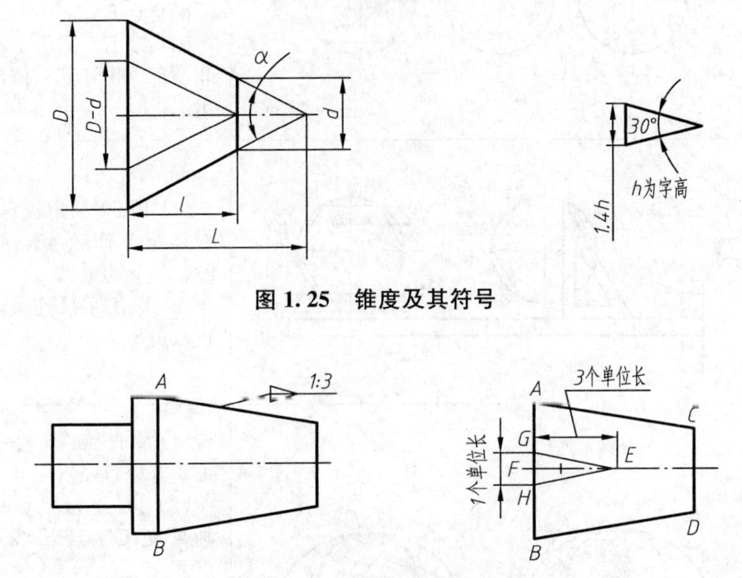

图 1.25　锥度及其符号

图 1.26　锥度的作图步骤

标注锥度时，应在锥度值前标注锥度符号。符号的方向与锥度方向一致。

3. 圆弧连接

在绘制物体的图形时，常遇到一条线(直线或圆弧)光滑地过渡到另一条线的情况，这种光滑过渡就是平面几何中的相切。用线段(圆弧或直线段)光滑连接两已知线段(圆弧或直线段)，称为圆弧连接。该线段称为连接线段。常见的是用圆弧连接已知两条直线、两圆弧或一直线与一圆弧，这个连接其他线段的圆称为连接弧。作图时，连接弧半径一般是给定的，而连接弧的圆心和连接点则需作图确定。

1) 圆弧连接的作图原理

(1) 作半径为 R 的圆弧与已知直线相切，其圆心轨迹为一直线，该直线与已知直线平行，并且距离为 R。自选定的圆心向已知直线作垂线，垂足 M 即为切点。反之，也可由

切点 M 确定圆心 O(图 1.27)。

(2) 作半径为 R 的圆弧与已知圆弧(圆弧的圆心 O_1、半径 R_1 均已确定)相切，其圆心轨迹是已知圆弧的同心圆。设该圆的半径为 R_0(它要根据相切情形而定)，两圆外切时 $R_0=R_1+R$；两圆内切时 $R_0=|R_1-R|$。选定一圆心 O，并连接 OO_1，OO_1 与已知圆弧的交点 M 就是切点，如图 1.28 所示。

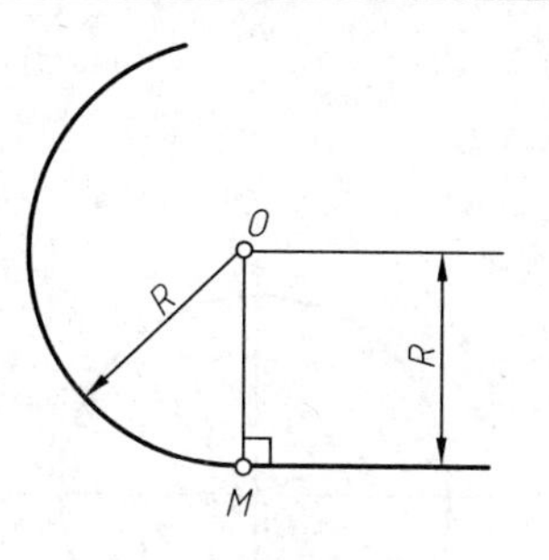

图 1.27　圆弧与已知直线相切

2）圆弧连接作图举例

【例 1-1】 用半径 R 的圆弧连接两已知直线(图 1.29)。

解： 根据上述第一条原理，作法如下。

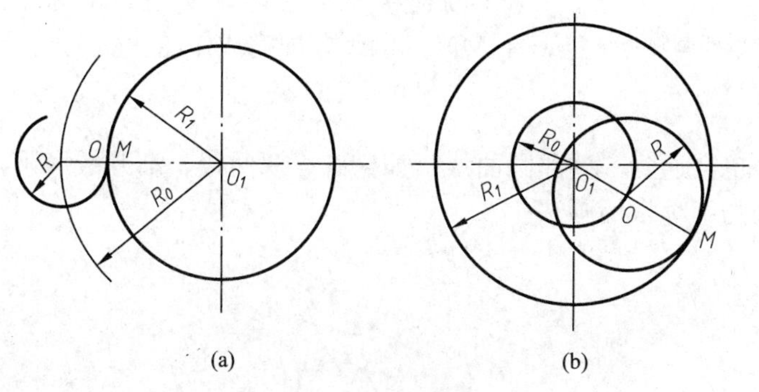

图 1.28　圆弧与圆弧相切

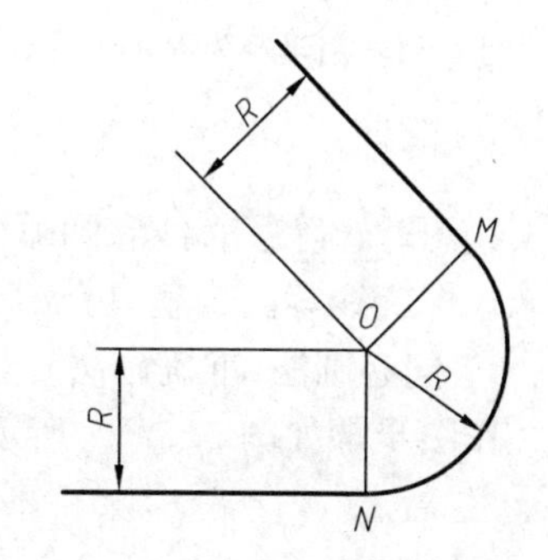

图 1.29　用圆弧连接两已知直线

(1) 定连接圆弧的圆心：分别在两相交直线的内侧，作两条与已知直线平行且距离各为 R 的辅助线，两辅助线的交点 O 即为连接弧的圆心。

(2) 找切点：自点 O 分别向两已知直线作垂线，垂足 M、N 即为切点。

(3) 画连接弧：以 O 为圆心、R 为半径，在 MN 间画弧，即完成作图。

【例 1-2】 用半径 R 的圆弧，连接已知直线和圆弧(图 1.30)。

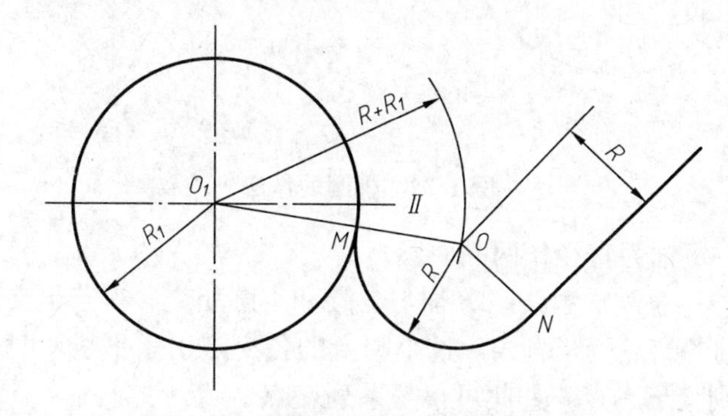

图 1.30　用圆弧连接一直线和一圆弧

解： 根据上述两条几何原理，作法如下。

(1) 定连接弧圆心：作与已知直线平行，且距离为 R 的辅助线。再以 O_1 为圆心，以 R_1+R 为半径作辅助圆弧，辅助线与辅助圆弧的交点 O 即为连接弧的圆心。

(2) 找切点：自点 O 向已知直线作垂线得切点 N，连心线 OO_1 与已知圆弧的交点 M 为另一切点。

(3) 画连接弧　以 O 为圆心，以 R 为半径，在 MN 之间画弧，即完成作图。

【例 1-3】 用半径为 R 的圆弧，连接两已知弧，并知连接弧与已知弧 O_1 外切，与另一已知弧 O_2 内切(图 1.31)。

解： 根据第二条原理，作法如下

(1) 定连接弧圆心：分别作出两已知弧的同心圆，其半径分别为 R_1+R 和 $R-R_1$，该两辅助圆的交点 O 即为连接弧的圆心。

(2) 找切点 连心线 OO_1 和 OO_2 分别交两已知弧于点 M 和 N，M 与 N 即为切点。

(3) 画连接弧：以 O 为圆心、R 为半径，在 MN 间画弧，即完成作图。

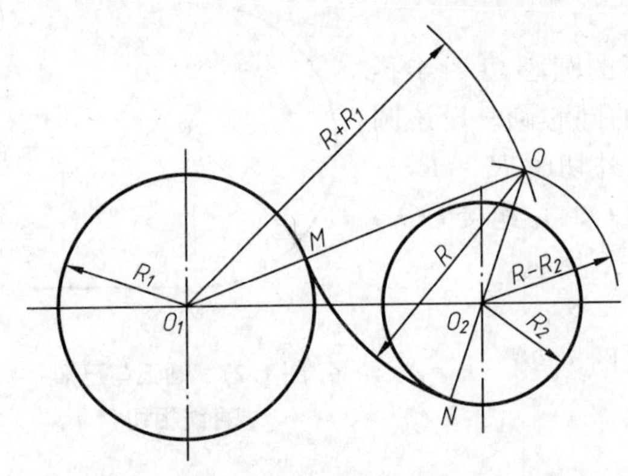

图 1.31 用半径为 R 的圆弧连接两已知圆弧

4. 椭圆

绘图时，除了直线和圆弧外，也会遇到一些非圆曲线，如椭圆、双曲线、渐开线和阿基米德螺旋线等。这里只介绍椭圆的两种常用画法。

1) 同心圆法(准确画法)

作图步骤如图 1.32(a)所示。

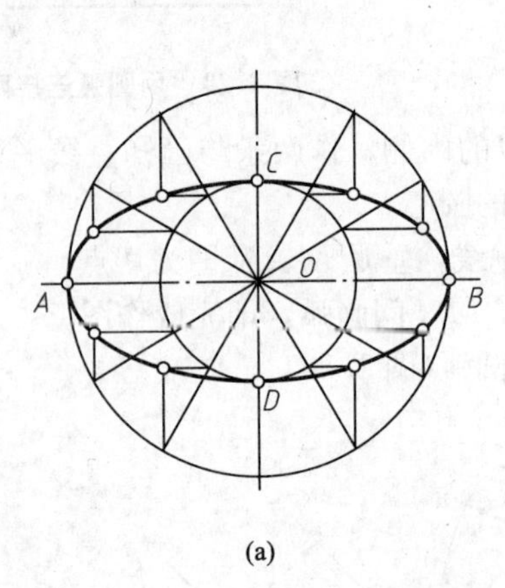

(a)　(b)

图 1.32 椭圆的作法

(1) 分别以长、短轴为直径作两同心圆。

(2) 过圆心 O 作一系列放射线，分别与大圆和小圆相交，得若干交点。

(3) 过大圆上的各交点引竖直线，过小圆上的各交点引水平线，对应同一条放射线的竖直线和水平线分别交于一点，如此可得一系列交点。

(4) 连接该系列交点及 A、B、C、D 各点即完成椭圆作图。

2) 四心法(近似画法)

作图步骤如图 1.32(b)所示：

(1) 过 O 分别作长轴 AB 及短轴 CD。

(2) 连 A、C 两点，以 O 为圆心、OA 为半径作圆弧与 OC 的延长线交于点 E，再以 C 为圆心、CE 为半径作圆弧与 AC 交于点 F，即 $CF=OA-OC$。

(3) 作 AF 的垂直平分线交长、短轴于两点 1、2，并求出 1、2 对圆心 O 的对称点 3、4。

(4) 各以 1、3 和 2、4 为圆心，$1A$ 和 $2C$ 为半径画圆弧，使 4 段圆弧相切于点 K、L、M、N 而构成一近似椭圆。

1.2.3　平面图形的尺寸分析及画图步骤

如图 1.33 所示，平面图形常由一些线段连接而成的一个或数个封闭线框所构成。在画图时，要能根据图中尺寸，确定画图步骤；在注尺寸时(特别是圆弧连接的图形)，需根据线段间的关系，分析需要注什么尺寸。注出的尺寸要齐全，没有注多注少和自相矛盾的现象。

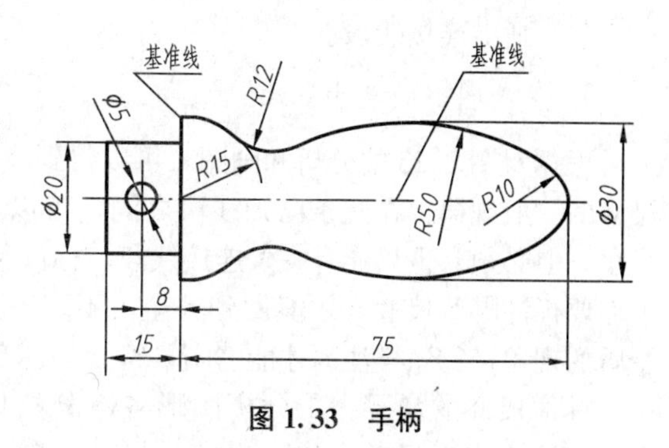

图 1.33　手柄

1. 平面图形尺寸分析

对平面图形的尺寸进行分析，可以检查尺寸的完整性，确定各线段及圆弧的作图顺序。尺寸按其在平面图形中所起的作用，可分为定形尺寸和定位尺寸两类。要想确定平面图形中线段的上下、左右的相对位置，必须引入在机械制图中称为基准的概念。

1) 基准

在平面图形中确定尺寸位置的点、直线称为尺寸基准，简称基准。一般平面图形中常以对称图形的对称线、较大圆的中心线或较长的直线等为基准线。图 1.33 中的手柄是以水平的对称线和较长的竖直线作基准线的。

2) 定形尺寸

确定平面图形上各线段形状大小的尺寸称为定形尺寸，如直线的长度、圆及圆弧的直径或半径，以及角度大小等。图 1.33 中的 $\phi20$、$\phi5$、$R15$、$R12$、$R50$、$R10$、15 均为定形尺寸。

3) 定位尺寸

确定平面图形上的线段或线框间相对位置的尺寸称为定位尺寸，图 1.30 中确定 $\phi5$ 小圆位置的尺寸 8 和确定 $R10$ 位置的 75 均为定位尺寸。它们的 Y 方向定位尺寸均为 0，省略不注出。

2. 平面图形中圆弧线段的分类

图 1.33 中有 3 个封闭线框，左边的矩形及小圆作图较容易，而右边的圆弧连接构成的线框，如何准确、光滑并有步骤地作图，则需要对尺寸进行分析。

确定一个圆弧，一般需要知道圆心的两个坐标及半径尺寸。凡具备上述 3 个尺寸的圆弧称已知弧，具备两个尺寸的圆弧称中间弧(一般给出半径 R)；通常将具备一个尺寸的圆弧称连接弧，一般给出半径 R，中间弧和连接弧的尺寸虽然不全，但可利用相切条件作出。中间弧所缺少的一个尺寸，如 $R50$ 的 x 坐标值，由于与一个已知线段相连接，可利用一个相切的条件作出。连接弧所缺少的两个尺寸，如 $R12$ 的 x、y 坐标值，由于与两个已画出的线段相连接，如 $R15$ 和 $R50$，利用两个相切的条件可作出。

3. 平面图形的画图步骤

画平面图形的步骤可归纳如下(图 1.34)。

(1) 画出基准线，并根据各个封闭图形的定位尺寸画出定位线；

(2) 画出已知线段；

(3) 画出中间线段；

(4) 画出连接线段。

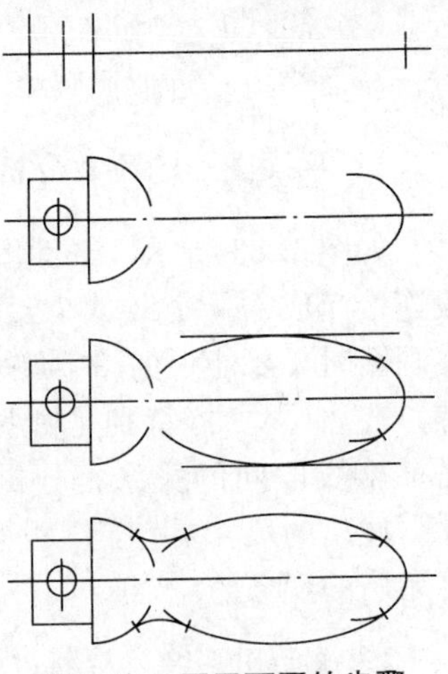

图 1.34 画平面图的步骤

4. 平面图形的尺寸标注

根据对图 1.33 的分析和画图，可以得到线段连接中标注尺寸的一般规律：在两条已知线段之间，可以有任意条中间线段，但必须有也只能有一条连接线段。标注尺寸时要考虑：①需要标注哪些尺寸，才能做到齐全，不多不少，没有自相矛盾的现象；②怎样注写才能清晰，符合国标有关规定。

标注尺寸的步骤：①分析图形各部分的构成，确定基准；②注出定形尺寸；③注出定位尺寸。常见的平面图形的尺寸标注如图 1.35 所示。

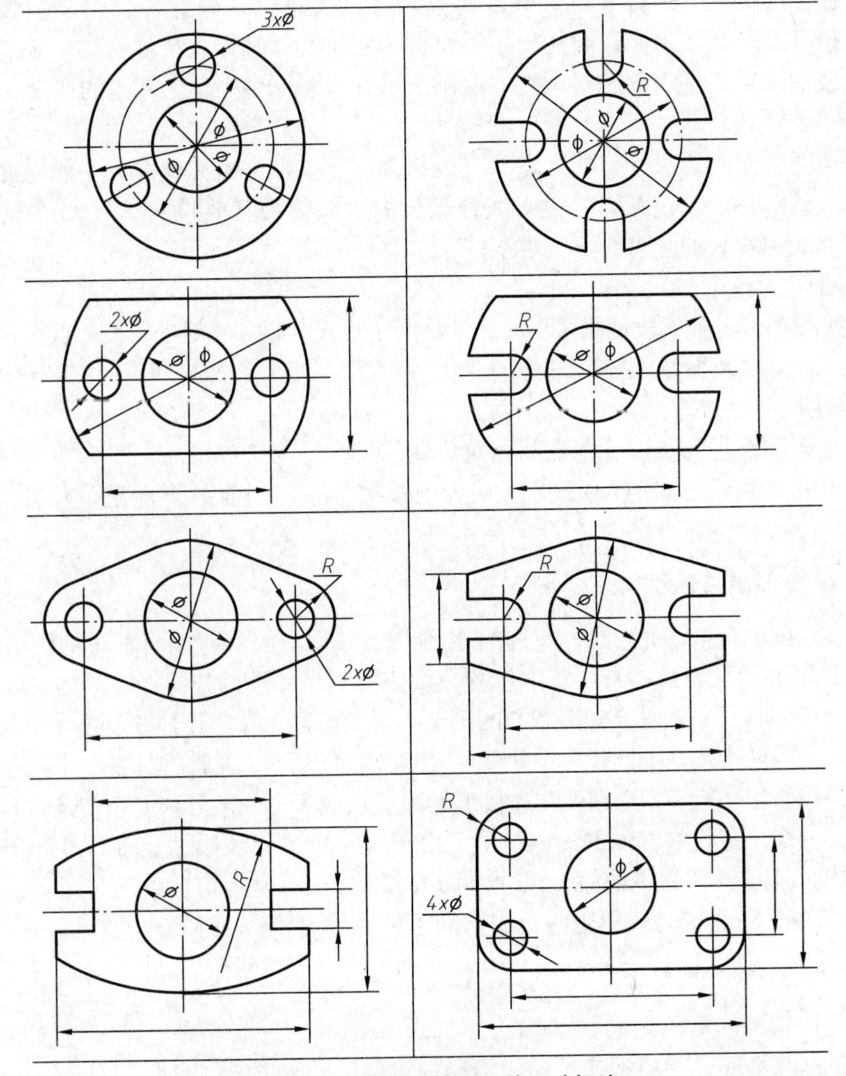

图 1.35 常见的平面图形的尺寸标注

1.2.4　尺规绘图的操作步骤

(1) 将铅笔按照绘制不同线型的要求削好。圆规用的铅芯也要按同样的要求削磨好，并调整好圆规两脚的长短。图板、丁字尺、三角板等用具要用干净的抹布或软纸擦拭干净。各种用具应放在固定的位置，不用的物品不要放在图板上。

(2) 分析所画的对象。要弄清所画对象的构成情况，有哪些图线，哪些是定位的基准线，哪些是已知线段，哪些是连接线段，从而确定画图线的顺序。

(3) 根据所画图形的情况，选取适当的比例和图纸幅面。选取时应遵守国家标准的规定。

(4) 鉴别图纸的正反面，然后用胶带纸将图纸固定在图板上。图纸的上下边应与丁字尺的工作边平行，图纸下边与图板下边应有一定距离，并使图纸靠近图板的左边。

(5) 按标准画出图框，并在其右下角画出标题栏。

(6) 图形布置应尽量匀称，要避免一张图上有的地方过挤，有的地方太空。同时，应考虑留有注写尺寸和文字说明的地方。图形布置方案确定后，要画出各图的基准线，如中心线、对称线及其他主要图线等。

(7) 画底稿时，要先画主要轮廓，再画细节。要用较硬的(2H～3H)铅笔，尽量将图线画得轻、细，以便于修改。

(8) 完成底稿后，要进行细致的检查，将不需要的作图线擦去。如果没有错误，即可进行加深。

(9) 加深完毕后应仔细检查，若无错误，则在标题栏的“制图”栏内签上姓名和日期。

1.3　徒 手 绘 图

草图是指以目测估计比例，按要求徒手(或部分使用绘图仪器)方便快捷地绘制的图形。

在仪器测绘、讨论设计方案、技术交流、现场参观时，受现场条件或时间的限制，经常绘制草图。有时也可将草图直接供生产用，但大多数情况下要再整理成正规图。所以徒手绘制草图可以加速新产品的设计、开发；有助于组织、形成和拓展思路；便于现场测绘；节约作图时间等等。

因此，对于工程技术人员来说，除了要学会用尺规、仪器绘图和使用计算机绘图，还必须具备徒手绘制草图的能力。

徒手绘制草图的要求如下。

(1) 画线要稳，图线要清晰。

(2) 目测尺寸尽量准确，各部分比例均匀。

(3) 绘图速度要快。

(4) 标注尺寸无误，字体工整。

1.3.1　徒手绘图的方法

根据徒手绘制草图的要求，选用合适的铅笔，按照正确的方法可以绘制出满意的草图。徒手绘图所使用的铅笔可以多种，铅芯磨成圆锥形，画中心线和尺寸线的磨得较尖，画可见轮廓线的磨得较钝。橡皮不应太硬，以免擦伤作图纸。所使用的作图纸无特别要求，为方便，常使用印有浅色方格和菱形格的作图纸。

一个物体的图形无论怎样复杂，总是由直线、圆、圆弧和曲线组成。因此要画好草图，必须掌握徒手画各种线条的手法。

1. 握笔的方法

手握笔的位置要比尺规作图高些，以利于运笔和观察目标。笔杆与纸面成 45°～60°角，执笔稳而有力。

2. 直线的画法

徒手绘图时，手指应握在铅笔上离笔尖约 35mm 处，手腕和小手指对纸面的压力不要太大。在画直线时，手腕不要转动，使铅笔与所画的线始终保持约 90°，眼睛看着画线的终点，轻轻移动手腕和手臂，使笔尖向着要画的方向作直线运动，画水平线时以图 1.36(a)中的画线方向最为顺手，这时图纸可以斜放。画竖直线时自上而下运笔者如图 1.36(b)。画长斜线时，为了运笔方便，可以将图纸旋转一适当角度，以利于运笔画线，如图 1.36(c)。

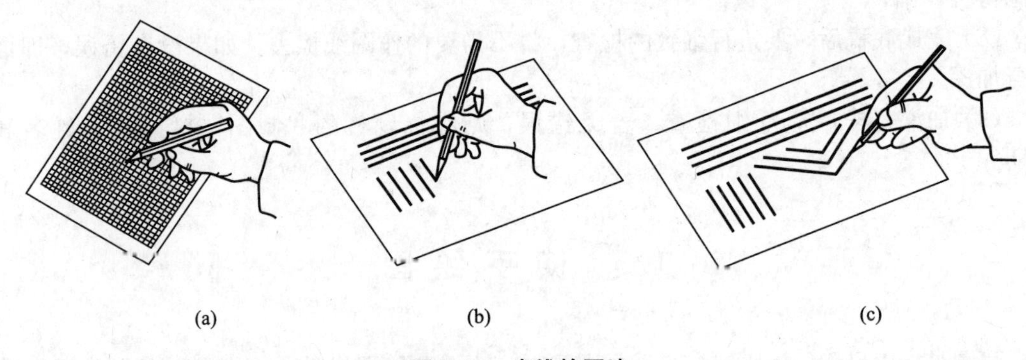

(a) (b) (c)

图 1.36 直线的画法

3. 圆及圆角的画法

徒手画圆时，应先定圆心及画中心线，再根据半径大小用目测在中心线上定出 4 点，然后过这 4 点画圆，如图 1.37(a)。当圆的直径较大时，可过圆心增画两条 45°的斜线，在线上再定 4 个点，然后过这 8 个点画圆，如图 1.37(b)。当圆的直径很大时，可取一纸片标出半径长度，利用它从圆心出发定出许多圆周上的点，然后通过这些点画圆。或用手作圆规，小手指的指尖或关节作圆心，使铅笔与它的距离等于所需的半径，用另一只手小心地慢慢转图纸，即可得到所需的圆。

画圆角时，先用目测在分角线上选取圆心位置，使它与角的两边距离等于圆角的半径大小。过圆心向两边引垂直线定出圆弧的起点和终点，并在分角线上也画出一圆周点，然后用徒手作圆弧把这 3 点连接起来。用类似方法可画圆弧连接，如图 1.38(a)、(c)所示。

4. 椭圆的画法

可按画圆的方法先画出椭圆的长短轴，并用目测定出其端点位置，过这 4 点画一矩形，然后徒手作椭圆与此矩形相切。也可先画适当的外切菱形，再根据此菱形画出椭圆，如图 1.38(b)所示。

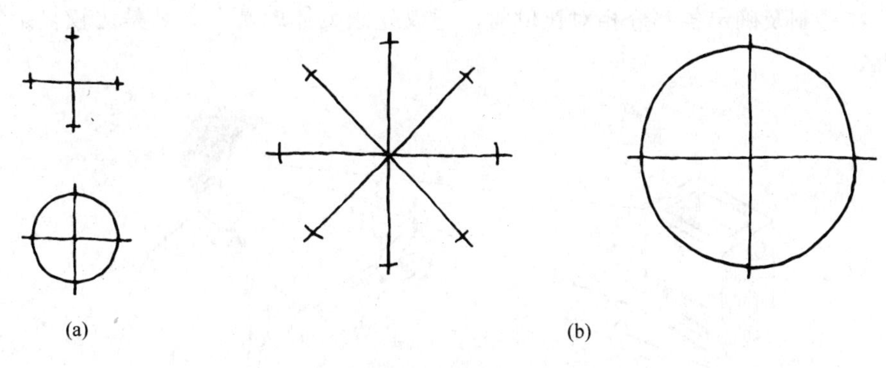

图 1.37　圆的画法

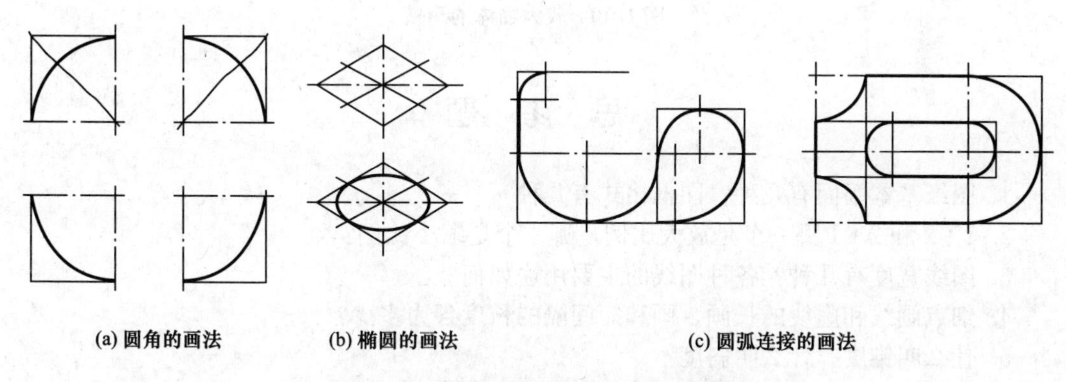

图 1.38　圆角、椭圆和圆弧连接的画法

1.3.2　目测的方法

在徒手绘图时，要保持物体各部分的比例。在开始画图时，整个物体的长、宽、高的相对比例一定要仔细拟定。然后在画中间部分和细节部分时，要随时将新测定的线段与已拟定的线段进行比较。因此，掌握目测方法对画好草图十分重要。

在画中、小型物体时，可以用铅笔当尺直接放在实物上测各部分的大小(图 1.39)，然后根据测量的大体尺寸画出草图。也可用此方法估计出各部分的相对比例，然后按此相对比例画出缩小的草图。

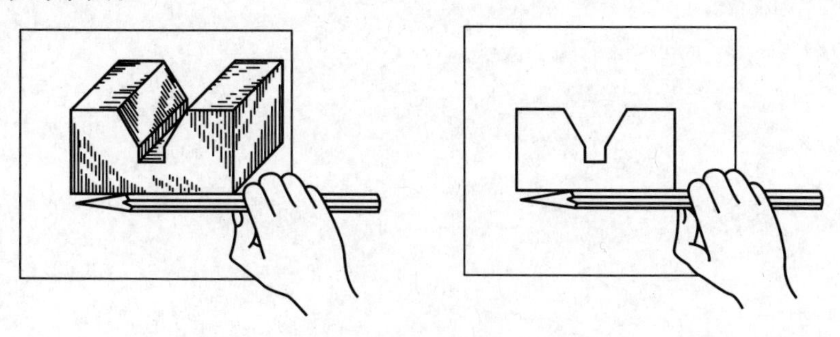

图 1.39　中、小物体的测量

在画较大的物体时，如图 1.40 所示，可以用手握一铅笔进行目测度量。在目测时，人的位置应保持不动，握铅笔的手臂要伸直。人和物体的距离大小应根据所需图形的大小来确定。在绘制及确定各部分相对比例时，建议先画大体轮廓。尤其是比较复杂的物体，更应如此。

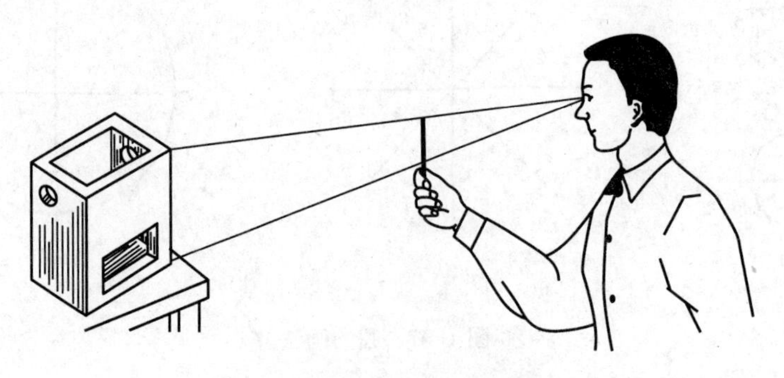

图 1.40　较大物体的测量

思　考　题

1. 图纸基本幅面有几种？图框格式有几种？
2. 1∶2 和 2∶1 哪一个是放大比例，哪一个是缩小比例？
3. 图线宽度有几种？各种图线的主要用途如何？
4. 细点画线和虚线的长画、画和短间隔的长度各为多少？
5. 什么叫锥度？什么叫斜度？
6. 试述尺规绘图的一般操作过程。
7. 什么叫草图？一般在什么情况下使用？

第 2 章

点、直线和平面的投影

2.1 投影的基本知识

2.1.1 投影法及其分类

1. 投影法

在图 2.1 中，定平面 P 为投影面，在投影面 P 外有一定点 S，过定点 S 和空间点 A 连一直线，并与投影面 P 相交于 a 点。点 a 称为空间点 A 在投影面 P 上的投影。定点 S 称为投影中心，直线 SAa 称为投射线或投影线。同样，点 b 是空间点 B 在投影面 P 上的投影。图 2.2 是三角形投影的例子。一组射线通过物体射向预定平面上得到图形的方法称为投影法。

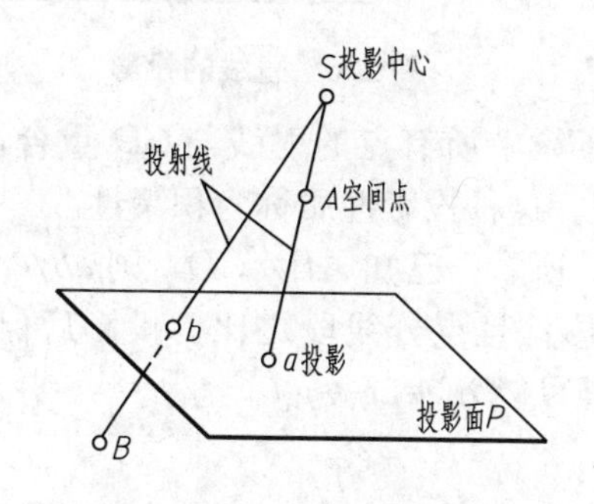

图 2.1 投影法

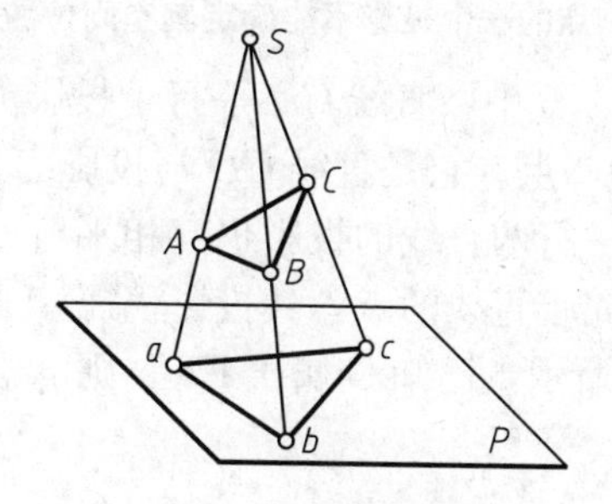

图 2.2 中心投影法

2. 投影法分类

投影法分为中心投影法和平行投影法两类。

(1) 中心投影法：如图 2.2 所示，投射线均通过投影中心的，称为中心投影法。

(2) 平行投影法：当投影中心 S 移至无穷远处时，投射线被视为互相平行，如图 2.3 所示。这种一组射线互相平行的投影法称为平行投影法。当平行的投射线对投影面倾斜时，称为斜投影，如图 2.3 所示。当平行的投射线对投影面垂直时，称为直角投影，也称为正投影，如图 2.4 所示。

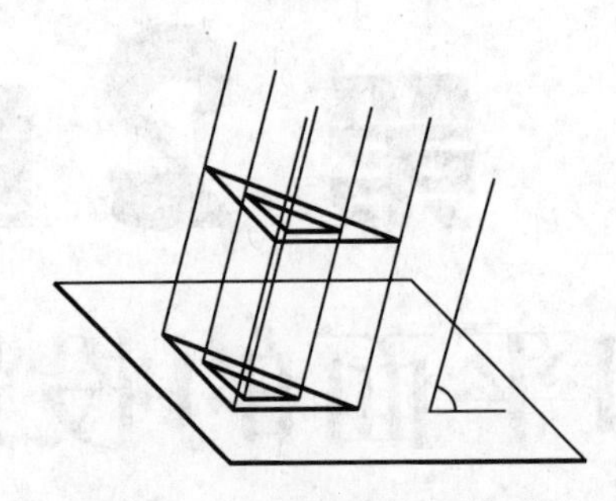

图 2.3　平行投影法——斜投影

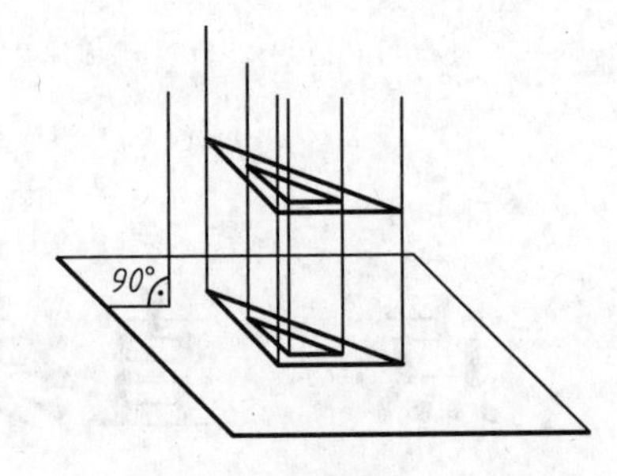

图 2.4　平行投影法——正投影

无论中心投影法还是平行投影法，只知空间点在一个投影面 P 上的投影，不能确定该点在空间的位置，如图 2.5 所示。

2.1.2　平行投影法的投影规律

(1) 直线的投影一般仍为直线，特殊情况下投影积聚成一点。如图 2.6 所示，经过直线 AB 上的所有点的射线形成平面 $ABba$，此平面与投影面交于直线 ab。直线 ab 就是空间直线 AB 在投影面 P 上的投影。

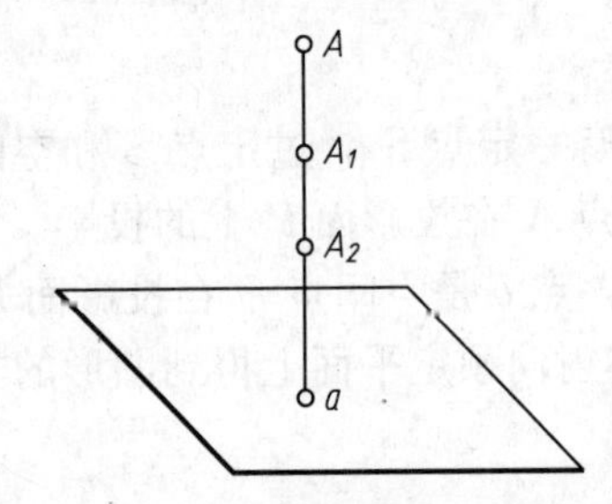

图 2.5　点的一个投影不能确定其空间位置

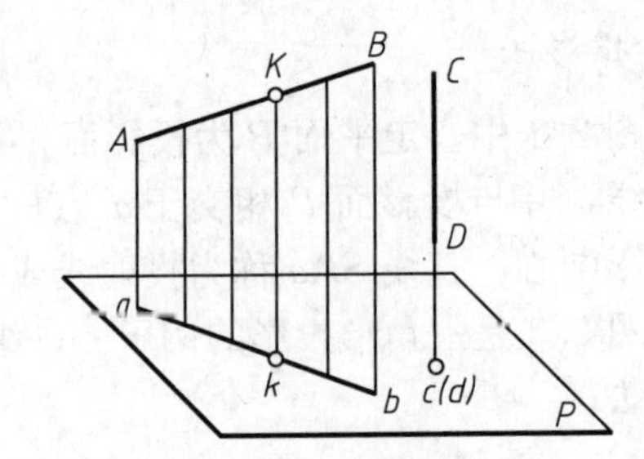

图 2.6　直线的投影

在图 2.6 中，直线 CD 平行于投影方向，过 CD 上所有点的射线与 CD 重合，其投影 cd 积聚为一点。它是直线 CD 与投影面 P 的交点。这种投影性质称为积聚性。

(2) 平行两直线的投影仍互相平行。如图 2.7 所示，已知 $AB /\!/ CD$，则 $ab /\!/ cd$。

(3) 属于直线的点，其投影仍属于直线的投影；且点分线段之比，投影后保持不变。如图 2.8 所示，已知 G 属于 EF，则 g 属于 ef；$EG : GF = eg : gf$。

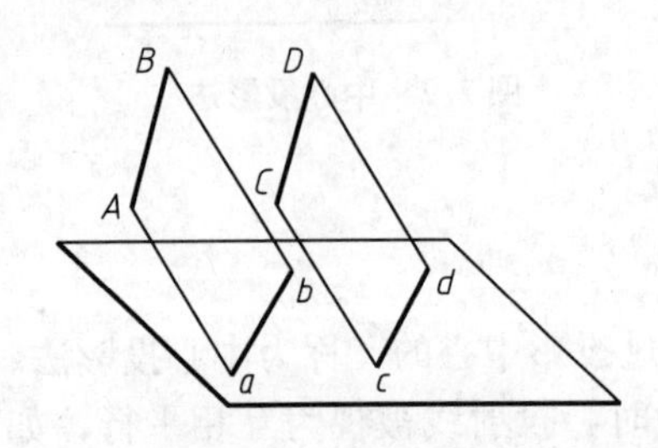

图 2.7　平行两直线

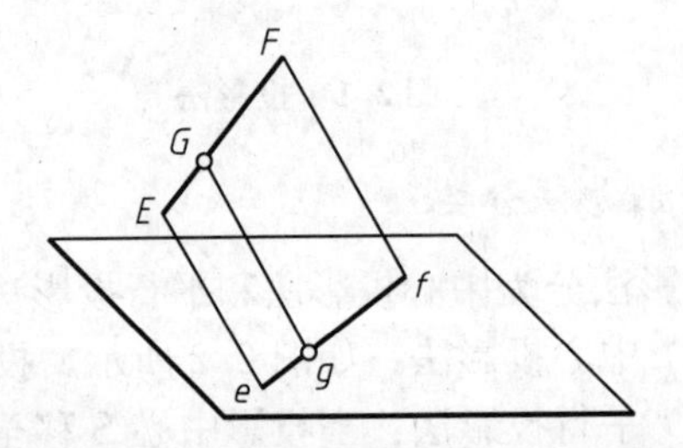

图 2.8　$G \in EF$，$g \in ef$；$EG : GF = eg : gf$

2.1.3　投影法概述

1. 正投影法

正投影法是一种多面投影的方法，它采用相互垂直的两个或两个以上投影面，在每个投影面上分别用直角投影获得几何原形的投影。根据这些投影图便能完全确定该物体的空间位置和形状。图 2.9 所示是某一几何体的正投影。

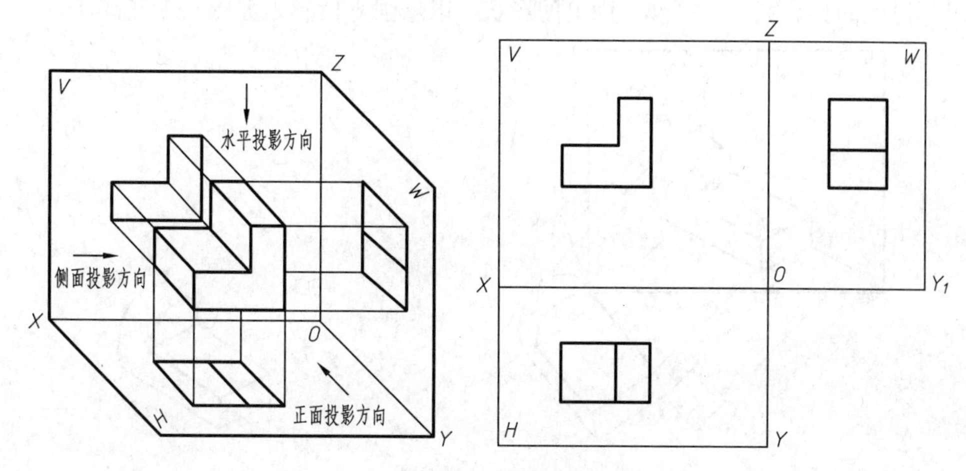

图 2.9　正投影

采用正投影法时，常将几何体的主要平面放成与相应的投影面相互平行。这样画出的投影图能反映出这些平面的实形。因此，从图上可以直接量得空间几何体的尺寸。也就是说，正投影图有很好的度量性，而且正投影图作图也较简便。它的缺点是立体感不足，即直观性较差。但由于具有上述比较突出的优点，在机械制造业和其他工程部门中，该方法被广泛应用。

2. 标高投影法

标高投影法也是正投影的一种。画法是把不同高度的点或平面曲线投射到投影面上，然后在相应的投影上标出符号和表示该点或曲线高度的坐标。图 2.10 所示是曲面的标高投影。图中一系列标有数字的曲线称为等高线。标高投影适宜于表达复杂的曲面和地形图，如船舶、汽车曲面、飞行器等。

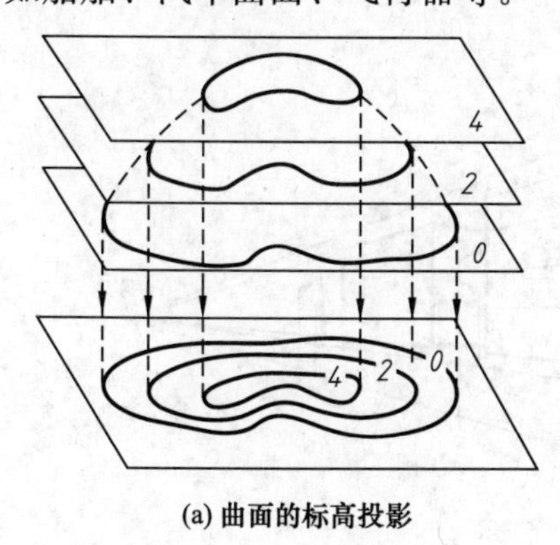

(a) 曲面的标高投影

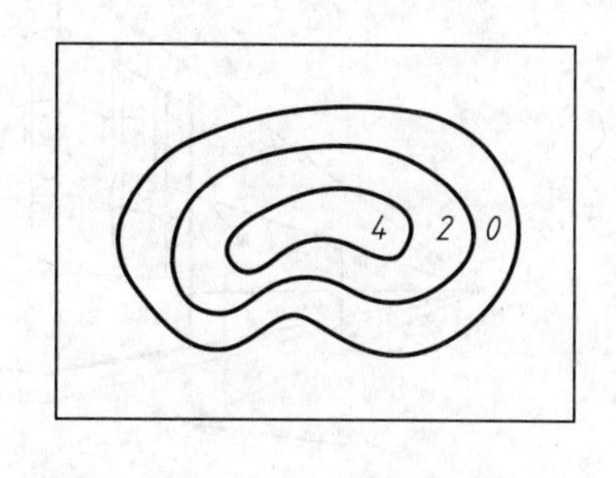

(b) 曲面的标高投影面

图 2.10　标高投影法

3. 轴测投影法

轴测投影法采用一个投影面来表示物体的三度空间，这种图直观性好，且有较强的立体感。先设定空间的几何原形所在的直角坐标系，坐标系由定有长度单位的3根坐标轴来表示。采用平行投影法(直角投影或斜角投影)，将3根坐标轴连同空间几何原形一起投射到投影面上。利用坐标轴的投影与空间坐标轴之间的对应关系来确定图形与原形之间的一一对应关系。

采用轴测投影法时，将坐标轴与投影面放成一定的角度，以便在一个投影图上能同时反映出几何体的长、宽、高3部分面上的形状，以增强立体感，如图2.11所示。

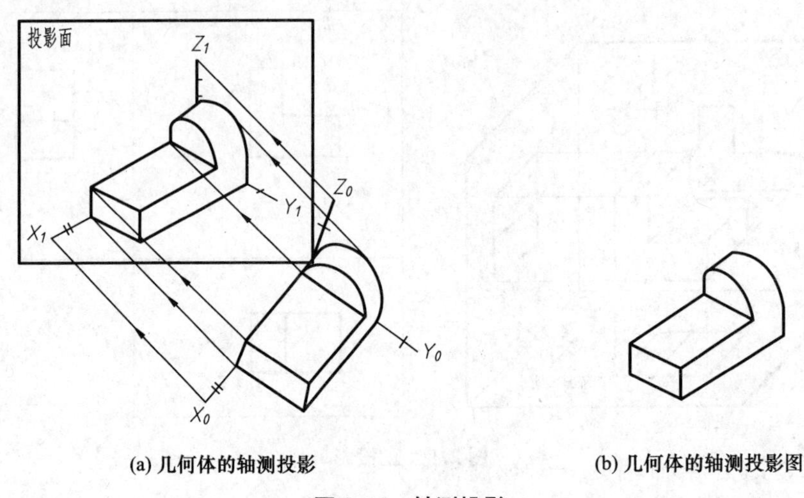

(a) 几何体的轴测投影　　(b) 几何体的轴测投影图

图2.11　轴测投影

由图可知，轴测图虽然直观性好，但它不能确切地表达机件原来的形状，如正方形的轴测图变成了平行四边形，圆的轴测图变成了椭圆。并且绘制起来也比较复杂，因此，它只作为一种辅助图样使用。

4. 透视投影法

透视投影法用的是中心投影。它与照相成影的原理相似，图像接近于视觉映像。所以透视投影图富有逼真感、直观性强的特点。按照特定规则画出的透视投影图完全可以确定空间几何元素的几何关系，如图2.12所示。由于采用中心投影法，所以有的空间平行的直线在投影后就不平行了。

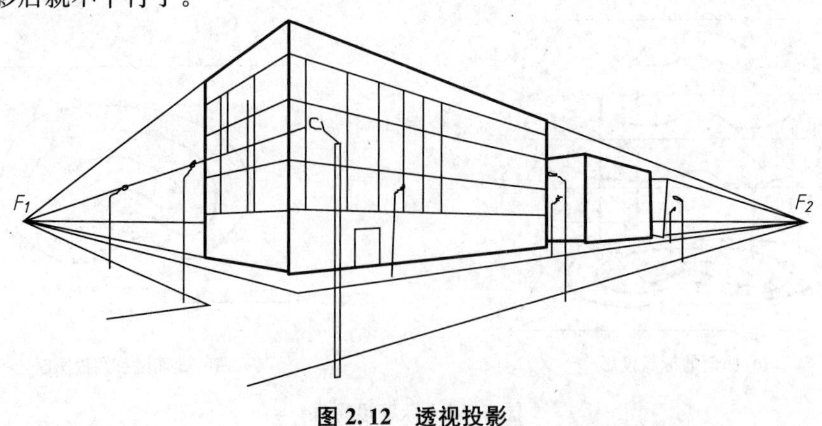

图2.12　透视投影

透视投影图广泛用于工艺美术及宣传广告图样。虽然它的直观性强，但由于作图复杂且度量性较差，故在工程上只用于土建工程及大型设备的辅助图样。由于现在计算机技术应用的普遍提高，用 AutoCAD 绘制透视图可避免人工作图过程的复杂性，因此，以后在更多的场合可以广泛地采用透视图。

2.2　点 的 投 影

点是组成形体最基本的几何元素，在立体上常常以交点的形式出现。因此，研究和掌握点的投影性质和规律是研究和掌握一切几何形体的基础。下面就从点开始来说明正投影法的建立及其基本原理。

2.2.1　两投影面体系中点的投影

1. 两投影面体系的建立

如图 2.13 所示，首先建立两个互相垂直的投影面 H 及 V。H 为水平放置，称为水平投影面；V 就称为正立投影面。两投影面的交线称为投影轴，以 OX 表示。

由于在空间设定了两投影面体系，投影平面是没有边际的，这就把空间分成 4 个部分，称为分角。以第一、二、三、四分角命名之，其次序如图 2.13 所示。

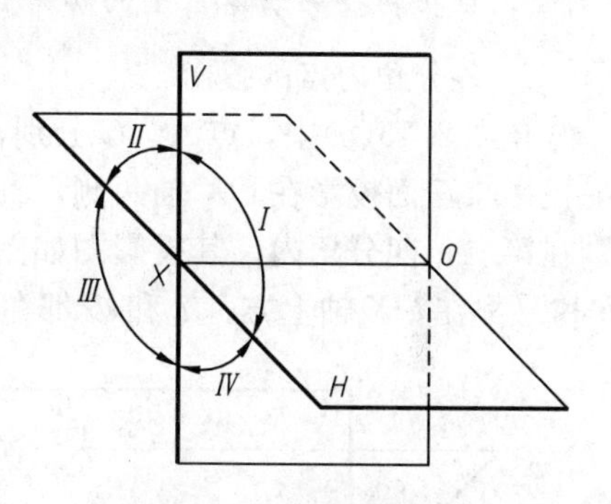

图 2.13　两投影面体系

2. 点在两投影面体系中的投影

图 2.14(a)表示点 A 在第一分角投射的情形，按正投影法将点 A 向水平投影平面 H 投影后得投影 a，点 a 即为水平投影；将 A 向投影平面 V 投影后得投影 a'，点 a' 即为正面投影。

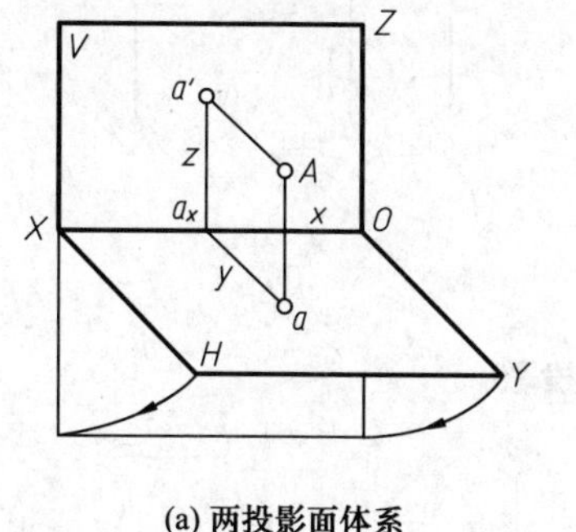

(a) 两投影面体系

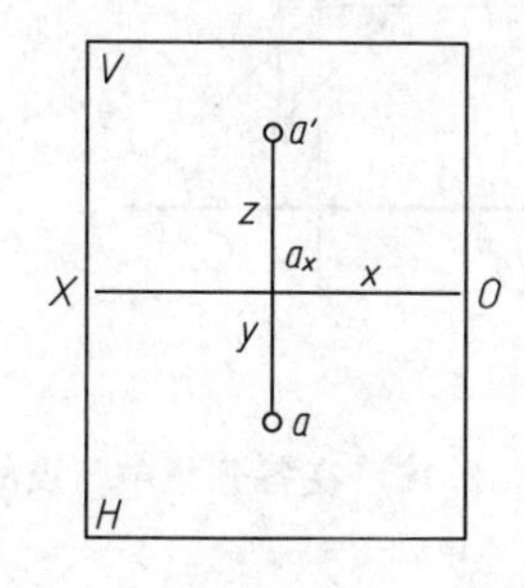

(b) 两面投影图

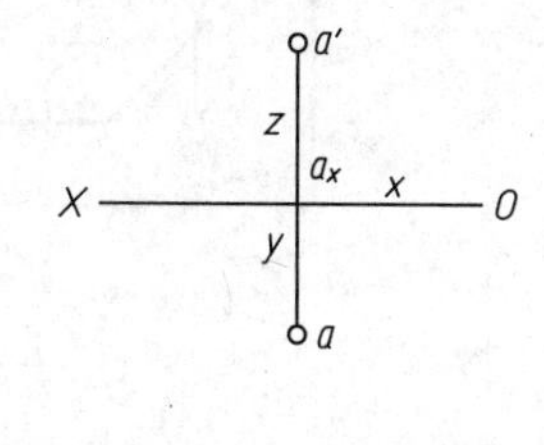

(c) 不画投影面的范围

图 2.14　两面投影图的画法

投射线 Aa 及 Aa' 是一对相交线，故处于同一平面内。这个平面既垂直于 H、V，又垂直于投影轴 X；并且 aa_X、$a'a_X$ 分别是该平面与 H、V 的交线，必有 aa_X 垂直于 X 轴，$a'a_X$ 垂直于 X 轴的关系，而 a_X 是平面和 X 轴的交点。显然，Aaa_Xa' 是个矩形。因而

$Aa'=aa_X$，$Aa=a'a_X$。

注写规则是：每个点自身用大写字母表示，如 A、B、C…点的水平投影用相应的小写字母表示，如 a、b、c…，点的正面投影用相应的小写字母表示，并加一撇表示，如 a'、b'、c'…

图 2.14(a)所示为一直观图。为使两个投影 a 和 a' 画在同一平面(图纸)上，规定将 H 面绕 OX 轴按图示箭头方向旋转 90°，使它与 V 面重合。这样就得到如图 2.14(b)所示点 A 的两面投影图。投影面可以认为是任意大的，通常在投影图上不画它们的范围，如图 2.14(c)所示。投影图上细实线 aa' 称为投影连线。今后常常利用图 2.14(c)所示的两面投影图来表示空间的几何原形。

3. 两面投影图的性质

(1) 同一点的水平投影和正面投影一定在 OX 轴的同一垂线上，即 $aa'\perp OX$，如图 2.14 所示。当 a 随着水平面翻转而重合于正面时，$aa'\perp OX$ 的关系不变。因此，在正面投影图上，a、a_x、a' 三点共线，且 $aa'\perp OX$。

(2) 一点的水平投影到 OX 轴的距离等于该点到正面的距离；其正面投影到 OX 轴的距离等于该点到水平面的距离，即 $aa_x=Aa'$；$aa_X=Aa$。

4. 点在两投影面体系中的各种位置

1) 各分角内点的投影

在图 2.15(a)中，点 A、C 分别在第一、三分角内，其投影图如图 2.15(b)所示。其水平投影与正面投影在 OX 轴两侧，c、a' 在 OX 轴上方，c'、a 在 OX 轴下方。点 B、D 分别在第二、四分角内，其投影图如图 2.15(b)所示。其水平投影与正面投影在 OX 轴两侧。b 和 b' 都在 OX 轴上方，d 和 d' 都在 OX 轴下方。

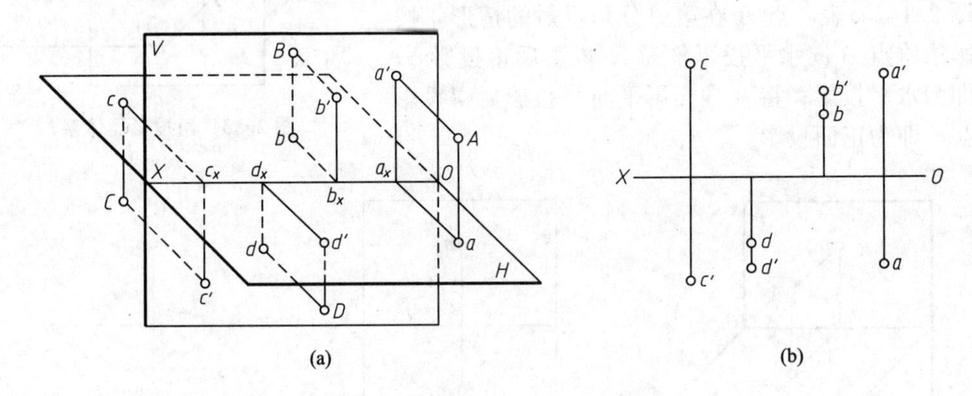

图 2.15　在各分角中，点的投影

2) 投影面及投影轴上点的投影

(1) 在投影面上的点。如图 2.16 所示，点 M 在前一半 H 面上，点 N 在上一半 V 面上，点 K 在后一半 H 面上，点 L 在下一半 V 面上。它们的一个投影在 OX 轴上，另一个投影与空间点本身重合。

(2) 在投影轴上的点。如图 2.16 所示，当点 G 在 OX 轴上时，点和它的两个投影都重合于 OX 轴上。

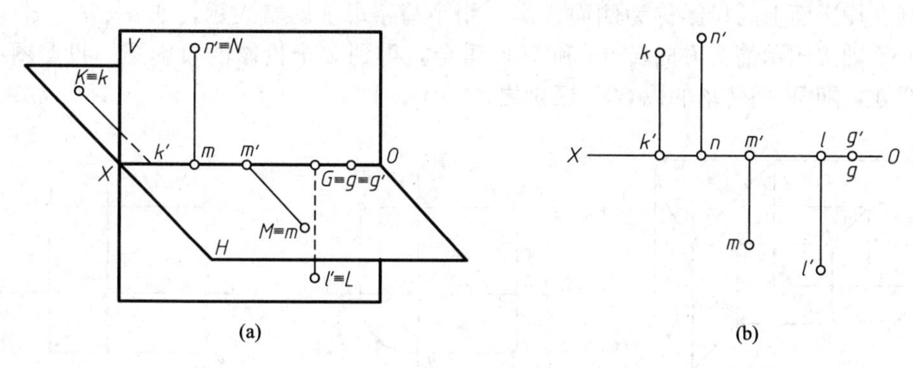

图 2.16　投影面及投影轴上的点

2.2.2　三投影面体系中点的投影

为更清楚地表达某些几何体，有时需采用三面投影图。例如图 2.17(a)所示的几何体，如画出其第三面投影，则可更清楚地表示该几何体的原形，如图 2.17(b)所示。

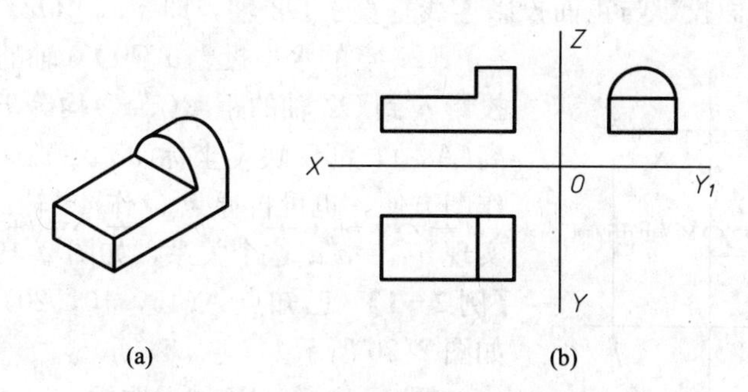

图 2.17　需用三面投影图表示的几何体

1. 三投影面体系的建立

点的两面投影已能确定该点的空间位置，但为了更清楚地表达某些几何体的形状，常需采用三面投影图。

三投影面体系是在 $V-H$ 两投影面体系的基础上，增加一个与 H、V 投影面均垂直的侧立投影面 W(简称侧面)组成的，如图 2.18 所示。在三投影面体系中，水平面与侧平面的交线为 Y 轴，正面与侧面的交线为 Z 轴，X、Y、Z 3 根投影轴交于一点 O，称为原点。三个投影面(H、V、W)将空间分为 8 个部分，分别称为第一、二、三、四、五、六、七、八分角，如图 2.18 所示。

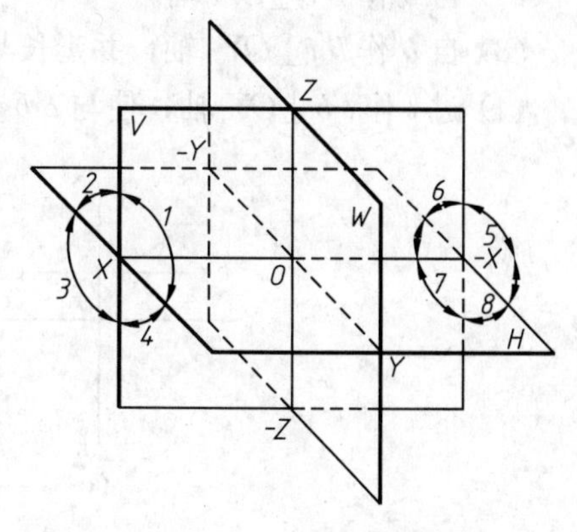

图 2.18　三投影面体系

2. 点在三投影面体系中的投影

由于采用正投影法进行投影，所以自空间一点 A 向 3 个投影面分别作垂线，得到的垂足就是 A 点在各投影面上的投影，如图 2.19 所示。

在侧立投影面上的投影称为侧面投影，用小写字母加两撇表示，如 a''、b''、c''…规定 W 面绕 OZ 轴按图示箭头方向转 90°和 V 面重合，得到 3 个投影的投影图。投影图中 OY 轴分为两处，随 W 面转动的以 OY_1 区别之。

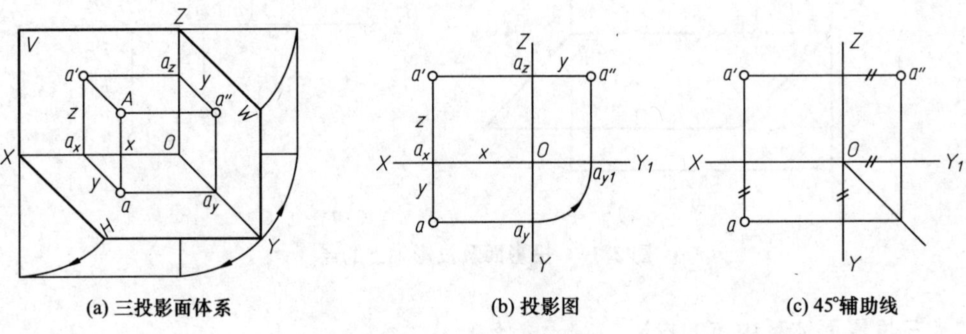

(a) 三投影面体系　　(b) 投影图　　(c) 45°辅助线

图 2.19　点的三面投影

3. 三面投影图的性质

(1) 同一点的侧面投影与正面投影连线垂直于 OZ 轴，即 $a'a''\perp OZ$。

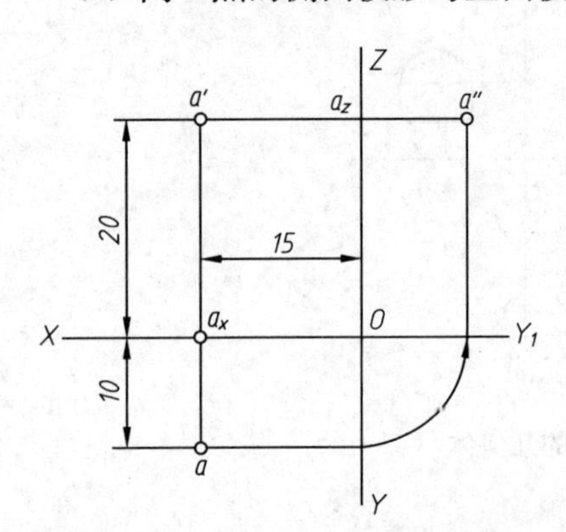

图 2.20　已知点的坐标求点的三面投影

(2) 点的水平投影 a 到 OX 轴的距离(aa_x)和侧面投影 a''到 OZ 轴的距离($a''a_z$)均等于点 A 到 V 面的距离(Aa')，都反映 y 坐标($aa_x=a''a_z=Aa'=y$)。为了作图方便，也可自原点 O 作 45°辅助线，通过作图来实现 $aa_x=a''a_z$这个关系，如图 2.19(c)所示。

【例 2－1】　已知点 $A(15, 10, 20)$，求其三面投影，如图 2.20 所示。

解：(1) 在 OX 轴上取 $Oa_x=15$。

(2) 过 a_x作 $aa'\perp OX$ 轴，并使 $aa_x=10$，$a'a_x=20$。

(3) 过 a'作 $a'a''\perp OZ$ 轴，并使 $a''a_z=aa_x$。a、a'、a''即为所求。

【例 2－2】　在图 2.21(a)中，已知 b'、b''，求 b。

解：(1) 过原点 O 作与水平线成 45°的作图线，如图 2.21(b)所示。

(2) 自 b'作 $b'b\perp OX$ 轴。

(3) 自 b''作 $b''l\perp OY_1$ 轴，并延长与 45°作图线交于 l。

(4) 过 l 作 $lb\perp OY_1$轴，使与 $b'b$ 交于 b。b 即为所求。

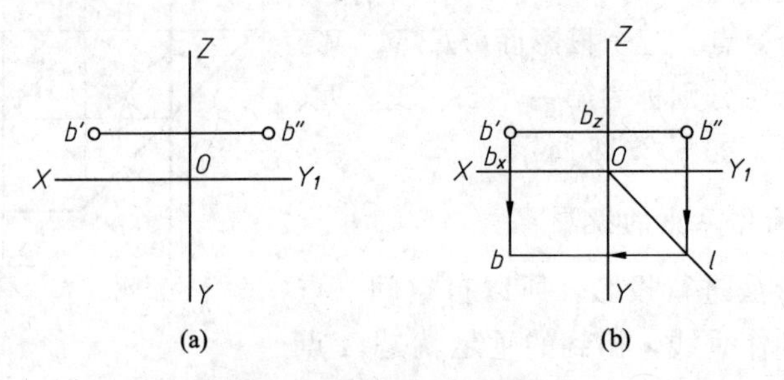

(a)　　(b)

图 2.21　已知 b'，b''求 b

2.2.3　点的相对位置

1. 两点相对位置的确定

在笛卡儿坐标系中，假定空间任意点 A 的坐标值(X_A，Y_A，Z_A)已经给定，其余各点的位置可以由它们的三个坐标值来确定，也可以由各点到已知点的坐标差来确定。

两点间的坐标差确定两点间的相对位置，如图 2.22 所示。已知空间两点的坐标为 $A(X_A，Y_A，Z_A)$、$B(X_B，Y_B，Z_B)$。A、B 两点的左右位置由 X 坐标差(X_A-X_B)决定，因为 $X_A>X_B$，所以 A 点在 B 点的左方。A、B 两点的前后位置由 Y 坐标差(Y_A-Y_B)决定，因为 $Y_A>Y_B$，所以 A 点在 B 点的前方。A、B 两点的上下位置由它们的 Z 坐标差(Z_A-Z_B)决定，因为 $Z_A>Z_B$，所以 A 点在 B 点的上方。即如果给出点 B 对已知点 A 的坐标差，也可确定其空间位置。

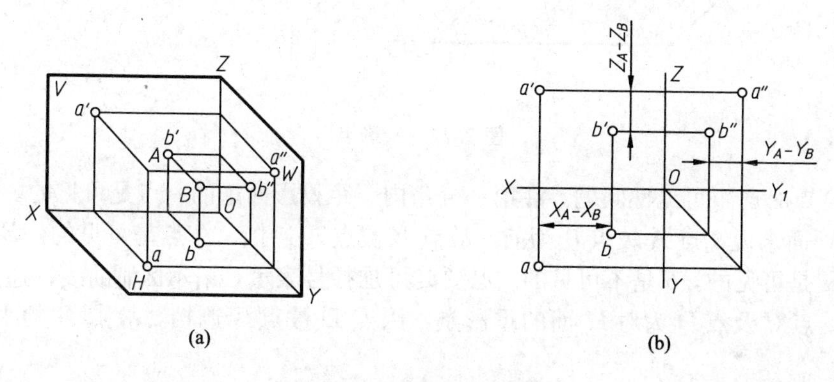

图 2.22　两点的相对位置

【例 2-3】　如图 2.23(a)所示，已知点 A 的两面投影 a' 及 a；又知点 B 在点 A 的右方 10mm，在点 A 的上方 8mm 和在点 A 的前方 6mm，求点 B 的投影。

解：由题知点 B 在点 A 的右方 10mm，所以可由 aa' 的投影连线向右沿 OX 轴量取 10mm，并作线垂直于 OX 轴；由点 B 在点 A 的上方 8mm，可过 a' 作水平线与前面所作的垂线相交，然后由交点处向上沿 OZ 轴量取 8mm，即得到点 B 的正面投影 b'；再由点 B 在点 A 的前方 6mm，则可以过 a 作水平线与所作的垂线相交，然后由交点处向下沿 OY 轴量取 6mm，即得到点 B 的水平投影 b，如图 2.23(b)所示。

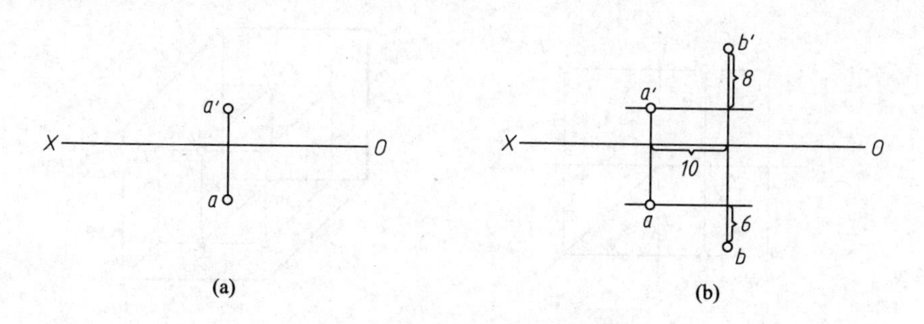

图 2.23　由相对坐标作投影图

2. 重影点

如果空间两点位于某一投影面的同一条垂线上，则这两点在该投影面上的投影就重合为一点，此两点称为对该投影面的重影点。某投影面的两个重影点，它们有两个相等的坐标。

如图 2.24 所示，点 A 与点 B 在同一垂直于 V 面的投射线上，故它们的正面投影 a' 和 b'重合。

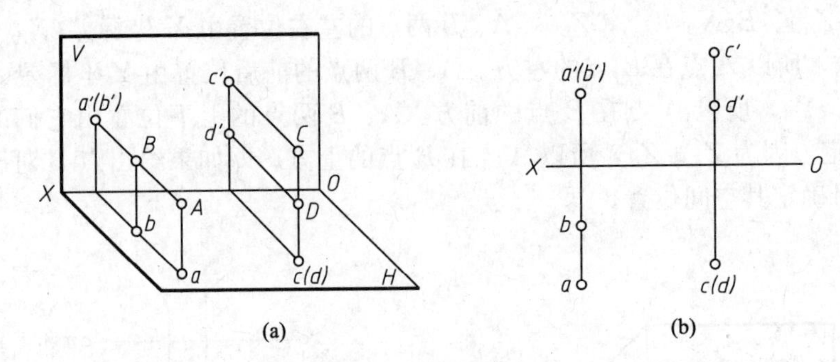

图 2.24　重影点

两重合点必产生可见性问题。在第一分角内，距投影面远的一点是可见的。如图 2.24 所示，对 V 面来说，点 A 较点 B 为前，故点 B 被点 A 遮挡，A 点是可见的，B 点是不可见的，即 a'是可见的，b'是不可见的。必要时可加括号表示，以示区别。

同理，点 C 及点 D 为对 H 面的重影点，因点 D 被点 C 遮挡，故点 D 的水平投影 d 不可见。

当两点的某投影重合时，就要判别其中哪一个点是看得见的，哪一个点是看不见的。这称为判别可见性。重影点的可见性由不相等的坐标决定。在这一对坐标中，坐标值大者为可见，小者为不可见。

【例 2-4】 如图 2.25(a)所示为 A 和 B 的投影图，试判断该两点在空间的相对位置。

解：由正面投影或水平投影均可定出点 A 在点 B 的左方。正面投影反映点的高低，可看出 $Z_A=Z_B$。水平投影反映点的前后位置，可看出 $Y_A=Y_B$。由于两点的 Y 方向与 Z 方向的坐标值都相等，即坐标差都等于零，所以处在一条垂直于侧立投影面的投射线上，故其侧面投影必重合，图 2.25(b)为其直观图。

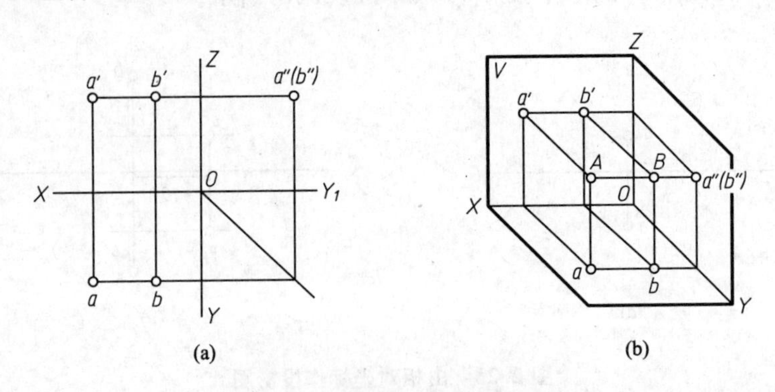

图 2.25　判断两点的相对位置

2.3　直线的投影

2.3.1　直线投影的基本性质

1. 直线的投影仍为直线，特殊情况积聚为一点

如图 2.26 所示，直线 AB 在水平面上的投影仍为直线 ab；直线 CD 平行于投射线方向，投影 cd 积聚为一点。

2. 直线投影图的画法

直线的空间位置由线上任意两点决定。画直线的投影图时，根据“直线的投影一般还是直线”的性质，在直线上任取两点，画出它们的投影图后，再将各组同面投影连线即成，如图 2.27 所示。如以点 A 为基准，比较 A，B 两点的各组坐标值的大小，即可判断直线的空间位置：AB 向右上后方倾斜。

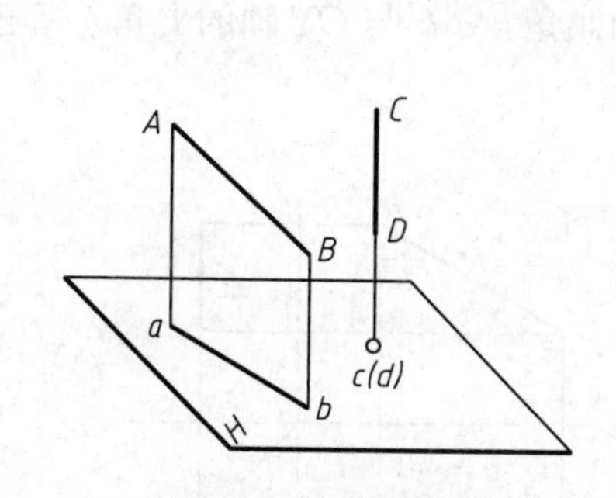

图 2.26　直线的投影

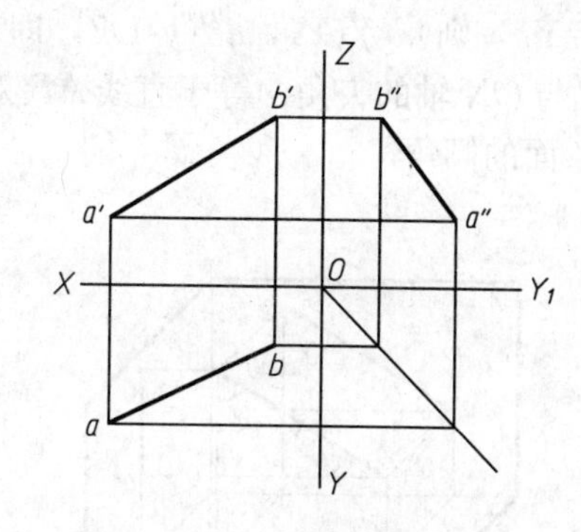

图 2.27　直线的投影图

3. 一般位置直线的投影特性

1）直线对投影面的倾角

直线和投影面斜交时，直线和它在投影面上的投影所成的锐角称为直线对投影面的倾角。规定：一般以 α、β、γ 分别表示直线对 H、V、W 面的倾角，如图 2.28 所示。

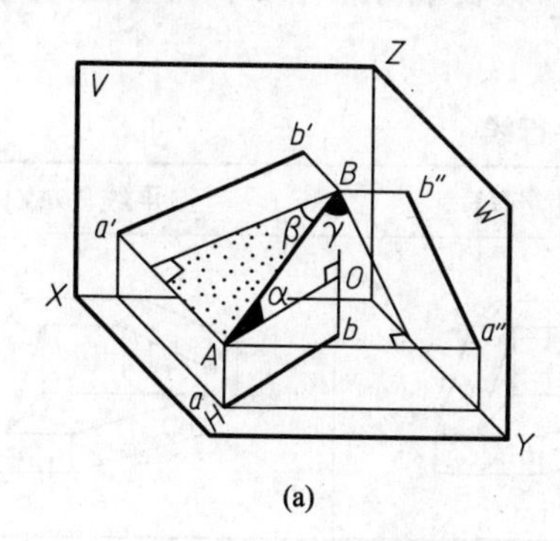

(a)

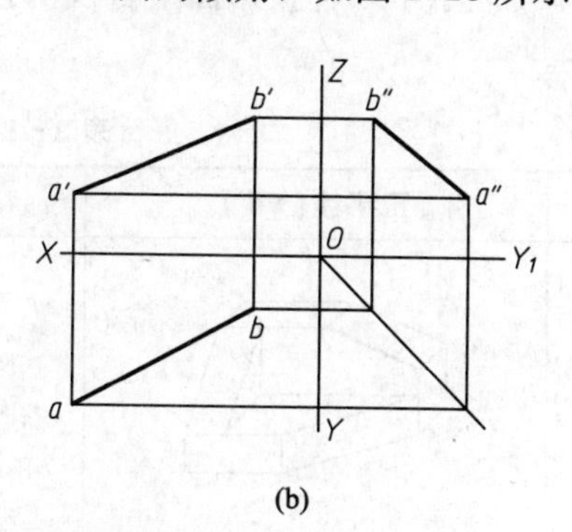

(b)

图 2.28　一般位置直线的投影特性

2）一般位置直线及其投影特性

对 3 个投影面都倾斜的直线称为一般位置直线，如图 2.28 所示的 AB。直线 AB 对 H 面的倾角为 α，故水平投影 $ab=AB\cos\alpha$。同理，$a'b'=AB\cos\beta$，$a''b''=AB\cos\gamma$。

因此，一般位置直线的投影特性是：3 个投影都小于实长，且都倾斜于相应的投影轴，如图 2.28 所示。

反之，如果直线的 3 个投影相对于投影轴都是斜线，该直线必定是一般位置直线。

2.3.2　特殊位置直线的投影

和某一投影面平行或垂直的直线统称为特殊位置直线。特殊位置直线有投影面平行线和投影面垂直线两种。

1. 投影面平行线

投影面平行线是平行于一个投影面而对另外两个投影面倾斜的直线。它有 3 种：水平线（$//H$ 面）、正平线（$//V$ 面）和侧平线（$//W$ 面）。

现以正平线为例，说明投影面平行线的投影特性。

如图 2.29 所示，由于 $AB//V$ 面，$\beta=0°$，$a'b'=AB\cos 0°=AB$，即正面投影反映实长；$Y_A=Y_B$，则 $ab//OX$，$a''b''//OZ$，即水平投影和侧面投影平行于相应的投影轴；实长投影 $a'b'$ 与 OX 轴的夹角 α 等于直线 AB 对 H 面的倾角，$a'b'$ 与 OY 轴的夹角 γ 等于直线 AB 对 W 面的倾角。

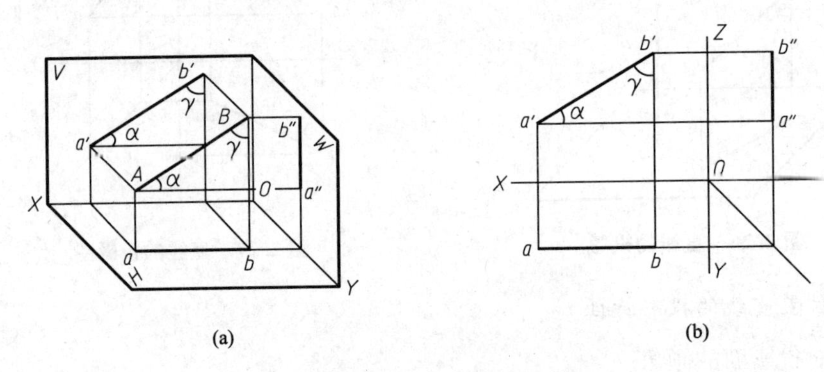

(a)　　(b)

图 2.29　正平线的投影特性

表 2-1 表示了 3 种投影面平行线的投影特性。从表中可看出 3 种投影面平行线具有如下共性。

表 2-1　投影面平行线

名称	正平线（$//V$）	水平线（$//H$）	侧平线（$//W$）
实例	A B	F E	I J

（续）

名称	正平线（//V）	水平线（//H）	侧平线（//W）
立体图	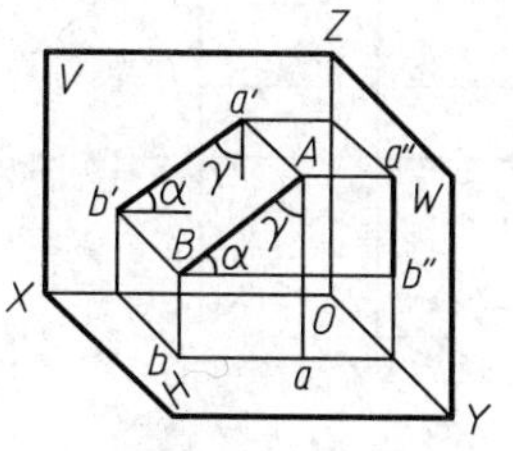	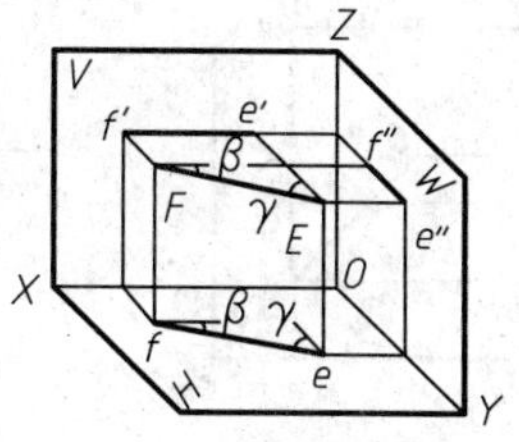	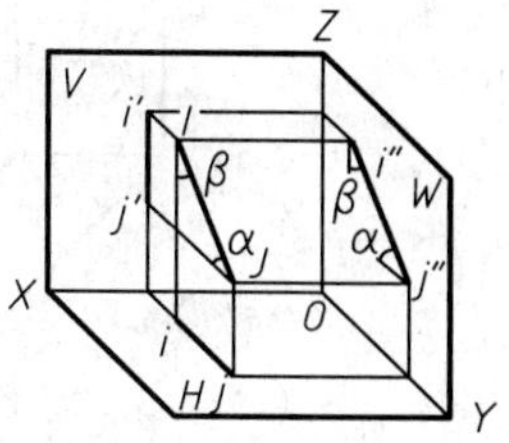
投影图	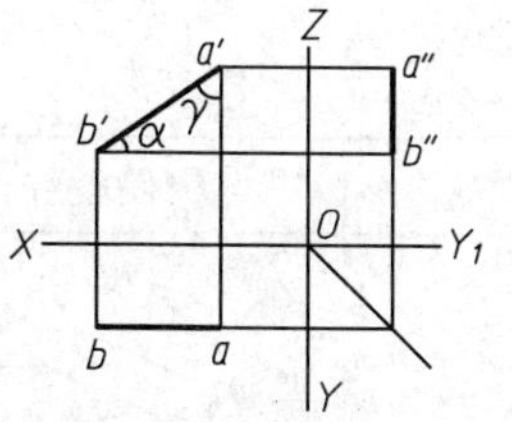	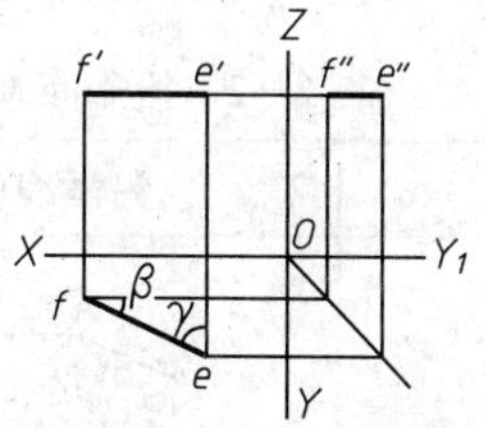	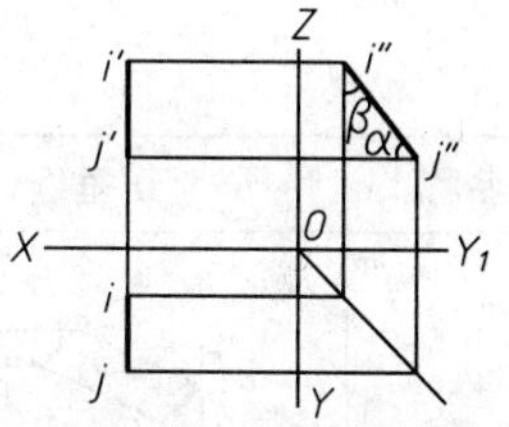
投影特性	（1）正面投影 $a'b'$ 反映实长。 （2）正面投影 $a'b'$ 与 OX 轴和 OZ 轴的夹角 α、γ 分别为 AB 对 H 面和 W 面的倾角。 （3）水平投影 ab//OX 轴，侧面投影 $a''b''$//OZ 轴且都小于实长	（1）水平投影 EF 反映实长。 （2）水平投影 ef 与 OX 轴和 OY 的夹角 β、γ 分别为 EF 对 V 面和 W 面的倾角。 （3）正面投影 $e'f'$//OX 轴，侧面投影 $e''f''$//OY_1 且都小于实长	（1）侧面投影 $i''j''$ 反映实长。 （2）侧面投影 $i''j''$ 与 OZ 轴和 OY 轴的夹角 β、α 分别为 EF 对 V 面和 H 面的倾角。 （3）正面投影 $i'j'$//OZ 轴，水平投影 ij//OY 且都小于实长

（1）直线在它所平行的投影面上的投影反映实长。

（2）其他两个投影平行于相应的投影轴。

（3）反映实长的投影与投影轴的夹角等于直线对相应投影面的倾角。

反之，如果直线的 3 个投影与投影轴的关系是一斜两平行，则其必定是投影面平行线。

2. 投影面垂直线

垂直于一个投影面（与另外两个投影面必定平行）的直线称为投影面垂直线。它也有 3 种：铅垂线（$\perp H$ 面）、正垂线（$\perp V$ 面）和侧垂线（$\perp W$ 面）。图 2.30 表示了铅垂线的投影特性。

因直线 $AB \perp H$ 面，$X_A = X_B$，$Y_A = Y_B$，故其水平投影 ab 积聚成一点。又因直线 AB//V 面，AB//W 面，故 $a'b' = AB = a''b''$，且 $a'b' \perp OX$，$a''b'' \perp OY_1$。

3 种投影面垂直线的投影特性见表 2-2。从表中可以看出，3 种投影面垂直线具有如下共性。

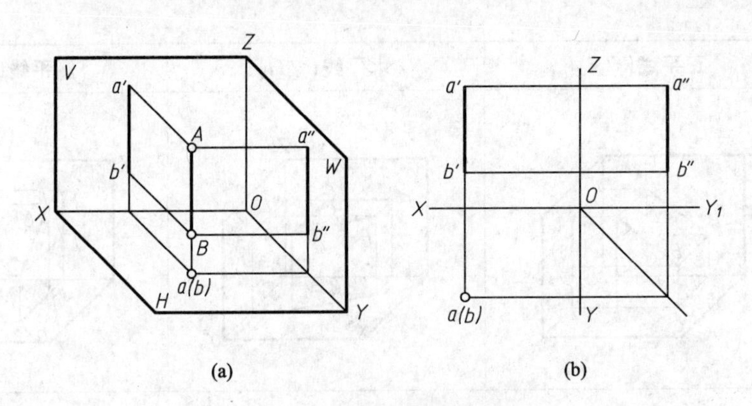

图 2.30　铅垂线的投影特性

表 2-2　投影面垂直线

名称	正垂线(⊥V)	铅垂线(⊥H)	侧垂线(⊥W)
实例			
立体图			
投影图			
投影特性	(1) 正面投影 $b'(c')$积聚成一点。 (2) 水平投影 bc、侧面投影 $b''c''$都反映实长，且 $bc \perp OX$，$b''c'' \perp OZ$	(1) 水平投影 $b(g)$积聚成一点。 (2) 正面投影 $b'g'$、侧面投影 $b''g''$都反映实长，且 $b'g' \perp OX$，$b''g'' \perp OY_1$	(1) 侧面投影 $e''(k'')$积聚成一点。 (2) 正面投影 $e'k'$、水平投影 ek 都反映实长，且 $e'k' \perp OZ$，$ek \perp OY$

(1) 直线在它所垂直的投影面上的投影积聚成一点。

(2) 其他两个投影反映实长，且垂直于相应的投影轴。

反之，如果直线的一个投影是点，则直线必定是该投影面的垂直线。

2.3.3 一般位置线段的实长及倾角

特殊位置线段的投影可直接反映出它的实长和对投影面的倾角，而一般位置线段的投影并不具有这样的性质。工程上求一般位置线段的实长及倾角有直角三角形法和换面法。本节介绍直角三角形法。

图 2.31(a)为一般位置线段 AB 的直观图。现分析线段和它的投影之间的关系，以寻找求线段实长的图解方法。过点 A 作 $AB_0 /\!/ ab$，交 Bb 于、点 B_0，构成直角三角形 ABB_0。其中，斜边 AB 为线段本身，一直角边 $AB_0=ab$，另一直角边 $BB_0=Z_B-Z_A$，$\angle BAB_0=\alpha$，即 AB 对 H 面的倾角。可见，已知线段的两面投影，就相当于给出了直角三角形的两直角边。作出这个直角三角形，便可求出空间线段的实长和倾角。

图 2.31(b)表示在投影图上作直角三角形，求线段的实长及其对 H 面的倾角 α，具体作法如下。

(1) 以线段 AB 的水平投影 ab 为一直角边。

(2) 以线段 AB 两端点的 Z 坐标差(Z_B-Z_A)为另一直角边。

(3) 连接 aB_0，得直角三角形 abB_0，则 $aB_0=AB$，$\angle B_0ab=\alpha$。

图 2.31(c)表示在同样条件下用正面投影 Z 坐标差的作图方法。若求一般位置直线对 V 面的倾角 β，则应过点 A 作正平线 $AA_0 /\!/ a'b'$，构成直角三角形 ABA_0，如图 2.31(a)所示。在投影图上作直角三角形即可求出线段 AB 对 V 面的倾角 β，同时也能求出线段 AB 的实长，如图 2.31 所示。

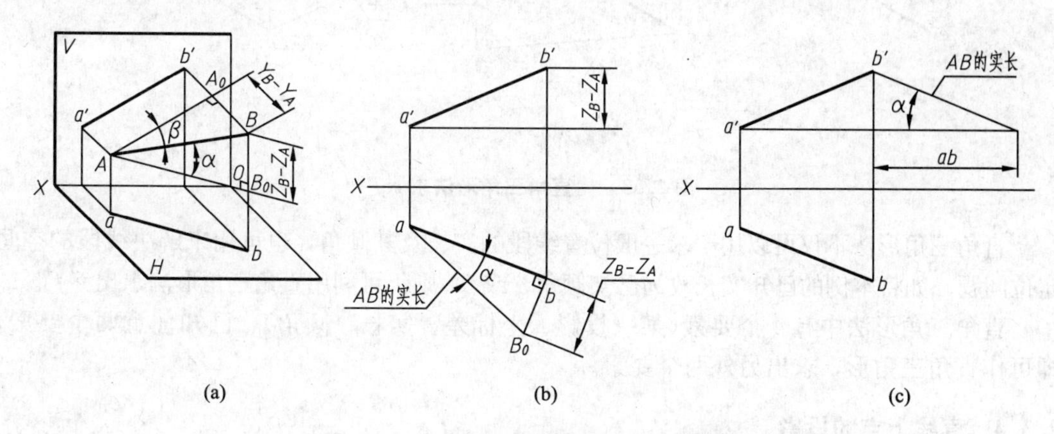

(a) (b) (c)

图 2.31 直角三角形法求线段实长及倾角

由上可知，α 和 β 两个倾角不可能同在一个直角三角形内。反之，投影图中每个求得的直角三角形内也不会同时包含 α 和 β 两个倾角，必须分别求作，如图 2.32 所示。

直角三角形法求线段实长及倾角的作图方法可归结为：以线段的某一投影为一直角边，线段两端点对该投影面的坐标差为另一直角边，作一直角三角形，其斜边等于线段的实长，斜边与投影边的夹角等于线段对该投影面的倾角。

【例 2-5】 如图 2.33(a)所示，已知 $EF=30$，试完成 EF 的正面投影 $e'f'$。

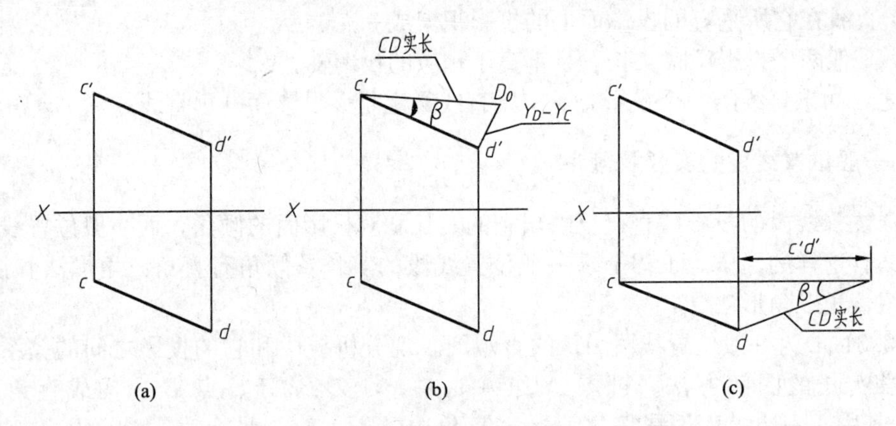

图 2.32 求线段实长及倾角 β

分析：本例是确定 f'的问题，也就是根据已知条件确定空间线段的位置。利用已知条件，可以通过作直角三角形求 Z 的坐标差，确定 f'的位置，如图 2.33(b)所示；或者由作直角三角形求 $e'f'$的长度来确定 f'的位置，如图 2.33(c)所示。

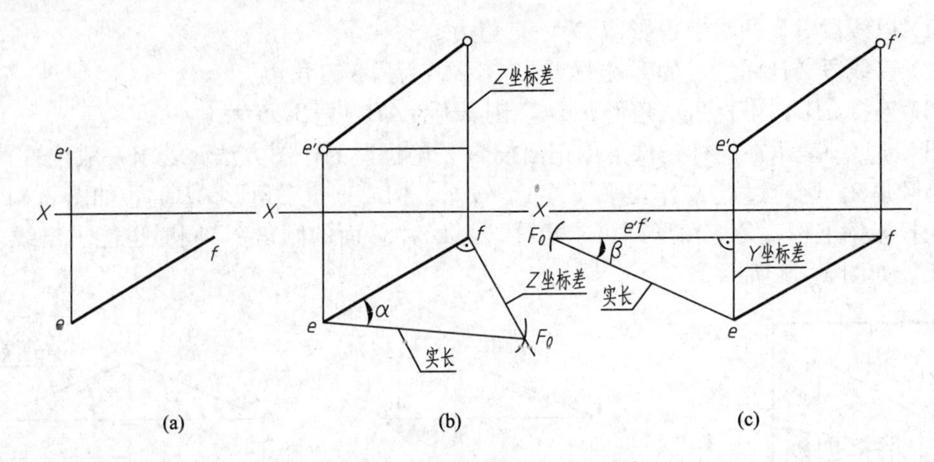

图 2.33 用直角三角形法求 $e'f'$

直角三角形法不仅可以用于求一般位置线段的实长及其倾角，也可用来解决线段的空间定位问题，如将本例的已知实长改为已知倾角 α 或 β，则仍可利用直角三角形法求出 $e'f'$。

直角三角形法中有 4 个要素(某一投影、坐标差、实长、倾角)，已知任意两个要素，即可作直角三角形，求出另外两个要素。

2.3.4 直线上点的投影

1. 直线上点的投影特性

(1) 直线上点的投影必在直线的同面投影上，并且符合点的投影特性。例如，图 2.34 中的点 C 在 AB 上，c、c'、c''分别在 ab、$a'b'$、$a''b''$上，且 $cc'\perp OX$，$c'c''\perp OZ$，$cc_x=c''c_z$。

(2) 点在直线上所分割的比例，其投影不变。

如图 2.34 所示，点 C 在 AB 上，则 $ac:cb=a'c':c'b'=a''c'':c''b''=AC:CB$。利用上述性质，可以在直线上求点。

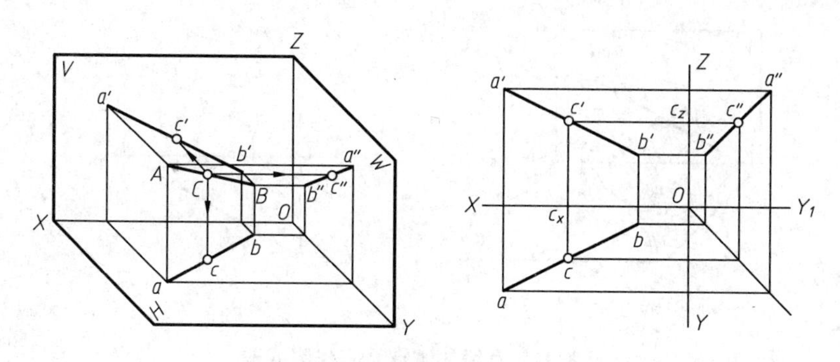

图 2.34　点在直线上的投影特性

【例 2-6】 如图 2.35 所示，在直线 AB 上求点 C，使 $AC:CB=1:4$。

解： 作图步骤如下。

(1) 自 a(或 a')任作直线 aB_0。

(2) 在 aB_0 上以适当长度取五等分，得 1、2、3、4、5 诸点。

(3) 连 $b5$，自 1 作 $1c /\!/ b5$。

(4) 据 c 求出 c'，c、c' 即为所求。

【例 2-7】 如图 2.36 所示，判断点 D 是否在直线 AB 上。

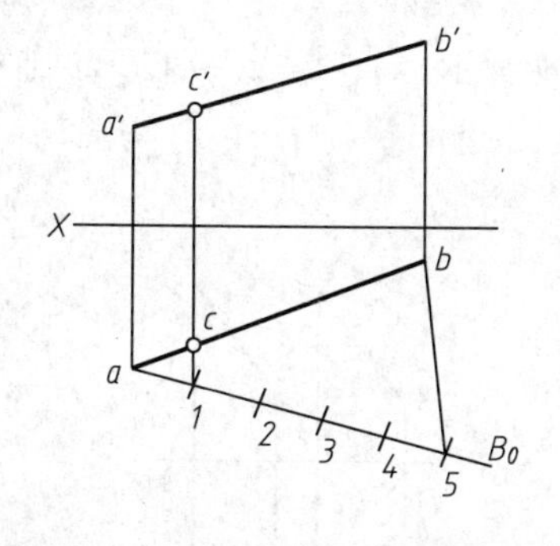

图 2.35　求点 C，使 $AC:CB=1:4$

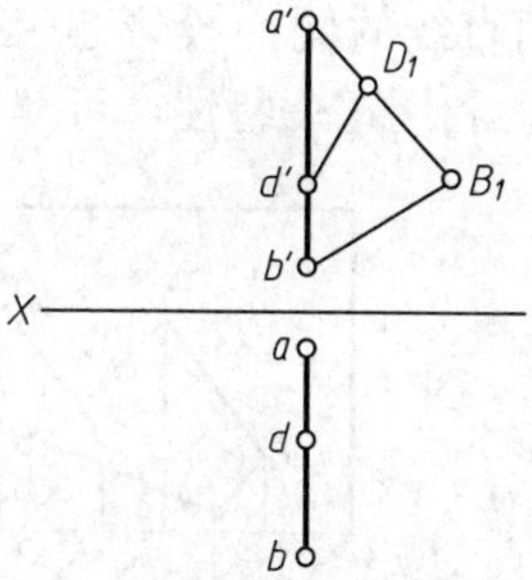

图 2.36　判别直线与点的相对位置

解： 可以作出 AB 和 D 的侧面投影，直接判断 D 是否在 AB 上；也可以不作侧面投影，利用点分线段的比例在投影中不变的特性来判断，如点 D 在直线 AB 上，则 $ad:db=a'd':d'b'$ 成立。否则，点 D 就不在 AB 上。图 2.36 表示用后一种方法作图。图中 $a'B_1=ab$，$a'D_1=ad$。因 $b'B_1$ 不平行于 $d'D_1$，即表明点 D 不在 AB 上。

2. 直线的迹点

直线与投影面的交点称为直线的迹点。相应地，直线与 H 面的交点称为水平迹点，与 V 面的交点称为正面迹点，与 W 面的交点称为侧面迹点。在两投影面体系中，直线最多有两个迹点，例如，图 2.37(a)中的直线 AB 就只有水平迹点 M 和正面迹点 N。

迹点是直线与投影面的共有点，它的投影应当同时具有直线上的点和投影面内的点的投影特性，即迹点的投影一定在直线的同面投影上，其中一个投影落在投影轴上，另一个投影与迹点本身重合。据此，可以求直线的迹点。

图 2.37(b)即为求直线迹点的作图，具体作法如下。

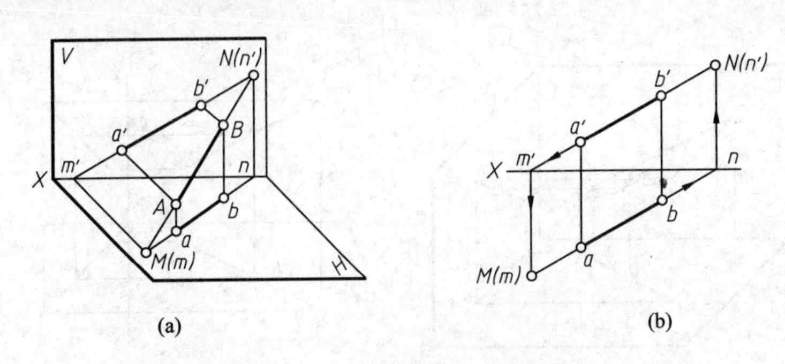

图 2.37 直线的迹点及其作图方法

(1) 将 $a'b'$ 延长与 X 轴相交，交点即为水平迹点 M 的正面投影 m'。

(2) 在 ab 上求出 m。

(3) 类似地，可以求出直线 AB 的正面迹点 $N(n', n)$。

当直线平行于一个投影面时，则直线在该投影面上没有迹点。

2.3.5 两直线的相对位置

空间两直线的相对位置有 3 种情况：平行、相交和交叉。

1. 两直线平行

平行两直线的同面投影也互相平行。如图 2.38 所示，直线 $AB /\!/ CD$，则 $ab /\!/ cd$，$a'b' /\!/ c'd'$。利用这一特性，可解决有关两直线平行的作图问题。

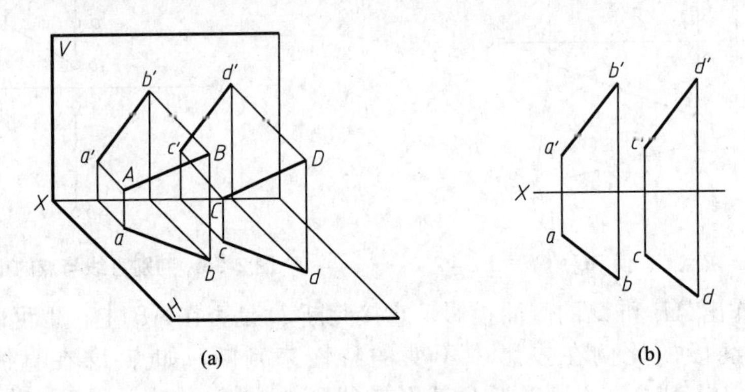

图 2.38 平行两直线的投影特性

反之，若两直线的同面投影都互相平行，则直线在空间平行。当两直线处于一般位置，且有两组同面投影互相平行时，即可说明这两条直线在空间为平行两直线。

2. 两直线相交

空间相交两直线，它们的同面投影必然相交且交点符合点的投影规律。如图 2.39 所示直线 AB 同 CD 交于点 K，它们的同面投影 ab、cd 及 $a'b'$、$c'd'$ 也分别相交，交点 k、k' 分别为点 K 的水平投影和正面投影，且 $kk' \perp OX$ 轴。利用这一特性，可解决有关相交直线的作图问题。反之，如两直线的同面投影都相交，且交点符合点的投影规律，则该两直线在空间一定相交。

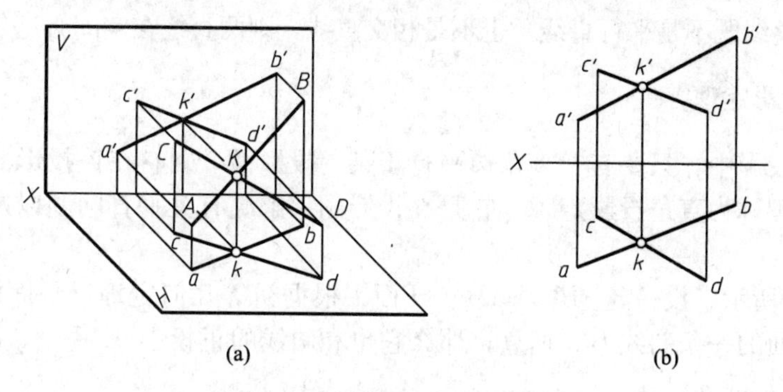

图 2.39　相交直线的投影特性

3. 两直线交叉

既不平行也不相交的空间两直线称为交叉(异面)直线。交叉两直线不可能具有平行两直线的投影特性，即使在某一或两个投影面上的投影出现平行，但不可能在所有投影面上的投影均保持平行，如图 2.40 所示。

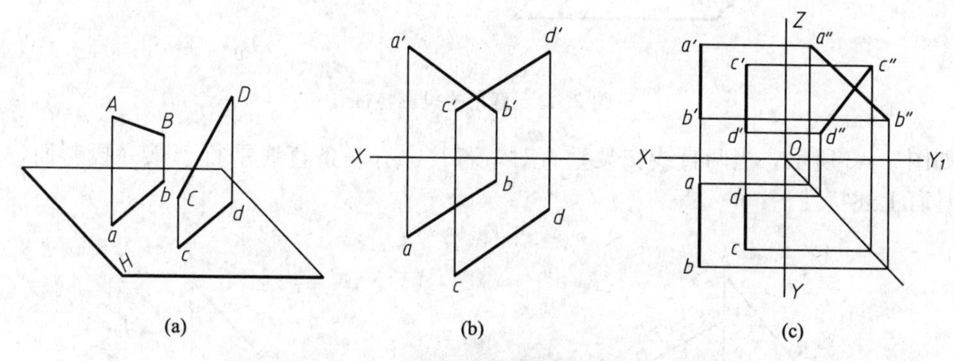

图 2.40　交叉两直线的投影特性(一)

交叉两直线也不可能具有相交两直线的投影特性，虽可能各组同面投影均相交，但其投影的交点是重影点，故它们的连线不垂直于投影轴。如图 2.41 所示，ab、cd 的交点是对 H 面的重影点Ⅰ、Ⅱ的水平投影，Ⅰ在直线 AB 上，Ⅱ在直线 CD 上。从正面投影可以看出：$Z_{\text{I}} > Z_{\text{II}}$，故 1 可见而 2 不可见。

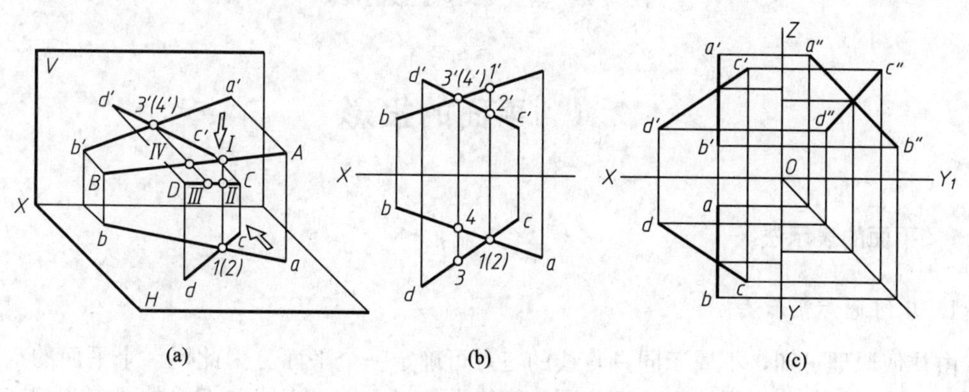

图 2.41　交叉两直线的投影特性(二)

若判别两直线既不是平行直线，也不是相交直线，则两直线在空间必定是交叉直线。

2.3.6　直角投影定理

在直角的投影中，只要有一直角边平行于某一投影面，则它在该投影面上的投影仍然是直角。此定理称为直角投影定理，它是在投影图上解决有关垂直问题以及求距离问题常用的作图依据。

如图 2.42 所示，设 $AB \perp BC$，$AB /\!/ H$ 面。根据初等几何定理，平面内一条直线 AB 如果和这个平面的一条斜线 BC 垂直，那么它也和斜线的正投影 bc 垂直，即可得出 $AB \perp bc$。因 $ab /\!/ AB$，故 $ab \perp bc$。

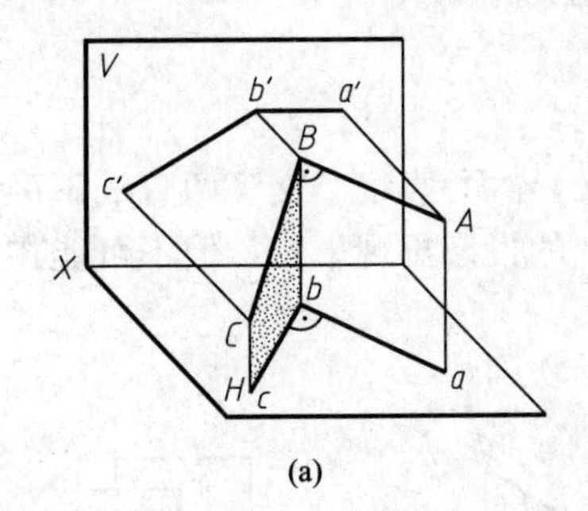

(a)

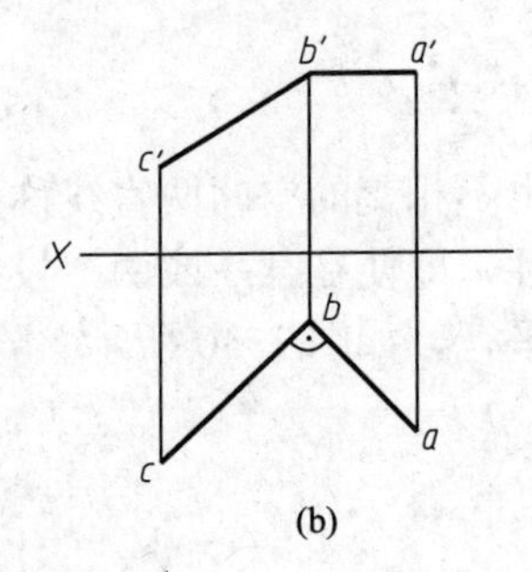

(b)

图 2.42　直角的投影特性

如图 2.43 所示，当两直线交叉垂直时，若其中有一条直线平行于某一投影面，其投影仍具有上述特性。

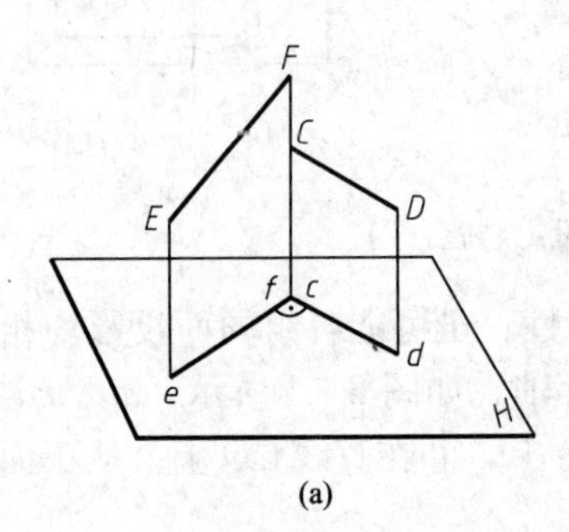

(a)

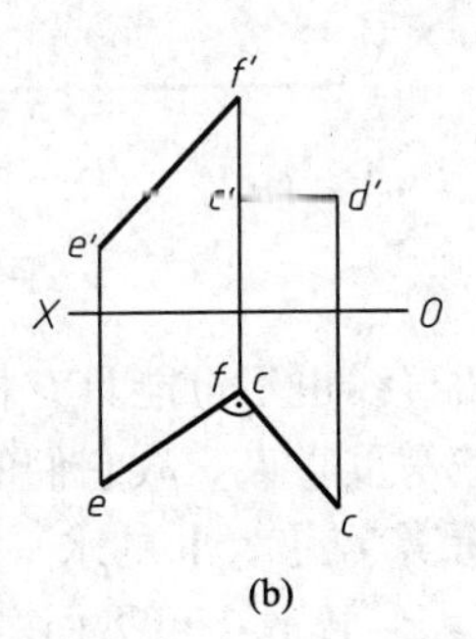

(b)

图 2.43　垂直交叉两直线的投影

2.4　平面的投影

2.4.1　平面的表示法

1. 几何元素表示法

由几何原理可知，不属于同一直线的三点可确定一个平面。因此，一个平面的空间位置可由下列几组几何元素确定：不在同一直线上的三点；一直线和直线外一点；相交两直线；平行两直线；任意平面图形。

在投影图上，可以用以上任一组几何元素的投影来表示平面，如图 2.44 所示。

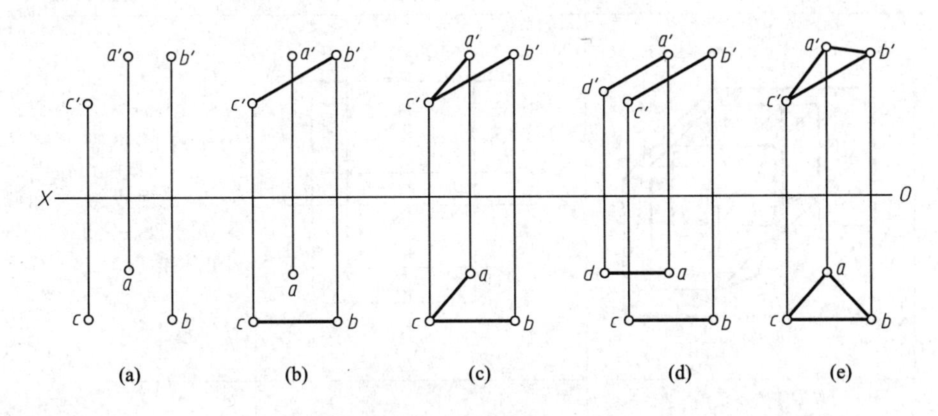

图 2.44 几何元素表示的平面

因为平面是无限大的，为了明显起见，通常用一个平面图形来表示一个平面。

2. 迹线表示法

平面与投影面的交线称为平面的迹线。如图 2.45 所示，平面的两条迹线可能是相交直线(P_V，P_H)，也可能是平行直线(Q_V，Q_H)，满足确定平面的几何条件，所以平面可以用迹线表示，简称迹线平面。平面与 H 面的交线称为水平迹线，用 P_H表示；平面与 V 面的交线称为正面迹线，用 P_V表示；平面与 W 面的交线用 P_W表示。

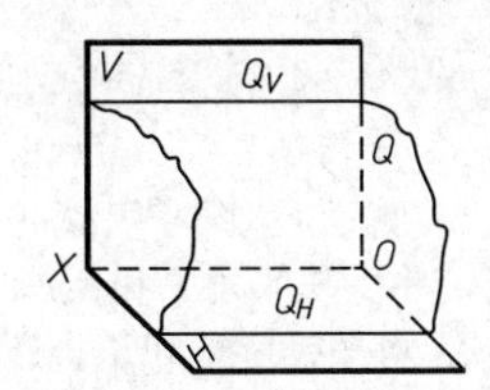

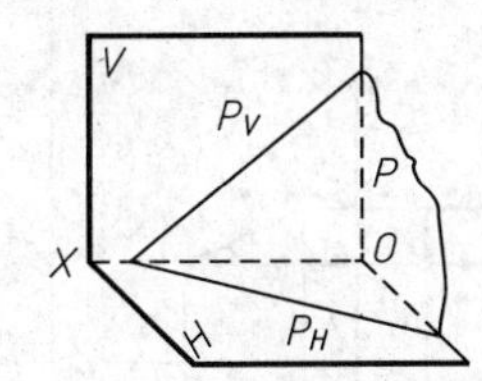

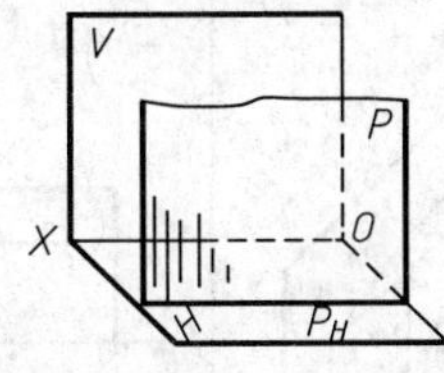

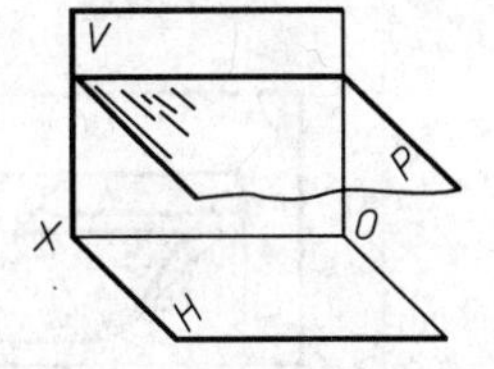

图 2.45 迹线表示的平面

P_V(或 Q_V)是 V 面上的一条直线，它的正面投影与本身重合，水平投影与 OX 轴重合；P_H (或 Q_H)是 H 面上的一条直线，其水平投影与本身重合，正面投影与 OX 轴重合。在投影图中，迹线一般只画出与迹线本身重合的那个投影，而与投影轴重合的那个投影不标记。

2.4.2 特殊位置平面的投影

只与一个投影面垂直或平行的平面称为特殊位置平面。

1. 投影面垂直面

投影面垂直面只垂直于一个投影面，与另两个投影面都倾斜。投影面垂直面有以下 3 种情况：垂直于 H 面的平面——铅垂面；垂直于 V 面的平面——正垂面；垂直于 W 面的平面——侧垂面。现将它们的直观图、投影图以及投影特性见表 2-3。

表 2-3 投影面垂直面

名称	立体图	投影图	投影特性
铅垂面	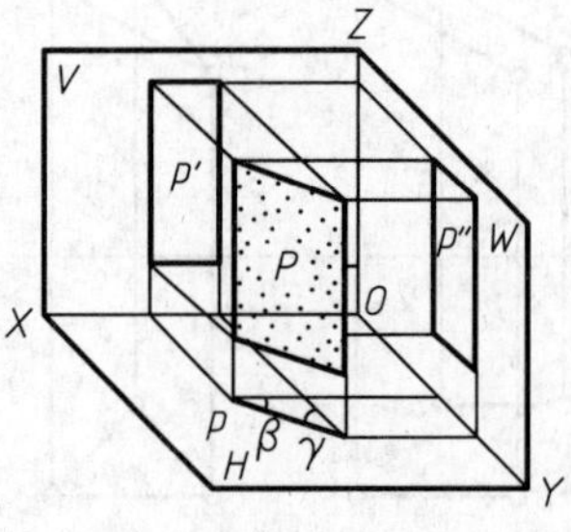	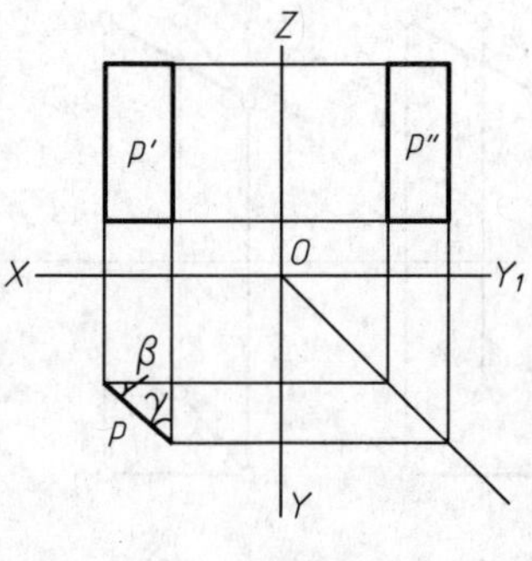	1. 水平投影 p 积聚成直线，并反映倾角 β 和 γ。 2. 正面投影 p' 和侧面投影 p'' 不反映实形，是面积缩小的类似形。
正垂面	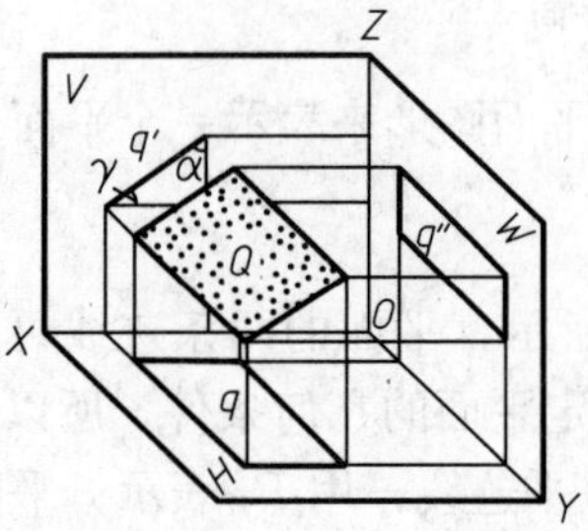	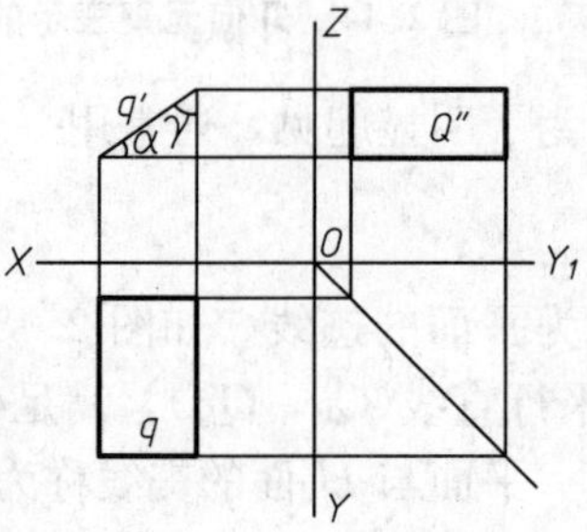	1. 正面投影 q' 积聚成直线，并反映倾角 α 和 γ。 2. 水平投影 q 和倾面投影 q'' 不反映实形，是面积缩小的类似形。
侧垂面	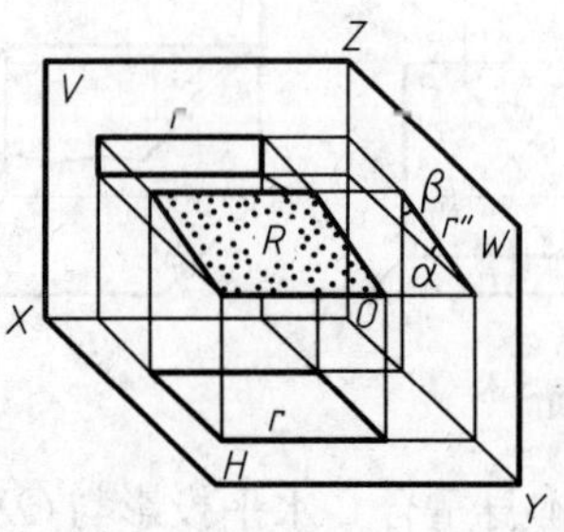	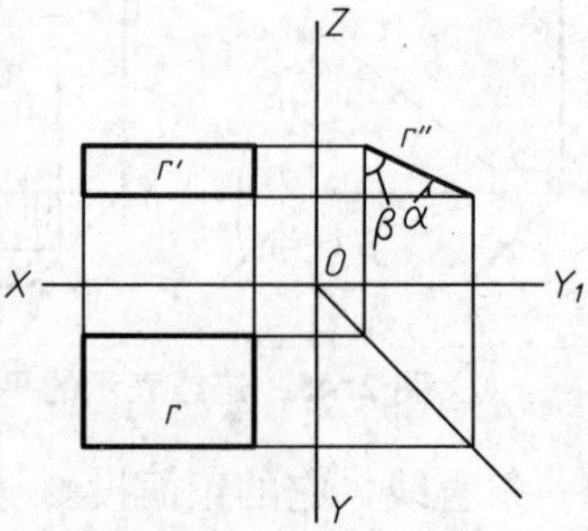	1. 侧面投影 r'' 积聚成直线，并反映倾角 α 和 β。 2. 水平投影 r 和正面投影 r' 不反映实形，是面积缩小的类似形。

据此，可以归纳出投影面垂直面的投影特性。

(1) 平面在其垂直投影面上的投影积聚成一条倾斜直线，且与投影轴的夹角反映该平面与相应面的倾角。

(2) 平面在另两个投影面上的投影为类似形。

2. 投影面平行面

投影面平行面只平行于一个投影面，对其余两个投影面均垂直。平行面有 3 种情况：平行于 H 面的平面——水平面；平行于 V 面的平面——正平面；平行于 W 面的平面——侧平面。它们的直观图、投影图及投影特性见表 2-4。据此，可以归纳出投影面平行面的投影特性。

表 2-4　投影面平行面

名称	立体图	投影图	投影特性
水平面	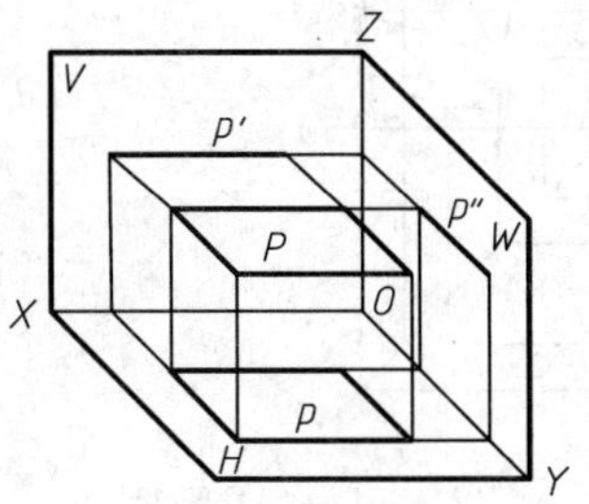	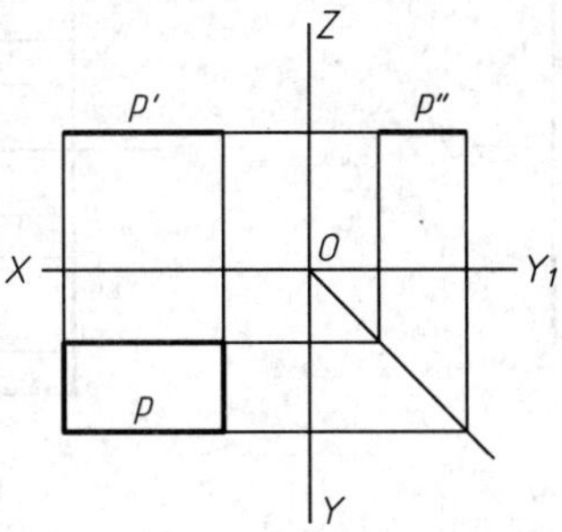	(1) 水平投影 p 反映实形。 (2) 正面投影 p' 和侧面投影 p'' 有积聚性，且 $p' /\!/ OX$ 轴，$p'' /\!/ OY_1$ 轴
正平面	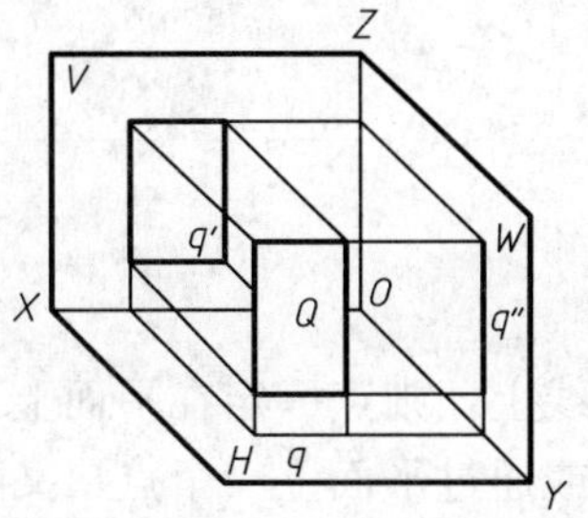	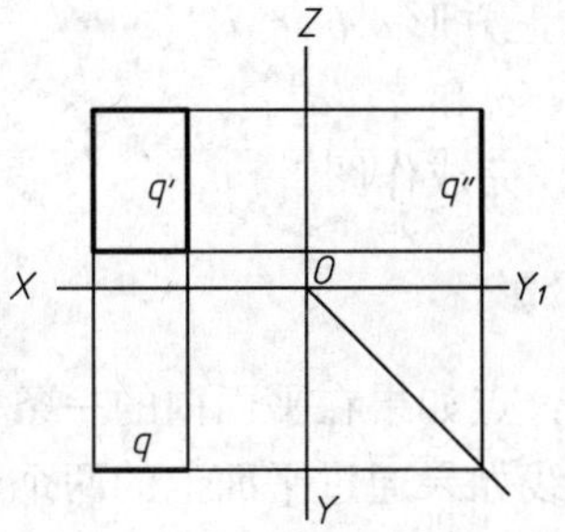	(1) 正面投影 q' 反映实形。 (2) 水平投影 q 和侧面投影 q'' 有积聚性，且 $q /\!/ OX$ 轴，$q'' /\!/ OZ$ 轴
侧平面	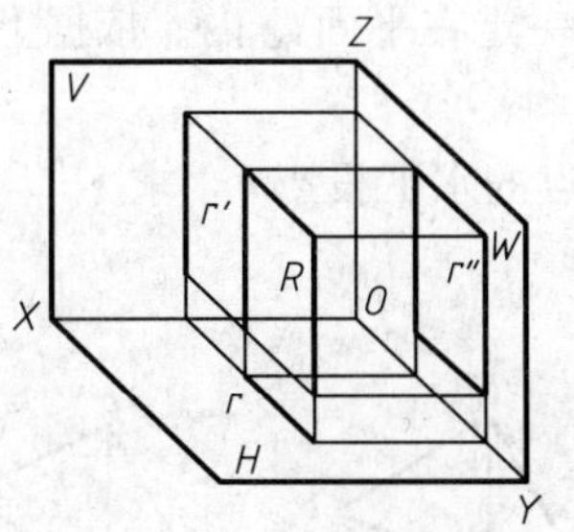	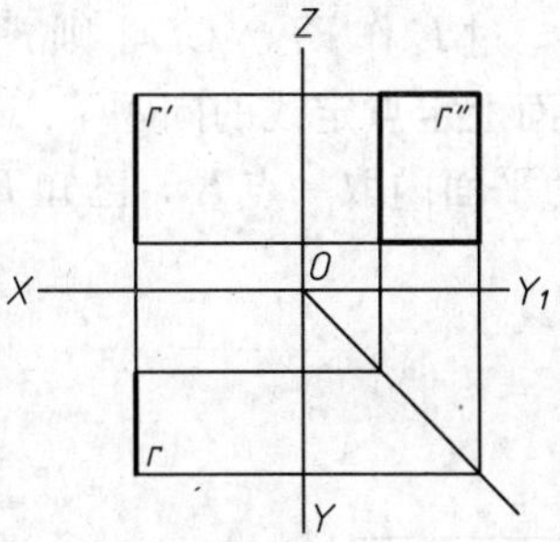	(1) 侧面投影 r'' 反映实形。 (2) 水平投影 r 和正面投影 r' 有积聚性，且 $r /\!/ OY$ 轴，$r /\!/ OZ$ 轴

(1) 投影面平行面在与其平行的投影面上的投影反映实形。

(2) 投影面平行面在其他两个投影面上的投影积聚成直线，且分别平行于其(平行投影面)临界轴。

【例 2-8】 已知侧平线 AC 的两面投影，试以 AC 为对角线作正方形 $ABCD$ 平行于 W，如图 2.46 所示。

解：(1) AC 为侧平线，故其侧面投影反映实长，又因为所求作的正方形 $ABCD$ 为侧平面，故它的侧面投影显示实形。因此，以 $a''s''$ 为对角线作出正方形 $a''s''c''d''$，即正方形 $ABCD$ 的侧面投影。再由侧平面的投影特性完成作图。

(2) 作图步骤如下。

① 根据 ac 和 $a'c'$ 作出 $a''c''$。

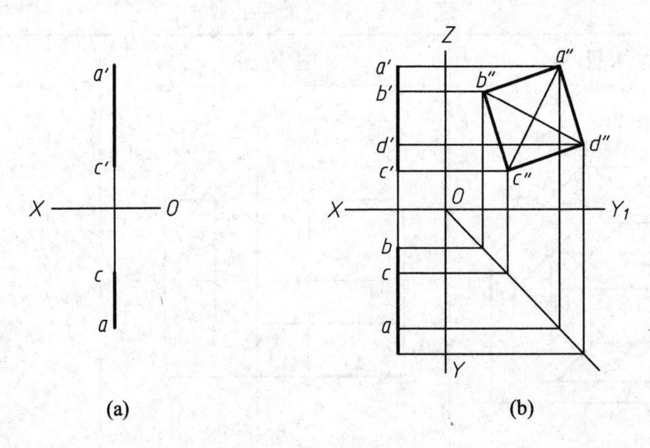

图 2.46　作侧平面

② 以 $a''c''$ 为对角线作出正方形 $a''b''c''d''$。

③ 由 b''、d'' 分别确定 b、b' 和 d、d'。

④ 连接 $a'b'c'd'$、$abcd$，完成作图。

2.4.3　平面上点和直线的投影

点属于平面的几何条件：点如果在平面内的一条直线上，则点一定在平面上。直线属于平面的几何条件：一条直线如果通过平面上的两个点或通过平面上一个点，又与平面内一条直线平行，则直线必在该平面上。如图 2.47(a)所示，点 A、B 均在平面 P 上，所以直线 AB 属于平面 P，K 在直线 AB 上，所以 K 属于平面 P；又如图 2.47(b)所示，CD 在平面 Q 上，E 属于平面 Q，过 E 作 $EF /\!/ CD$，则 EF 一定在平面 Q 内。依据上述几何条件和投影特性就可以解决平面上定点定线的问题了。

【例 2-9】 在 ΔABC 确定的平面内取一点 K，已知 K 点的水平投影 k，求 k'，如图 2.48 所示。

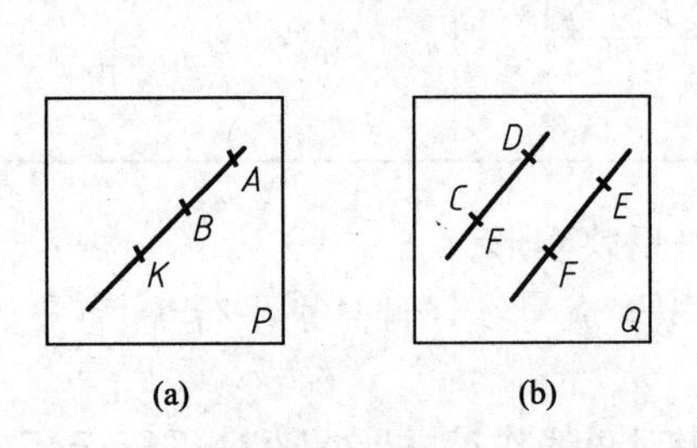

图 2.47　平面内点、直线的几何条件

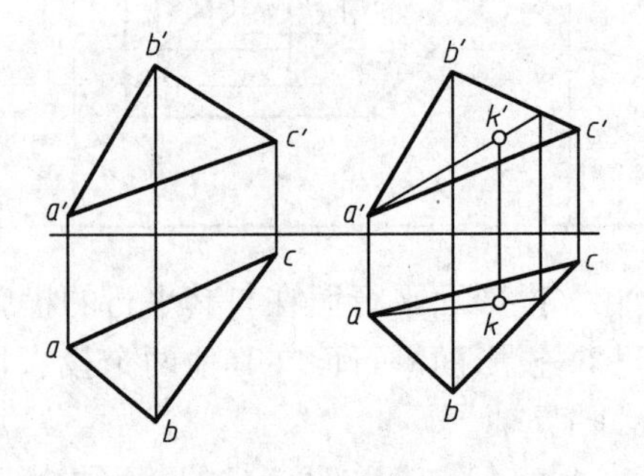

图 2.48　平面内取点

解：(1) 如果点在平面内，则它必在平面内的一条直线上，所以可以用辅助线法完成此题。

(2) 作图步骤如下。

① 在水平投影面上连接 ak 交 bc 于点 d。

② 由 ad 作出 $a'd'$。

③ K 是直线 AD 上的点，所以可由 k 得到 k'。

【例2－10】　已知 K 在 ABC 平面上，求 k，如图2.49所示。

解：(1) 本题 K 点属于特殊位置平面(铅垂面)。特殊位置平面上点线定法与一般位置平面完全相同，但由于特殊位置平面具有积聚性，其上点线的相应投影重合在平面的积聚投影上，从而使得作图变得简单。

(2) 作图步骤：(略)。

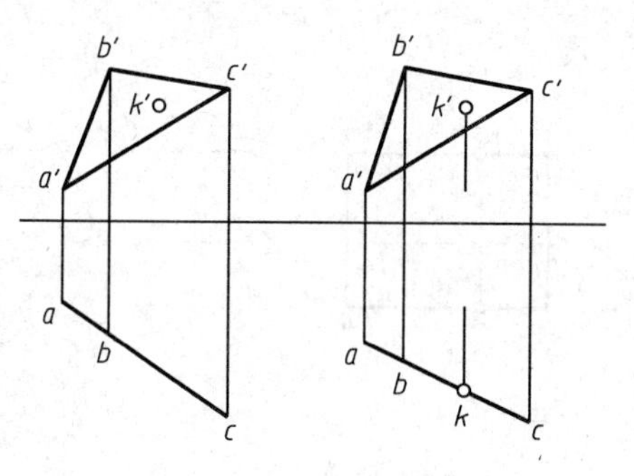

图2.49　平面内取点

思考题

1. 如何根据点的两个投影求其第三投影？
2. 试按图2.50判别各点的空间位置。
3. 已知点 A、B 的两个投影，如图2.51所示，求第三个投影；再以点 A 为基准点，标出两点的相对坐标值，并画出它们的直观图。

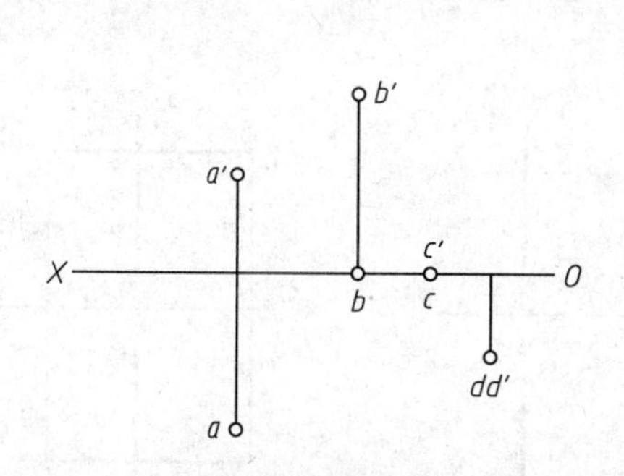

图2.50　题2图

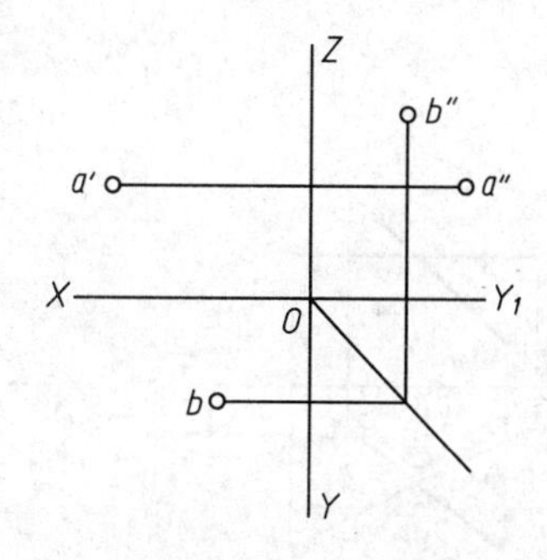

图2.51　题3图

4. 判断图2.52中各直线的空间位置，并说明箭头所指投影或作图线是否反映线段实长。

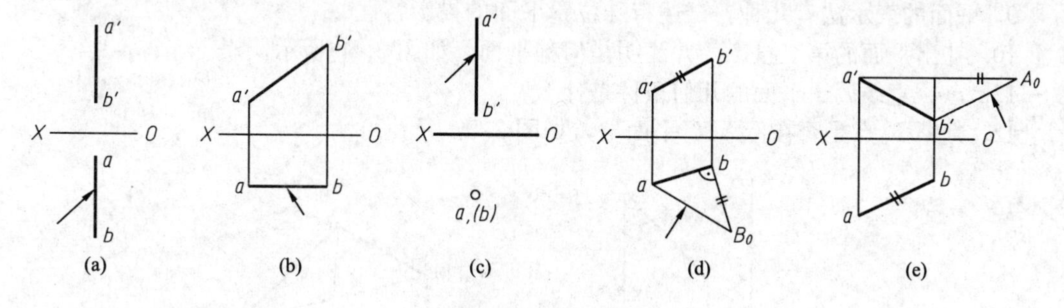

图2.52　题4图

5. 如图2.53所示，判断点 S 和点 K 是否分别属于直线 AB 和 CD。
6. 判断图2.54中所指角度是直线与哪个投影面之间的倾角。
7. 当两条直线垂直时，在什么情况下投影反映直角？在哪个投影面上反映直角？
8. 判断图2.55中各组直线的相对位置。若垂直，说明是垂直相交还是垂直交叉。

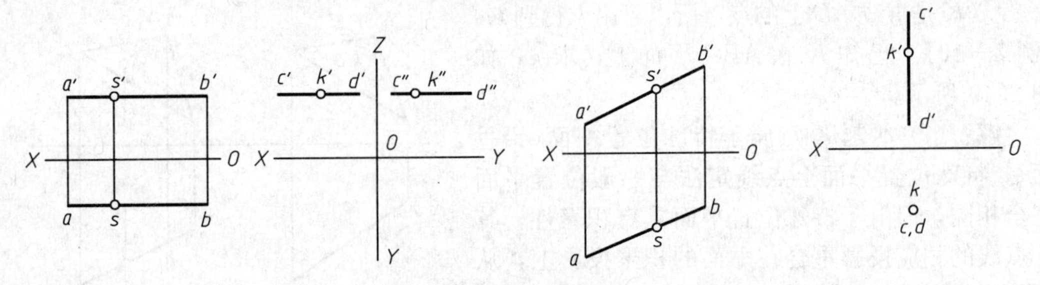

图 2.53　题 5 图

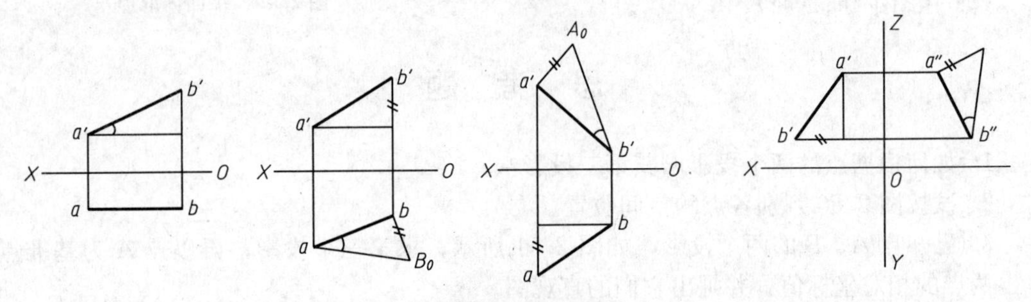

图 2.54　题 6 图

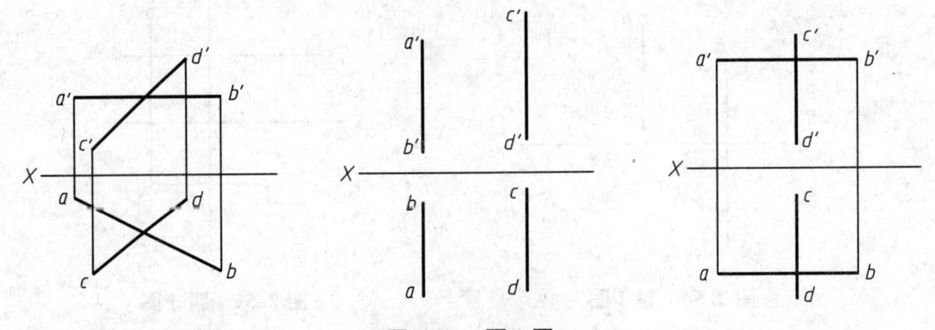

图 2.55　题 8 图

9. 平面的表示法有几种？试述特殊位置平面的投影特性。

10. 补出平面的第三投影，并注明是何种平面，如图 2.56 所示。

11. 点、直线属于平面的几何条件是什么？

12. 判断 K 点是否在△ABC 平面上，如图 2.57 所示。

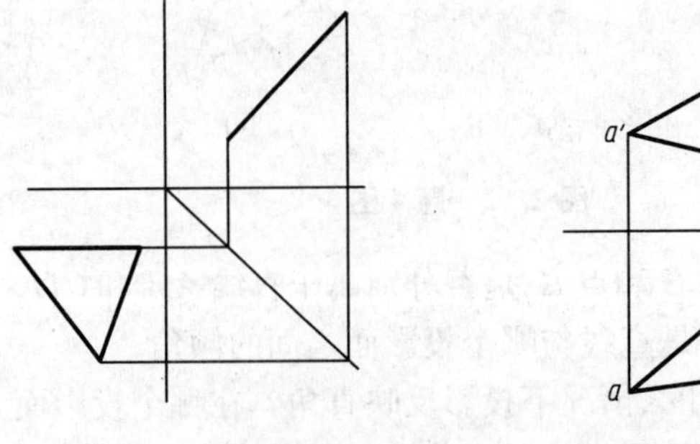

图 2.56　题 10 图　　图 2.57　题 12 图

第3章 立体的投影

立体依据表面性质的不同可分为平面立体和曲面立体：表面全是平面的称为平面立体；全是曲面或既有曲面又有平面的称为曲面立体。本章主要研究这两类立体的投影表示法，以及在立体表面上取点、取线的作图问题。

3.1 平面立体的投影

3.1.1 平面立体的投影概述

常见的平面立体有棱柱和棱锥。它们的表面都是平面多边形(棱面和底面)，而这些平面又都是由直线(棱线和底边)所围成的，所以画平面立体的投影图，可归结为画组成立体的平面、棱线及顶点的投影。

1. 棱柱的投影

图3.1所示为正六棱柱的投影。其上下底面都是水平面，它们的水平投影重合并反映实形，其他两个投影都积聚成平行于相应投影轴的直线。六棱柱有六个侧棱面，前后两个侧棱面为正平面，它们的正面投影重合并反映实形，其他两个投影都积聚成直线。其余四个面均为铅垂面，它们的水平投影分别积聚成倾斜直线，正面投影和侧面投影都是缩小的类似形(矩形)。将上、下底面及六个棱面的投影画出后即得正六棱柱的三面投影。

画棱柱的投影图时，一般先画上下底面的三面投影；然后，将上下底面对应顶点的同面投影连接起来即为棱线的投影；最后，对棱线的投影判别可见性。将可见棱线的投影画成实线，不可见棱线的投影画成虚线。图3.2表示斜棱柱的投影图。

2. 棱锥的投影

图3.3所示为一正六棱锥。它是由一个正六边形的底面和六个等腰三角形的棱面围成的。图中正六棱锥的底面为水平面；两个棱面为侧垂面，其余四个棱面为一般位置平面。这六个平面均交锥顶S，过S向底面所引的垂线交于正六边形的中心O。

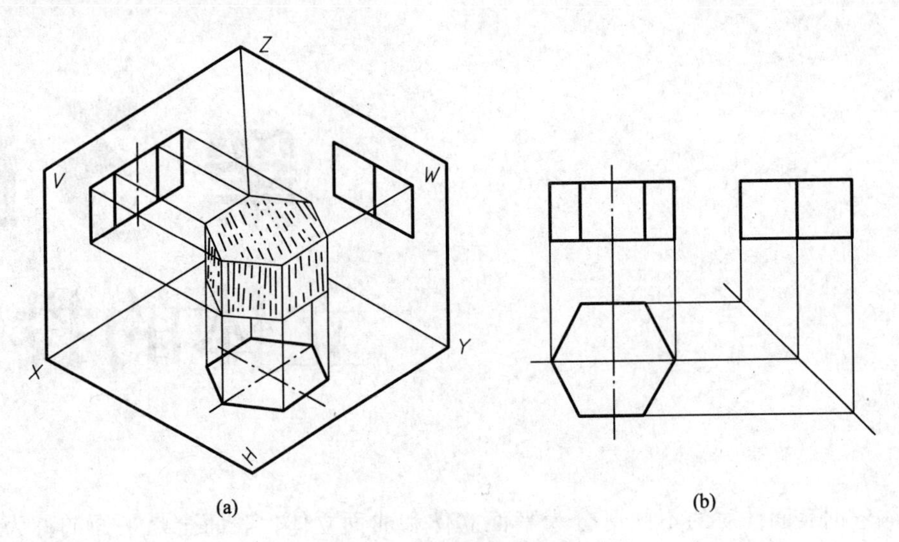

图 3.1　正六棱柱的投影

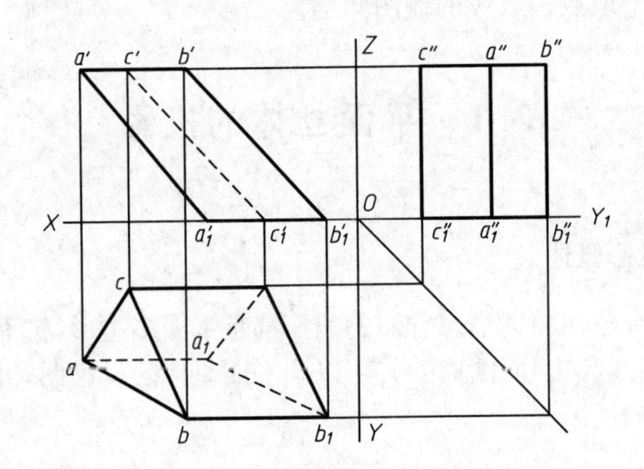

图 3.2　斜三棱柱的投影

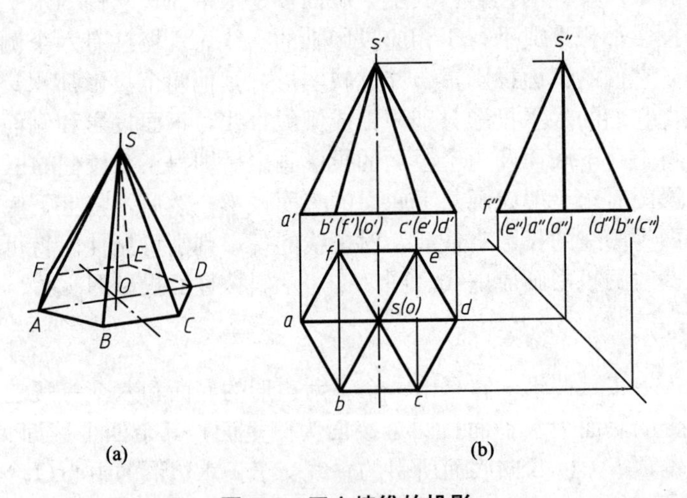

图 3.3　正六棱锥的投影

作图时，应先画出棱锥底面的三面投影，再按已知条件和投影规律确定锥顶 S 的三面投影，并与底面各顶点的同面投影分别连线即可。图 3.4 表示斜三棱锥的投影，其作图方法与正棱锥类似。

3. 立体的无轴投影图

立体投影的形状以及投影之间的联系与轴无关，所以实用图样不画投影轴，称无轴投影图。画图时，可遵循“长对正、高平齐、宽相等”的原则，如图 3.5 所示。必要时还可借助 45°斜线作图，以保证水平投影与侧面投影之间的对应关系，如图 3.1～3.4 所示。

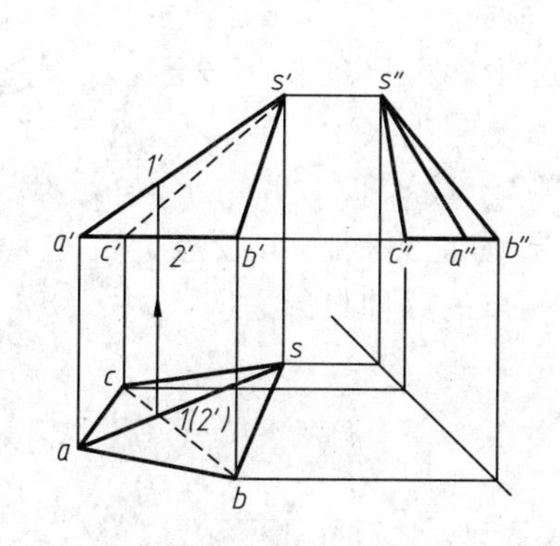

图 3.4 斜三棱锥的投影

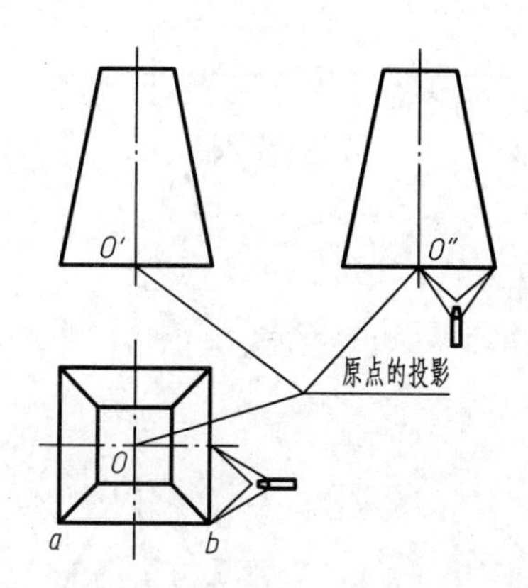

图 3.5 立体的无轴投影图

4. 立体投影可见性的判别

画平面立体，应区分可见性，把棱线的不可见投影画成虚线。区别线段可见性的一般原则如下。

(1) 立体各投影的边缘轮廓线都是可见的，因此应画成实线，如图 3.4 中的 $s'a'b'$。$scab$、$s''c''b''$。

(2) 投影图中边缘轮廓线以内的直线，可以观察其两侧相交的表面，只有它们对投影面均不可见时，此直线才是不可见的，否则均属可见。当轮廓线内直线投影有相交的情况时，也可利用两交叉直线的重影点来判断。如图 3.4 中水平投影 bc、sa 可见性的区分。

(3) 每一投影的轮廓线内，如有交于一点的三条直线，则它们或者全部都不可见，或者全都可见。对于这种情况，只要区分其中一条的可见性，其余各条也就随之确定了；或者通过判别交点的可见性，来确定三条交线的可见性。图 3.2 所示三棱柱水平投影的点 a 就是一例。

3.1.2 平面立体表面上取点

在平面立体表面上取点与在平面上取点的方法相同，关键在于弄清点在哪个表面上。当点所在的立体表面为特殊位置时，可利用积聚投影直接定点；当点所在的立体表面为一般位置时，则需作辅助线间接定点。

【例 3-1】 如图 3.6(a)所示，已知三棱柱表面上Ⅰ、Ⅱ两点的正面投影 $1'$、$(2')$及Ⅲ点的水平投影 3，试完成各点的投影。

解：(1) 根据点的已知投影，可判断点Ⅰ在前棱面 AB 上，点Ⅱ在后棱面 AC 上，点Ⅲ应位于上底面 ABC 上。由于此 3 点所在的表面均为特殊位置，所以可利用积聚投影直接定点。

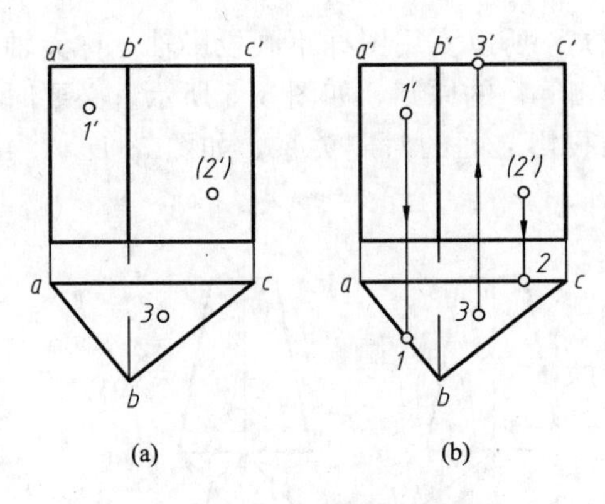

图 3.6　棱柱表面上定点

(2) 作图步骤如下。

① 求作各点的未知投影，即由已知投影 1′、(2′)和 3 分别按图 3.6(b)中箭头所示的方向引投影连系线，与各点所属表面的积聚投影交得 1、2、和 3′。

② 判别各点的可见性，由于求得的 1、2、3′点均位于各表面的积聚投影上，此类点的可见性通常不另加表示。

【例 3 - 2】 如图 3.7 所示，已知三棱锥表面上点Ⅰ的正面投影 1′及点Ⅱ的水平投影 2，试求作两点的其他投影。

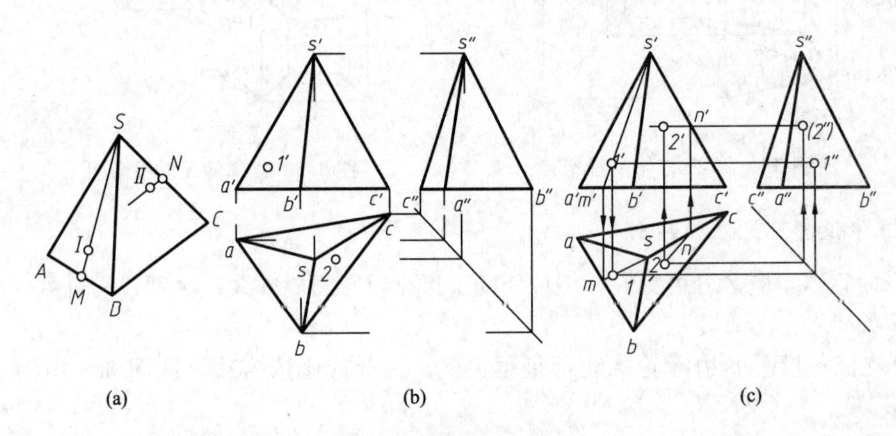

图 3.7　棱锥表面上定点

解：(1) 由于点Ⅰ和Ⅱ所在的棱面△SAB 和△SBC 均为一般位置，它们的各投影均无积聚性，故需作辅助线间接定点。而过点且位于该点所在棱面上的辅助线可作许多，在本例中过点Ⅰ作了一条通过锥顶的辅助线 SM。过点Ⅱ作了一条平行于底边 BC 的辅助线 NⅡ。

(2) 可按图 3.7(c)求作Ⅰ、Ⅱ两点的未知投影，并判别点的可见性。

3.2　回转体的投影

母线(直线或曲线)绕一轴线旋转而形成的曲面称为回转面。由回转面与平面所围成的立体称为回转体。工程中常见的回转体有圆柱、圆锥、圆球和圆环等。表 3 - 1 列出了这几种回转体的形成方法、特殊位置的投影及尺寸标注，下面再分别介绍各自的投影特点及在表面上取点、取线的方法。

表3-1 圆锥、圆柱、圆球、圆环的形成和投影

名称	正圆锥	正圆柱	圆球	圆环
形成方法和简图	直母线绕和它相交的轴线回转而成 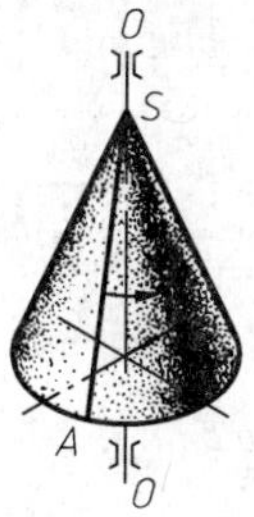	直母线绕和它平行的轴线回转而成 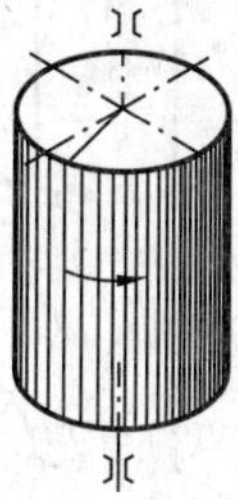	圆母线以它的直径为轴线回转而成 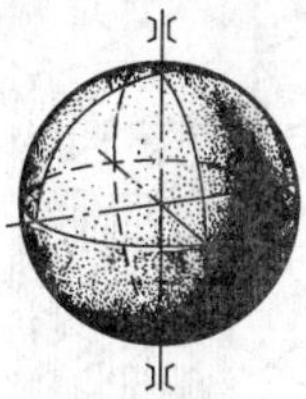	圆母线绕和它共面但不过圆心的轴线回转而成 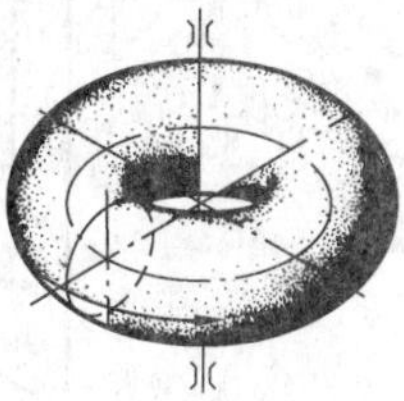
投影图	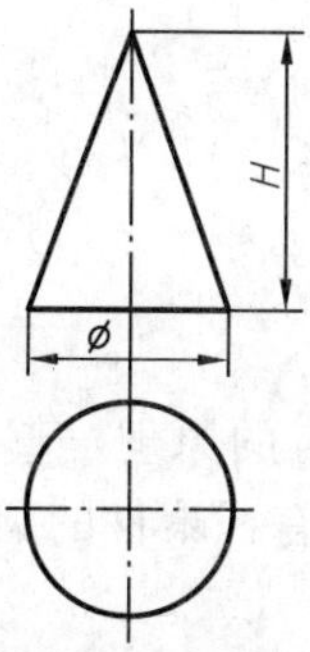	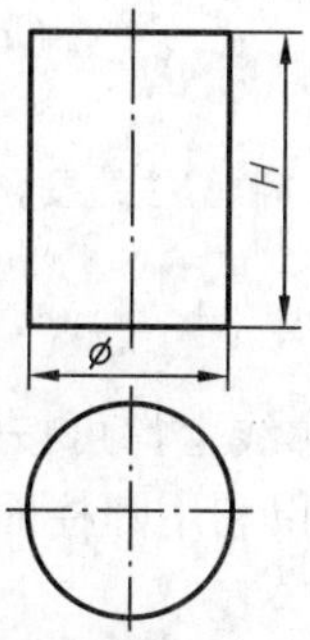	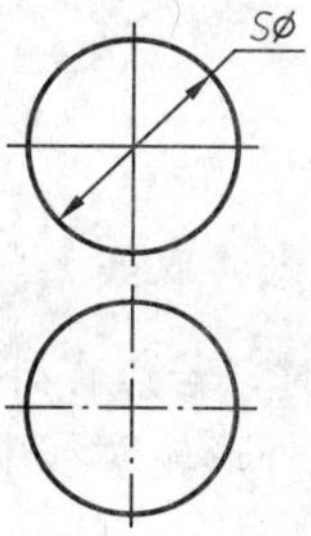	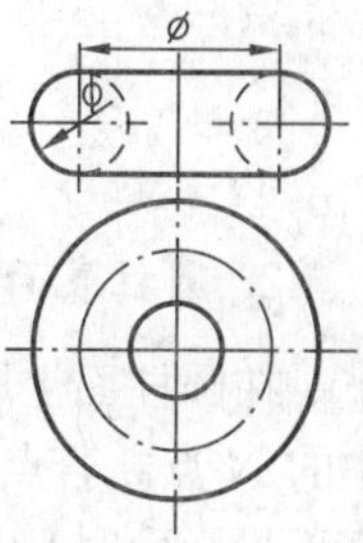
轴线位置	铅垂线	铅垂线		铅垂线
一般性质和在表面上取点的作图方法	(1) 母线上任意一点的轨迹是一个圆周(纬圆)。圆心是轨迹平面和轴线的交点，半径是点到轴线的距离。 (2) 在表面上取点的作图方法：利用纬圆求点：对于母线为直线的回转体，还可利用直素线求点。			

3.2.1 圆柱的投影

圆柱是由圆柱面及上下底面所围成的。

1. 圆柱的投影

图3.8表示圆柱的三面投影。图示圆柱的轴线为铅垂线，亦即圆柱面上所有直素线都是铅垂线。因此圆柱面的水平投影积聚为一圆，此圆又是圆柱上下底面的水平投影。在图示情况下，圆柱的正面及侧面投影为相同的矩形，上、下两边为圆柱上下底面的投影，长度等于圆柱的直径。正面投影中，左右两轮廓线 $a'a'_1$、$b'b'_1$ 为圆柱面正视转向线 AA_1、BB_1 的投影。它们把圆柱面分为前后两半，前半可见而后半不可见，是可见与不可见的分界线。正视转向线的水平投影积聚在圆周上为最左、最右两点 $a(a_1)$、$b(b_1)$，其侧面投影与轴线投影重合，画图时不需表示。圆柱侧面投影中，两侧轮廓线 $c''c''_1$、$d''d''_1$ 是圆柱面上侧视转向线 CC_1、DD_1 的投影。它们把圆柱面分为左右两半，左半可见而右半不可见，是侧面投影可见性的分界线。侧视转向线的水平投影积聚在圆周上为最前、最后两点 $d(d_1)$、$c(c_1)$，其正面投影与轴线投影重合，画图时不需表示。

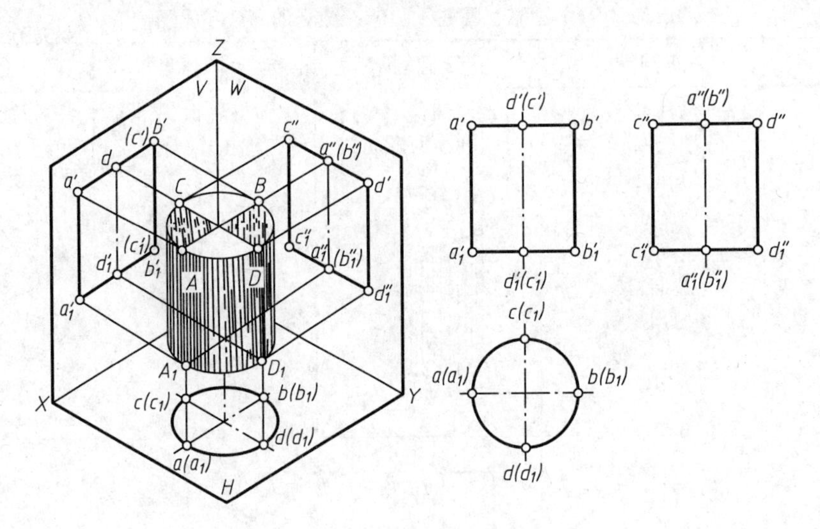

图 3.8　圆柱的投影

2. 圆柱表面上取点、取线

在圆柱面上取点时，若点在外形轮廓线上，可按线上点的原理，直接作出，如图 3.9 中的 N 点。若点不在外形轮廓线上，可以利用圆柱面投影有积聚性的圆来作图(当轴线垂直于投影面时)。

【例 3-3】 如图 3.9 所示，已知圆柱面上 M 点的正面投影 m'(可见)，求其水平投影 m 和侧面投影 m'' 。

解：从图中可以看出，圆柱的轴线垂直于侧面，其侧面投影积聚为一个圆，M 点的侧面投影 m'' 必定在该圆的圆周上。由于 m' 可见，因此 M 点在前半个圆柱面上，可在前半个圆周上求出 m''，然后再根据 m' 和 m'' 求出水平投影 m，作法如图 3.9 所示。

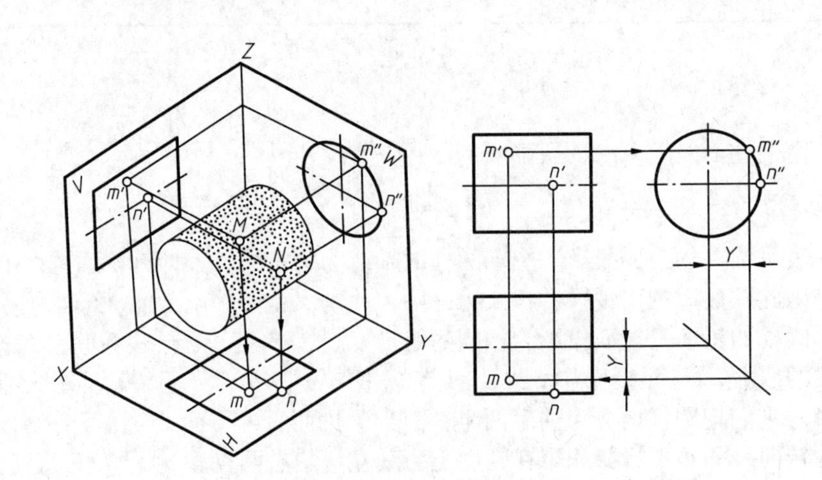

图 3.9　圆柱面上取点

【例 3-4】 如图 3.10 所示，已知滚动式凸轮上曲线的正面投影 $m'k'n'$，求该曲线其余的两个投影。

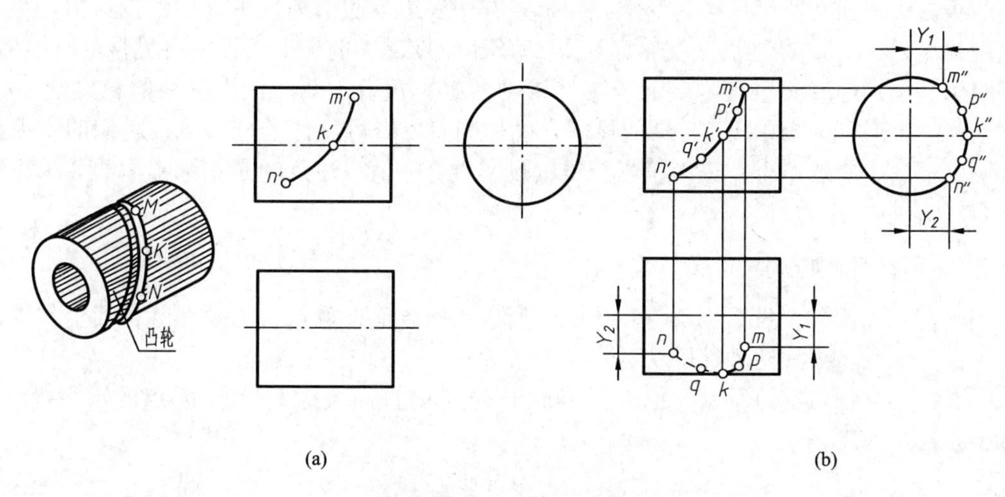

图 3.10　圆柱表面上取线

解：(1) 要作曲线的投影，必须求出曲线上若干点的投影，然后将它们连成光滑的曲线，并判别可见性即可。

(2) 作图步骤如下。

① 求作曲线的侧面投影，由于凸轮圆柱面侧面投影积聚为圆，所以可直接作出曲线的侧面投影 $m''k''n''$，为一段圆弧。

② 求作曲线的水平投影，可根据曲线的正面投影、侧面投影先求出端点 M、N 的水平投影 m、n 及转向线上点 K 的水平投影 k'。再求适当数量的一般点 P、Q 的水平投影 p、q，判别可见性之后，将各点的水平投影按顺序连成光滑的曲线即为所求。

3.2.2　圆锥的投影

圆锥是由圆锥面及底面所围成的。

1. 圆锥的投影

图 3.11 为圆锥的三面投影。圆锥的轴线为铅垂线，其水平投影为一圆，即圆锥面和

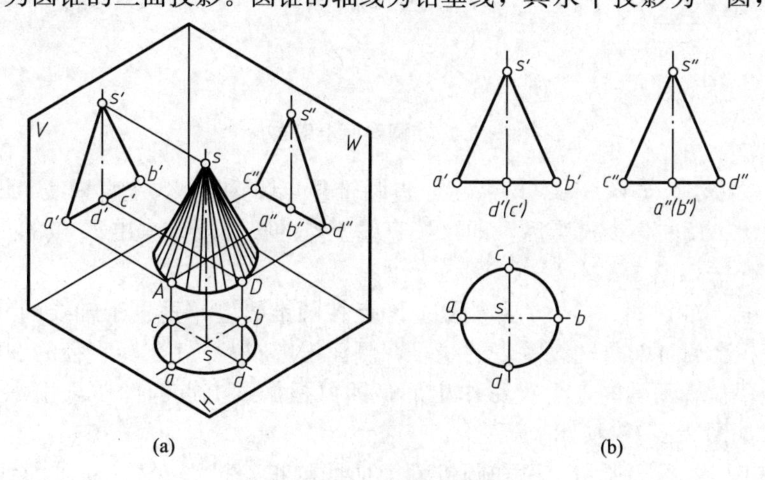

图 3.11　圆锥的投影

底面的投影。正面及侧面投影为等腰三角形，其中底边为底面的投影。正面投影中，左右两轮廓线$s'a'$、$s'b'$是圆锥面正视转向线SA、SB的投影，也是正面投影可见性的分界线；水平投影和圆的中心线重合，侧面投影和锥轴的投影重合。侧面投影中两侧轮廓线$s'c'$、$s'd'$是圆锥面侧视转向线SC、SD的投影，也是侧面投影可见性的分界线；它们的水平投影和圆的竖向中心线重合，正面投影与锥轴投影重合。值得注意的是：圆锥面的3个投影都没有积聚性。

2. 圆锥表面上取点、取线

因为圆锥面的各个投影都没有积聚性，所以在圆锥面上取点，必须在圆锥面上作辅助线。方法有两种：素线法和纬圆法。

【例3-5】 如图3.12(a)所示，已知圆锥面上点K的正面投影k'，求K点的水平投影k及侧面投影k''。

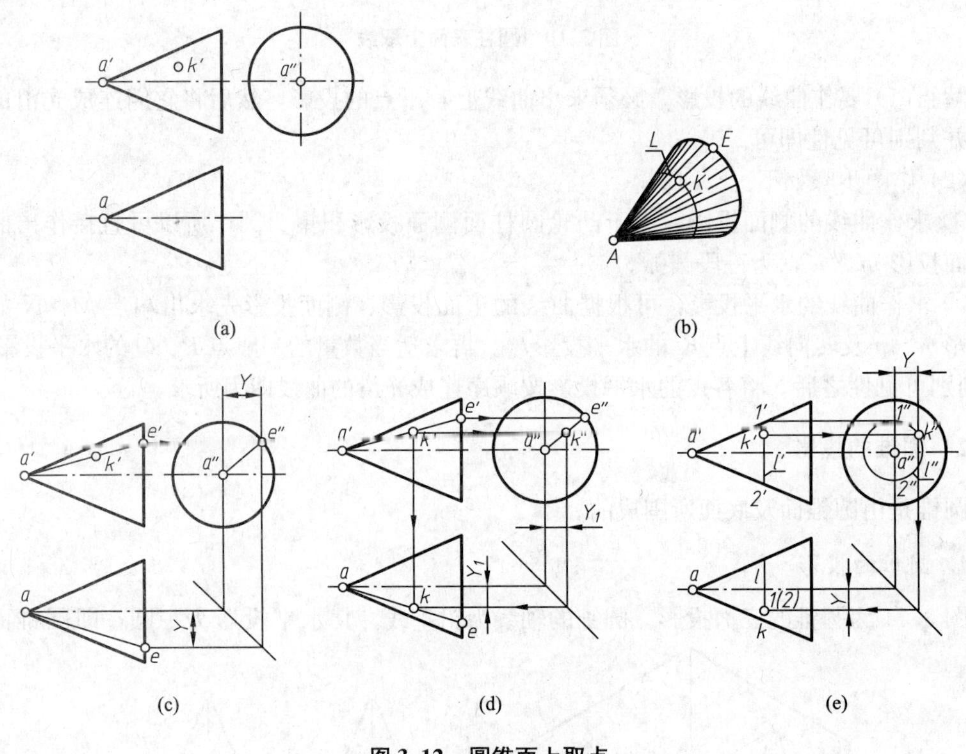

图3.12　圆锥面上取点

解：(1) 素线法。如图3.12(b)所示，过圆锥顶点A和点K作直素线AE，交底面圆周于点E，求出AE的各个投影后，即可按直线上点的投影规律求出K点的水平投影和侧面投影。具体作法如图3.12(c)、(d)所示。

(2) 纬圆法。如图3.12(b)所示，通过K点在圆锥面上作垂直于轴线的纬圆L。该圆的正面投影l'积聚为过k'与轴线垂直的线段，侧面投影l''为以$1'2'$为直径的圆，水平投影l仍积聚为直线段。辅助圆的3个投影作出后，即可根据线上点的性质求出K点的未知投影。具体作法如图3.12(e)所示。

【例3-6】 如图3.13(a)所示，已知圆锥面上曲线的正面投影$a'b'c'$，求曲线的其余两面投影。

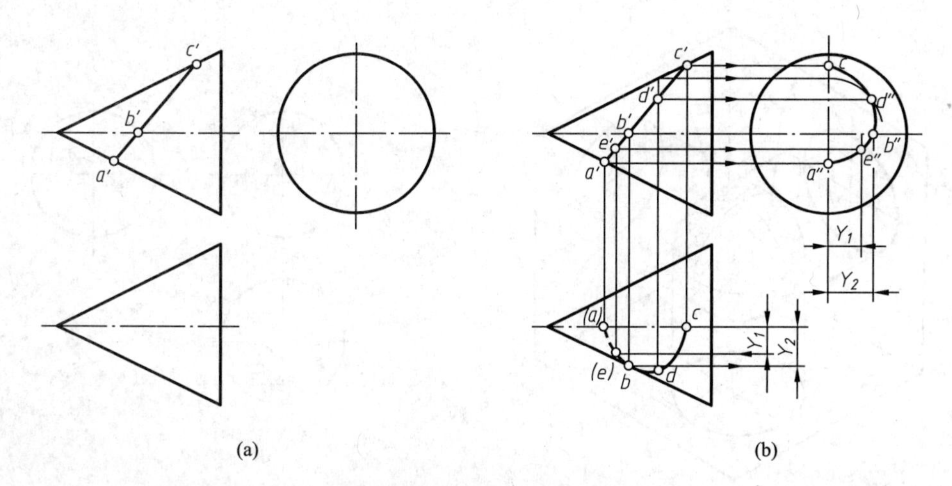

图 3.13　圆锥面上找点作线

解： (1) 为了使曲线连接光滑，首先在 $a'b'c'$ 上定出一些点，并利用在圆锥表面上取点的方法，作出曲线 ABC 上其余各点的投影，最后将各点的同面投影连成光滑的曲线即为所求。

(2) 作图步骤如下。

① 先求曲线上特殊点 A、B、C 的投影点。A、B、C 在外形轮廓线上，可根据外形轮廓线各投影的对应关系，直接求出这 3 个点的水平投影 a、b、c 及侧面投影 a''、b''、c''。

② 求一般点的投影即在 $a'b'c'$ 上取点 D、E 的投影 d'、e'，用纬圆法求出 d''、e'' 及 d、e(也可同时用素线法求点)。

③ 按正面投影 a'、e'、b'、d'、c' 的顺序将水平投影和侧面投影连成光滑的曲线，并注意判别可见性，如图 3.13(b)所示。

3.2.3　圆球的投影

1. 圆球的投影

圆球是由圆球面所围成的。如图 3.14(a)所示，圆球的 3 个投影均为直径与圆球直径相等的圆如图 3.14(b)所示。3 个投影中的圆分别是圆球的正视转向线 A、俯视转向线 B、侧视转向线 C 在所视方向上的投影。正视转向线 A 在 V 面上的投影为圆 a'，水平投影 a、侧面投影 a'' 分别与水平方向的点画线和垂直方向的点画线重合，画图时不需表示。俯视转向线和侧视转向线的投影情况也类同。

2. 圆球表面上取点

由于圆球面是一种特殊的回转面，过球心的任一直径都可作为回转轴，因此过其表面上一点可作无数个圆。求圆球表面上的点，可利用过该点并与投影面平行的纬圆作辅助圆来解决，即纬圆法。

【例 3-7】 如图 3.15(a)所示，已知球面上 K 点的水平投影 k，求其正面投影 k' 和侧面投影 k''。

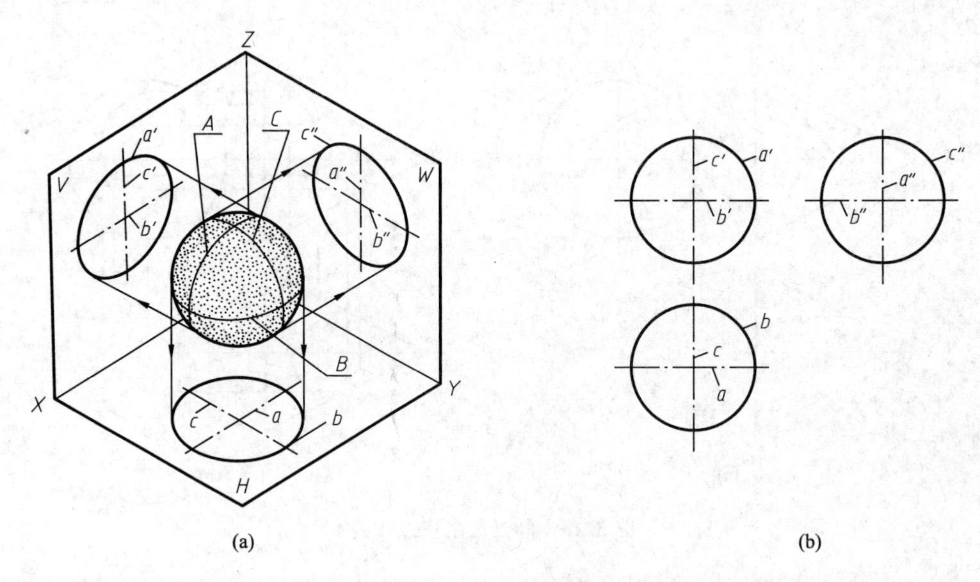

图 3.14　圆球的投影

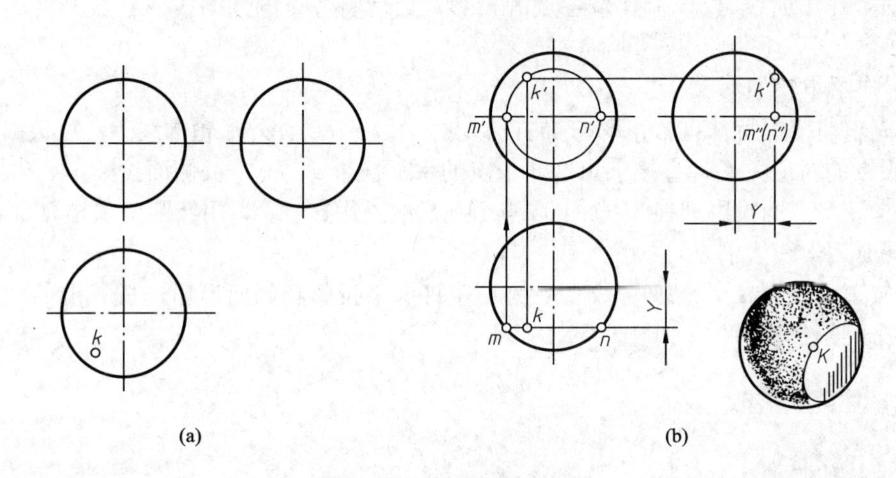

图 3.15　圆球表面上取点

解：过点 K 作一与正面平行的纬圆作为辅助圆，其水平投影积聚为过 k 点平行于 X 轴的直线段 mn，它的正面投影是以 mn 为直径的圆，它的侧面投影是平行于 Z 轴且与 mn 等长的直线段。作出辅助圆的各投影后，就可求出 k' 和 k''，如图 3.15(b)所示。

也可过 K 点作与水平面（或侧平面)平行的圆作为辅助圆，读者可自行分析作出。

3.2.4　圆环的投影

圆环是由圆环面所围成的立体图形。

1. 圆环的投影

圆环面是圆母线绕和它共面但不过圆心的轴线回转而形成的，由圆母线外半圆回转形成的曲面称为外环面；内半圆回转形成的曲面称内环面。图 3.16 为圆环的直观图和投影图。

图示圆环轴线为铅垂线。正面投影中，左右两圆和与其相切的两直线段是圆环面正视

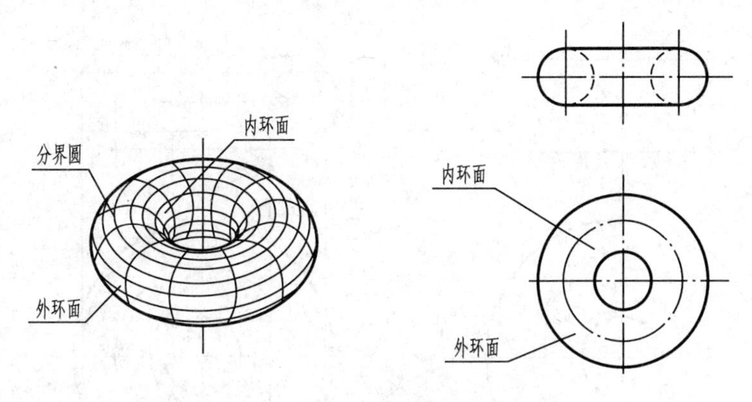

图 3.16 圆环的投影

转向线的投影，其中两圆是圆环面上最左、最右素线圆的投影，实线半圆在外环面上，虚线半圆在内环面上；上下两直线段是内、外环面两条分界圆的投影，也是最高、最低纬圆的投影。正面投影中，外环面的前一半可见，后一半不可见，内环面均不可见。在水平投影中，最大圆和最小圆为圆环俯视转向线的投影，该两圆将圆环面分为上下两半部分，水平投影中上半部分可见，下半部分不可见；点画线圆为母线圆中心轨迹的投影，也可看作是内外环面分界圆的投影。图 3.17(a)、(b)分别表示了由外环面、内环面及上下底面围成的回转体的投影。

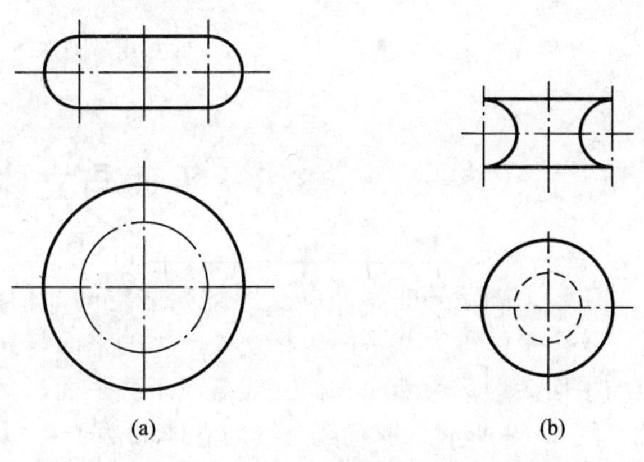

图 3.17 外、内环面回转体的投影

2. 圆环表面上取点

圆环面是回转面，母线绕轴线旋转时其上任一点的轨迹都是圆。因此，在圆环表面上取点仍可用纬圆法。

【例 3-8】 如图 3.18(a)所示，已知圆环面上点 A、B 的一个投影，求它们的另一个投影，并讨论共有几个解。

解： (1) 由点(a')可知，圆环面上的点 A 在圆环的上半部，又因点 A 在正面投影中不可见，所以点 A 可以在圆环上半部的内环面，也可在外环面的后半部分，这样点 A 的投影有多解。由点(b)可知，点 B 必在圆环下半部的前一半外环面上。

(2) 作图步骤如下。

① 求点 a。过点(a')作垂直于回转轴的直线与左右两圆相交，该直线与实线半圆交点间的距离为外环面上过点 A 的纬圆的直径；与虚线半圆交点间的距离为内环面上过点 A 的纬圆的直径。由此可在水平投影中的内环面上作出圆 1，在外环面作出圆 2。点 a 必在圆 1 和圆 2 上。根据前面分析，点 a 共有 3 个解。

② 求点 b'。过点(b)作纬圆，由此求出该圆的正面投影为水平的直线段，点 b'必在其上。根据前面分析，点 b'只有 1 个解。

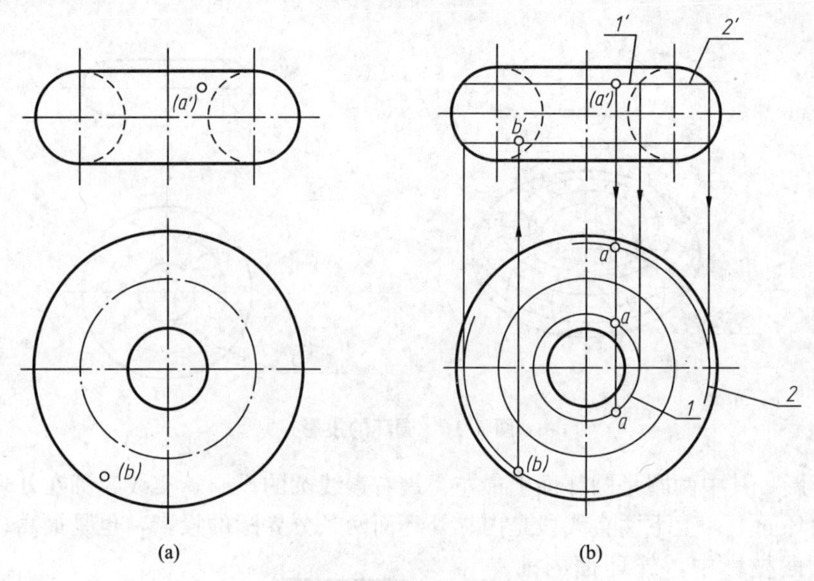

图 3.18　圆环面上取点

3.3　平面与立体表面相交

工程上图示某些零件以及图解某些空间几何问题，常常会碰到平面与立体相交的问题，这个平面称为截平面。相交处产生的平面与立体表面的交线称为截交线，由截交线围成的平面图形称为断面。截交线既属于截平面，又属于立体表面，这是截交线的共有性特性。图 3.19 所示是带有截交线的立体的例子。截交线上所有的点都是截平面和立体表面的共有点。截交线的求法可归结为求出截平面和立体表面的共有点的问题。为此，根据立体表面的性质，可在其上选取一系列适当的线(棱线、直素线或圆)，求这些线与截平面的交点，然后按其可见与不可见用实线或虚线依次连成多边形或平面曲线。

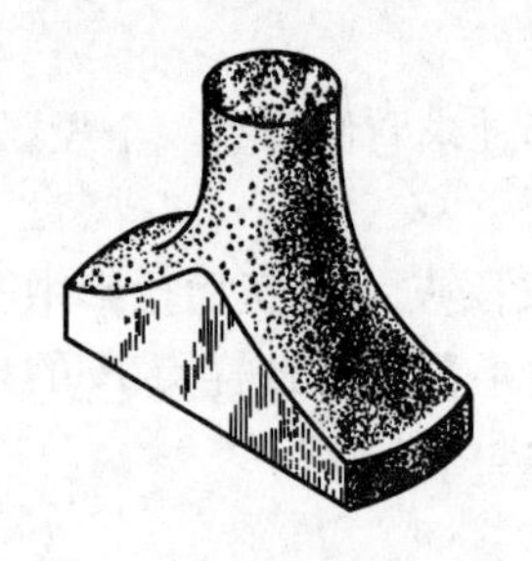
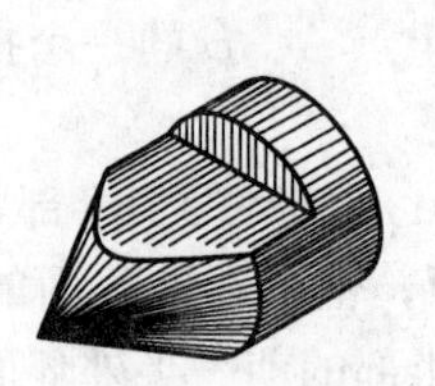
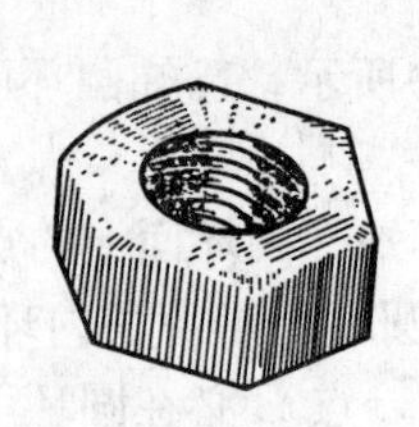
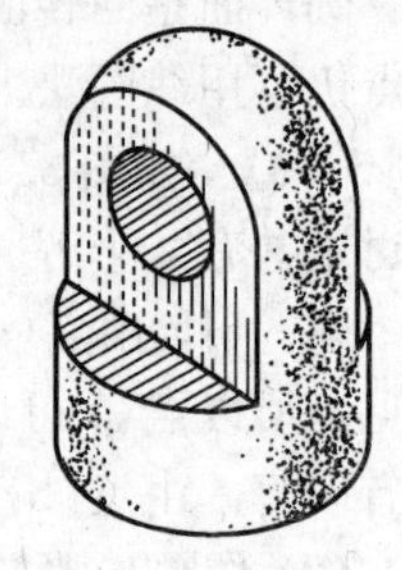

图 3.19　截交线实例

3.3.1　平面与平面立体表面相交

平面立体的截交线是一个多边形，它的顶点是平面立体的棱线或底边与截平面的交点，它的边是截平面与平面立体表面的交线。截交线的求法取决于截平面的位置，由于特殊位置平面的某些投影有积聚性，所以在求立体棱线与截平面的交点时，可直接利用积聚性求出。

【例 3-9】 如图 3.20 所示，已知三棱锥 $SABC$ 和正垂的截平面 P，求截交线的投影。

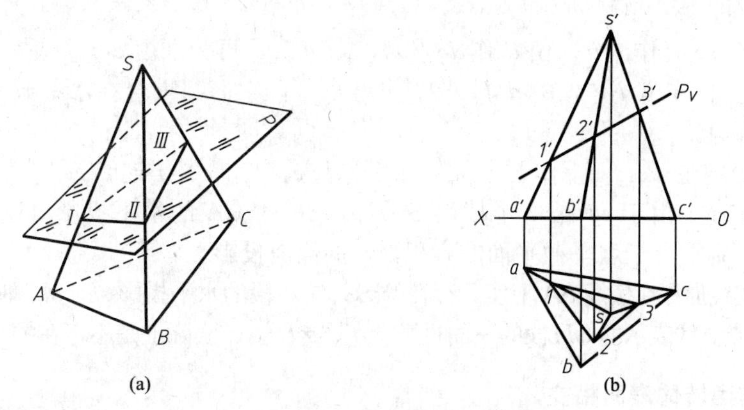

图 3.20　三棱锥的截交线

解：(1) 在棱线 SA，SB，SC 的正面投影 $s'a'$、$s'b'$、$s'c'$ 与截平面 P 的有积聚性的迹线 P_V 的相交处，作出它们的交点Ⅰ、Ⅱ、Ⅲ的正面投影 1′、2′、3′，与 P_V 相重合的直线 1′2′3′即为截交线ⅠⅡⅢ 的正面投影。

(2) 由 1′、2′、3′引投影连线，分别与 sa、sb、sc 交出 1，2，3。依次连接各顶点 1、2、3，123 即为截交线ⅠⅡⅢ 的水平投影。

截交线可见性的判别，要根据各段交线所在表面的可见与不可见而定。可见表面上的交线可见，用实线画出；不可见表面上的交线不可见，用虚线画出。如图 3.20 所示，三棱锥的 3 个棱面的水平投影都为可见，故截交线的水平投影 123 为可见，用实线画出；正面投影 123 积聚在 P_V 线上，不用再判别。

【例 3-10】 如图 3.21 所示，已知一个被一水平面和一正平面所截的缺口三棱锥的正面投影，试补全它的水平投影和侧面投影。

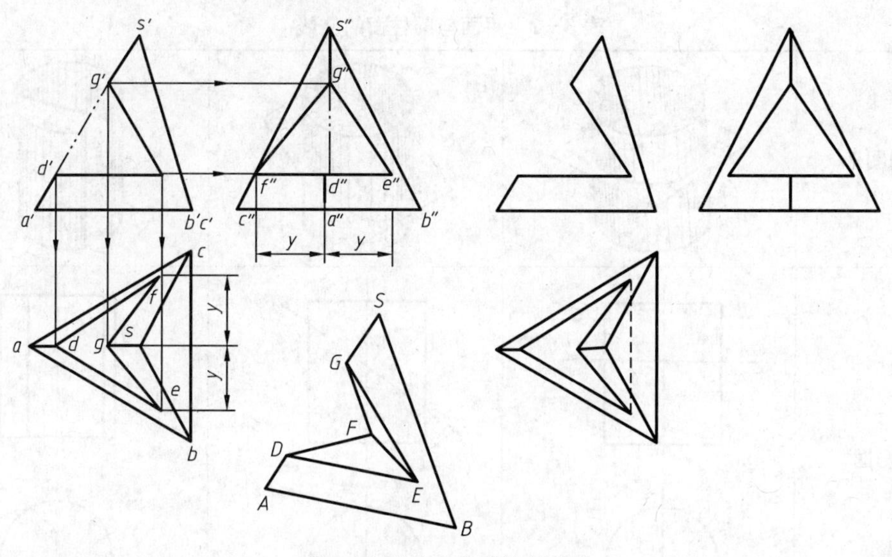

图 3.21 缺口三棱锥的截交线

解：(1) 因为这两个截平面都垂直于正面，所以 $d'e'$、$d'f'$ 和 $g'e'$、$g'f'$ 都分别重合于它们的有积聚性的正面投影上，$e'f'$则位于它们的有积聚性的正面投影的交点处。故可将其标注在正面投影上。

(2) 由d'在sa上作出d。由d作$de /\!/ ab$，$df /\!/ ac$，再分别由e'、f'在de、df上作出e、f。由$d'e'$、de作出$d''e''$，由$d'f'$、df作出$d''f''$，它们都重合在水平截平面的积聚成直线的侧面投影上。

(3) 由g'分别在sa、$s''a''$上作出g、g''，并分别与e、f和e''、f''连成ge、gf和$g''e''$、$g''f''$。

(4) 连e和f，由于ef被3个棱面SAB、SBC、SCA的水平投影所遮挡而不可见，画成虚线；$e''f''$则重合于水平截平面的有积聚性的侧面投影上。

(5) 用粗实线加深在棱线SA上实际存在的SG、DA段的水平投影sg、da和侧面投影$s''g''$、$d''a''$；原来用双点画线表示的GD段的三面投影$g'd'$、gd、$g''d''$实际上是不存在的，不应画出。

3.3.2　平面与回转体表面相交

平面与曲面立体相交，其截交线通常是一条封闭的平面曲线，也可能是由截平面上的曲线和直线所围成的平面图形或多边形。截交线的形状取决于曲面立体表面的几何形状以及立体和截平面的相对位置，它是截平面和曲面立体表面的共有线。曲线上的任一点都可当作曲面上某一条线(直素线或圆)与截平面的交点。为此，必须根据曲面的性质，选取一系列直素线或圆，求出它们与截平面的交点。

在求截交线上的点时，应先求出能确定截交线的形状和范围的特殊点，包括曲面投影的转向轮廓线上的点，截交线在对称轴上的点，以及最高、最低、最左、最右、最前、最后点等，再求出2～4个一般点。然后依次连接各点并判别可见性，最后检查整理并加深图线。

下面介绍一些由特殊位置平面与回转体表面相交而形成的截交线的画法。

1. 平面与圆柱相交

平面与圆柱面的交线有3种情况，见表3-2。

表3-2　平面与圆柱面的交线

空间图形	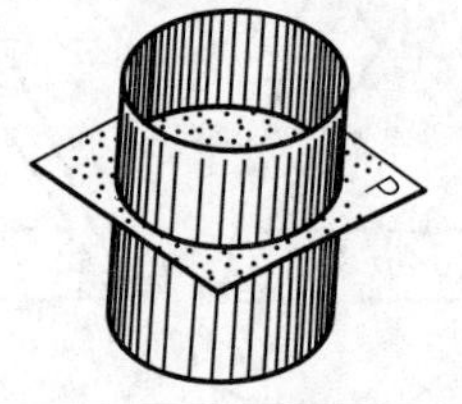 P	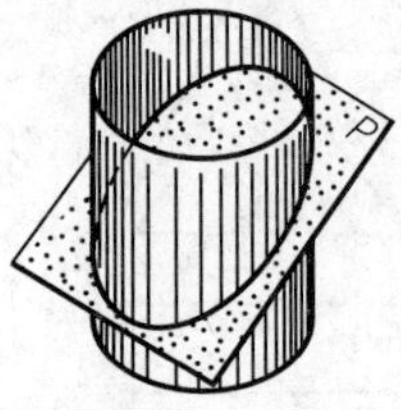 P	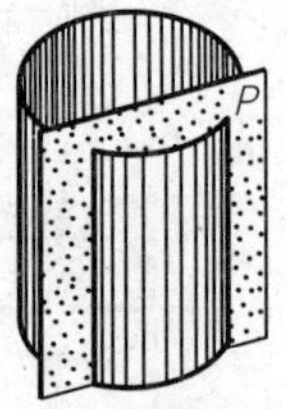 P
投影图	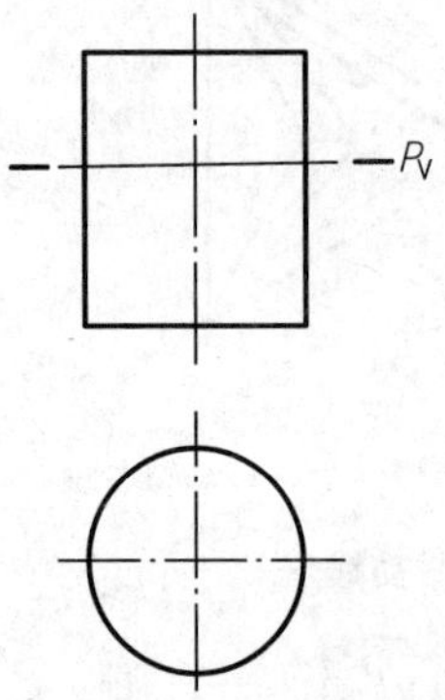 P_V	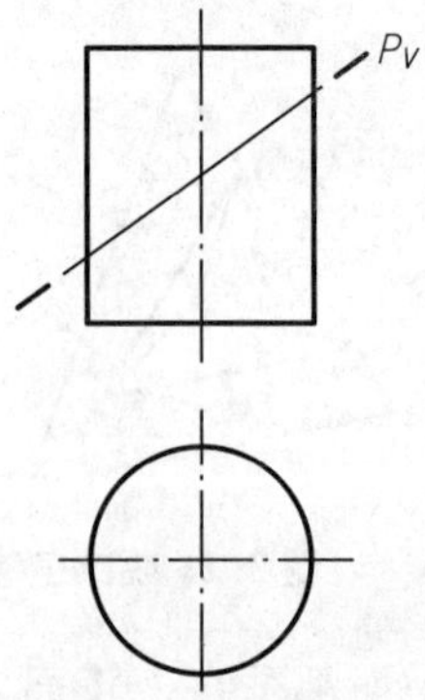 P_V	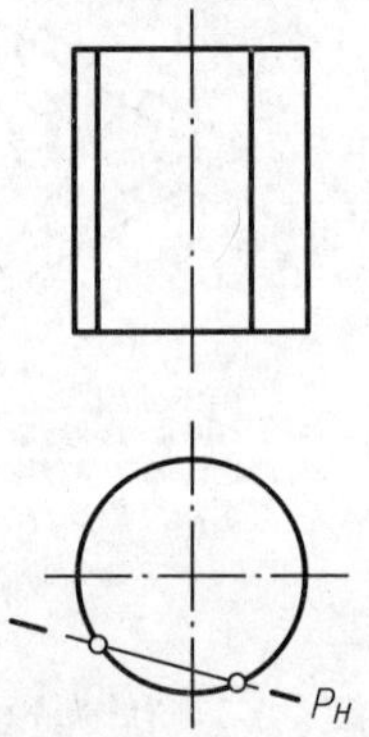 P_H

（续）

截平面位置	垂直于轴线	倾斜于轴线	平行于轴线
所得截交线	圆	椭圆	一对平行直线

求圆柱表面的截交线，可利用圆柱轴线垂直于某一投影面时其表面投影的积聚性，用表面取点法直接作图。

【例 3－11】 求作圆柱体被正垂面截切后的投影，如图 3.22 所示。

解：（1）由题知，截平面与圆柱轴线倾斜，其截交线为椭圆。由于截平面是正垂面，它的正面投影积聚为一条直线；侧面投影与圆周重合；因而只需求出它的水平投影。

（2）作图步骤如下。

① 求特殊点。在图 3.22 中，Ⅰ、Ⅴ分别是截交线上的最高、最低、最右、最左点，也是椭圆短轴的两个端点，它们都在圆柱的正面轮廓素线上。Ⅲ、Ⅶ是截交线的最前、最后点，又是椭圆长轴的两个端点，它们都在圆柱的水平轮廓素线上。因此可由 1′、3′、5′、7′和 1″、3″、5″、7″求得 1、3、5、7。

② 求一般点。先在正面投影上适当确定几点，如 2′、8′、4′、6′，再在侧面圆上找到 2″、8″、4″、6″，由此求得 2、8、4、6。还可求得一系列的点。

③ 顺次光滑地连接各点，并判别可见性。水平投影仍为椭圆，线段 3、7、1、5 为其长、短轴。由于曲线Ⅲ、Ⅰ、Ⅻ在圆柱的上半面，因此水平投影曲线 3、2、1、8、7 可见，画成实线；而另一半曲线 4、5、6 不可见，画成虚线。点 3、7 是俯视转向点Ⅲ、Ⅻ的水平投影，它们是区分截交线水平投影可见与不可见的分界点。

【例 3－12】 如图 3.23 所示，补全触头上截交线的水平投影。

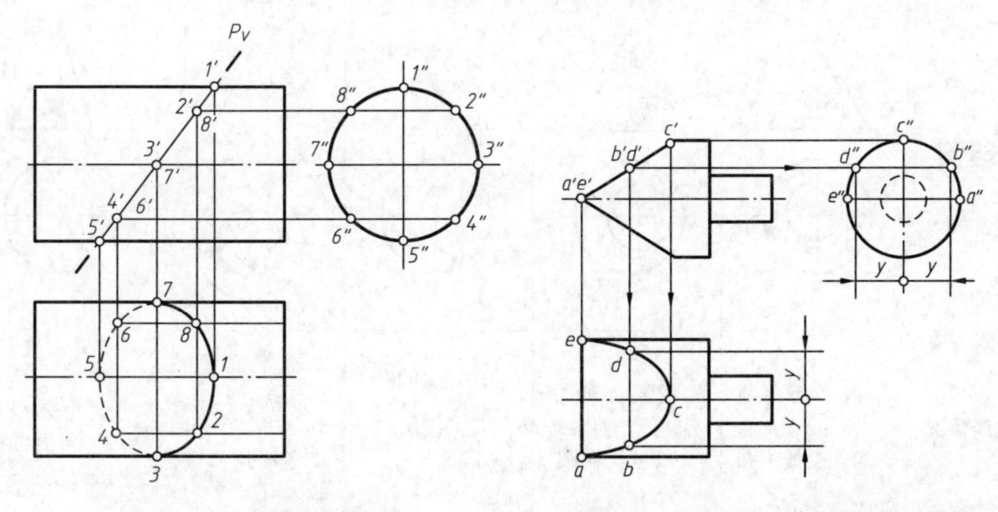

图 3.22　求作圆柱的截交线　　**图 3.23　补全触头上截交线的水平投影**

解：（1）从图中的已知条件可以看出，触头的轴线是侧垂的，由一个大圆柱和一个小圆柱组成。大圆柱左端被上下对称的两个相交的正垂面所截，这两个截平面与大圆柱的左端面共同交于一条垂直于正面的直径。又因为截平面倾斜于轴线，与圆柱面的交线是上下对称的半椭圆：正面投影分别重合在截平面的有积聚性的正面投影上；侧面投影分别重合在大圆柱面的有积聚性的侧面投影上；水平投影仍为半椭圆，因为上下对称，投影互相重合，所以只要作出上面的半椭圆就可以了。

(2) 作图步骤如下。

① 求特殊点。在图 3.23 中，标注出两截平面的交线 AE 的三面投影符号，A、E 即为截交线的最前、最后、最低及最左点，因为 AE 是圆柱的上下对称面上的一条直径，所以就是截交线半椭圆的短轴，半长轴就在前后对称面上，半长轴的端点 C 即为截交线的最高和最右点，由此标出 c'，c''，并由 c'在圆柱面的最高素线的水平投影上求出 c。

② 求一般点。在截交线上取对正面投影的重影点 B、D，先在截交线的正面投影上取重影点 b'、d'，由 b'、d'在截交线的侧面投影上作出 b''、d''，再分别由 b'、b''和 d'、d''作出 b 和 d。

③ 顺次连接 a、b、c、d、e，就可补全截交线的水平投影了。

2. 平面与圆锥相交

平面与圆锥面的交线有 5 种情况，见表 3-3。

表 3-3　平面与圆锥面的交线

立体图	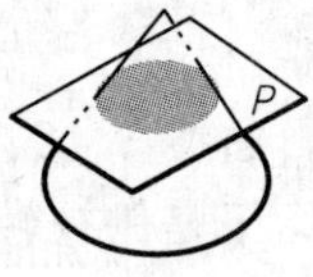	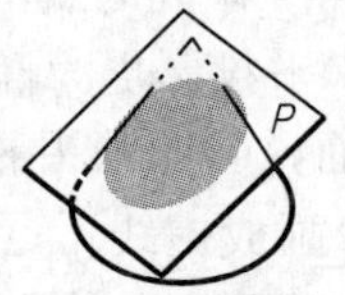	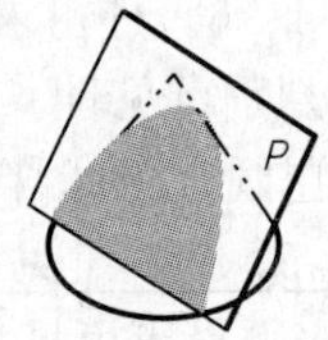	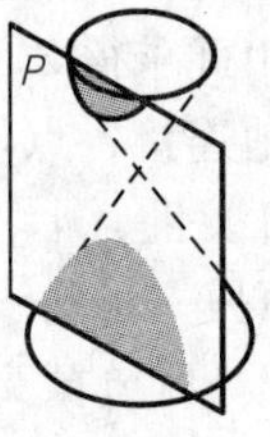	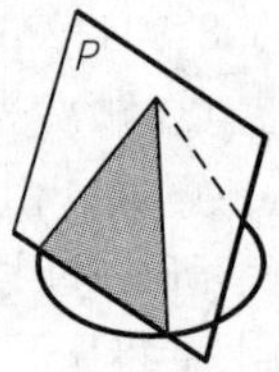
投影图	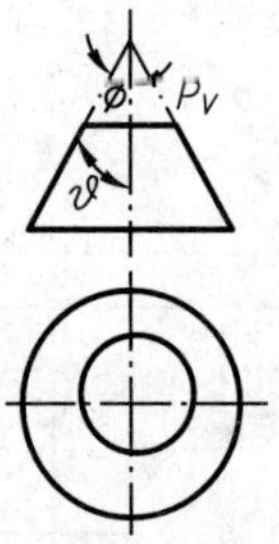	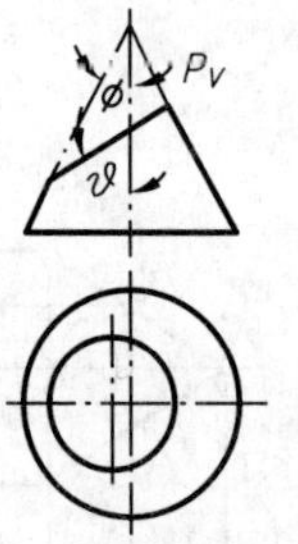	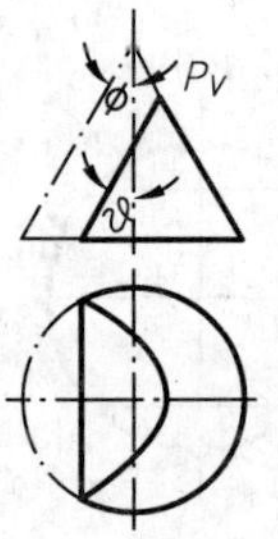	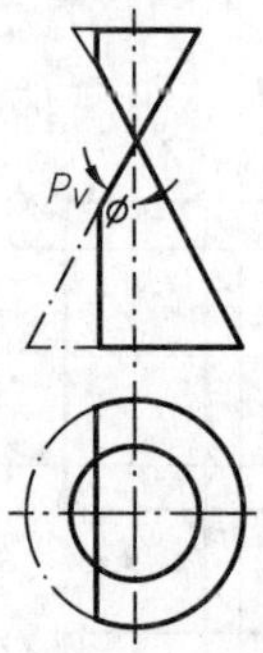	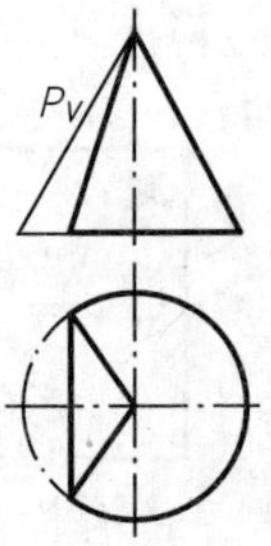
交线情况	截平面垂直于轴线（$\theta=90°$），交线为圆	截平面倾斜于轴线，且 $\theta>\phi$，交线为椭圆	截平面倾斜于轴线，且 $\theta=\phi$，交线为抛物线	截平面倾斜于轴线，且 $\theta<\phi$，或平行于轴线（$\theta=0°$），交线为双曲线	截平面通过锥顶，交线为通过锥顶的两条相交直线

【例 3-13】 如图 3.24 所示，圆锥与正垂面相交，求截交线的投影。

解：(1) 由题知，截平面与圆锥轴线倾斜，其截交线为椭圆。由于截平面是正垂面，它的正面投影积聚为一条直线；侧面投影与水平投影均为椭圆；因而只需求出它的水平投影即可。

(2) 作图步骤如下。

① 求特殊点。在图3.24中，Ⅰ、Ⅱ分别是截交线上的最低、最高、最左、最右点，也是椭圆长轴的两个端点，它们都在圆锥的正面轮廓素线上。Ⅳ、Ⅴ是截交线的最前、最后点，又是椭圆短轴的两个端点，它们都在过$1'2'$中点的Q面上。因此可由$1'$、$2'$、$4'$和$5'$求得1、2、4、5；

② 求一般点。先在正面投影上适当确定一点，如点$3'$，用素线(SC)法或纬圆(K)法可求出3点。同理，可求出截交线上足够多的点。

③ 顺次连接各点，并判别可见性。由于截交线的正面投影积聚在P_V上，故不用再判别；水平投影为一椭圆，由于圆锥面的水平投影为可见，故画成实线。

【例3-14】 如图3.25所示，求侧平面截切圆锥的截交线的投影。

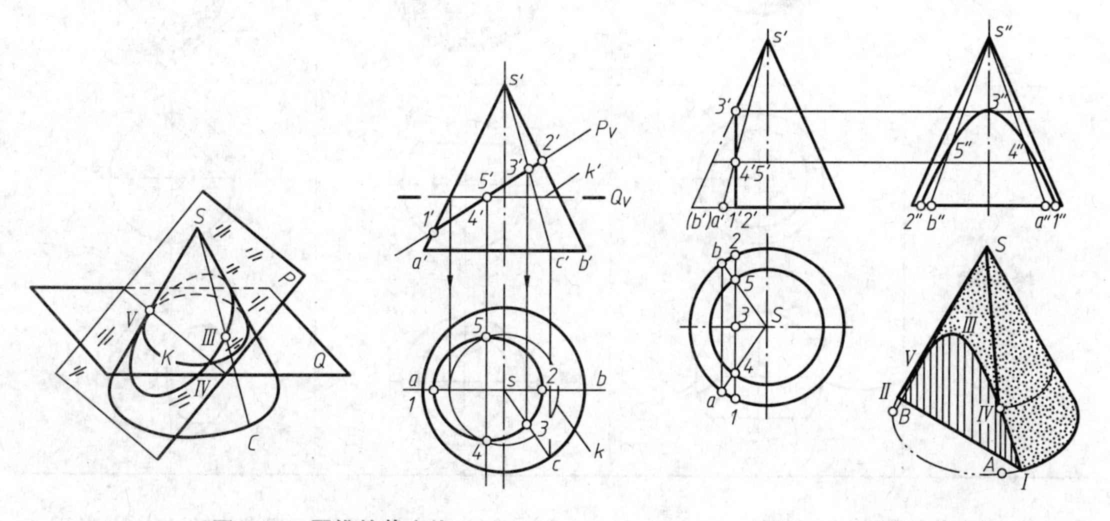

图3.24 圆锥的截交线　　图3.25 圆锥的截交线

解：(1) 由题知，截平面是侧平面，其截交线为双曲线，水平投影积聚为一条直线12；正面投影也积聚为一条直线$1'3'$；因而只需求出侧面投影。

(2) 作图步骤如下。

① 求特殊点。Ⅰ、Ⅱ分别为最前、最后和最低点，它们都在圆锥的底圆上；Ⅲ为最高点，在圆锥的正面转向素线上。因而可直接求出1、2、3和$1'$、$2'$、$3'$。进一步求出$1''$、$2''$、$3''$。

② 求一般点。先在正面投影上取一般点Ⅳ、Ⅴ的投影$4'$、$5'$两点，用素线法或纬圆法求出4、5点，再求出$4''$、$5''$。同理，可求出截交线上的许多点。

③ 顺次连接各点，并判别可见性。由图知，截交线的3个投影均为可见，故都画成实线。

3. 平面与球相交

平面与球面的截交线是圆。当截平面平行于投影面时，截交线的投影为真形；当截平面垂直于投影面时，截交线的投影为直线，长度等于截交线圆的直径；当截平面倾斜于投影面时，截交线的投影为椭圆。图3.26中的截平面是水平面，截交线圆

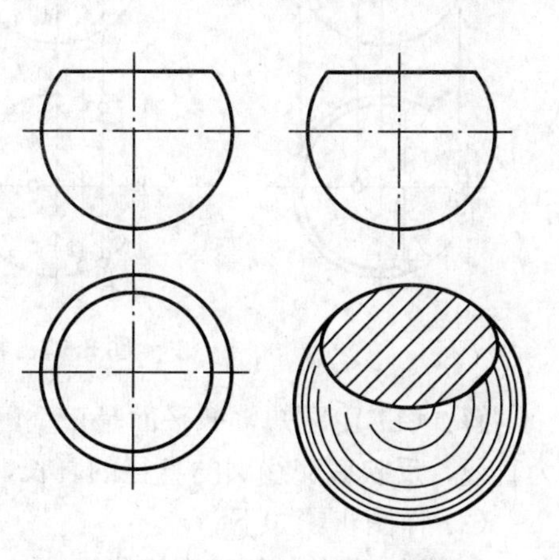

图3.26 用水平面切球的截交线

的水平投影为真形，正面投影为长度等于截交线圆的直径的直线，平面与球相交的 3 种情况见表 3-4。

表 3-4　平面与球相交

截平面位置	与 V 面平行	与 H 面平行	与 V 面垂直
截交线形状	圆	圆	圆
轴测图			
投影图			

【例 3-15】　如图 3.27 所示，球被正垂面截去左上方，截去部分或图中未确定的投影用双点画线表示，补全球被截断后的水平投影。

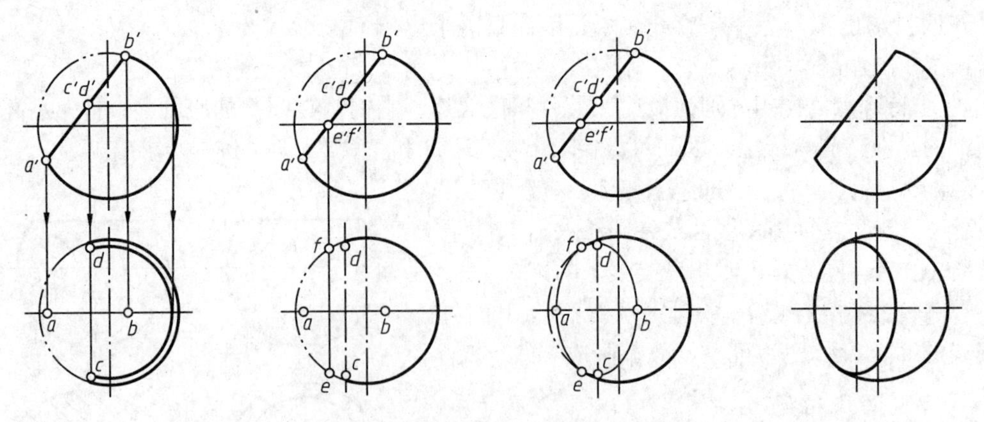

图 3.27　补全球被截断后的水平投影

解：(1) 由题知，截平面是正垂面，所以截交线是一个正垂圆。截交线圆的正面投影为直线，反映截交线圆的直径的真长，即 AB。截交线圆的水平投影为椭圆。

(2) 作图步骤如下。

① 求特殊点。由正面投影可知，A、B 分别是截交线上的最低、最高、最左和最右

点，也是椭圆轴的两个端点，由 $a'b'$ 可求出 ab。取 $a'b'$ 的中点 $c'(d')$，即为截交线的最前和最后点，也是椭圆长轴的两个端点，用纬圆法即可求出 C、D 的水平投影 c、d。

② 求一般点。先在正面投影上求出一般点 E 和 F 的投影 e'、f'，由 e'、f' 在球面水平投影的转向轮廓线上作出 e 和 f，e 和 f 即为截交线圆的水平投影与球面水平投影的转向轮廓线的切点，也是球面被截断后的水平投影转向轮廓线的端点；

③ 顺次连接各点，并判别可见性。由图 3.27 可知，截交线的水平投影是可见的，画成粗实线。

4. 平面与组合回转体表面相交

组合回转体可分解为若干个基本体，因此求平面与组合回转体截交线的投影就是分别求出截平面与基本体截交线的投影，然后拼接为所求截交线的投影。

【例 3-16】 如图 3.28 所示，回转体与铅垂面相交，求截交线的投影。

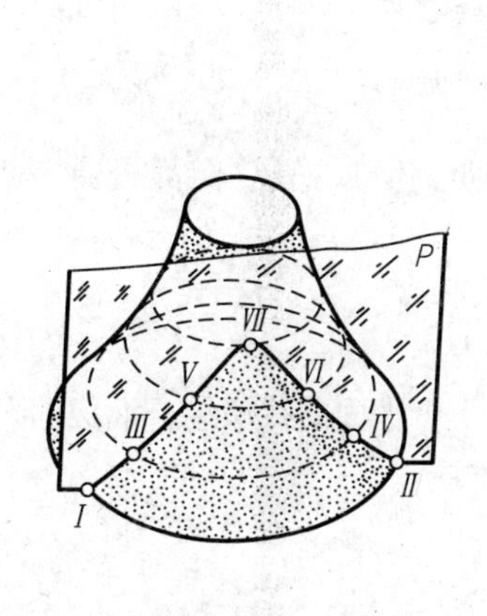

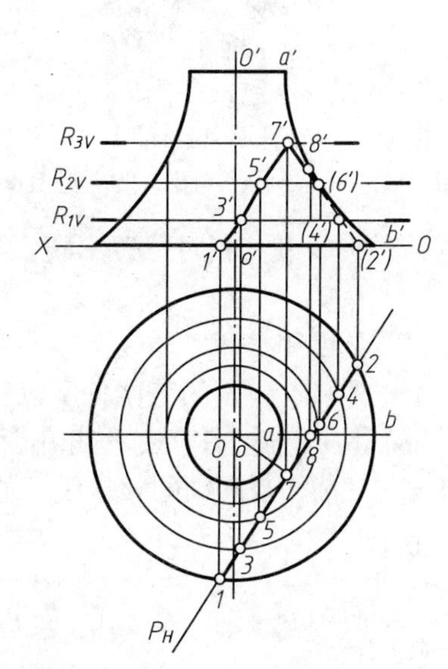

图 3.28　回转体的截交线

解：(1) 回转面被铅垂面 P 所截后，截交线为一平面曲线。欲求曲面上的点，必须根据回转面的性质，取水平面上的圆，求出它与平面 P 的交点。由于平面 P 为铅垂面，故截交线的水平投影积聚在 P_H 上，只需求出其正面投影。

(2) 作图步骤如下。

① 求特殊点。由水平投影可知，Ⅰ、Ⅱ分别为最左、最右、最前、最后及最低点，由其水平投影 1、2 即可求出其正面投影 $1'$、$2'$；在回转面上取一圆(即正截面圆 R_3)刚好与平面 P 相切，该切点即为最高点。Ⅶ点的水平投影 7，即以 O 为圆心作一圆与 P_H 相切的点，此圆的正面投影为一条平行 OX 轴的线段，其正面投影 $7'$ 必在其上。

② 求一般点。在最高点和最低点之间，有目的地选取若干个正截面 R_2 和 R_1，同理，求得截交线上的点Ⅴ、Ⅵ和Ⅲ、Ⅳ。

③ 顺次连接各点，并判别可见性。由于曲线ⅠⅧ在回转面前半部，故其正面投影 $1'8'$ 为可见，画成实线；而曲线ⅧⅡ在回转面后半部，故其正面投影 $8'2'$ 为不可见，画成虚线。转向点Ⅷ 的正面投影 $8'$，即为截交线正面投影上可见与不可见的分界点。

3.4　两立体表面相交

1. 平面立体与回转体表面相交

两立体相交时，它们的表面所产生的交线称为相贯线。图 3.29 中箭头所指的曲线就是立体表面相交的相贯线。

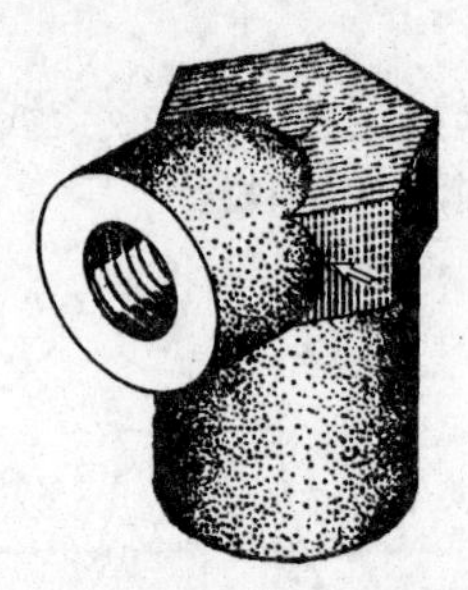

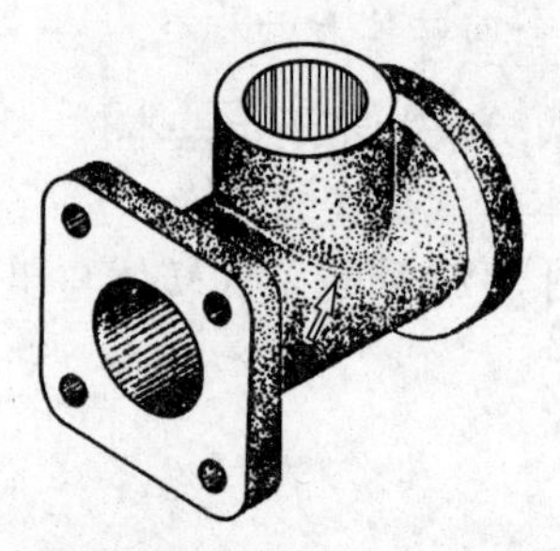

图 3.29　进气阀壳体和三通管的相贯线

由于立体的形状及其相对位置不同，相贯线的形状也不同。但它们都具有下列 3 个基本特性。

(1) 相贯线是由相交两立体表面上一系列共有点组成的；

(2) 由于立体具有一定的范围，所以相贯线一般都是封闭的；

(3) 平面立体与曲面立体相交，其相贯线一般是由若干个平面曲线段结合而成的封闭曲线。

【例 3-17】 求三棱柱与圆锥的相贯线，如图 3.30 所示。

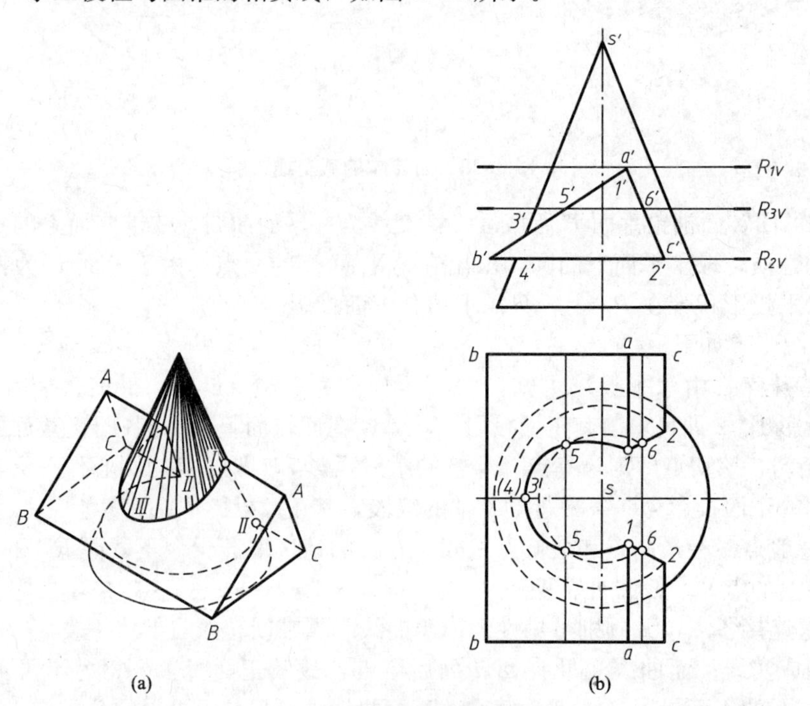

图 3.30　棱柱与圆锥相贯

解：（1）三棱锥的正面投影有积聚性，相贯线的正面投影积聚其上，只要求出它的水平投影即可。

相贯线由3条截交线组成：棱面 AB、AC 及 BC 与圆锥表面的截交线分别为部分椭圆、抛物线及圆。棱 A 的贯穿点Ⅰ、Ⅰ为椭圆与抛物线的结合点；而棱 C 的贯穿点Ⅱ、Ⅱ为抛物线与圆的结合点。

（2）作图步骤如下。

① 求出相贯线上的特殊点。

a. 结合点：包含棱 A 作辅助水平面 R_1，它与圆锥交于一条平行 H 面的圆，此圆与棱A交于Ⅰ，Ⅰ两点，即为所求结合点，同理，含棱 C 作辅助水平面 R_2，又可求得结合点Ⅱ、Ⅱ。

b. 极限点及特征点：例如圆锥左边正视转向线与棱面 AB 及 BC 的交点Ⅲ，Ⅳ可直接求得。点Ⅳ为最左点，点Ⅲ是椭圆长轴左端点。

② 求相贯线上的一般点。在适当位置作一辅助水平面 R_3，它与圆锥交于一水平面，与棱面 AB 及 AC 分别交于一条正垂线，它们的交点Ⅴ、Ⅴ及Ⅵ，Ⅵ即为所求。据此，求出复合截交线上足够数量的点。

③ 依次连接各点，并判别可见性。在水平投影图中：棱面 AB 及 AC 可见，在其上的椭圆及抛物线可见；棱面BC不可见，故其上的圆不可见，画成虚线；圆锥底圆被三棱柱挡住部分也不可见，画虚线。

由于相贯体是一实体，所以棱 A 及棱 C 上的结合点Ⅰ-Ⅰ之间和Ⅱ-Ⅱ之间无线。

2. 两回转体表面相交

组成相贯体的各立体的形状、大小和相对位置不同，相贯线也表现为不同形式。通常，两曲面立体的相贯线为封闭的空间曲线，并且相贯线是两立体表面的共有线。因此，求相贯线的实质是求两立体表面上的一系列共有点，然后依次光滑地相连，并区分其可见性。

求共有点的一般方法为三面共点法。如图3.31所示，柱面与锥面的相贯线为 MN，选辅助平面 R。它与柱面交于 SK，与锥面交于 TK，两者的交点为 K，即为两曲面相贯线 MN 上的一点。作若干个辅助面，求得一系列这样的点，然后依次地光滑连接，即为所求相贯线。所选辅助面一般为平面，也可用球面。

为便于作图，辅助面的选择以截两立体表面都能获得最简单易画的交线为原则，即尽可能使辅助面与立体表面交线至少有一个投影为直线或圆。

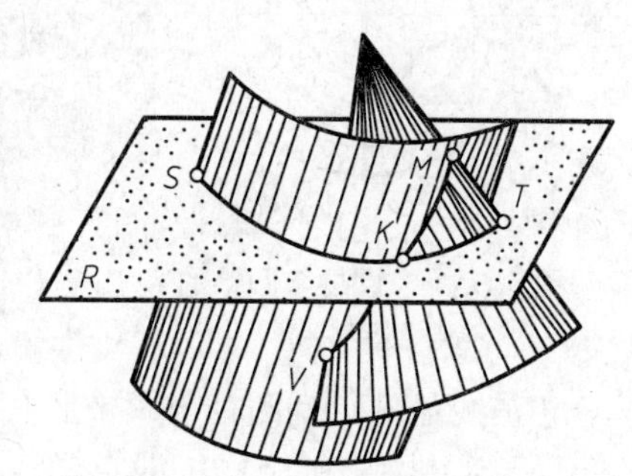

图3.31 求两曲面相贯线的示意图

当求图3.32(a)所示的圆柱与圆锥的相贯线时，可选用水平面 P 为辅助面，如图3.32(b)所示。它与圆柱和圆锥的截交线都是水平圆，两圆的交点Ⅰ、Ⅱ就是相贯线上的点。还可采用过锥顶 S 的铅垂面 Q 为辅助面，如图3.32(c)所示，它截圆锥面为直素线SL，截圆柱面为直素线 K_1K，两直素线的交点Ⅲ即是相贯线上的点。

为了更确切地表示相贯线，应尽可能求出其上的特殊点(极限点、转向点、特征点)，因为这些点能确定相贯线的投影范围、特征和判别可见性。

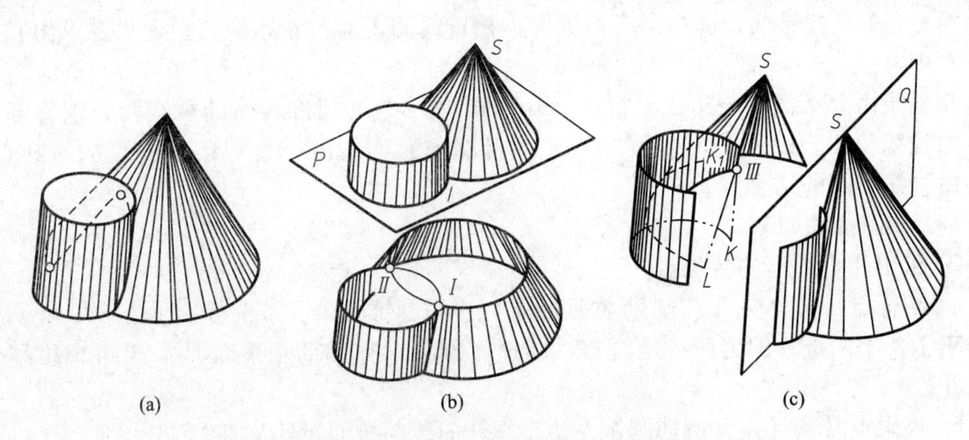

图 3.32　以水平面或铅垂面为辅助面

连线的原则：在两立体上都处于相邻两素线间的点，才能相连。判别可见性的原则：只有当相贯线同时属于两立体表面的可见部分时才可见。

【例 3-18】 求圆柱与圆锥的相贯线。

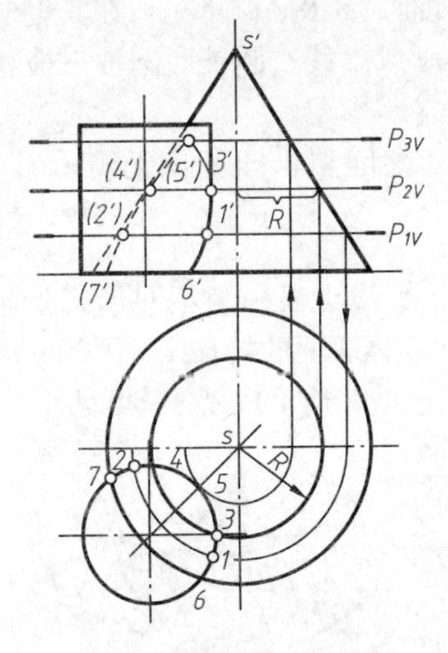

图 3.33　求圆柱与圆锥的相贯线(一)

解： 如图 3.33 所示。因圆锥轴线垂直 H 面，相贯线的水平投影与圆柱面的水平投影重合，积聚在圆周上，故只需求出相贯线的正面投影。

解法一：以水平面为辅助面，如图 3.33 所示。

作图步骤如下。

(1) 作出相贯线上的特殊点。为了求圆柱正视转向线上的点Ⅲ，可在水平投影上选择半径为 R 的圆，此圆通过圆柱正视转向线的水平投影 3，再由半径 R 确定水平辅助面的正面投影 P_{2V} 的位置，并求得 3′。3′为区分相贯线正面投影可见与不可见部分的分界点。由 P_2 还可以求得一般点Ⅳ(4，4′)。

最高位置的水平辅助面 P_3 应与所截两圆相切于一点 V。为准确定出 P_3 的位置，先在水平投影图上以 $S5$ 为半径作圆弧与圆锥的水平投影相切于 5，再依此半径求出 P_{3V} 位置，从而确定相贯线最高点 V 的正面投影 5′。

相贯线最低点是圆柱与圆锥底圆相交的两点Ⅵ(6，6′)和Ⅶ(7，7′)。

(2) 求出相贯线上的一般点。在适当位置作水平辅助面 P_1 与圆锥和圆柱相交，其交线均为平行水平投影面的圆，两圆的交点Ⅰ(1，1′)和Ⅱ(2，2′)即为相贯线的一般点。根据需要，可再补充求出相贯线上足够数量的一般点。

(3) 依次光滑地连接各点，并判别可见性。相贯线只有当同时处于圆锥及圆锥的可见表面时，才属可见。这里相贯线的正面投影只有 6′—1′—3′可见，画实线；其余的部分不可见，画虚线。

(4) 将两曲面立体看成一个整体，补上或去掉有关部分外视转向线。圆柱右边正视转向线从上向下画到 3′为止，圆锥左边的正视转向线下面一段被圆柱挡住，用虚线画出。

解法二：以铅垂面为辅助面，如图 3.34 所示。

作图步骤如下。

(1) 作出相贯线上的特殊点。过锥顶 S 及圆柱轴线作铅垂面 Q_4，可求得最高点Ⅴ(5，5′)。过锥顶 S 及圆柱正视转向线作铅垂面 Q_5，可求出转向点Ⅲ(3，3′)。

(2) 作出相贯线的一般点。过锥顶 S 作铅垂面 Q_1，它与圆锥面的交线为 $SL(sl, s'l')$，与圆柱面的交线为铅垂线 $KK_1(kk_1, k'k'_1)$，两交线的交点Ⅰ(1，1′)即为相贯线上的点。根据要求，可再求出相贯线上足够数量的一般点。

(3) 依次光滑地连接各点，并判别可见性(同解法一)。

显然，在同一图例中有时根据需要和方便，可兼用多种方法求出相贯线上的点。

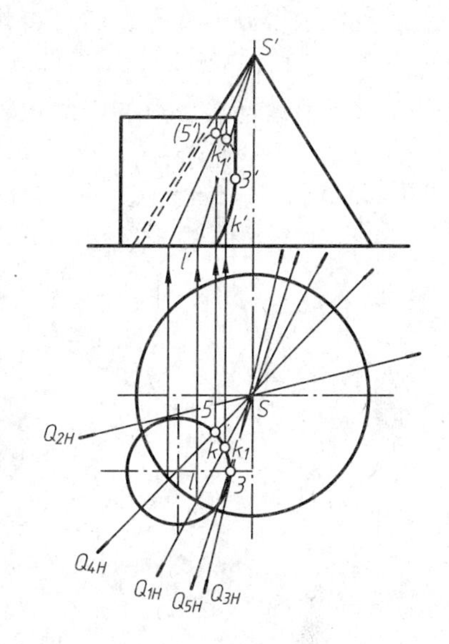

图3.34 求圆柱与圆锥的相贯线(二)

【例3-19】 求作两正圆柱的相贯线，如图3.35(a)所示。

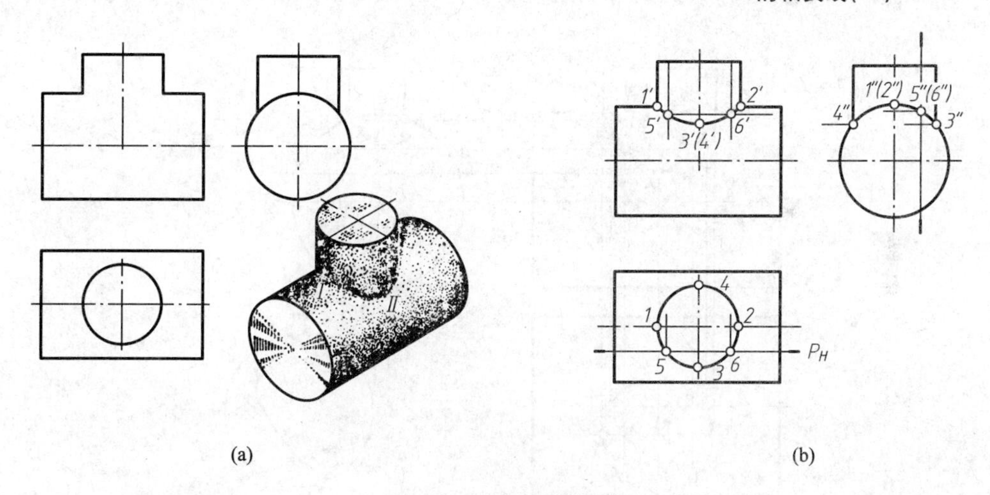

图3.35 两圆柱正交

解：相贯线的水平投影重影于直立圆柱面的水平投影上，其侧面投影重影于水平圆柱的侧面投影上，所以只需作出其正面投影。

由图3.36可以看出，选用水平面、正平面或侧平面为辅助面都是可以的，其中水平面和侧平面与一个圆柱相交为圆，而与另一个圆柱相交得两条素线，如图3.36(a)、(b)所示，圆与两素线的交点即为相贯线上的点。如果辅助面为正平面，截切两圆柱的截交线均为直素线，如图3.36(c)所示，相应素线的交点即为相贯线上的点。

如图3.35(b)所示，两圆柱的轴线平行于 V 面，所以两圆柱与 V 面的轮廓素线彼此相交，交点Ⅰ(1，1′，1″)和Ⅱ(2，2′，2″)是相贯线的最高点；而交点Ⅰ又为最左点，交点Ⅱ又为最右点。另外由于相贯线侧面投影与水平圆柱的侧面投影重合，所以从侧面投影中可以直接得到相贯线的最低点Ⅲ(3，3′，3″)和Ⅳ(4，4′，4″)；点Ⅲ又是最前点，点Ⅳ则是最后点，求得以上特殊点后，再作平行面求出若干个一般点，例如，作辅助正平面 P，求出点Ⅴ(5，5′，5″)、Ⅵ(6，6′，6″)等。

依次光滑地连接各点的正面投影，即得相贯线的正面投影。

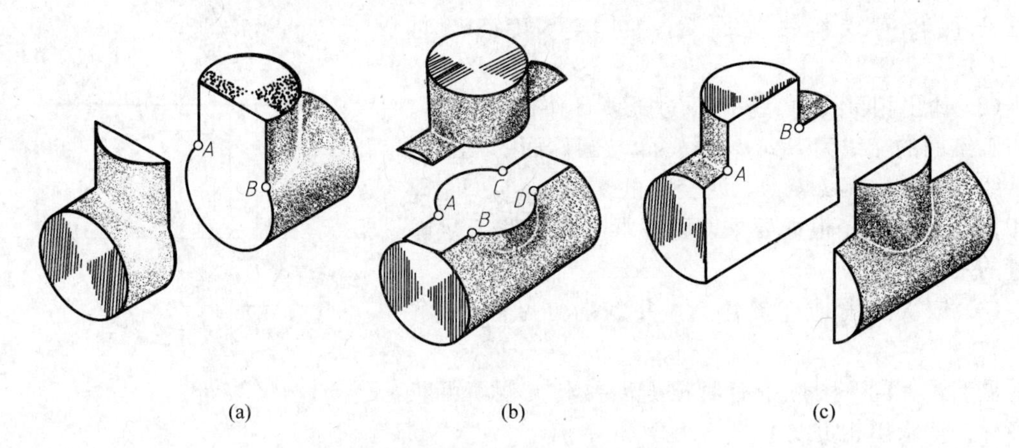

图 3.36　两圆柱正交采用平行面

【例 3-20】 求轴线垂直交叉两圆柱的相贯线，如图 3.37 所示。

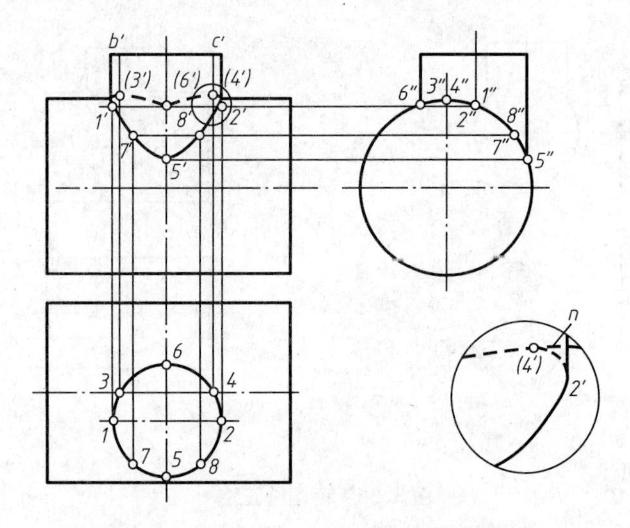

图 3.37　求轴线垂直交叉两圆柱的相贯线

解：(1) 两圆柱轴线垂直交叉，前后不对称，故相贯线正面投影前后不重合。由于小圆柱轴线垂直 H 面和大圆柱轴线垂直 W 面，故相贯线的水平投影积聚在 H 面的小圆上和侧面投影积聚在 W 面的大圆弧上，现需求出相贯线的正面投影。

(2) 作图步骤如下。

① 作出相贯线上的转向点。因两圆柱轴线垂直交叉，故需分别求出两圆柱正视转向线上的点。首先，定出直立圆柱正视转向线上点Ⅰ、Ⅱ的水平投影 1、2 及侧面投影 1″、2″，由此两投影求出正面投影 1′、2′。同理，定出直立圆柱侧视转向线上点Ⅴ(5，5″)、Ⅵ(6，6″)，由此求出 5′、6′。然后定出水平圆柱正视转向线上点Ⅲ(3，3″)、Ⅳ(4，4″)，求出(3′)、(4′)。

② 作出相贯线上的一般点。在点Ⅰ、Ⅱ与点Ⅴ之间，任选两点Ⅶ(7，7″)、Ⅷ(8，8″)，求出7′、8′。根据需要，可求出相贯线上足够数量的一般点。

③ 依次地连接各点正面投影，并判别可见性。相贯线正面投影1′—5′—2′属于直立圆柱前半部，故可见。相贯线1′—(6′)—2′属于直立圆柱后半部，故不可见，画成虚线。1′、2′为相贯线正面投影可见与不可见部分的分界点。

④ 将两曲面立体看成一个整体，去掉或补上部分转向线。两圆柱正视转向线的正面投影画法如图3.37中右下方的局部放大图所示：直立圆柱转向线的正面投影画到2′，并与曲线相切，全部可见，画成实线。水平圆柱转向线的正面投影画到(4′)，也与曲线相切，但n处一小段为不可见，画成虚线。(3′)、(4′)之间不存在水平圆柱的正视转向线的正面投影。

【例3-21】 求两轴线正交的水平圆柱与直立圆锥的相贯线，如图3.38(a)所示。

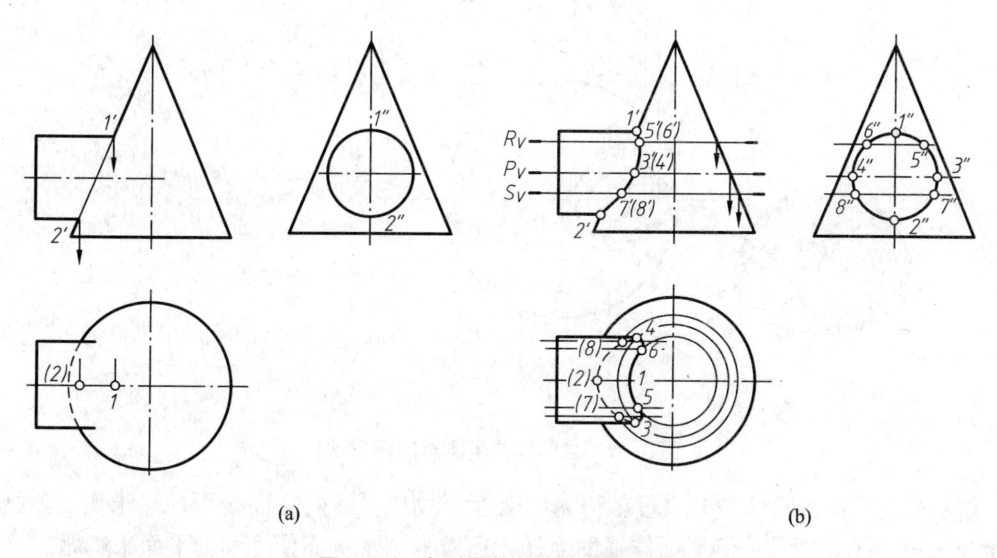

(a)　　　　(b)

图3.38　水平圆柱与直立圆锥相交

解：(1) 由于圆柱面的侧面投影有积聚性，故相贯线的侧面投影与它重合，其正面投影和水平投影需用辅助面法求点作图。因圆锥轴线垂直H面，故求点时应选水平面为辅助面。为使作图迅速、准确，可先求出确定相贯线范围的特殊点，然后根据连点的需要求作若干个一般点。

(2) 作图步骤如图3.38(b)所示。

① 求特殊点。由于两立体前后对称于同一正平面，所以两立体与V面的轮廓素线彼此相交，交点Ⅰ(1，1′，1″)为最高点，交点Ⅱ(2，2′，2″)为最低点；然后作过圆锥轴线的水平面P，P与圆锥相交，其截交线的水平投影为圆，与圆柱相交，其截交线的水平投影为两条对H面的轮廓素线，两截交线相交，交点Ⅲ(3，3′，3″)为最前点；交点Ⅳ(4，4′，4″)为最后点。

② 求一般点。为了连点的需要，再作水平面R、S等，找出一般点Ⅴ(5，5′，5″)、Ⅵ(6，6′，6″)、Ⅶ(7，7′，7″)、Ⅷ(8，8′，8″)等。

③ 判别可见性，并依次地连接各点的正面投影和水平投影。判别相贯线可见性的原则：只有同时位于两立体可见表面上的相贯线才是可见的，否则是不可见的。图3.38中

相贯线的正面投影，可见与不可见部分重合，应画成实线。而在水平投影上 3、4 两点为可见与不可见的分界点。因此只有圆柱面的上半部分与圆锥面的交线才是可见的。

【例 3-22】 求圆锥与半圆球的相贯线，如图 3.39 所示。

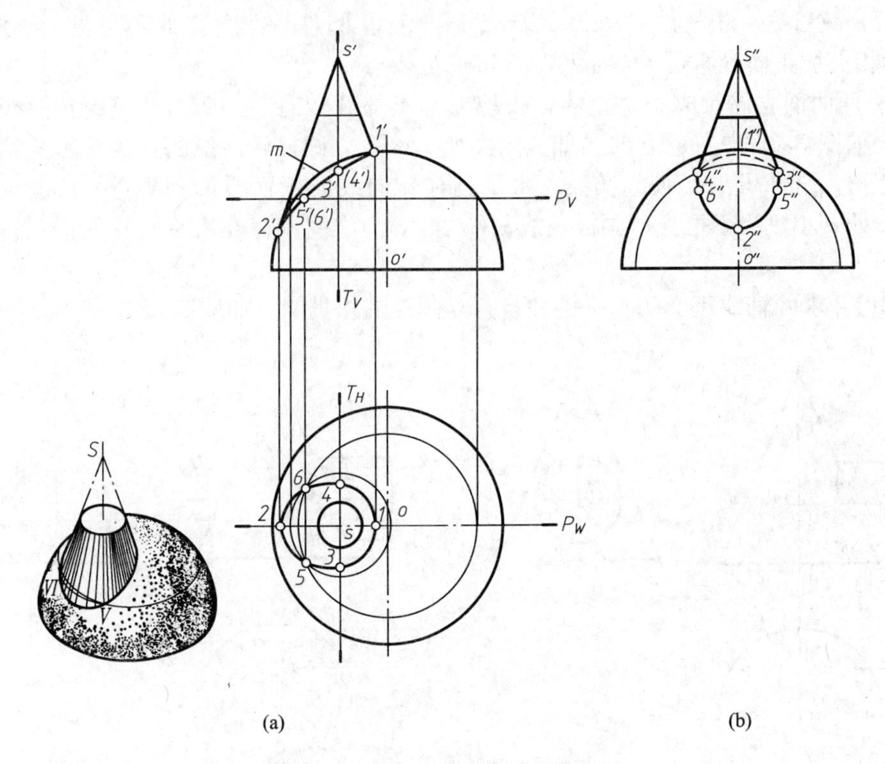

图 3.39 求圆锥与半圆球的相贯线

解：(1) 圆锥、圆球的 3 个投影均无积聚性，故相贯线的三面投影均需求出。本题除过锥顶采用一正平面及一侧平面作辅助面外，还需采用水平面作为辅助平面来解题。

(2) 作图步骤如下。

① 求出相贯线上的特殊点。过锥顶 S 作辅助正平面 R，它与圆锥面交于两条正视转向线，它与圆球面交于一条正视转向线，两者相交于Ⅰ、Ⅱ两点，即为所求正视转向线上的点。

再过锥顶 S 作辅助侧平面 T，它与圆锥面交于两侧视转向线，与圆球面交于一条平行于 W 面的圆，两者交于 Ⅲ、Ⅳ两点，即为所求圆锥侧视转向线上的点。

② 求出相贯线上的一般点。在点Ⅱ及点Ⅲ、Ⅳ之间适当位置，作辅助水平面 P，它与圆锥面相交于一水平圆，与圆球面也交于一水平圆，两者相交于Ⅴ、Ⅵ两点，即为所求。同理，再做一水平辅助面，又可得相贯线的两个一般的点。根据需要，可求出相贯线上的足够数量的一般点。

③ 依次连接各点，并判断可见性。因相贯体前后对称，故相贯线的正面投影的前一半曲线 $1'-3'-5'-2'$ 与后一半曲线 $1'-(4')-(6')-2'$ 重合，用实线表示。相贯线的水平投影全部可见，画成实线。现在判别相贯线的侧面投影：圆球面和圆锥面的左半部分的侧面投影可见，按判别可见性原则可知，属于圆锥面的左半部分的相贯线可见，即 $3''-2''-4''$ 可见，画成实线。$3''-(1'')-4''$ 不可见，画成虚线。$3''$、$4''$ 为相贯线侧面投影上的可

见部分与不可见部分的分界点。圆球面有部分侧视转向线的侧面投影被圆锥面遮挡，也应画成虚线。

④ 将两曲面立体看成一个整体，去掉或补上部分侧视转向线。如图 3.39(b)所示，m 处应去掉圆球面正视转向线的正面投影；圆锥面的侧视转向线的侧面投影应画到 $3''$、$4''$ 两点。

3. 相贯线的特殊情况

两曲面立体的相贯线一般为空间曲线，特殊情况下可为直线或平面曲线。

两共锥顶的锥体或轴线相互平行的柱体相交时，它们的相贯线为两条直线，如图 3.40 和图 3.41 所示。

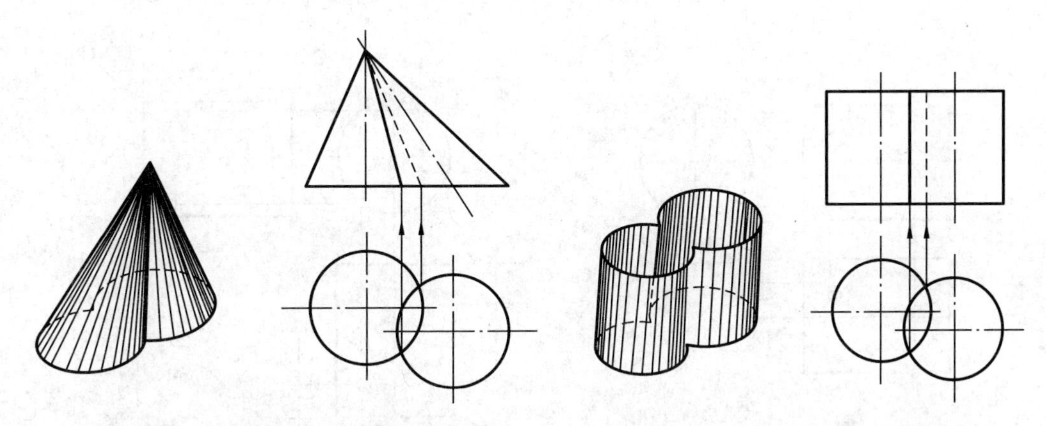

图 3.40　相贯线为两条相交直线　　**图 3.41　相贯线为平行两条直线**

当两个直径相同的圆柱轴线正交时，两者必同时外切于一球，其相贯线为两个大小相等的椭圆，其正面投影为两段直线 $a'b'$ 及 $c'd'$，水平投影与直立圆柱的水平投影重合，如图 3.42(a)所示。

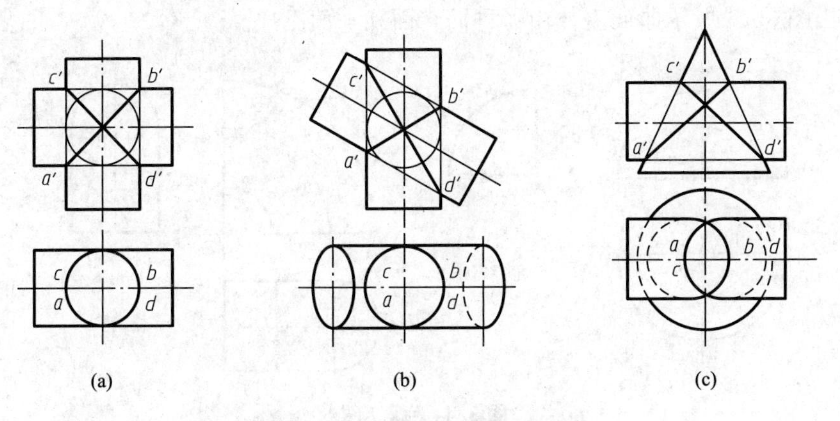

图 3.42　相贯线为平面曲线的诸例

当两个直径相同圆柱的轴线斜交时，两者必同时外切于一球，相贯线仍为两椭圆，不过大小不等，其正面投影为直线段 $a'b'$ 及 $c'd'$，水平投影仍与直立圆柱水平投影重合，如图 3.42(b)所示。

当一圆锥与一圆柱轴线正交时，若两者同时外切一球，则相贯线也是两椭圆，其正面投影为两线段$a'b'$及$c'd'$，水平投影为两相交的椭圆，如图3.42(c)所示。

思 考 题

1. 简述平面立体投影的一般画法。
2. 如何判别平面立体各棱线的可见性？
3. 试比较在立体表面上取点与在平面内取点的方法的异同。
4. 圆柱面上取点的方法是什么？如图3.43所示，已知圆柱面上点A、B的水平投影，图示另外两个投影的作图过程是否正确？错在哪里？

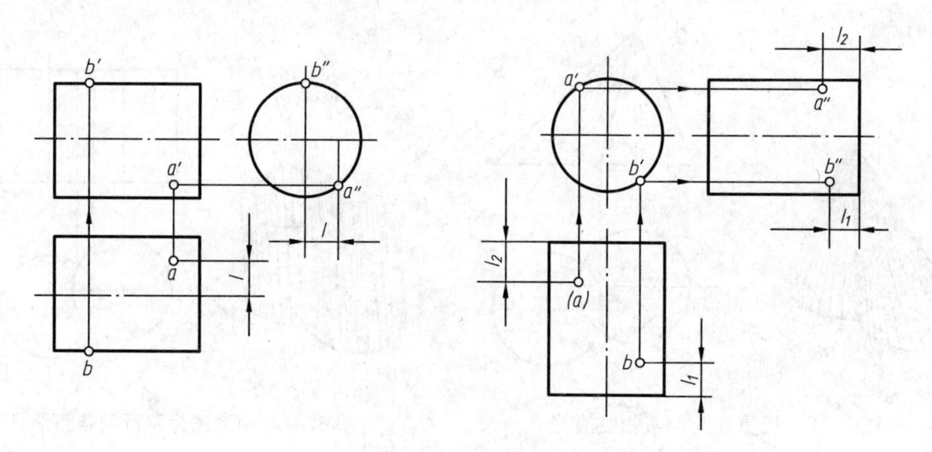

图3.43　题4图

5. 圆锥面上取点，可以利用几种简而易画的线作为辅助线？
6. 圆球面上一点能作几个圆？其中过该点且与投影面平行的圆有几个？
7. 指出图3.44所示曲面立体由哪种回转面和平面围成。

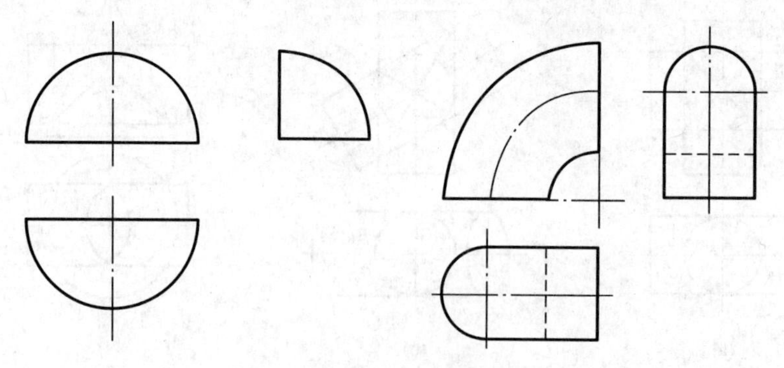

图3.44　题7图

8. 试述平面与曲面立体相交，其截交线的形式和求截交线的方法。
9. 试述圆锥、圆柱被平面所截，其截交线的各种形式。
10. 如图3.45所示，三棱锥与铅垂面P_H相交，求截交线的投影。
11. 如图3.46所示，圆锥与侧垂面P_A相交，求截交线的投影。

12. 如图 3.47 所示，圆柱与圆锥相交，可用几种方法求出相贯线上的最高点？

13. 如图 3.48 所示，两圆锥相交，试用一般位置平面作辅助面，求小圆锥正视转向线上的点。

14. 求图 3.49 所示四棱锥与圆柱的相贯线。

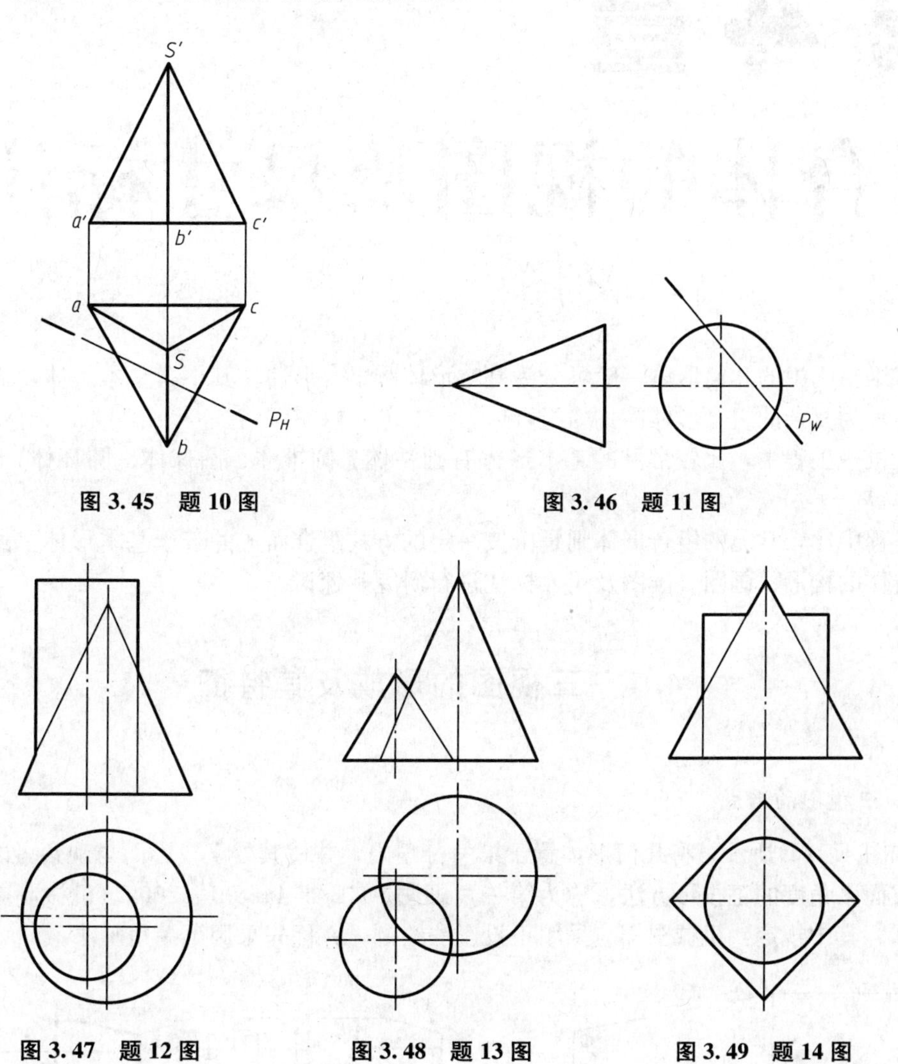

图 3.45 题 10 图

图 3.46 题 11 图

图 3.47 题 12 图

图 3.48 题 13 图

图 3.49 题 14 图

第4章 组合体的视图及尺寸标注

三维空间中的几何形体一般可分为基本形体和组合形体。其中，基本形体简称为基本体，而较为复杂的组合形体简称为组合体。

在机械工程中，比较常见的基本形体有圆柱体、圆锥体、圆球体、圆环体、棱柱体、棱锥体等。

工程中比较常见的组合形体则是由按一定的方式组合而成的若干基本形体。这里将针对组合体的构形、画图、读图及尺寸标注进行研究和探讨。

4.1 三视图的形成及其特征

1. 三视图的形成

如图4.1(a)所示，将几何形体置于第一分角内，并使其处于投影面与观察者之间而得到多方面多角度的正投影方法，称为第一角画法。GB/T 4458.1—2002《机械制图图样画法视图》其中规定：机械图样应采用正投影法绘制，并优先采用第一角画法。

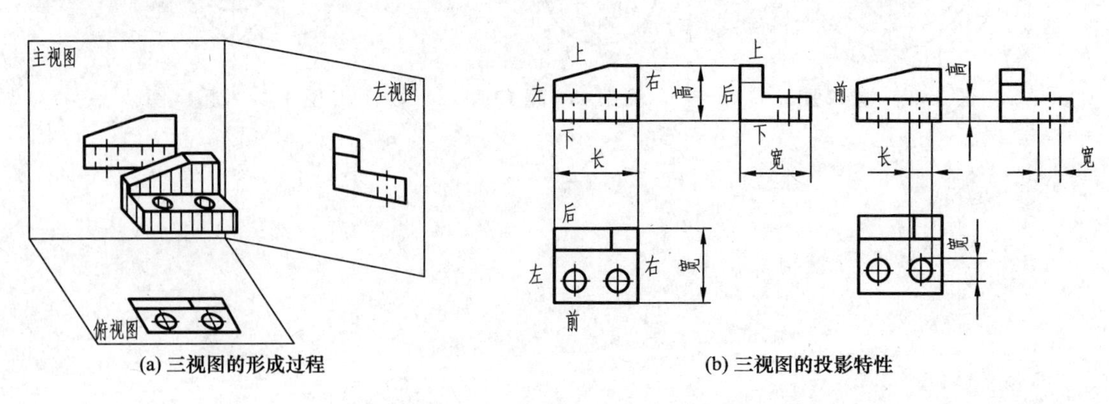

(a) 三视图的形成过程

(b) 三视图的投影特性

图4.1 三视图的形成及其特性

2. 三视图的投影特性

如图 4.1(b)所示，由投影面展开后的三视图可以看出：主视图和俯视图都反映物体的长，主视图和左视图都反映物体的高，而俯视图和左视图都反映物体的宽。

从三视图的投影特性可以看出，三视图符合“三等规律”：主、俯视图长对正；主、左视图高平齐；俯、左视图宽相等，且前后对应。

由此，可以总结出运用“三等规律”的要点如下。

(1) 机件的整体和局部都要符合“三等规律”。

(2) 在俯、左视图上，远离主视图的一侧是机件的前面，靠近主视图的一侧是机件的后面。

(3) 要特别注意宽度方向尺寸在俯、左视图上的不同方位。

物体的三视图按图 4.1(b)所示的规定位置配置，可不注视图的名称。

4.2　形体分析与线面分析

4.2.1　形体分析法

三维空间中，对于比较复杂的物体，都可以将其看成是由无数个基本体以各种形式组合在一起而形成的。假想把组合体分解为若干个简单的基本形体，分析各基本体的形状、表面连接、组合形式和相对位置的这种方法称为形体分析方法，简称形体分析法。

形体分析法是读组合体的视图、标注组合体的各形体尺寸和读组合体三视图的基本方法之一。其中，比较常见的组合体形式有：叠加(图 4.2)和切割(图 4.3)，而人们经常遇到的是这两种形式的综合运用。

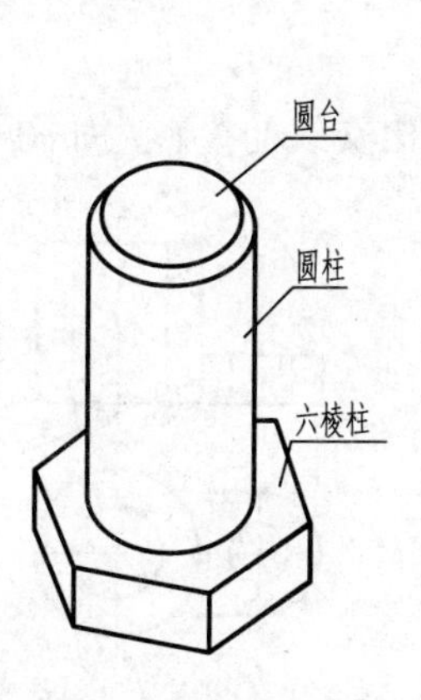

图4.2　叠加式组合体

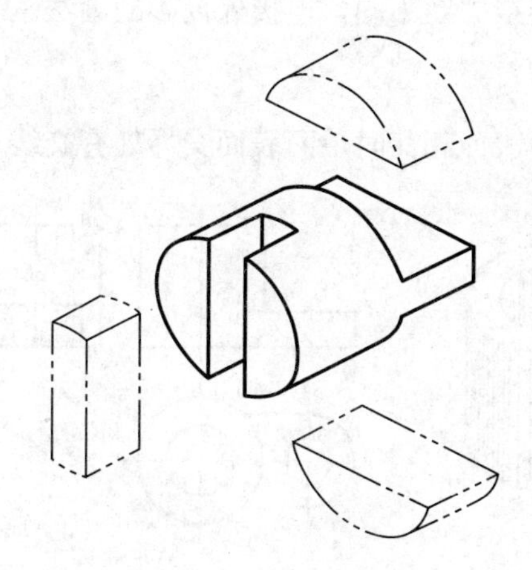

图 4.3　切割式组合体

当两物体的表面平齐且共面时，共面处没有分界线，该处投影不应画线，如图 4.4 所示。

当两物体的表面不平齐且不共面时，两形体之间存在分界面，应画出分界面的投影，如图 4.5 所示。

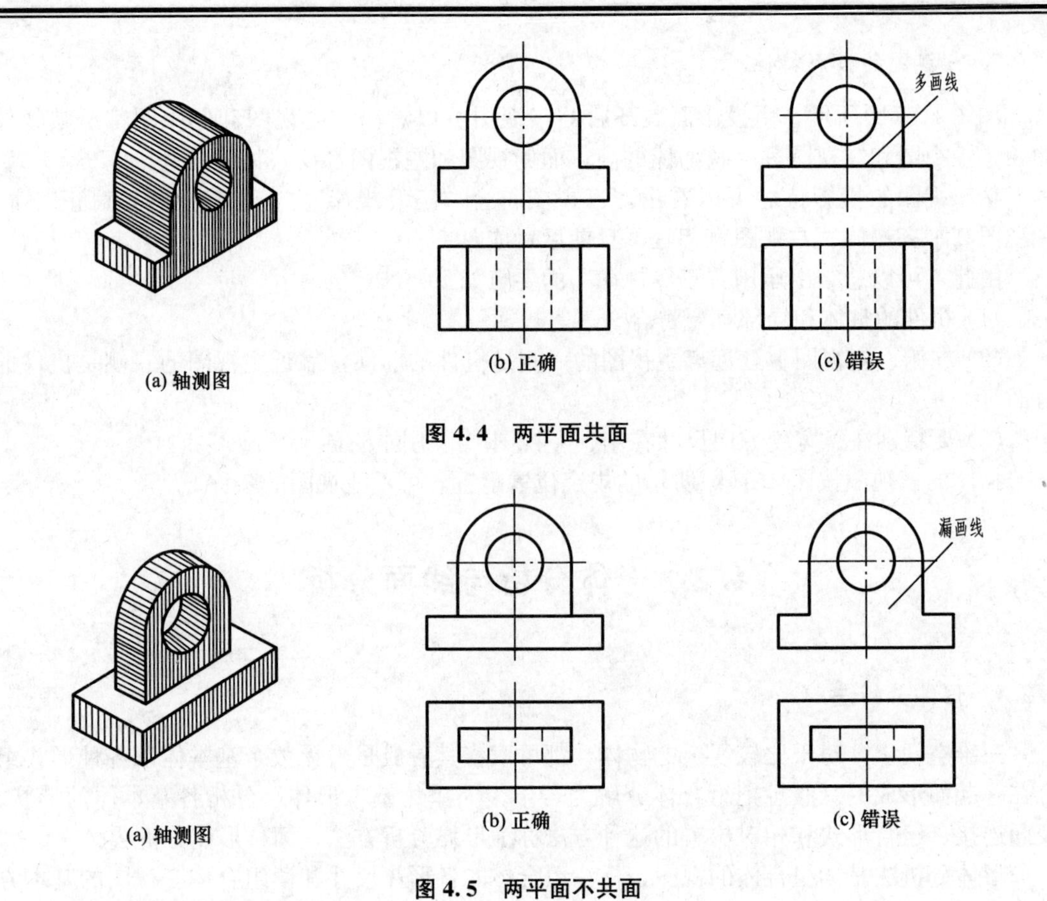

(a) 轴测图　(b) 正确　(c) 错误

图 4.4　两平面共面

(a) 轴测图　(b) 正确　(c) 错误

图 4.5　两平面不共面

基本体组合在一起，按其相邻表面相对位置的不同，连接关系可分为共面、相交、相切等情况。连接关系不同，连接处投影的画法也不同。

1. 相交

当两物体表面相交时，两表面交界处有交线，应画出交线的投影，如图 4.6 所示。

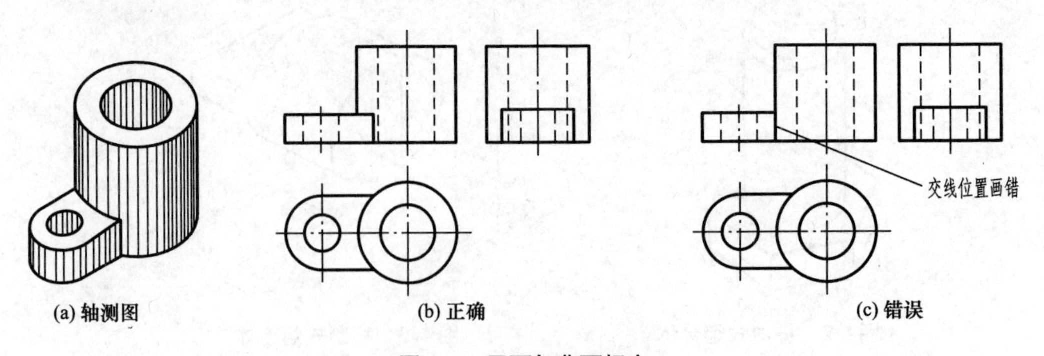

(a) 轴测图　(b) 正确　(c) 错误

图 4.6　平面与曲面相交

2. 相切

当两物体表面相切时，相切处光滑连接，没有交线，不应画切线的投影，相邻平面的投影应画到切点，如图 4.7 所示。

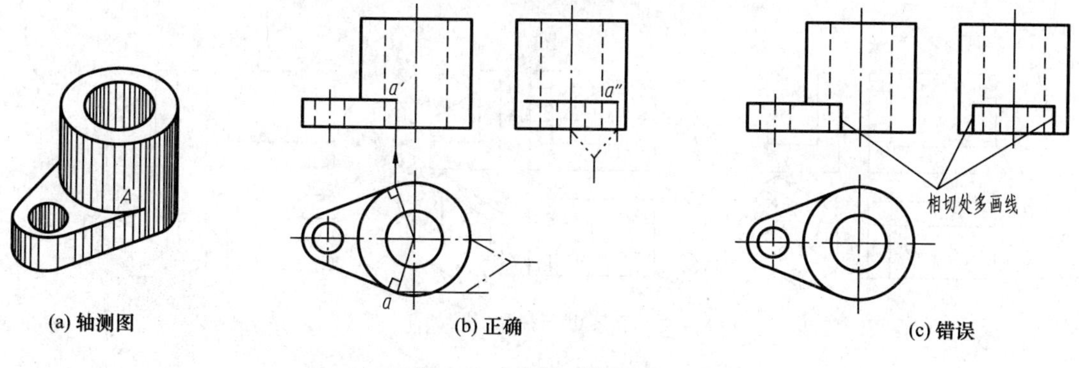

(a) 轴测图　(b) 正确　(c) 错误

图 4.7　平面与曲面相切

4.2.2　线面分析法

通常人们所说的线面分析法是利用面与线在空间中的投影关系和投影规律，分析形体的表面与表面间的交线与视图中的线框或图线的关系和相互的联系，进行分析、理解、看图、画图的方法。

通常，图线在视图中的意义如下。

(1) 具有积聚性的表面、平面或柱面的投影。

(2) 两个邻接表面、平面或曲面交线的投影。

(3) 曲面的转向线的投影。

通常，线框在视图中的含义如下。

(1) 形体表面、平面或曲面的投影。

(2) 孔洞的投影。

(3) 相切表面的投影，表示为封闭线框或含有不封闭线框。

组合体的形体可以看作由形体各表面围成的实体。形体分析法是从体这个角度来分析组合体的，而线面分析法则是从线和面这一角度来分析形体的表面或表面间的交线的。

画形体的投影实际上是画形体表面或表面间的交线的投影。这些面、线的视图之间必须符合投影规律。运用线面分析法时，应注意利用面、线投影的积聚性、实形性和类似性来解题。积聚性和实形性一般较容易掌握，而类似性在画图中容易产生错误。图 4.8 表示投影面平行面和投影面垂直线的投影具有实形性和积聚性，而图 4.9 表示投影面垂直面和一般位置面的投影具有类似性。

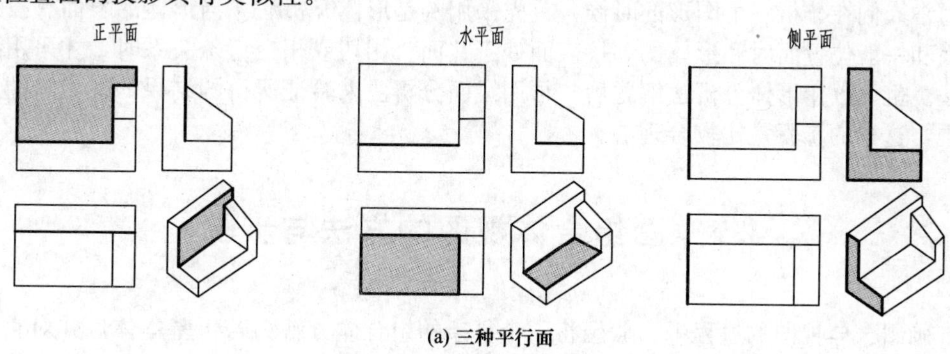

(a) 三种平行面

图 4.8　投影面平行面和垂直线投影具有实形性和积聚性

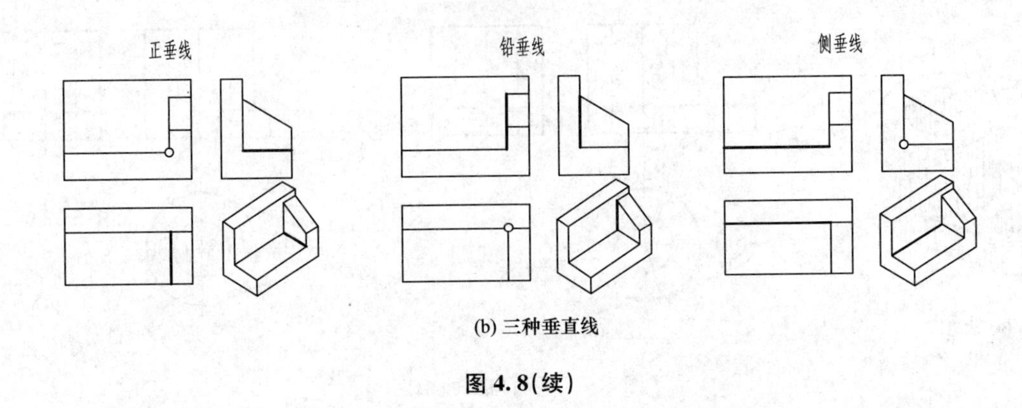

(b) 三种垂直线

图 4.8(续)

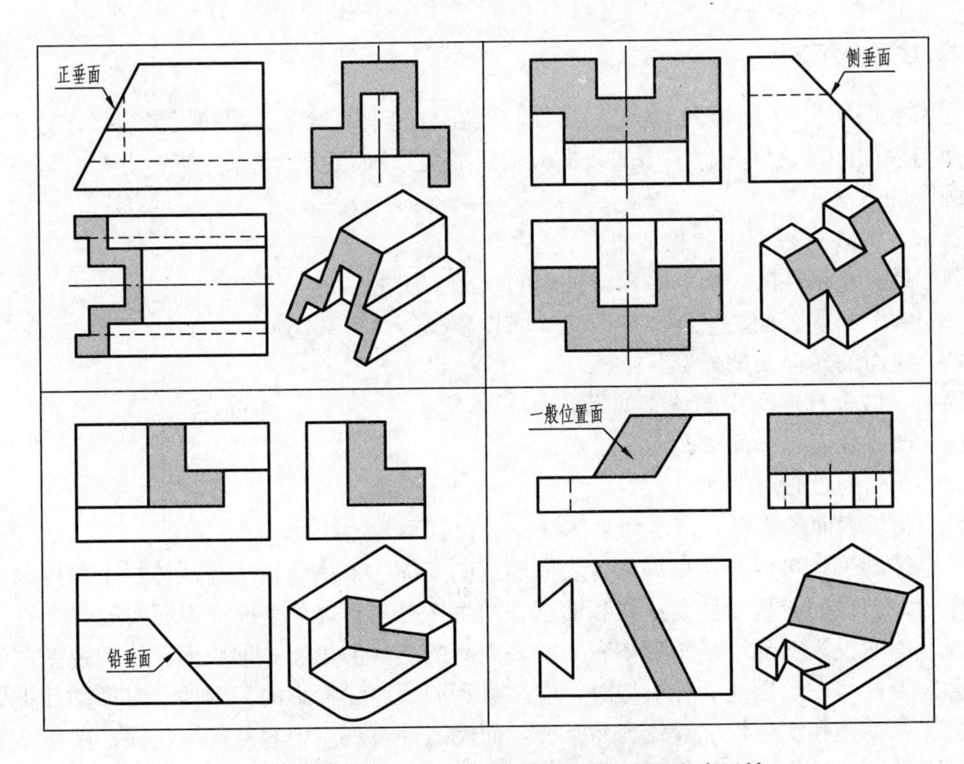

图 4.9　投影面垂直面和一般位置面的投影具有类似性

通常人们在分析一个图形的时候，首先采用的是形体分析法。当形体的表面有投影面垂直面和一般位置面时和形体的邻接表面处于共面、相切或相交特殊关系时，才采用线面分析法。也可以用形体分析法解题后，再用线面分析法来验证所得的结果，在实际的运用过程中，这样的步骤是比较合理的。

4.3　画组合体视图的方法与步骤

在画组合体视图的过程中，假想将一个复杂的组合体分解为若干基本体，并对它们的形状和相对位置进行分析，在此基础上画出组合体的视图，这种思考方法称为形体分析法。形体分析法是指导画图和读图的基本方法，现以图4.10所示轴承座为例，阐述画组合体视图的方法和步骤。

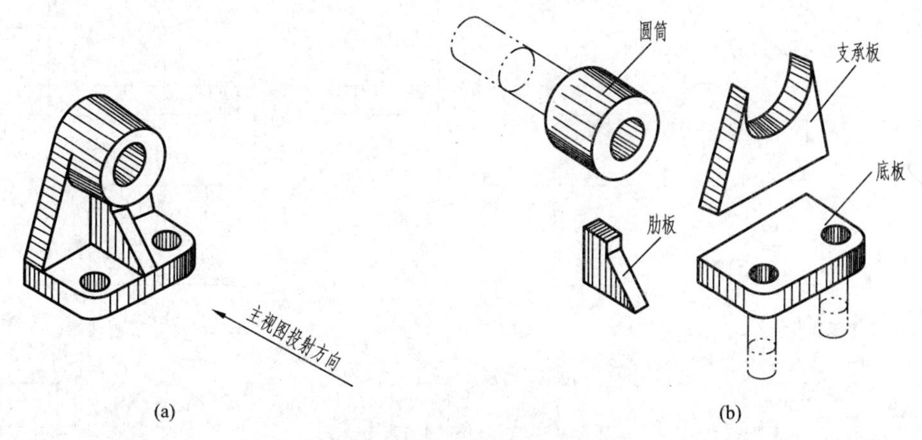

图4.10　轴承座的形体分析

1. 形体分析

画图前，要对组合体进行形体分析，弄清各部分的形状、相对位置、组合形式及表面连接关系等。该轴承座的支承板和肋板叠在底板上方，肋板与支承板前面接触；圆筒由支承板和肋板支承；底板、支承板和圆筒三者后面平齐，整体左右对称。

2. 选择主视图

主视图是最主要的视图，一般应选择能较明显地反映组合体各组成部分形状和相对位置的方向作为主视图的投射方向，并力求使主要平面平行于投影面，以便投影获得实形。同时考虑物体应按正常位置安放，自然平稳，并兼顾其他视图表示的清晰性(使视图中尽量减少虚线)。如图4.10所示的轴承座，沿箭头方向投射所得视图作为主视图较能满足上述要求。

3. 画图

1）选比例，定图幅

根据实物大小和复杂程度，选择作图比例和图幅。一般情况下，尽可能选用1∶1的比例。确定图幅大小时，除考虑绘图所需面积外，还要留够标注尺寸和画标题栏的位置。

2）布置视图

根据各视图的大小，视图间要留有足够的标注尺寸的空间以及画标题栏的位置，画出各视图的作图基准线。一般以对称平面、较大的平面、底面或端面的轴线投影作为基准线，将视图匀称地布置在幅面上。

3）画底稿

如图4.11(a)～(e)所示，应用形体分析法，按照先主后次、先叠加后切割、先大后小的顺序逐个绘制形体。画各形体时，应先画特征视图后画另两视图，先画可见部分后画不可见部分，3个视图配合同时进行。底稿图线要细、轻、准。

4）检查，加深

如图4.11(f)所示，画完底稿后，要仔细校核、改正错误，补全缺漏图线，擦去多余作图线，然后按标准线型加深。

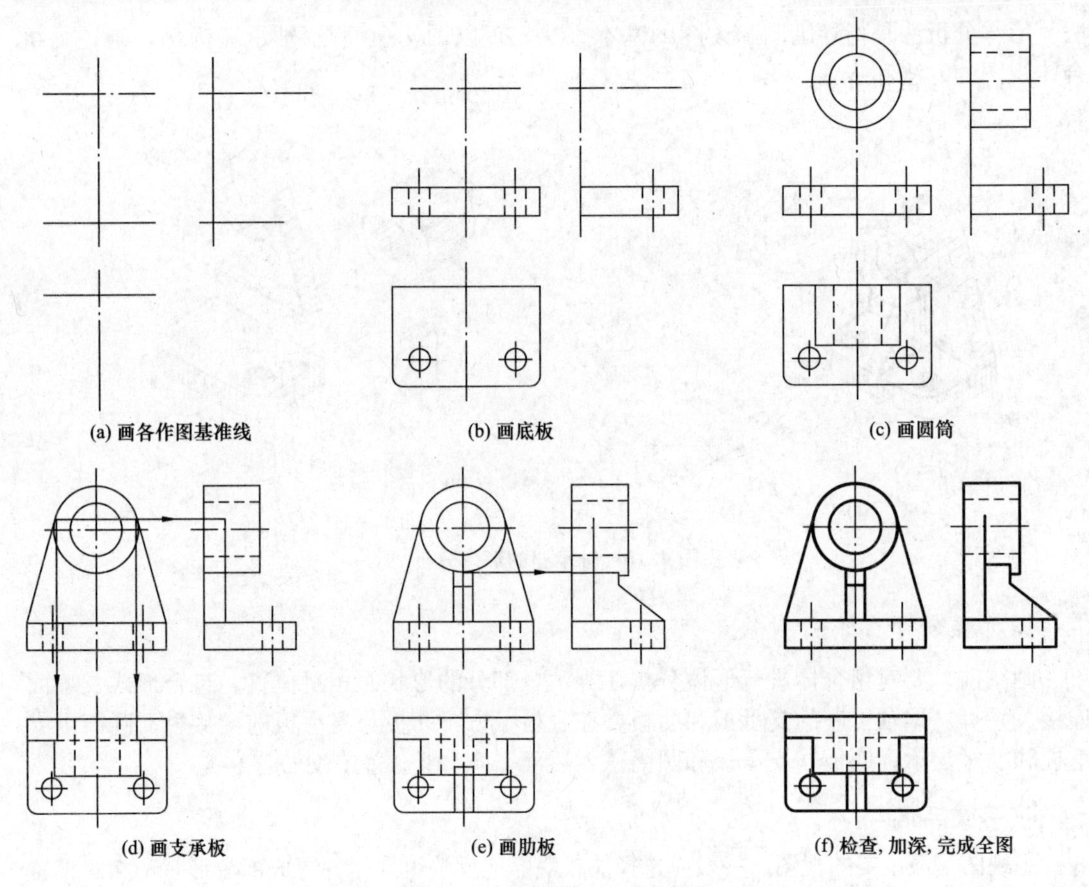

图 4.11　轴承座的画图步骤

【例 4-1】 根据图 4.12 所示的镶块的立体图，画出三视图。

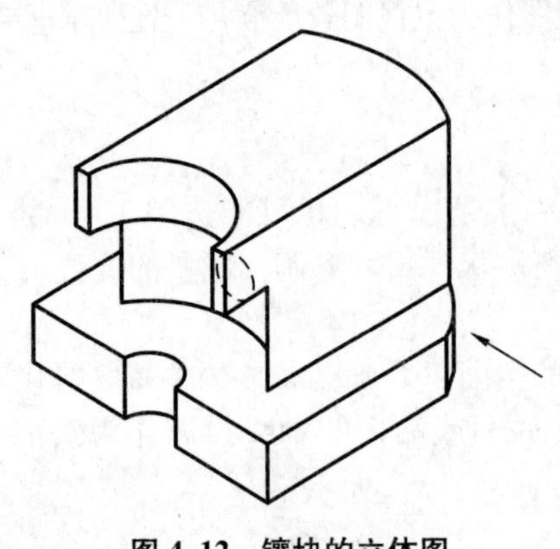
图 4.12　镶块的立体图

解： 镶块可看作是一端切割成圆柱面的长方体逐步切割掉一些基本体而形成的。由于镶块的形状比较复杂，必须在形体分析的基础上，结合线面分析，才能正确画出三视图。

(1) 形体分析和线面分析。镶块的右端为圆柱面，在前、后方分别用水平面和正平面各切割掉前后对称的右端有部分圆柱面的板，左端中间切割掉一块右端有圆柱面的板，并贯穿一个圆柱形通孔，在左端的上方和下方再分别切割掉半径不等的两个半圆柱槽。画图时必须注意分析，每当切割掉一块基本体以后，在镶块表面上所产生的交线及其投影。

(2) 选择主视图。按自然位置安放好镶块后，选定图 4.12 中的箭头所示方向为主视图的投射方向。

(3) 画图步骤。如图 4.13 所示。

① 如图 4.13(a)所示，画右端切割为圆柱面的长方体三视图，应先画出俯视图。

② 如图 4.13(b)所示，切割掉前、后对称的两块。应先画出切割后的左视图，再按三

视图的特性作出俯视图，最后作主视图。

③ 如图 4.13(c)所示。切割掉左端中间的一块。应先画出俯视图上有积聚性的圆柱面投影(虚线圆弧)，再画出主、左视图。

④ 如图 4.13(d)所示，画圆柱形通孔。应先画左视图和俯视图，然后画主视图。

⑤ 如图 4.13(e)所示，切割掉左端上、下两个半径不等的半圆柱槽。应先画俯视图，再画主、左视图。

⑥ 最后进行校核和加深，如图 4.13(f)所示。

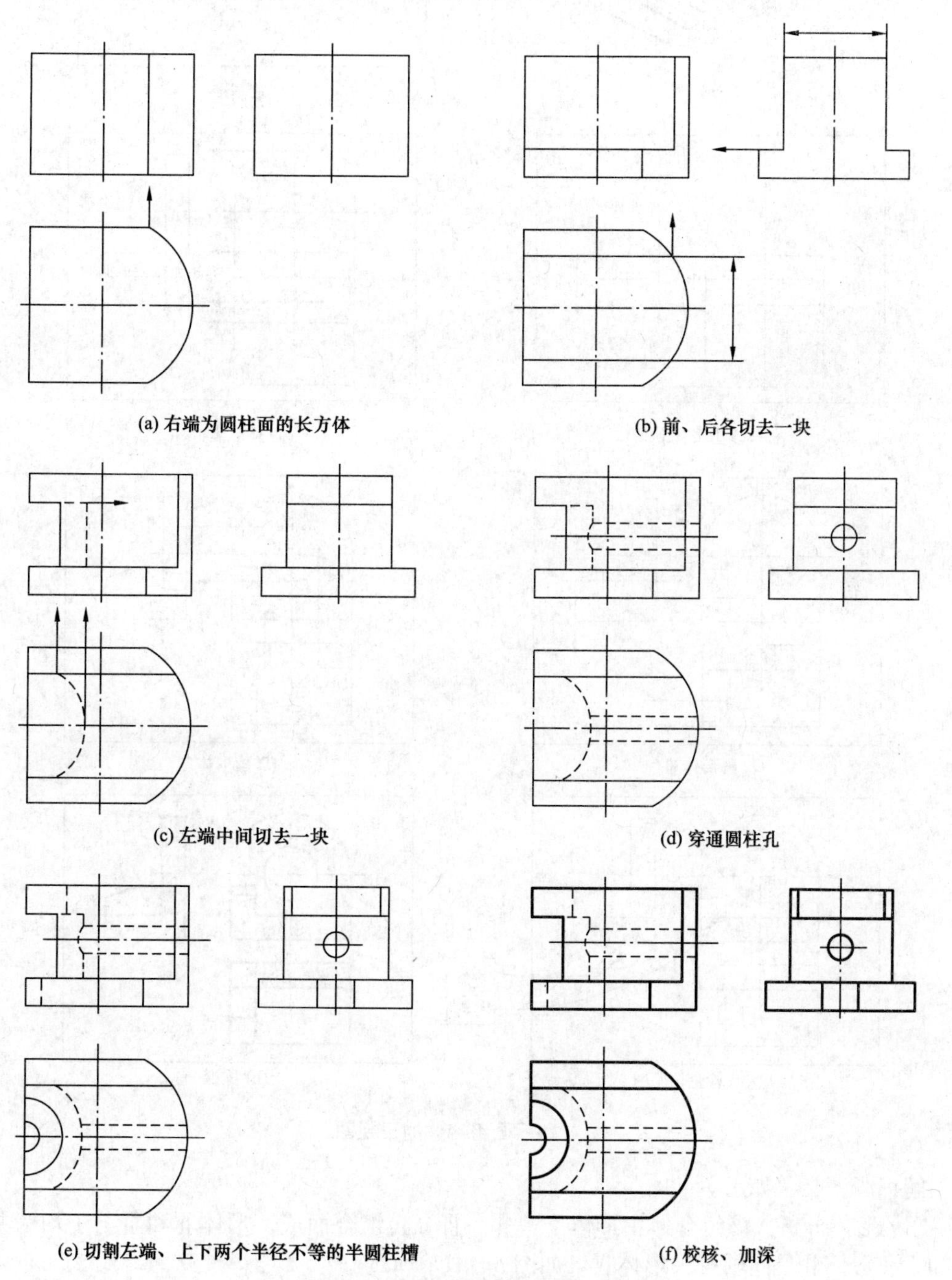

图 4.13　镶块三视图的作图过程

【例 4-2】 画出图 4.14(a)所示组合体的三视图。

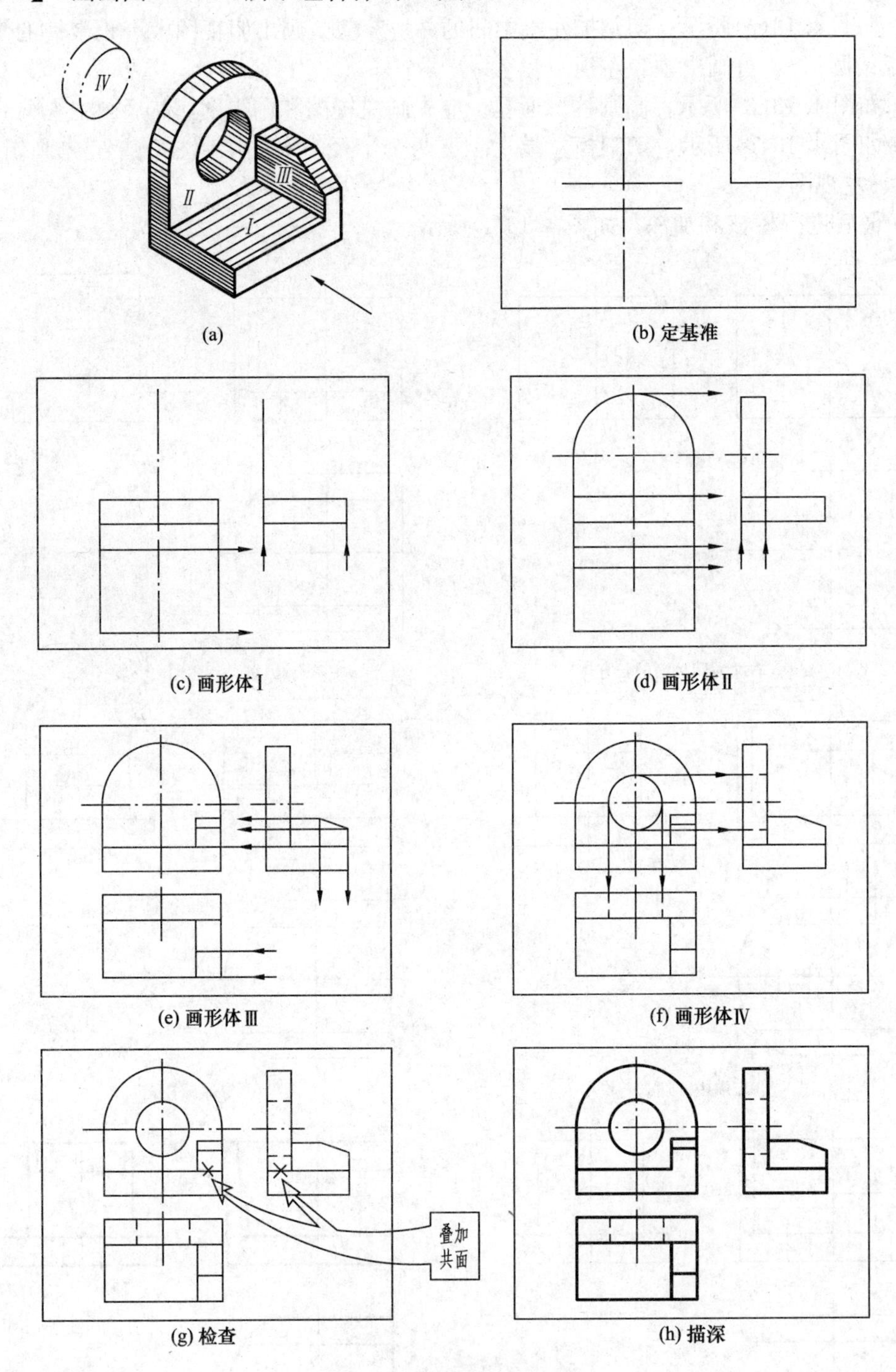

图 4.14 画组合体的三视图

解：画图步骤如下。

(1) 形体分析。该组合体由形体Ⅰ、Ⅱ、Ⅲ、Ⅳ组合而成。形体Ⅱ和Ⅲ与Ⅰ均为共面叠加，在形体Ⅱ上同轴挖去形体Ⅳ，如图 4.14(a)所示。

(2) 确定主视图。选择图 4.14(a)中箭头所指的方向为主视图投射方向。

(3) 选比例，定图幅。按 1∶1 的比例，确定图幅的大小。

(4) 布图，画基准线，如图 4.14(b)所示。

(5) 逐个画出各形体的三视图，如图 4.14(c)～(f)所示。

(6) 检查、描深，如图 4.14(g)、(h)所示。

4.4　组合体的尺寸标注

视图只能表达组合体的形状，而组合体各部分的大小及其相对位置，还要通过标注尺寸来确定。组合体的尺寸标注，首先需确定基准，但除了长度高度基准外，还要确定宽度基准。尺寸标注的基本要求仍是正确、完整和清晰。

为使组合体的尺寸标注完整，仍用形体分析法假想将组合体分解为若干基本体，注出各基本体的定形尺寸以及确定这些基本体之间相对位置的定位尺寸，最后根据组合体的结构特点注出总体尺寸。因此，在分析组合体的尺寸标注时，必须熟悉基本体的尺寸标注。值得注意的是：在标注各基本体的定形尺寸或各基本体之间的定位尺寸时，还需同时注意基本体本身的各部分之间是否也有定位尺寸需要标注，如有遗漏，需及时补上。

4.4.1　基本体的尺寸标注

图 4.15、图 4.16、图 4.17 分别列出了基本体、被切割或穿孔后的不完整基本体、零件上常见的几种底板的尺寸标注示例。必须注意的是：图 4.15 中正六棱柱的底面尺寸有两种标注形式，一种是注出正六边形的对角尺寸(外接圆直径)，另一种是注出正六边形的对边尺寸(内切圆直径)，但只需注出两者之一，若两个尺寸都注上，则应将其中一个尺寸作为参考尺寸，加上括号；对于圆柱、圆台、环等回转体，其直径尺寸一般注在非圆的视图上，并在尺寸数字前加注符号“Φ”。当完整标注了它们的尺寸后，只用一个视图就能确定其形状和大小，其他视图可省略不画。在标注球的尺寸时，需在直径数字前加注符号“$S\Phi$”。在标注图 4.16 中具有斜截面或缺口的基本体的尺寸时，应注出截平面或缺口的定位尺寸，不要标注截交线的尺寸，图中画上“×”号的尺寸都是不应该标注的。

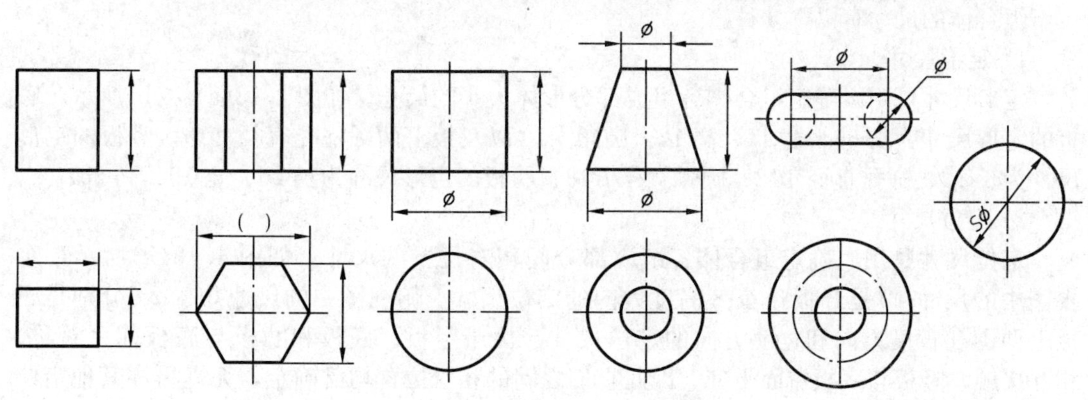

图 4.15　基本体的尺寸标注示例

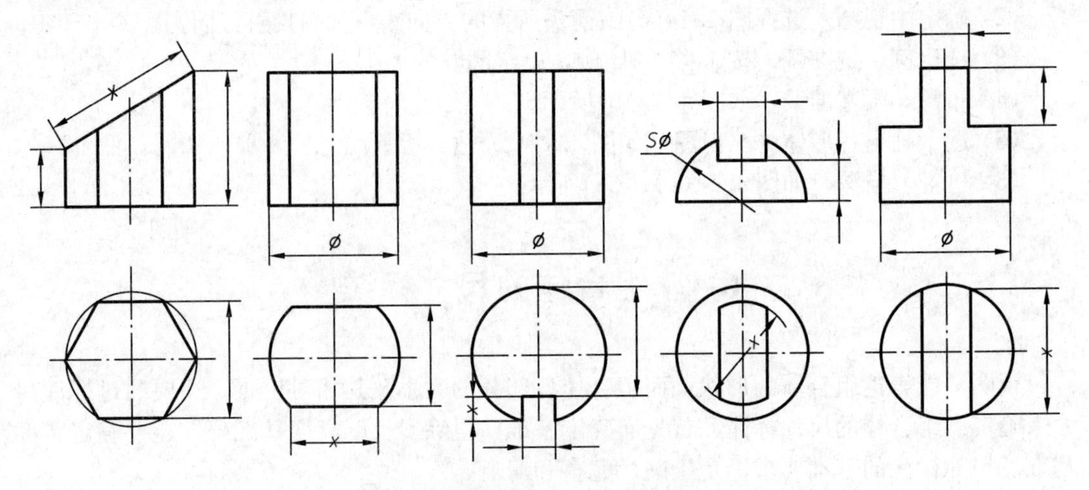

图 4.16　具有斜截面或缺口的基本体的尺寸标注示例

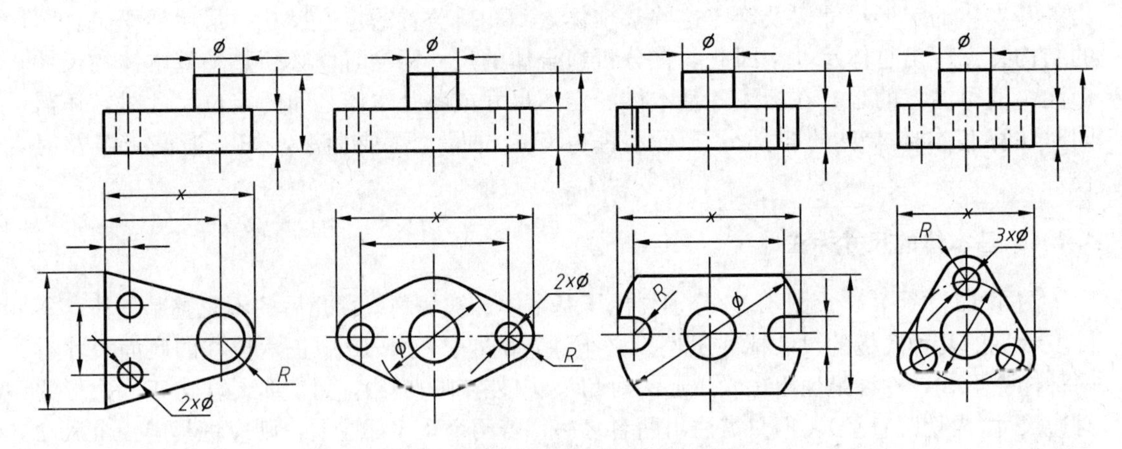

图 4.17　不注底板总长的尺寸标注示例

4.4.2　组合体的尺寸分析

1. 尺寸种类

组合体的尺寸有以下 3 种。

1) 定形尺寸

定形尺寸是用以确定组合体各组成部分形体大小的尺寸。如图 4.18(a)、(b)所示，底板的定形尺寸为长 66、宽 44、高 12、圆角 $R10$ 以及板上两圆柱孔直径 $\Phi10$；竖板的定形尺寸为长 12、圆孔直径 $\Phi18$、圆弧直径 $R18$；肋板的定形尺寸为长 26、宽 10、高 18。

2) 定位尺寸

定位尺寸是用以确定组合体各组成部分间相对位置的尺寸。如图 4.18(c)所示，左视图中的尺寸 42 是竖板孔 $\Phi18$ 高度方向的定位尺寸，俯视图中的尺寸 56、24 分别是底板上两圆孔长度方向和宽度方向的定位尺寸。由于竖板、底板和肋板与底板前后对称、相互接触，竖板与底板右面平齐，因此它们之间的相对位置均已确定，无需再注其他定位尺寸。

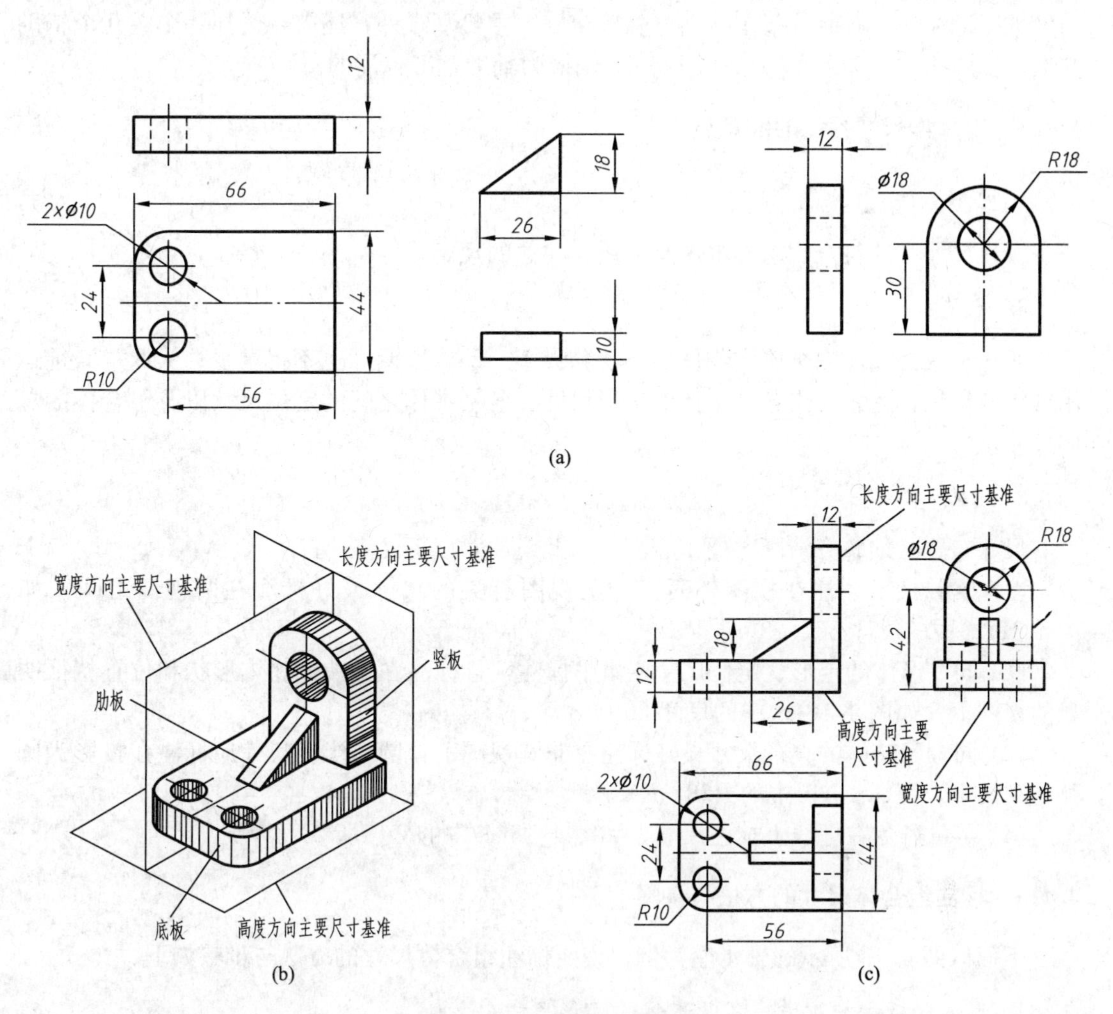

图 4.18　支架的尺寸分析

3）总体尺寸

总体尺寸是表示组合体外形总长、总宽、总高的尺寸。如图 4.18(c)所示，底板的长度尺寸 66 即总长尺寸，底板的宽度尺寸 44 即总宽尺寸，尺寸 42 和 $R18$ 决定了支架的总高尺寸。

当组合体的端部为回转体时，为明确回转体的确切位置，一般不直接注出该方向的总体尺寸，而是由确定回转体轴线的定位尺寸加上回转体的半径尺寸来间接体现。例如，支架的总高尺寸通过尺寸 42 和 $R18$ 相加来反映。

2. 尺寸基准

组合体有长、宽、高 3 个方向的尺寸，所以每个方向至少都应选择一个主要尺寸基准，一般选择组合体的对称平面、底面、重要端面以及回转体轴线等作为主要尺寸基准，如图 4.18(b)、(c)所示。

基准选定后，各方向的主要尺寸就应从相应的主要尺寸基准出发进行标注。如图 4.18(c)所示，俯、左视图中的尺寸 56、24、42 分别是从长、宽、高 3 个方向上的主要尺寸基准出发进行标注的。有时，每个方向上除确定一个主要基准外，还需要选择一个或几个辅助基准。如图 4.18(c)所示，$R18$ 是以 $\Phi18$ 轴线为辅助基准标注的。

4.4.3 组合体尺寸标注的注意点

1. 正确

所注尺寸必须符合国家标准中有关尺寸注法的规定。

2. 完整

所注尺寸必须能完全确定物体的形状和大小，不许遗漏，也不得重复。为此，必须运用形体分析法，逐一注出各基本体的定形尺寸、各基本体之间的定位尺寸以及组合体的总体尺寸。

3. 清晰

尺寸布置必须整齐清晰，便于看图。为此应注意以下几点。

(1) 尽量将尺寸注在视图外面，与两视图有关的尺寸最好标注在两视图之间，如图 4.18(c)中的尺寸 66、42。

(2) 同一形体的定形、定位尺寸要集中标注，且标注在反映该物体形状和位置特征明显的视图上，如图 4.18(c)中的尺寸 26、18 等。

(3) 同轴回转体的直径尺寸最好标注在非圆视图上，圆弧半径尺寸应标注在投影为圆弧的视图上，图 4.18(c)中的 $R28$、$R10$。

(4) 尽量避免在虚线上标注尺寸，如图 4.18(c)中的 $\Phi18$ 、$2\times\Phi10$。

4.4.4 标注组合体尺寸的方法与步骤

下面以图 4.19 所示的轴承座为例，说明标注组合体尺寸的方法与步骤如下。

1. 形体分析和初步考虑各基本体的定形尺寸

当在已绘制的组合体视图中标注尺寸时，对这个组合体已作过形体分析，对各基本体的定形尺寸也已经有了初步考虑，如图 4.19(a)所示，图中带括号的数字的尺寸是别的基本体已标注或由计算可得出的重复尺寸。实际上用比例尺一边量尺寸一边绘图的过程，也很接近标注尺寸的顺序。

当阅读别人绘制的组合体视图中的尺寸时，则应先按形体分析看懂三视图，然后考虑各个基本体的定形尺寸和定位尺寸是否完整。

2. 选定尺寸基准

组合体的长、宽、高 3 个方向的尺寸基准仍如前所述，常采用组合体的底面、端面、对称面以及主要回转体的轴线等。对于这个轴承座所选的尺寸基准，如图 4.19(b)所示；用这个轴承座的左右对称面作为长度方向的尺寸基准；用轴承的后端面作为宽度方向的尺寸基准；用底板的底面作为高度方向的尺寸基准。

3. 逐个地分别标注各基本体的定位和定形尺寸

通常先标注组合体中最主要的基本体的尺寸，在这个轴承座中是轴承，然后在留下的基本体中标注与尺寸基准有直接联系的基本体的尺寸，或标注在已标注尺寸的基本体旁边且与它有尺寸联系的基本体。

1) 轴承

如图 4.19(b)所示，以作为长度基准的轴承座左右对称面与离高度基准(轴承座底面)为 60 的水平面的交线，定出轴承座的轴线的位置，即标注定位尺寸 60。以这条轴线作为径向基准，注出轴承内外圆柱面的定形尺寸 Φ26 和 Φ50。从宽度基准(轴承后端面)出发，注轴承长度的定形尺寸 50。这样，就完整地标注了轴承的定位尺寸与定形尺寸。

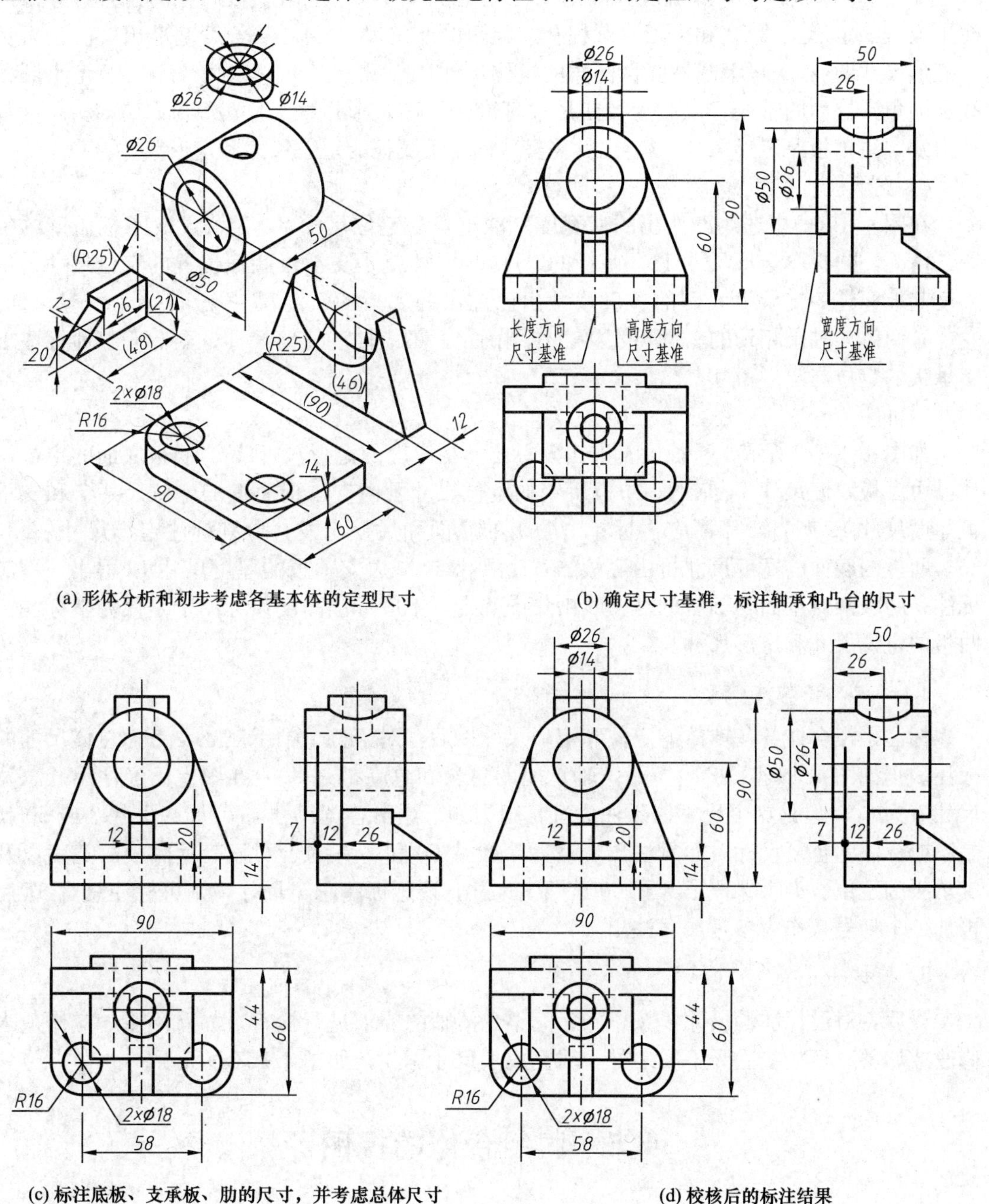

(a) 形体分析和初步考虑各基本体的定型尺寸

(b) 确定尺寸基准，标注轴承和凸台的尺寸

(c) 标注底板、支承板、肋的尺寸，并考虑总体尺寸

(d) 校核后的标注结果

图 4.19　标注轴承座的尺寸

2）凸台

仍如图 4.19(b)所示，由长度基准和从宽度基准出发的定位尺寸 26，定出凸台的轴线，以此为径向基准，注出定形尺寸 $\Phi14$ 和 $\Phi26$。用从高度基准出发的定位尺寸 90 定出凸台顶面的位置；由于轴承和凸台都已定位，则凸台的高度也就确定了，不应再标注。于是便完整地标注了凸台的定位尺寸和定形尺寸。

3）底板

如图 4.19(c)所示，从宽度基准出发标注定位尺寸 7，定出底板后壁的位置，并由此注出板宽的定形尺寸 60 和底板上圆柱孔、圆角的定位尺寸 44。从长度基准出发注出板长的定形尺寸 90 和底板上圆柱孔、圆角的定位尺寸 58。由上述定位尺寸 44 和 58 定出圆柱孔和圆角圆柱面的轴线，以此为径向尺寸基准，注出定形尺寸 $2\times\Phi18$ 和 $R16$。从高度基准出发，注出板厚定形尺寸 14。也就完整地标注了底板的定位尺寸和定形尺寸。

4）支承板

在图 4.19(c)中还用已注出的从宽度基准出发的定位尺寸 7，定出了支承板后壁的位置，由此注出板厚定形尺寸 12。底板的厚度尺寸 14 就是支承板底面位置的定位尺寸。从长度基准标注的支承板底面的长度尺寸由已注出的底板的长度尺寸 90 充当，不应再标。左、右两侧与轴承相切的斜面可直接由作图确定，不应标注任何尺寸。由此完整地标注了支承板的定位与定形尺寸。

5）肋板

如图 4.19(c)所示，从长度基准出发标出肋板厚度的定形尺寸 12。肋板底面的定位尺寸已由底板厚度尺寸 14 充当，肋板后壁的定位尺寸已由支承板后壁的定位尺寸 7 和支承板厚度尺寸 12 充当，都不应再标；由肋板的底面和后壁出发，分别标注定形尺寸 20 和 26。肋板的底面的宽度尺寸可由底板的宽度尺寸 60 减去支承板的厚度尺寸 12 得出，不应标注，肋板两侧壁面与轴承的截交线由作图确定，不应标注高度尺寸。于是便完整标注了肋板的定位尺寸和定形尺寸。

4. 标注总体尺寸

标注了组合体各基本体的定位和定形尺寸以后，对于整个轴承座还要考虑总体尺寸的标注。仍如图 4.19(b)和(c)所示，轴承座的总长和总高都是 90，在图上已经注出。总宽尺寸应为 67，但是这个尺寸以不注为宜，因为如果注出总宽尺寸 67，那么尺寸 7 或 60 就是不应标注的重复尺寸，而且注出上述两个尺寸 60 和 7 有利于明显表示底板的宽度以及支承板的定位。如果保留了 7 和 60 这两个尺寸，还想标注总宽尺寸，则可标注总宽 67 后再加一个括号，作为参考尺寸注出。

5. 校核

最后，对已标注的尺寸，按正确、完整、清晰的要求进行检查，如有不妥，应作适当修改或调整。经校核后无不妥之处，就完成了尺寸标注，如图 4.19(d)所示。

4.5　读组合体的视图

画图是把三维空间的物体按正投影方法表达在平面二维的图纸上，读组合体的视图时，人们通常是根据已经画出的视图，再通过形体分析法和线面分析法对投影视图进行分析，从而想象出空间物体的结构形状，此过程是画图过程的逆过程。为了正确、迅速地读懂视图，必须掌握读图的基本要领和基本方法。

4.5.1　读图的要点

读图时，首先应该根据形体的视图，逐个识别出各个形体，并确定形体的组合形式、相对位置及邻接表面关系。其次，当初步想象出组合体后，还应验证给定的每个视图与所想象的组合体的视图是否相符。当两者不一致时，必须按照给定的视图来修正想象的形体，直至各个视图都相符为止，此时想象的组合体即为所求。

1. 要将3个视图联系起来

组合体的形状一般是通过几个视图来表达的，每个视图只能反映物体一个方向的形状，仅由一个或两个视图不一定能唯一地确定组合体的形状。

如图4.20所示的8组视图，它们的主视图相同，但实际上表示了7种不同形状的物体。

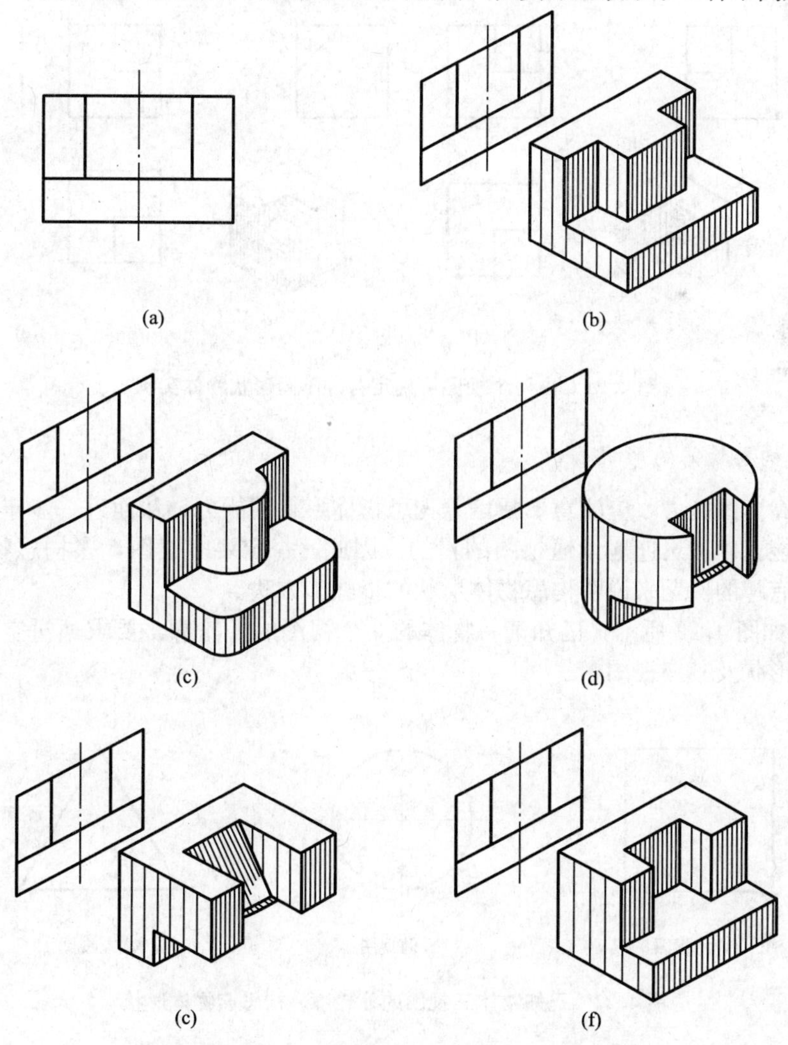

图4.20　由一个视图可确定各种不同形状物体实例

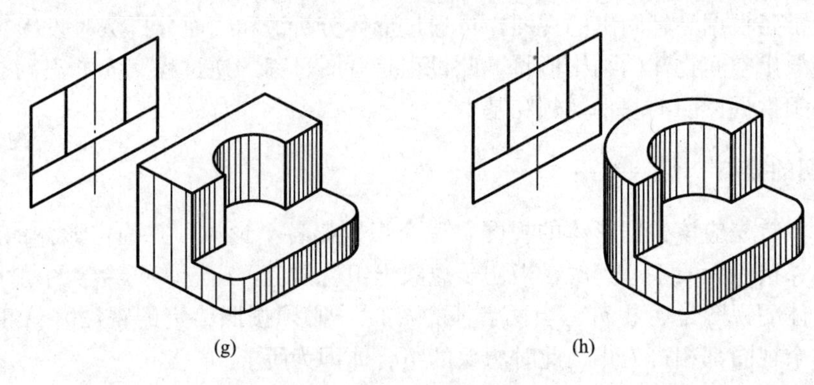

图 4.20(续)

实际上，根据图 4.20 的主视图以及图 4.21 的主、俯视图，还可以分别想象出更多种不同形状的物体。由此可见，读图时必须将所给出的全部视图联系起来分析识读，才能想象出组合体的完整形状。

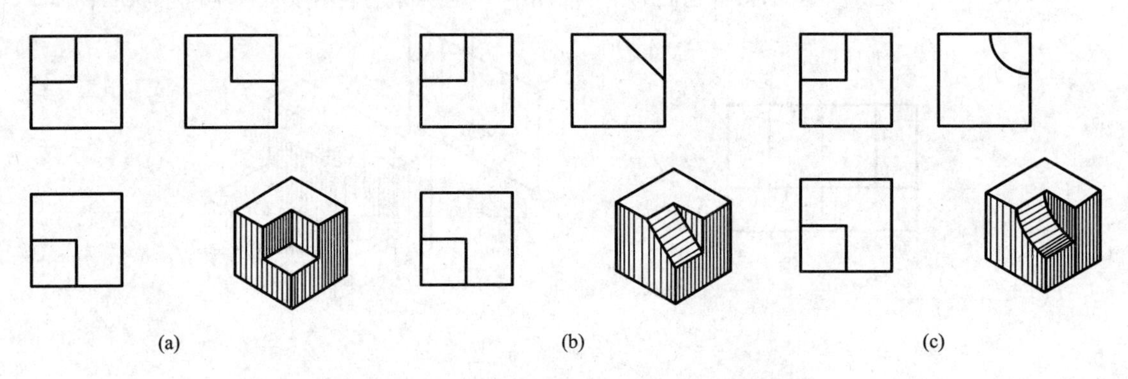

图 4.21　由两个视图可确定各种不同形状物体实例

2. 善于构思物体的形状

为了提高读图能力，应注意不断培养构思物体形状的能力，从而进一步丰富空间想象能力，达到能正确和迅速地读懂视图的目的。因此，一定要多读图，多构思物体的形状。下面举一个有趣的例题来说明构思物体形状的步骤和方法。

【例 4-3】 如图 4.22 所示，已知某一物体的 3 个视图的外轮廓，要求通过空间构思想出这个物体的形状及其三视图。

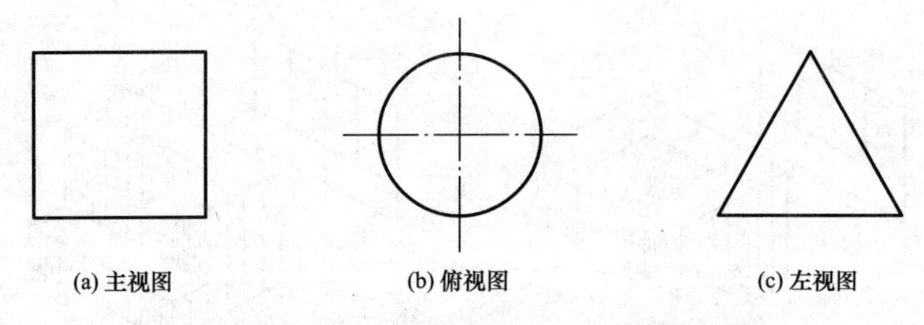

图 4.22　已知物体三视图的外轮廓，构思该物体形状

解：一个物体一般要根据 3 个视图才能确定形状。因此，在构思过程中，可以逐步按 3 个视图的外轮廓来构思这个物体，最后想象出这个物体的形状。构思的过程如图 4.23 所示。

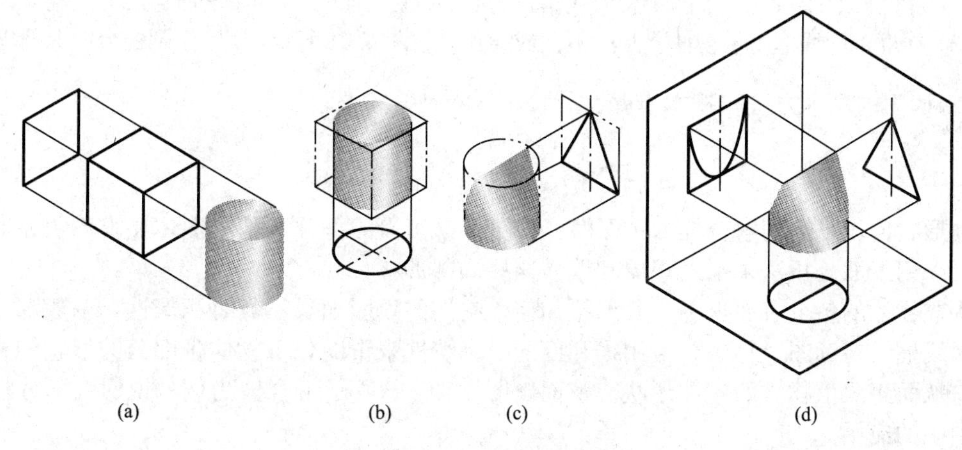

(a)　(b)　(c)　(d)

图 4.23　构思过程

(1) 如图 4.23(a)所示，将正方形作为主视图的物体，可以想象出很多，如立方体、圆柱体等。

(2) 如图 4.23(b)所示，可以想象：除了主视图轮廓为正方形外，俯视图为圆的物体，必定是一个圆柱体。

(3) 如图 4.23(c)所示，除了主、俯视图的轮廓分别为正方形和圆以外，左视图为三角形的物体，通过思考可以想象出：用两个侧垂面切去圆柱体的前后两块，那么，切割后的物体的左视图就是一个三角形，而主、俯视图的轮廓仍分别保持原来的正方形和圆。但是，主视图上应添加前、后两个断面(半椭圆)的重合的投影，俯视图上应添加两个断面的交线的投影。最后，想出的物体的形状和三视图如图 4.23(d)的立体图所示。

通过上述读图的基本要领的讨论可知：读图时，不仅要几个视图联系起来看，还要对视图中的每个线框和每条图线的含义进行分析，才能逐步想象出物体的完整形状。同时，通过例 4-3 也可知道，对物体构思能力的训练也是培养读图能力的一个途径。

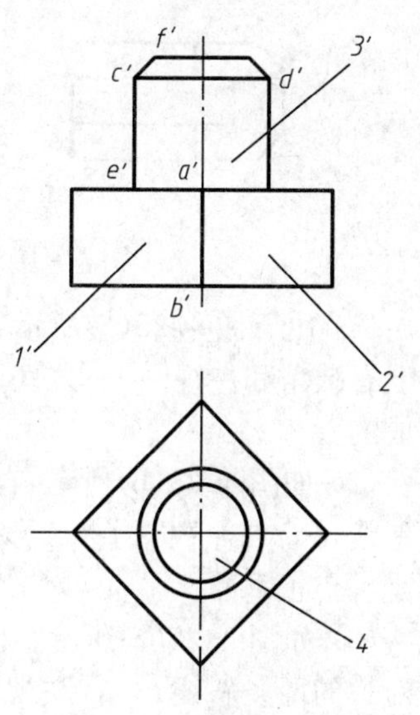

图 4.24　视图中图线和线框的含义

3. 理解视图中线框和图线的含义

1) 视图上图线的含义

(1) 表示物体上两表面交线的投影，如图 4.24 中的 $a'b'$、$c'd'$。

(2) 表示物体上曲面转向线的投影，如图 4.24 中的 $c'e'$、$c'f'$。

(3) 表示物体某一表面的积聚性投影，如图 4.24 俯视图中四边形的各条边。

2）视图上封闭线框的含义

(1) 封闭线框表示物体上表面的投影，如图 4.24 所示，$1'$表示平面的投影，$3'$表示曲面的投影。

(2) 相邻两封闭线框表示两个相交或错开的面的投影，如图 4.24 中的$1'$与$2'$、$1'$与$3'$。

(3) 线框中的线框表示物体上凸、下凹或通孔，如图 4.24 所示，4 表示圆锥台向上凸出。

4.5.2　读图的基本方法和基本步骤

1. 线面分析法

读形状比较复杂的组合体的视图时，对于不易读懂的部分，基本形体反映不明显的时候，可以用线面分析法来帮助想象和读懂这些局部形状。

构成物体的各个表面，不论其形状如何，它们的投影如果不具有积聚性，一般都是一个封闭线框。在读图过程中，常用线和面的投影特性来帮助分析物体各部分的形状和相对位置，从而想象出物体的整体形状。下面以图 4.25(a)所示组合体为例，说明线面分析法在读图中的应用。

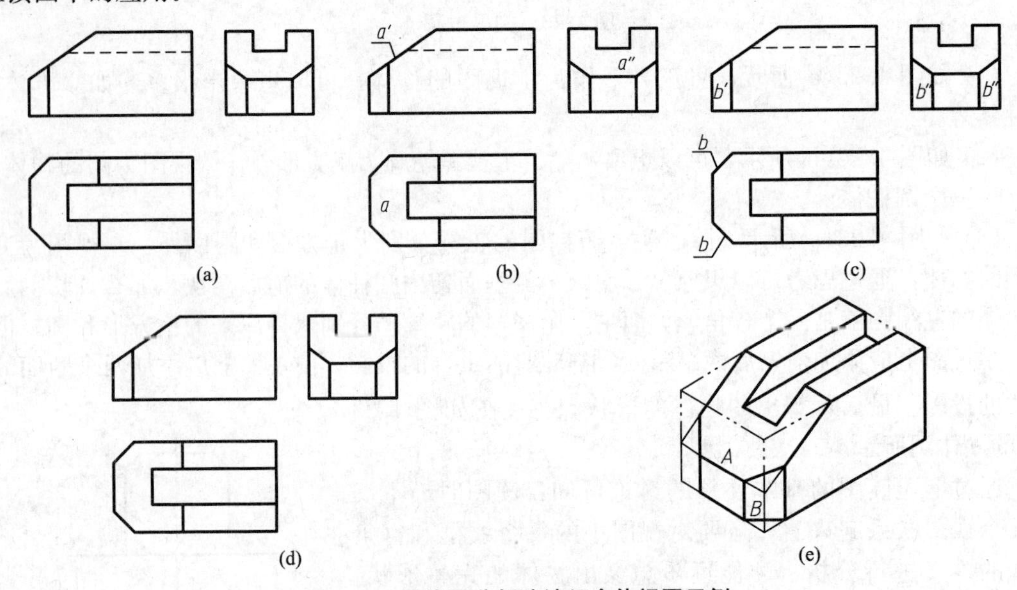

图 4.25　用线面分析法读组合体视图示例

(1) 由于图 4.25(a)所示组合体的 3 个视图的外形轮廓基本上都是长方形，主、俯视图上有缺角和左视图上有缺口，可以想象出该组合体是由一个长方体被切割掉若干部分所形成的。

(2) 如图 4.25(b)所示，由俯视图左边的十边形线框 a 对投影，在主视图上找到对应的斜线 a'，在左视图上找到类似的十边形 a''。根据投影面垂直面的投影特性，就可判断 A 面是一个正垂面。

(3) 如图 4.25(c)所示，由主视图左边的四边形 b'对投影，在俯视图上找到对应的前、后对称的两条斜线 b，在左视图上找到对应的前、后对称的两个类似的四边形 b''，可确定有前、后对称的两个铅垂面 B。

(4) 如图 4.25(d)所示，由左视图上的缺口对投影，从主、俯视图中对应的投影对照思考，可想象出是在长方体的上部中间，用前后对称的两个正平面和一个水平面切割出的一个侧垂的矩形通槽。

(5) 通过上述线面分析，可想象出该组合体是一个长方体在左端被一个正垂面和两个前后对称的铅垂面切割后，再在上部中间用两个前后对称的正平面和一个水平面切割一个侧垂的矩形槽而形成的。从而就能想出这个组合体的整体形状，如图 4.25(e)所示。

【例 4-4】 如图 4.26 所示，已知架体的主、俯视图，补画左视图。

解：如前所述，视图中的封闭线框表示物体上一个面的投影，而视图中两个相邻或叠合的封闭线框通常是物体上相交的两个面的投影，或者是不相交的两个面的投影。在一个视图中，要确定面与面之间的相对位置，必须通过其他视图来分析。如图 4.26 中的标注所示，主视图中的 3 个封闭线框 a'、b'、c'所表示的面，在俯视图中可能分别对应 a、b、c 这 3 条水平线。按投影关系对照主视图和俯视图可见，这个架体分前、中、后 3 层：前层切割成一个直径较小的半圆柱槽，中层切割成一个直径较大的半圆柱槽，后层切割成一个直径最小的穿通的半圆柱槽；另外，中层和后层有一个圆柱形通孔。由这 3 个半圆柱槽的主视图和俯视图可以看出：具有最低的较小直径的半圆柱槽的这一层位于前层，而具有最高的最小直径的半圆柱槽的那一层位于后层。因此，前述的分析是正确的。于是就想象出架体的整体形状，如图 4.27 所示，逐步补画出左视图。

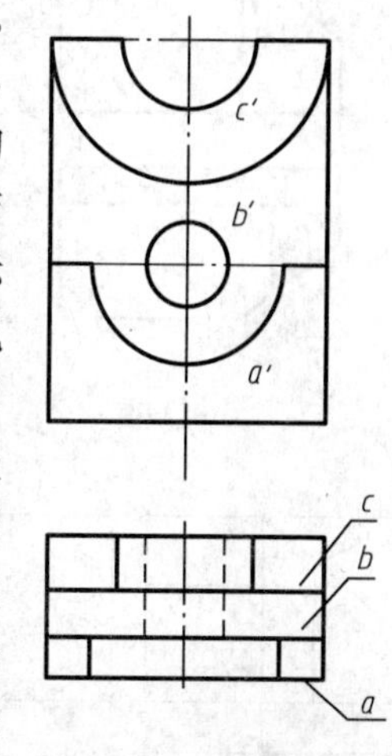

图 4.26　补画架体的左视图

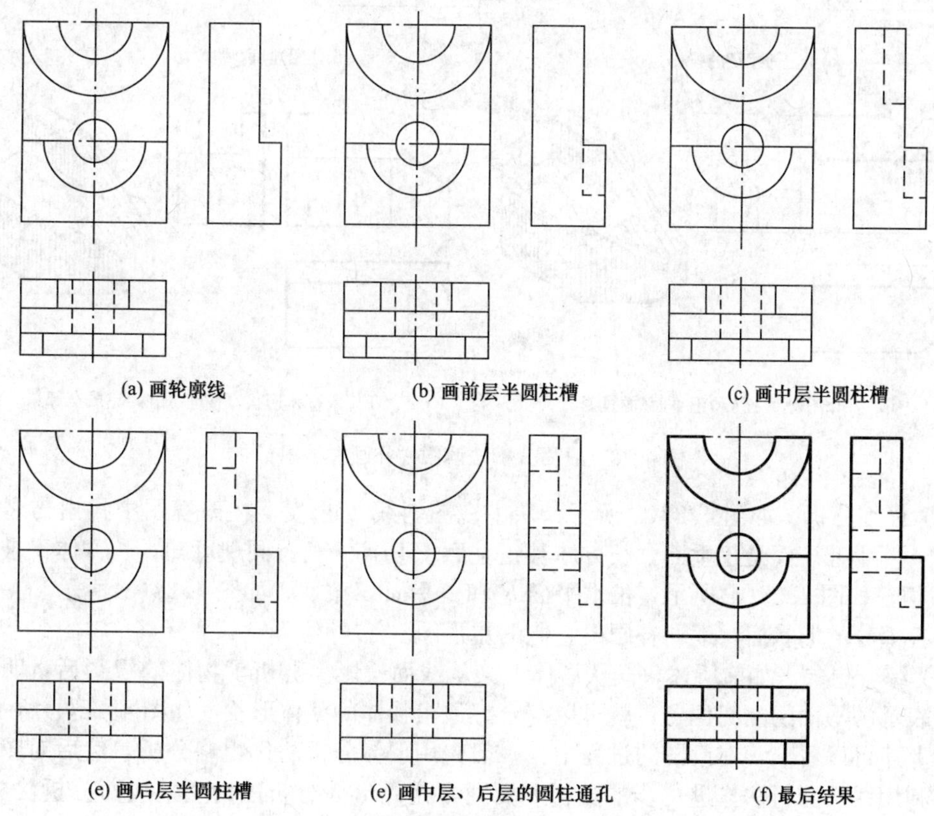

图 4.27　补画架体左视图的作图过程

【例 4-5】 说明线面分析法读图和补画第三视图的步骤。

解：(1) 初步了解。已知图 4.28(a)所示的主视图和俯视图。将主、俯视图的缺角补齐，则其基本轮廓都是矩形，说明它是由长方体切割形成的，如图 4.28(b)所示。

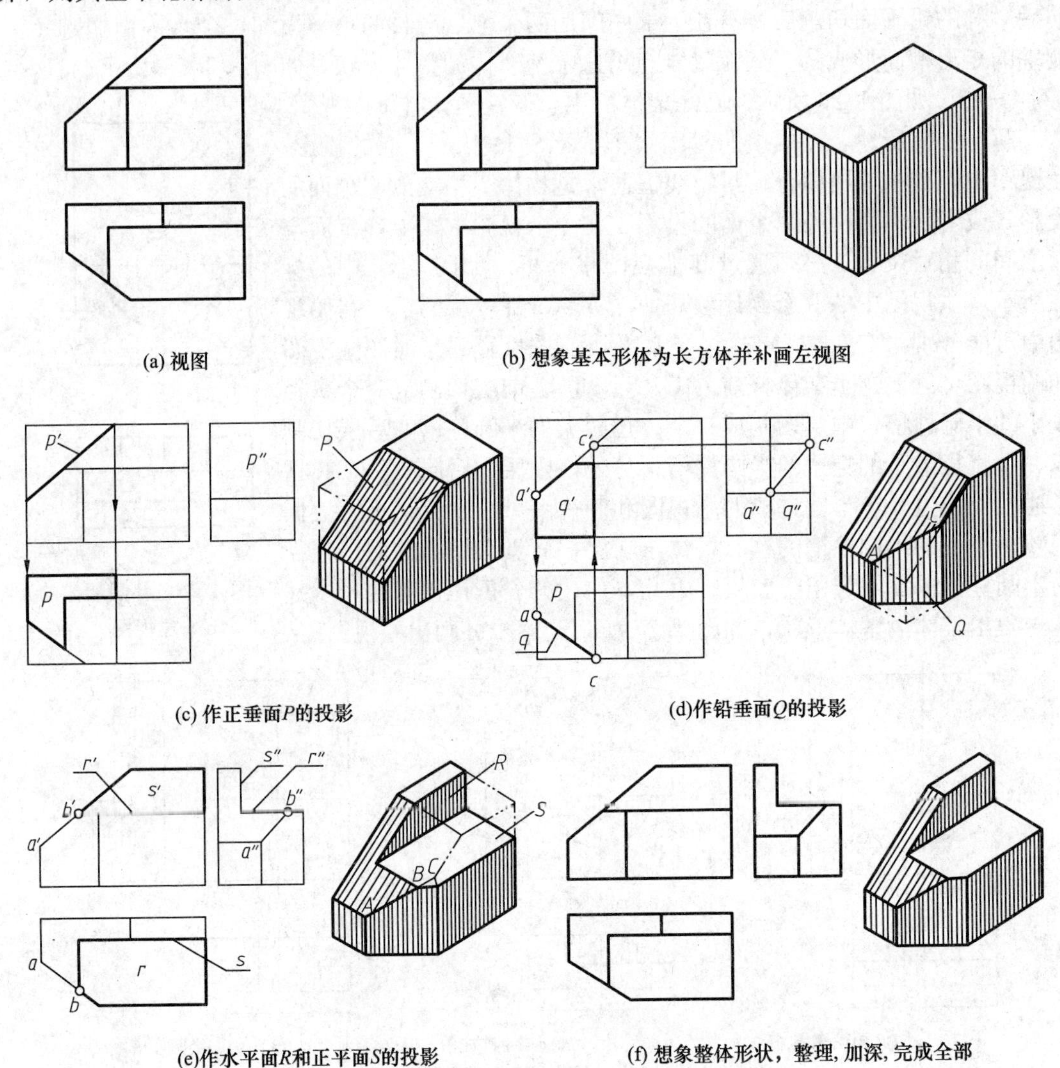

(a) 视图　(b) 想象基本形体为长方体并补画左视图

(c) 作正垂面P的投影　(d)作铅垂面Q的投影

(e)作水平面R和正平面S的投影　(f) 想象整体形状，整理，加深，完成全部

图 4.28　线面分析法读图并补画左视图

(2) 仔细分析。如图 4.28(c)所示，从主视图斜线 p' 出发，在俯视图中找出与之对应的线框 p，可知 P 面是正垂面，长方体被正垂面 P 切掉一角。同理可知，长方体又被铅垂面 Q 截切，如图 4.28(d)所示，被水平面 R 和正平面 S 截切，如图 4.28(e)所示。在分析想象出各部分的形状后，逐一补画出它们的左视图。

(3) 综合想象。如前所述，既从形体上又从线面投影上分析了物体的视图后，明确了各线框表示的平面的空间位置，就可以综合想象出物体的整体形状，如图 4.28(f)所示。

从上述可以看出，在读图的过程中，一般先用形体分析法作粗略分析，然后对图中的难点再利用线面分析法作进一步的分析。而通常是以形体分析法为主，线面分析法为辅，两种方法并用。

2. 形体分析法

首先在反映形体特征比较明显的主视图上先按线框组合体划分为几个部分，即几个基本体；然后通过投影关系找到各线框所表示的部分在其他视图中的投影，从而分析各部分的形状以及它们之间的相对位置；最后综合起来，想象二维空间物体的整体形状。现以图 4.29 所示的组合体三视图说明运用形体分析法识读组合体视图的方法与步骤。

【例 4-6】 如图 4.29 所示，运用形体分析法识读组合体三视图。

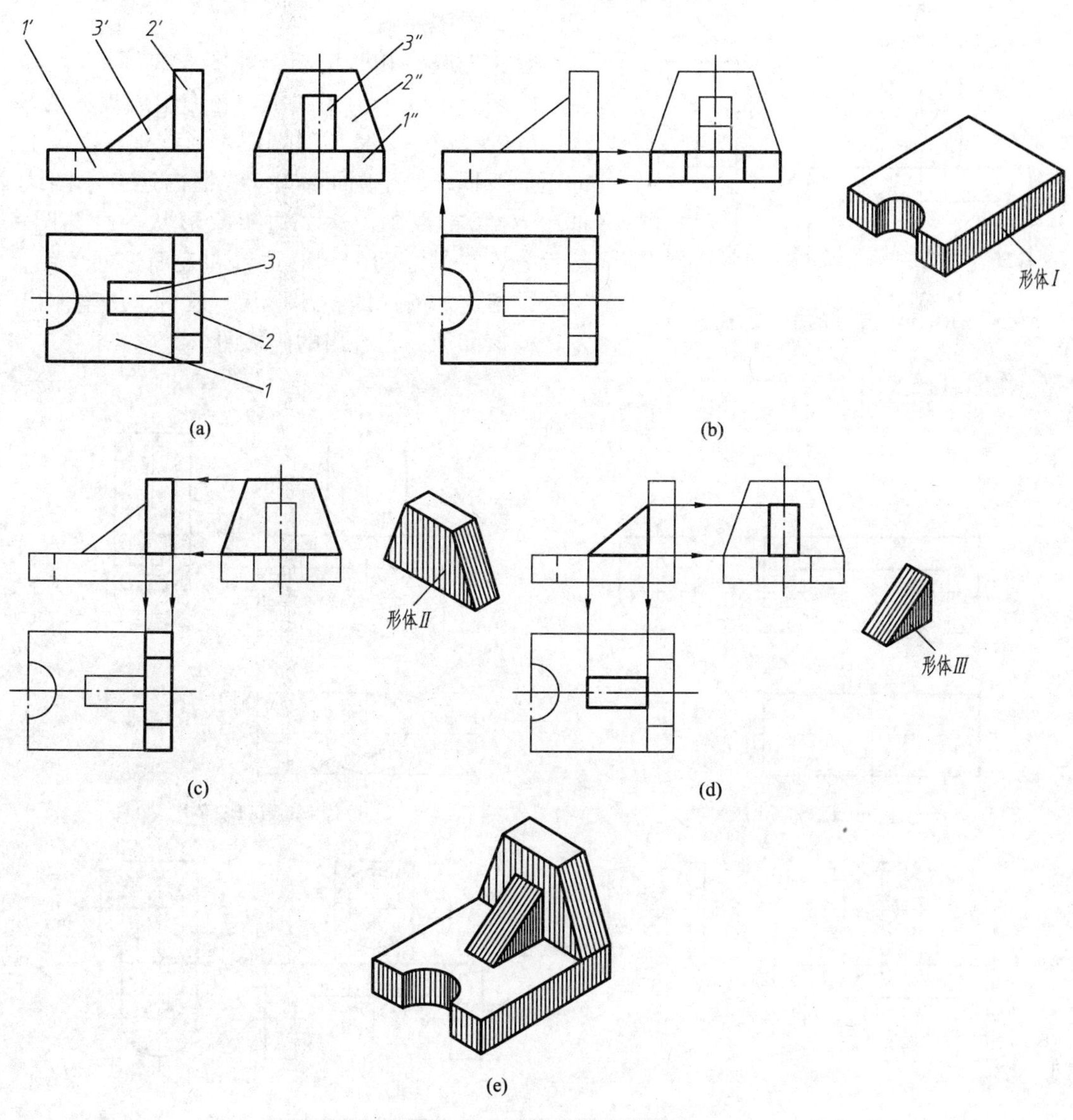

图 4.29　形体分析法读图

解： 具体步骤如下。

(1) 分线框，对投影。先将反映特征明显的视图(一般为主视图)划分成几个封闭线框，然后运用投影规律，借助丁字尺、三角板和分规等绘图工具，逐一找出每一线框所对应的其他投影。如图 4.29(a)所示，线框 1′、2′、3′分别对应线框 1、2、3 和 1″、2″、3″。

(2) 分析投影想形状。分别从每一部分的特征视图出发，想象各部分的形状。如图 4.29(b)、(c)、(d)所示，分别从反映形体Ⅰ、Ⅱ、Ⅲ形状特征明显的俯、左、主视图出发，想象形体Ⅰ、Ⅱ、Ⅲ的形状。

(3) 综合起来想整体。根据各部分的相对位置和组合形式，综合想象出该物体的整体形状。如图 4.29 所示，形体Ⅱ在形体Ⅰ的上面，前后对称，右面平齐，形体Ⅲ在形体Ⅰ上面、形体Ⅱ左面，前后对称，如图 4.29(e)所示。

【例 4-7】 如图 4.30 所示，已知支撑的主、左视图，补画俯视图。

解： 先进行初步分析。如图 4.30 所示，将主视图划分为 3 个封闭线框，看作组成支撑的 3 个部分的投影：1′是下部倒凹字形线框；2′是上部矩形线框；3′是圆形线框(线框内还有小圆线框)。对照左视图，逐个边想象形状，边补图；然后分析它们之间的相对位置和表面连接关系，综合得出这个支撑的整体形状；最后，从整体出发，校核和加深已补出的俯视图。

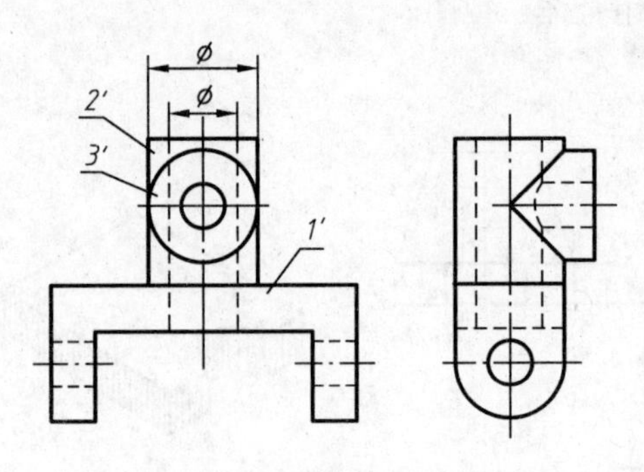

图 4.30 支撑的主、左视图

作图过程如图 4.31 所示。

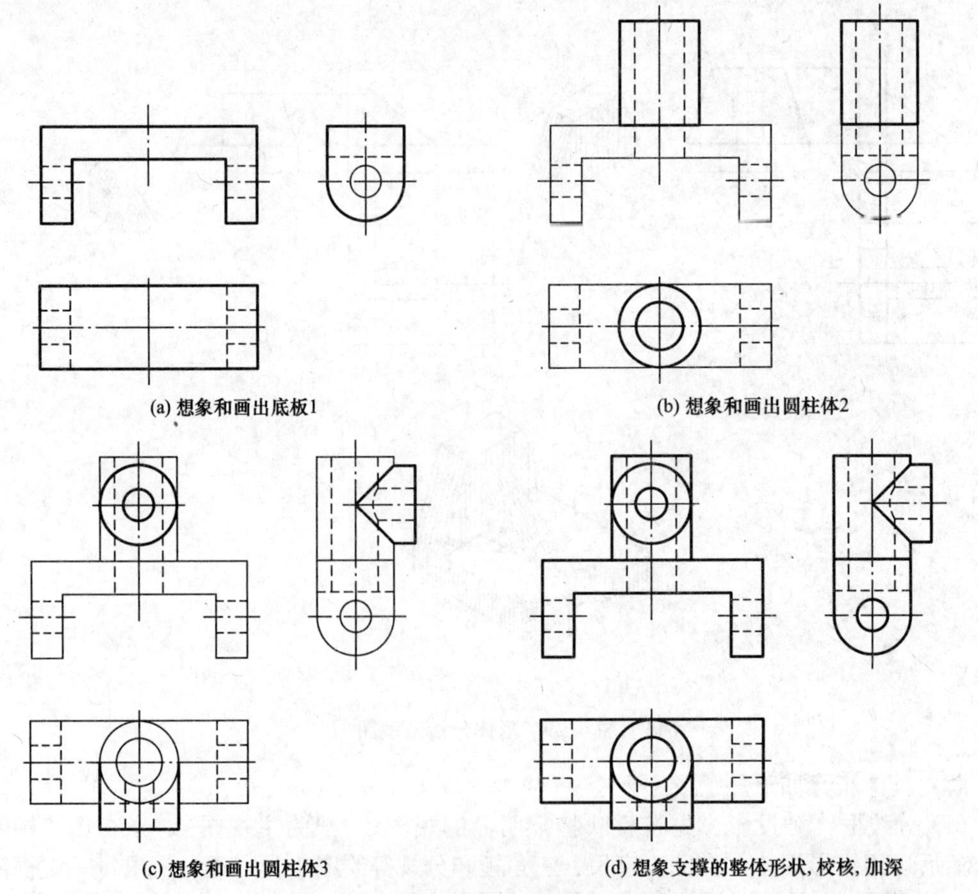

(a) 想象和画出底板1

(b) 想象和画出圆柱体2

(c) 想象和画出圆柱体3

(d) 想象支撑的整体形状，校核，加深

图 4.31 想象支撑的形状和补画俯视图

(1) 在主视图上分离出底板的线框 1′，由主、左视图对投影，可看出它是一块倒凹字形底板，左右两侧有带圆孔的下端为半圆形的耳板。画出底板的俯视图，如图 4.31(a)所示。

(2) 在主视图上分离出上部矩形线框 2′与在图 4.30 中注有直径 ϕ，对照左视图可知，它是轴线垂直于水平面的圆柱体，中间有穿通底板的圆柱孔(因而在底板上还有虚线的圆柱孔，与已知的主、左两视图相同)，圆柱与底板的前后端面相切。画出具有穿通底板的圆柱孔的铅垂圆柱体的俯视图，如图 4.31(b)所示。

(3) 在主视图上分离出圆形线框 3′(中间还有一个小圆线框)，对照左视图可知，它是一个中间有圆柱通孔、轴线垂直于正面的圆柱体，其直径与垂直于水平面的圆柱体直径相等，而孔的直径比铅垂的圆柱孔小，它们的轴线垂直相交，且都平行于侧面。画出具有通孔的正垂圆柱的俯视图，如图 4.31(c)所示。

(4) 根据底板和两个圆柱体的形状，以及它们之间的相对位置，可以想象出支撑的整体形状。最后，按想出的整体形状校核补画的俯视图，并按规定的线型加深，如图 4.31(d)所示。

4.5.3　组合体的构形设计

组合体可看作是实际机件的抽象和简化物。组合体的构形设计就是利用几何形体构建组合体，并将其表达成图样，即淡化设计和工艺的专业性要求，只是把形状构造出来，实现物体形状的模拟或根据给定条件，(如与给定的视图相符合)构造实体。这种创意构形、形体表达的过程，对于空间想象能力和创新能力的培养非常有利。

任何一个产品，其设计过程都可分为 3 步，即概念设计、技术设计和施工设计。概念设计是以功能分析为核心的，即对用户的需求通过功能分析寻求最佳的构形概念；技术设计是将概念设计过渡到技术上可制造的三维模型，构形设计又是技术设计中的重要组成部分；施工设计主要是使该三维模型成为真正能使用的零件、部件成品。组合体的构形设计是零件构型设计的基础。

1. 设计原则

(1) 以几何体构形为主。一般地，各种形体都是有规律的，其形成的原因与用途有关。任何形体都是由两部分结构组成的，即工作部分和连接部分。组合体构型设计的目的主要是培养利用基本几何体构成组合体的方法及视图的画法，培养和提高空间思维能力。一方面提倡所设计的组合体应尽可能体现工程产品或零部件的形状和功能，以培养观察、分析、综合能力；另一方面又强调必须工程化，所设计的组合体也可以凭自己想象，以更有利于扩大思路、活跃思想，培养创造力和想象力。如图 4.32 所示的组合体，基本上表现了一部卡车的外形，但并不是所有细节完全逼真。

(2) 构形应为现实的实体。构形设计的组合体应是实际可以存在的实体，两形体之间不能用点连接(仅一点接触)(图 4.33(a)、(b))，不能用线连接(图 4.33(c)～(e))。

(3) 在满足用户要求的前提下，尽

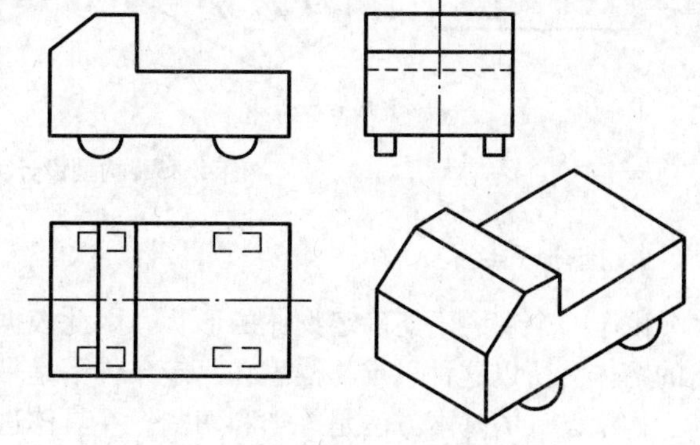

图 4.32　表达卡车外形的组合体构形

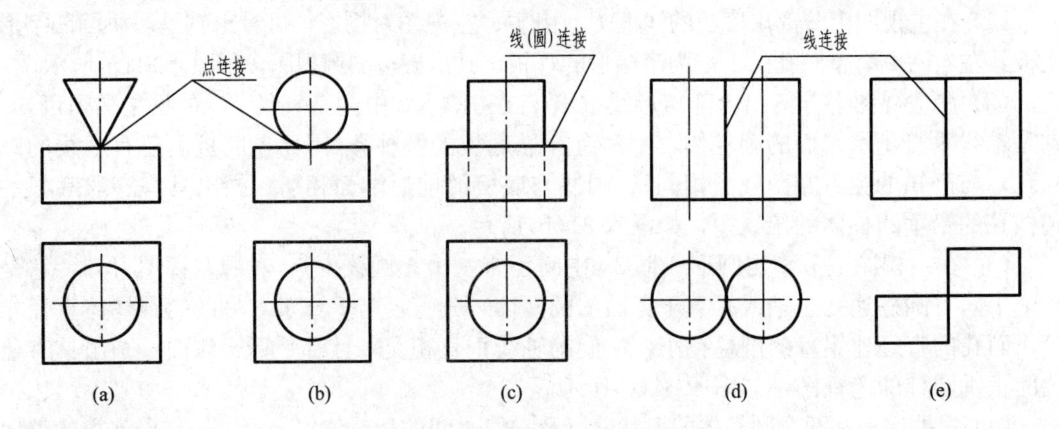

图 4.33　两形体的点连接或线连接

量采用平面或回转面造型，没有特殊要求不用其他曲面，这样有利于绘图、标注尺寸及制造。

(4) 一般不要出现封闭内腔的造型(图 4.34)。

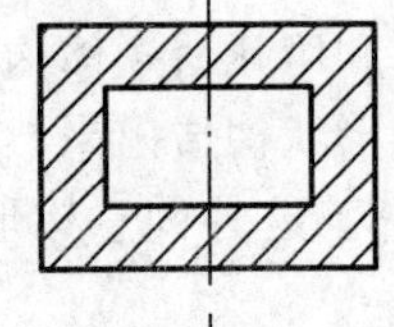

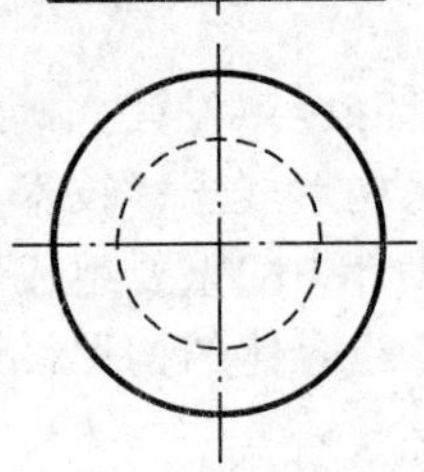

图 4.34　不要出现封闭内腔

(5) 设计应简洁、美观。一般使用平面立体、回转体来构形。无特殊需要时，不使用其他曲面立体。构形设计的组合体应力求和谐、美观。

(6) 设计力求新颖、独特、多样。构成一个组合体所使用的基本形体类型、组合方式和相对位置应尽可能多样化和富于变化，并力求打破常规，构想出与众不同的新颖方案，如图 4.35(a)所示，若给定俯视图设计组合体，所给视图有 4 个线框，表示从后到前可看到 4 个表面，它们可以是平面也可以是曲面，其位置可高可低，整体外框可表示底面，也可以是平面或曲面，这样就可以构造出多种方案。图 4.35(b)所示方案是由平面立体构成的，显得单调。图 4.35(c)、(d)所示均是由圆柱体切割而成的，且高低错落、形式活泼、构思新颖。

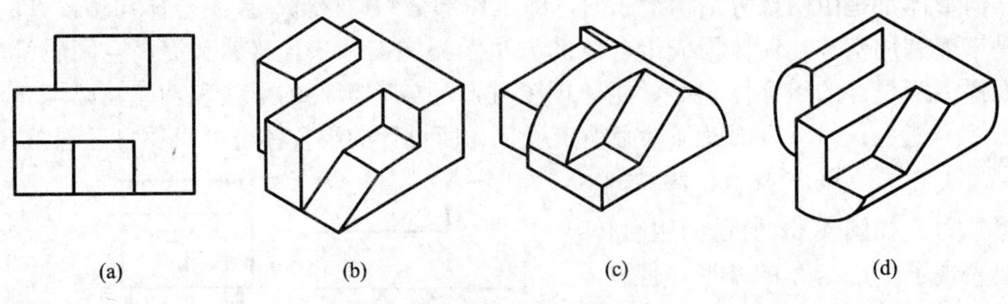

图 4.35　构型设计力求新颖

2. 设计方法

由于一个视图不能确定物体的形状，因此根据所给的一个视图，可以构思许多不同形状的物体。所以这种思维与构思在一定条件下是带有创造性的。

构型设计的基本方法是叠加和切割。在具体进行叠加和切割构形时，还要考虑表面的凹凸、正斜和平曲以及形体之间不同的组合方式等因素。

(1) 通过表面的凹与凸、正与斜、平与曲的联想构思。图4.36所示为一物体的主视图，假定它的原形是一长方形板，仅板的前面，就有3个不同的表面，每个面都可以构思成凹与凸、正与斜、平与曲。如图4.37所示，仅是构思出中间表面的部分面形，就有许多种不同形状的组合体。用同样的方法，还可以对左右两面进行联想构思，也可以对组合体的后面进行凹与凸、正与斜、平与曲的联想构思。

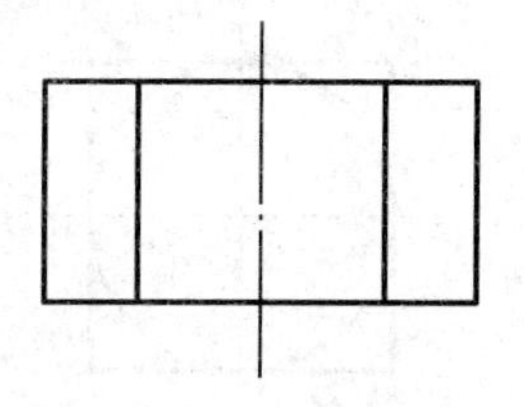

图4.36　物体的主视图

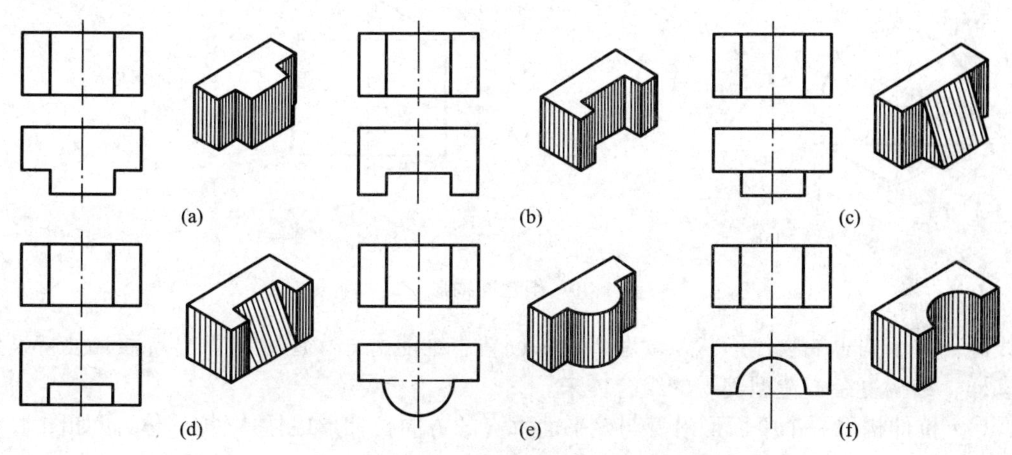

图4.37　物体中间表面部分面形的构思

(2) 通过基本体之间不同组合方式的联想构思。已知主视图如图4.38所示，它既可构思为两个基本体的简单叠加或切割(图4.39)，也可构思为多个基本体的叠加或切割(图4.40(a))，还可构思为多个基本体既叠加又切割(图4.40(b))。

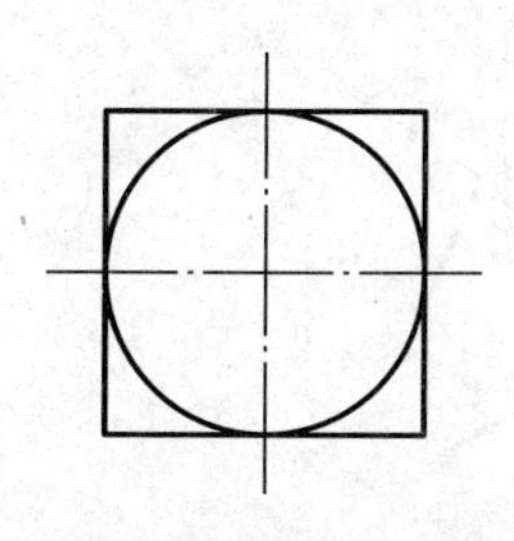

图4.38　物体的主视图

(3) 通过虚实线投影重影的联想构思。如图4.36所示矩形中间两粗实线的投影，各重有一条或多条虚线或粗实线，图4.38所示粗实线圆的投影，各重有一个或多个虚线圆或粗

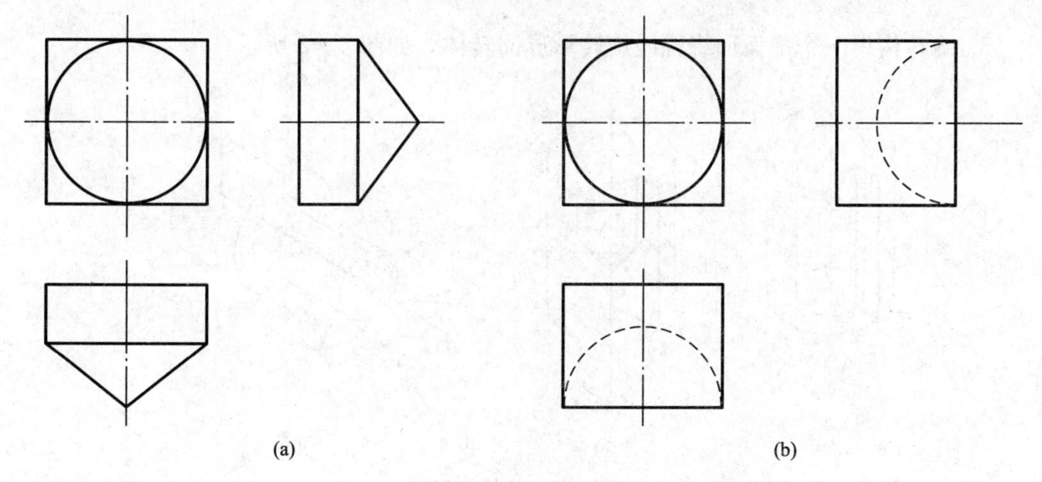

图4.39　组合图构形(一)

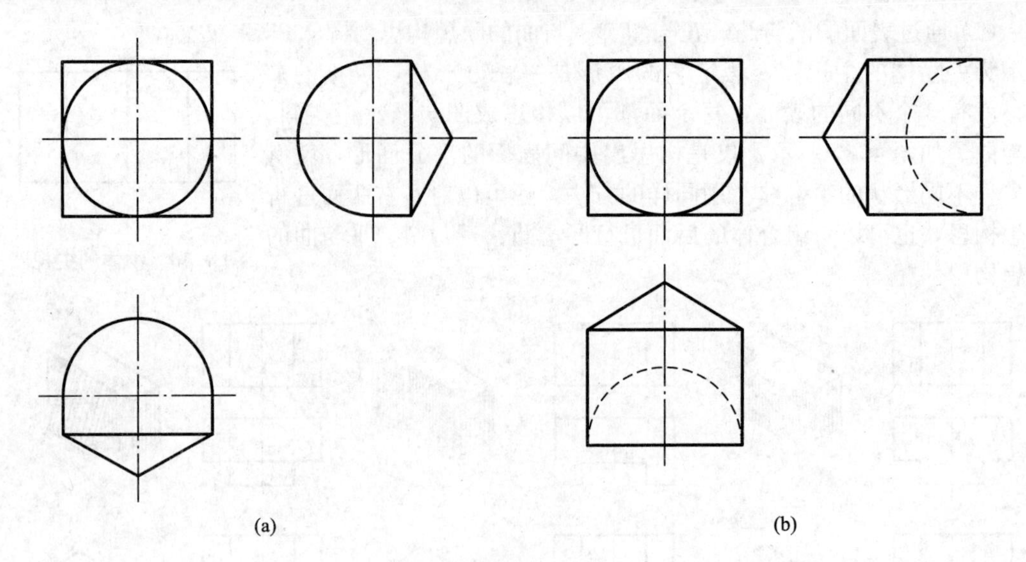

图 4.40　组合图构形(二)

实线圆，关于构思的物体形状，读者可发挥创新思维能力，大胆地构思出新颖、独特、形式多样、结构复杂、造型美观的组合体来。

(4) 拉伸构思一个平面形沿着与该平面垂直的方向拉伸形成柱体(拉伸体)，如图 4.41 所示。

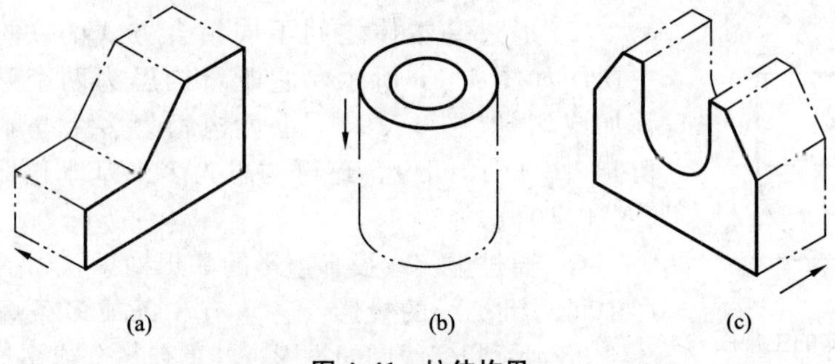

图 4.41　拉伸构思

(5) 旋转构思一个平面形绕轴线旋转形成回转体，如图 4.42 所示。

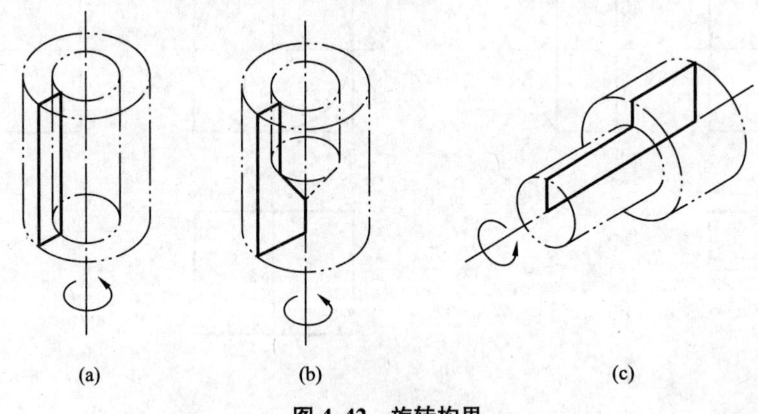

图 4.42　旋转构思

4.5.4　构形设计应注意的问题

（1）构形设计的组合体应是实际可以存在的实体。所以，两形体之间不能以点、线连接。如图 4.43 所示，两形体之间以点、线连接是不对的。

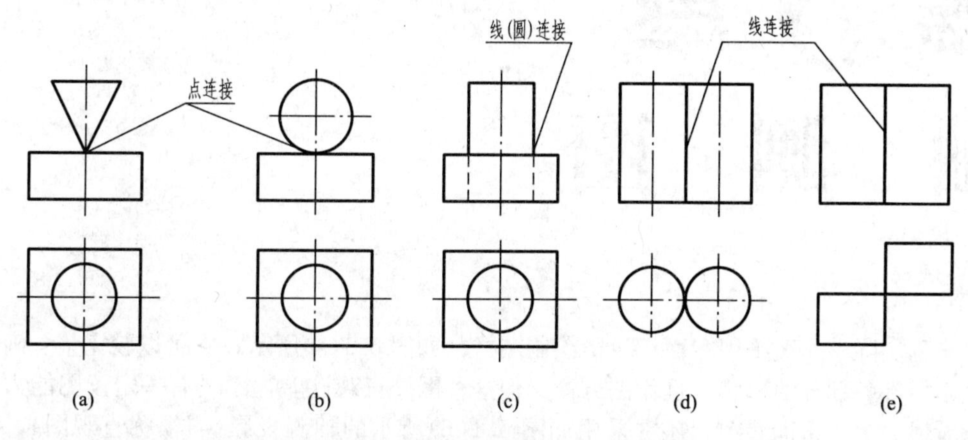

图 4.43　两形体之间不能以点、线连接

（2）构形应简洁、美观，突出主体，去繁就简，便于设计和制作。因此，一般使用平面立体、回转体来构形。无特殊需要时，不使用其他曲面立体。

（3）构思的形状应符合生产实际。例如，封闭的内腔不便于成形，一般不要采用。

（4）构形应均衡、平稳。构形应充分考虑各基本体的形状、大小比例和相对位置，使组合体的重心尽量靠下，并在支撑平面内，满足力学和视觉上的均衡和平稳。

思　考　题

1. 试述三视图的投影特性。
2. 组合体有哪几种组合形式？
3. 组合体上相邻表面的连接关系有哪些？
4. 试述形体分析法和线面分析法的定义。
5. 画组合体的视图时，怎样选择主视图？在画较复杂的组合体的三视图时，用怎样的画图步骤能提高绘图的速度？
6. 试述读图的基本方法和基本要领。用形体分析法读组合体视图顺次有哪几个步骤？在什么情况下需要用线面分析法帮助读图？
7. 标注组合体尺寸应达到哪 3 项基本要求？
8. 试述标注组合体尺寸的方法与步骤。
9. 三视图有哪些投影规律？作图时，如何用工具和仪器保证投影规律？
10. 试述用形体分析法画图和看图的方法步骤。
11. 什么时候用线面分析法？试述用线面分析法看图的方法步骤。
12. 试设计一个包含 4 个形体的组合体，并画出它的三视图。
13. 试述如何保证组合体尺寸标注完整，并将自己设计的组合体注上尺寸。

第5章 轴测图

工程实际中一般采用多面正投影绘制图样，如图 5.1(a)所示，它可以较完整、确切地表达出零件各部分的形状，且作图方便。但这种图样直观性差，不具有一定读图能力的人难以看懂。为了帮助看图，还常采用如图 5.1(b)所示的轴测投影(习惯称直观图)，它能在一个投影上同时反映物体的正面、顶面和侧面的形状，富有立体感。但零件上原来的长方形平面，在轴测投影上变成了平行四边形，圆变成了椭圆，因此它不易反映物体各个表面的实形，度量性差，作图比正投影图复杂。因此在工程上常用轴测图作为辅助图样来表达物体的结构形状，以帮助人们看懂正投影图。

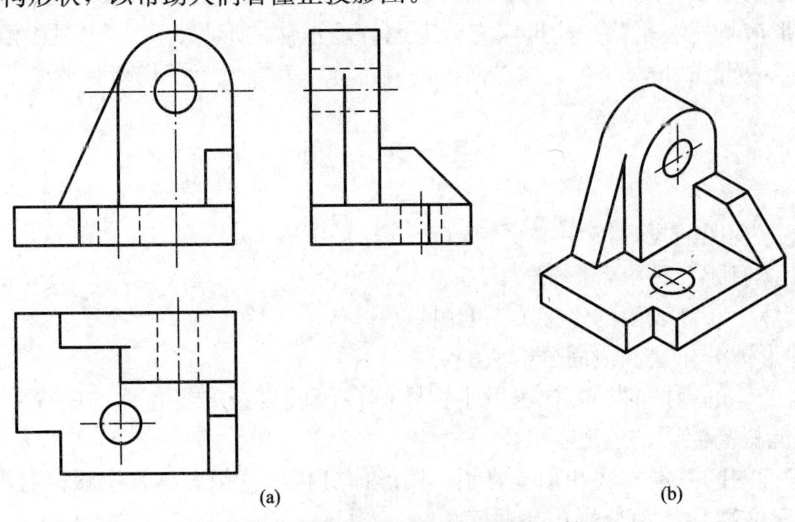

图 5.1 多面正投影与轴测图的比较

5.1 轴测投影的基本知识

1. 轴测投影的形成

轴测投影图是将物体连同其参考直角坐标系，沿不平行于任一坐标面的方向，用平行投影法将其投射在单一投影面上所得的具有立体感的图形。

如图5.2所示，在物体上建立一个参考直角坐标系，其 X、Y、Z 坐标轴与物体上3条互相垂直的棱线重合，O 为原点。在图5.2(a)中，XOZ 坐标面平行于投影面 P，沿 S 方向投射，在 P 面上可得到具有立体感的图形；但沿与 OY 轴平行的 S 方向投射，作 P 面的正投影，所得图形就不具立体感。如果转动物体如图5.2(b)所示，向投影面 P 作正投影，也可以得到具有立体感的图形。

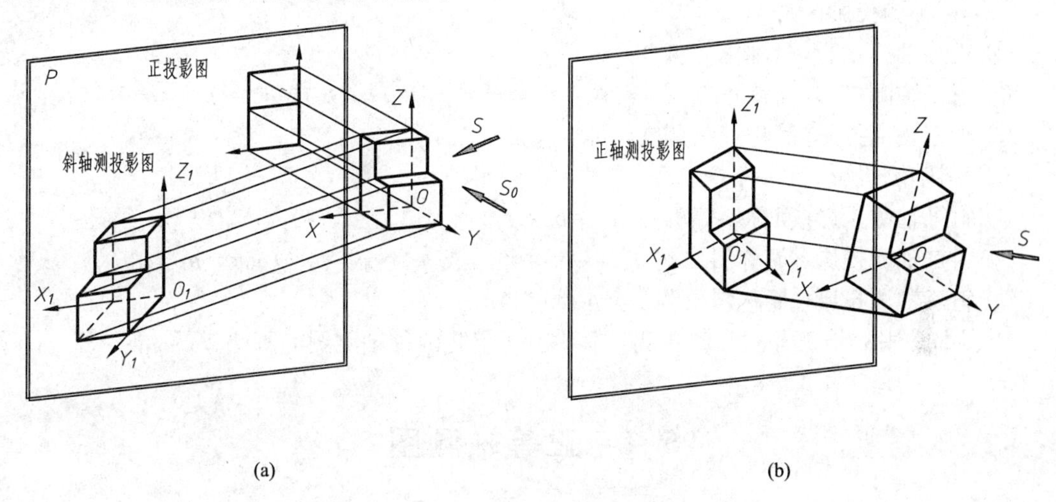

图5.2 轴测投影的形成

这种富有立体感的图形称为轴测投影。投影面 P 称为轴测投影面。坐标轴 OX、OY、OZ 在轴测投影面上的投影 O_1X_1、O_1Y_1、O_1Z_1 称为轴测投影轴，简称轴测轴。

2. 轴间角及轴向伸缩系数

相邻两轴测轴的夹角 $\angle X_1O_1Y_1$、$\angle X_1O_1Z_1$、$\angle Y_1O_1Z_1$ 称为轴间角。轴测轴上的线段与空间坐标轴上对应的线段的长度比称为轴向变形系数。设坐标轴 OX、OY、OZ 的单位长度为 u，在轴测轴 O_1X_1、O_1Y_1、O_1Z_1 上的投影长度为 i、j、k，设 $p_1=i/u$ 、$q_1=j/u$、$r_1=k/u$，则 p_1、q_1、r_1 分别称为 X、Y、Z 轴的轴向伸缩系数，如图5.3所示。

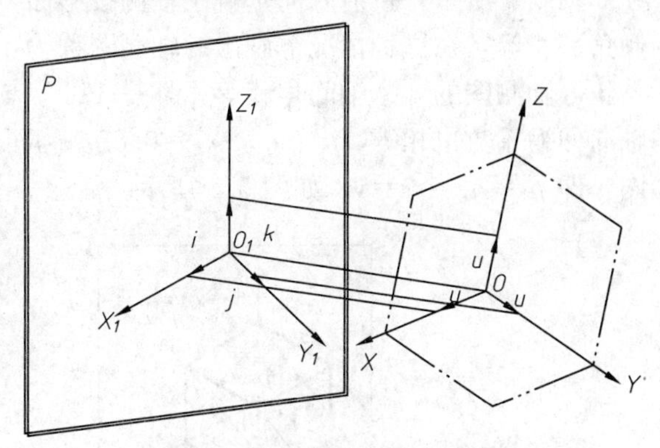

图5.3 轴间角和轴向伸缩系数

3. 轴测投影的基本性质

(1) 物体上凡与空间坐标轴平行的线段在轴测图中也应平行于对应的轴测轴，且具有和相应轴测轴相同的轴向伸缩系数。

(2) 物体上互相平行的线段，在轴测图中也应互相平行。据此，若已知各轴向伸缩系数，在轴测图中即可画出平行于轴测轴的各线段的长度。如所画线段与坐标轴不平行，决不可在图上直接量取，而应先作出线段两端点的轴测图，然后连线才能得到线段的轴测图。

4. 轴测投影的分类

1）根据投射线方向和轴测投影面的位置分类

(1) 正轴测投影。投射线方向垂直于轴测投影面。

(2) 斜轴测投影。投射线方向倾斜于轴测投影面。

2）根据轴向伸缩系数的不同分类

(1) 正轴测投影。

① 正等轴测投影(简称正等测）：$p_1=q_1=r_1$。

② 正二轴测投影(简称正二测）：$p_1=q_1\neq r_1$ 或 $q_1=r_1\neq p_1$ 或 $r_1=p_1\neq q_1$。

③ 正三轴测投影(简称正三测）：$p_1\neq q_1\neq r_1$。

(2) 斜轴测投影。

① 斜等轴测投影(简称斜等测)：$p_1=q_1=r_1$。

② 斜二轴测投影(简称斜二测）：$p_1=q_1\neq r_1$ 或 $q_1=r_1\neq p_1$ 或 $r_1=p_1\neq q_1$。

③ 斜三轴测投影(简称斜三测）：$p_1\neq q_1\neq r_1$。

工程上常用的是正等测和斜二测，本章仅介绍此两种轴测图的画法。

5.2 正等轴测图

5.2.1 轴间角和轴向伸缩系数

如图 5.4 所示，投射方向垂直于轴测投影面，而且参考坐标系的 3 根坐标轴对投影面的倾角都相等，在这种情况下画出的轴测图称为正等测图，简称正等测。

正等轴测图的 3 个轴间角相等，都是 120°，其中 O_1Z_1 轴规定画成铅垂方向。三根轴的轴向伸缩系数也相等，$p_1=q_1=r_1=0.82$。为了作图简便，通常采用简化轴向伸缩系数画图，即 $p_1=q_1=r_1=1$，如图 5.5 所示。

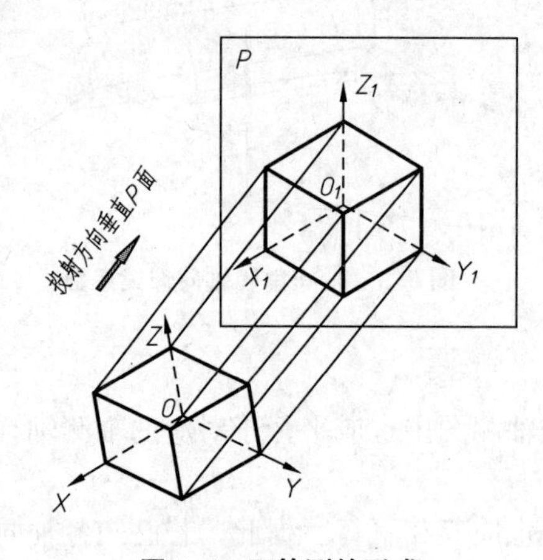

图 5.4 正等测的形成

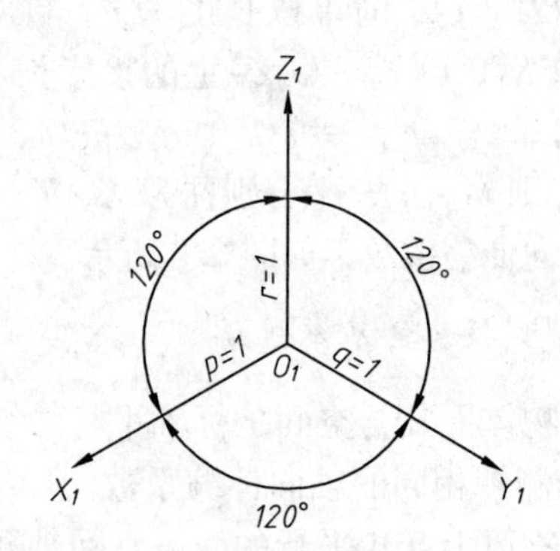

图 5.5 轴间角和轴向变形系数

采用简化伸缩系数作图时，沿各轴向的尺寸都可以用实长测量，作图方便，虽然作出的图形比原轴测图沿轴向放大了 1.22 倍，但并不影响理解物体的形状。

5.2.2　平面立体正等轴测图的画法

画平面立体正等轴测图有以下 3 种方法：坐标法、切割法、叠加法。以上 3 种方法都需要定坐标原点，然后按各点坐标在轴测坐标系中确定其位置，故坐标法是画图的最基本方法。当绘制复杂物体的轴测图时，上述 3 种方法往往交替使用。下面举例说明 3 种方法的画法。

1. 坐标法

沿坐标轴测量，并按坐标画出各顶点的轴测图，这是画平面立体最基本的方法。

【例 5-1】 根据正六棱柱的主、俯视图(图 5.6)，画出它的正等测图。

解： 作图步骤如下。

(1) 在视图上确定坐标轴：如图 5.6(a)所示，因为正六棱柱顶面和底面都是处于水平位置的正六边形，取顶面六边形的中心为坐标原点 o，通过顶面中心 o 的轴线为坐标轴 x、y，高度方向的坐标轴取为 z。

(2) 作轴测轴 $O_1-X_1Y_1Z_1$，在 X_1 轴上沿原点 O_1 的两侧分别取 $a/2$ 得到 1_1 和 4_1 两点。在 Y_1 轴上 O_1 点两侧分别取 $b/2$ 得到 7_1 和 8_1 两点，如图 5.6(b)所示。

(3) 过 7_1 和 8_1 作 X_1 轴的平行线，并在其上定出 2_1、3_1、5_1、6_1 各点，最后连成顶面六边形，如图 5.6(c)所示。

(4) 由 6_1、1_1、2_1、3_1 各点向下作 O_1Z_1 轴的平行线段，使长度为 h，得六棱柱可见的各端点，因轴测图中一般不画虚线，故不可见的点不必画出，如图 5.6(d)所示。

(5) 依次连接各可见点，擦去多余的作图线，加深粗实线，省略虚线，完成全图，如图 5.6(e)。

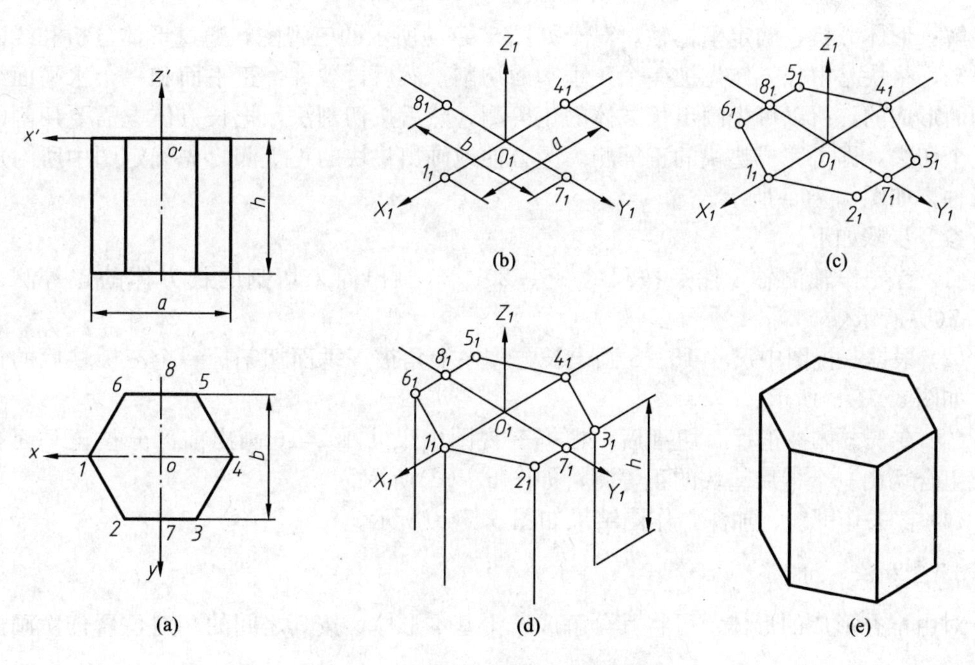

图 5.6　画正六棱柱的正等轴测图

2. 切割法

对不完整的形体，以坐标法为基础可先按完整形体画出，然后用切割的方法画出其不完整部分。

【例 5-2】 作如图 5.7 所示的垫块的正等测投影图。

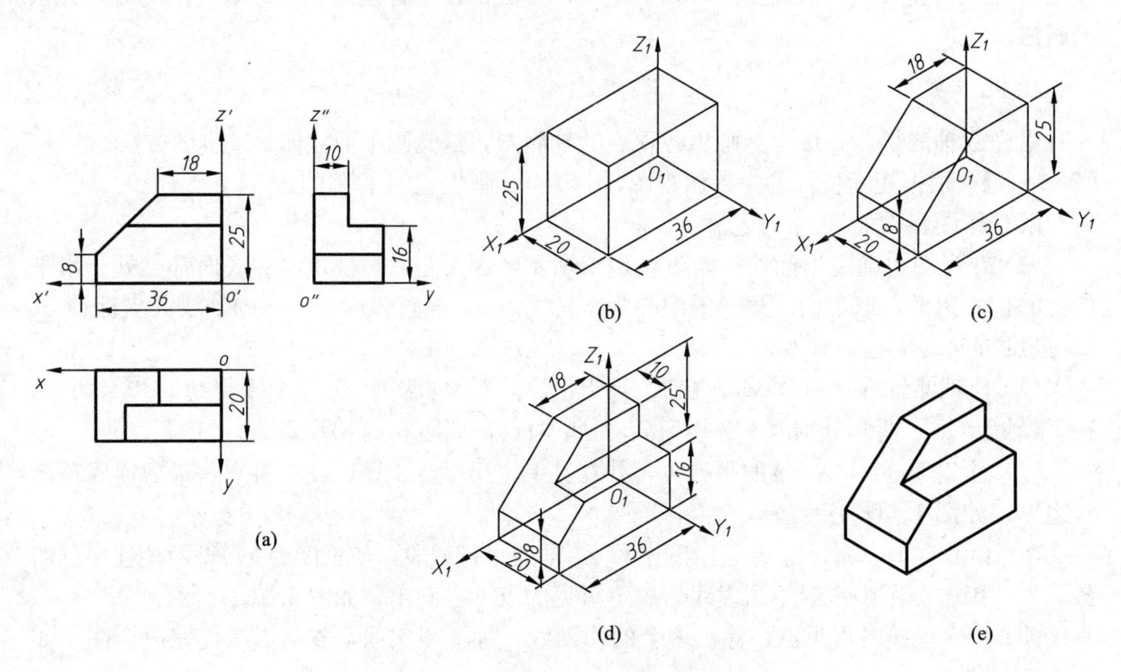

图 5.7　切割法画立体的正等测

解：形体分析，确定坐标轴。对于如图 5.7(a)所示的三视图，通过形体分析和线面分析可知，垫块是由长方体先被一个正垂平面切割，然后再被一个正平面和一个水平面组合切割而形成的。所以可先画出长方体的正等测，然后按切割法，把长方体上需要切割的部分逐个切去，即可完成垫块的正等测。为方便地画出垫块的正等测，先确定图中所附加的坐标轴，如图 5.7(a)所示。

参考步骤如下。

(1) 首先作轴测轴，然后按尺寸 36、20、25 画出尚未切割的长方体的正等测，如图 5.7(b)所示。

(2) 根据三视图中尺寸 18、8 画出长方体左上角被正垂面切割掉一个三棱柱后的正等测，如图 5.7(c)所示。

(3) 在长方体被正垂面切割后，根据三视图中尺寸 10、16 画出前部分被正平面和水平面组合切出一个槽后垫块的正等测，如图 5.7(d)所示。

(4) 擦去作图线，加深，作图结果如图 5.7(e)所示。

3. 叠加法

对由堆叠形成的形体，可将其分解成若干基本形体，按其之间的相对位置依次画出各部分。

【例 5-3】 根据平面立体的三视图，作出它的正等测投影图。

解：通过形体分析和线面分析可知，该立体可以分解为上下两个立体。上部立体为竖直放置的长方体，中间被切去一个方槽。下部立体为水平放置的长方体，其中左前部被切掉一个角。为方便地画出该立体的正等测，先确定图中所附加的坐标轴，如图 5.8 所示，并在作图过程中省略了尺寸的标注，关于尺寸的定位和度量可以参照上个例题。

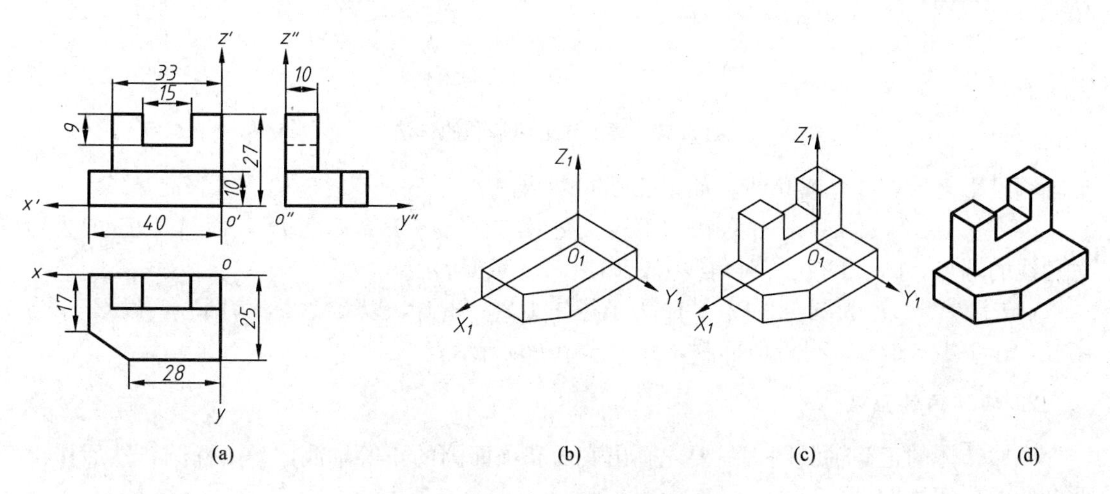

图 5.8　叠加法画立体的正等测图

5.2.3　回转体的画法

1. 平行于坐标面的圆的正等测

图 5.9 画出了立方体表面上 3 个内切圆的正等测椭圆。因为坐标面或其平行面都不平行其轴测投影面，所以坐标面内或平行于坐标面的圆的正等测为椭圆。

1) 椭圆长、短轴的方向及大小

一般情况下，圆的轴测投影为椭圆。根据理论分析(证明从略)，坐标面(或其平行面)上圆的正等轴测投影(椭圆)的长轴方向与该坐标面垂直的轴测轴垂直，短轴方向与该轴测轴平行。对于正等测，水平面上椭圆的长轴处在水平位置，平面上椭圆的长轴方向为向右上倾斜 60°，侧平面上椭圆的长轴方向为向左上倾斜 60°，见图 5.9 所示。

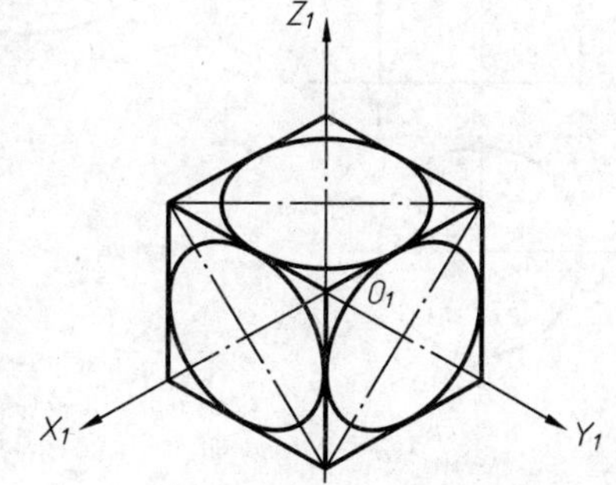

图 5.9　平行于各坐标轴的圆的正等测

2) 椭圆的近似画法

为了简化作图，通常采用 4 段圆弧组成的扁圆代替椭圆。图 5.10 为 $X_1O_1Y_1$ 面上椭圆的近似画法。而 $X_1O_1Z_1$ 和 $Y_1O_1Z_1$ 面上的椭圆，只是长、短轴的位置不同，其画法与 $X_1O_1Y_1$ 面上的椭圆相同。

作图(如图 5.10)步骤如下。

(1) 过圆心 O 作坐标轴 ox、oy 和外切正方形，如图 5.10(a)所示。

(2) 作轴测轴 O_1X_1、O_1Y_1 和切点的轴测投影 1_1、2_1、3_1、4_1，过这些点作外切正方

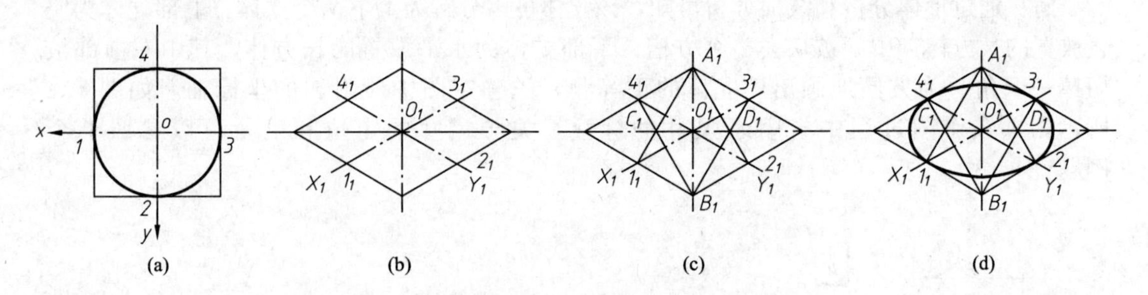

图 5.10　菱形法近似椭圆的作法

形轴测投影菱形，并作对角线，如图 5.10(b)所示。

(3) 过 1_1、2_1、3_1、4_1 作各边的垂线，交得圆心 A_1、B_1、C_1、D_1，而 A_1、B_1 即为短对角线的端点，C_1、D_1 在长对角线上，如图 5.10(c)所示。

(4) 以 A_1、B_1 为圆心，以 A_11_1 为半径作 1_12_1、3_14_1，以 C_1、D_1 为圆心，以 C_11_1 为半径，作 1_14_1、2_13_1，得近似椭圆，如图 5.10(d)所示。

2. 回转体的画法

画回转体的正等轴测图，只要先画出底面和顶面圆的正等轴测图——椭圆，然后作出两椭圆的公切线即可。

【例 5-4】 如图 5.11(a)所示，已知圆柱的主、俯视图，作出其正等轴测图。

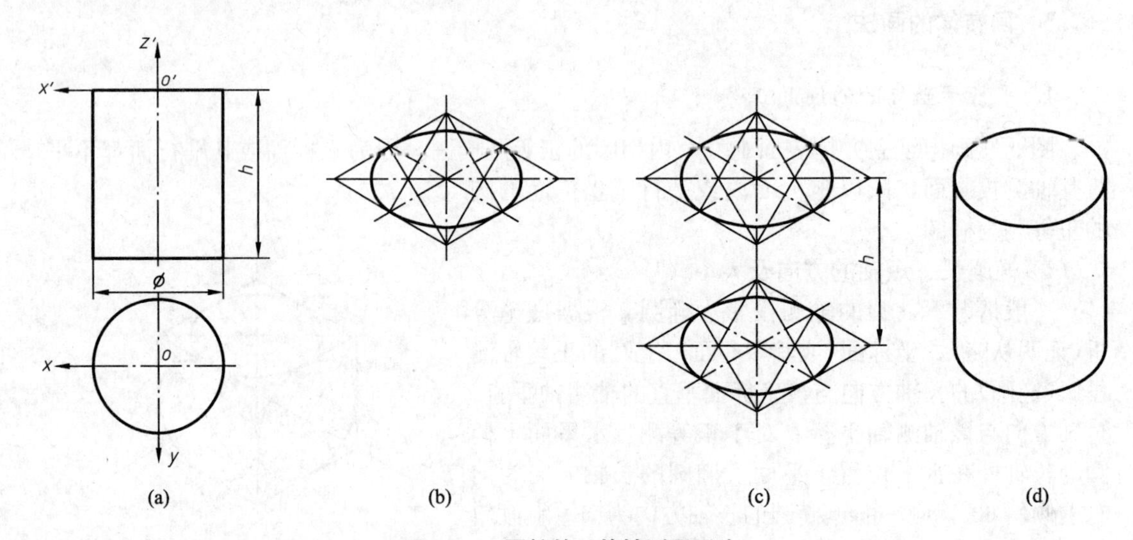

图 5.11　圆柱的正等轴测图画法

解： 作图步骤如下。

(1) 确定坐标系，原点确定为顶圆的圆心，XOY 坐标面与顶圆重合，如图 5.11(b)所示。

(2) 用菱形法画出顶面圆的轴测投影—椭圆，将该椭圆沿 Z 轴向下平移 h，即得底圆的轴测投影，如图 5.11(b)和图 5.11(c)所示。

(3) 作椭圆的公切线，擦去不可见部分，加深后即完成作图，如图 5.11(d)所示。

3. 圆角的正等轴测图的画法

立体上 1/4 圆角在正等轴测图上是 1/4 椭圆弧，可用近似画法作出，如图 5.12 所示。

作图时根据已知圆角半径 R，找出切点 A_1、B_1、C_1、D_1，过切点分别作圆角邻边的垂线，两垂线的交点即为圆心，以此圆心到切点的距离为半径画圆弧即得圆角的正等轴测图。底面圆角可将顶面圆弧下移 h 即可，如图 5.12(b)和 5.12(c)所示。

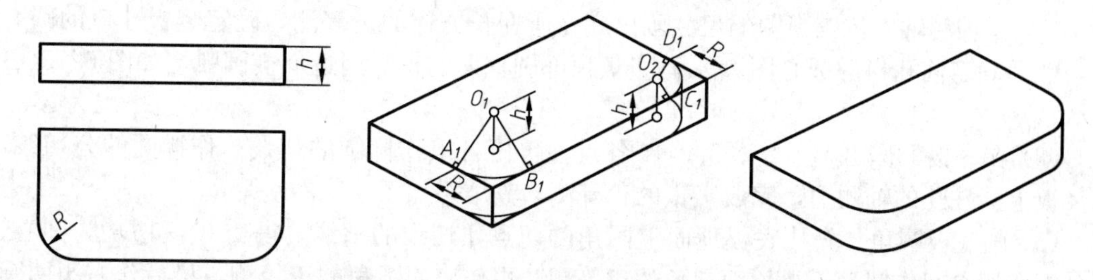

图 5.12　1/4 圆角正等轴测图画法

5.2.4　综合作图

【例 5-5】　作如图 5.13 所示的支架的正等测投影图。

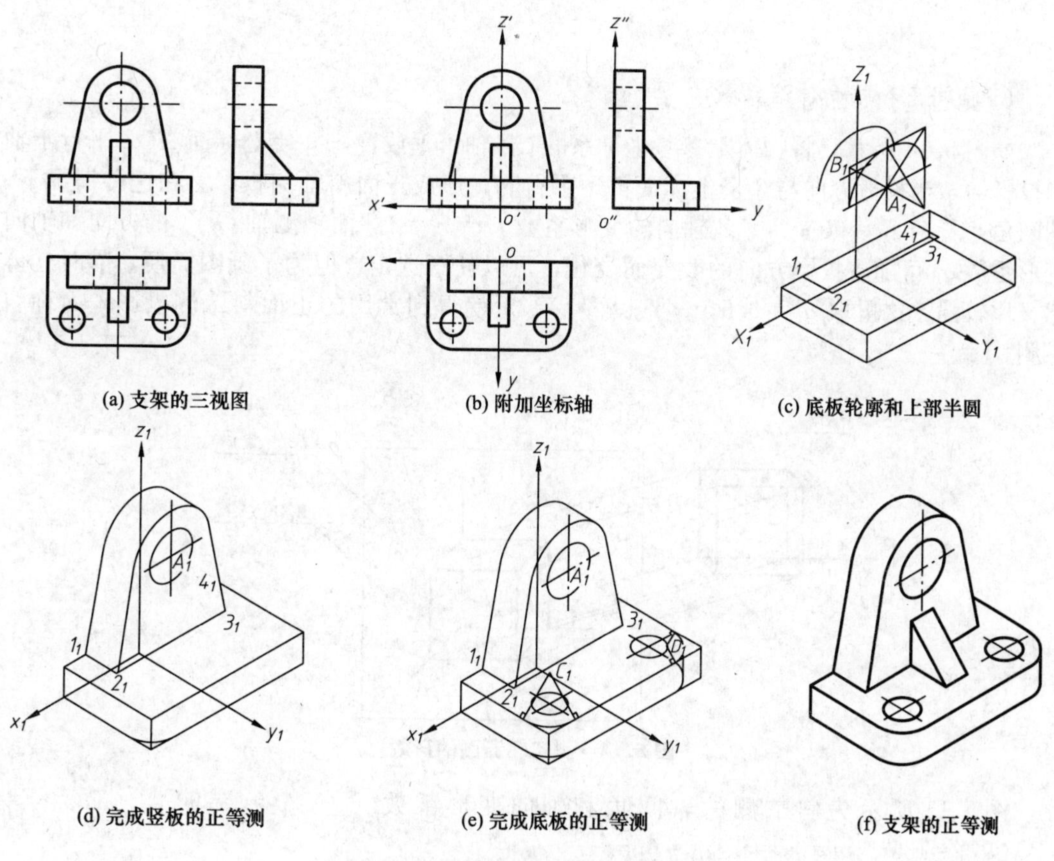

图 5.13　直角支板正等轴测图画法

解：形体分析，确定坐标轴。根据支架的三视图可知，支架由上下两块板加上中间的肋板组成。上面竖直板的顶部是圆柱面，下面是长方体，中间有一圆柱通孔，支架下部是带圆角的长方形底板，左右两侧都有圆柱通孔，竖直板和底板的结合处有一三棱柱的肋板。因支架左右对称，取后底边的中点为原点，确定如图 5.13(b)中所附加的坐标轴。

参考步骤如下。

(1) 作轴测轴。按三视图的尺寸画出底板所在长方体的正等测，确定竖板孔口的圆心 B_1，然后确定前孔口的圆心图 A_1，画竖板顶部圆柱面的正等测近似椭圆弧，如图 5.13(c)所示。

(2) 在底板上作出 1_1、2_1、3_1、4_1 各点，再由各点作椭圆的切线；作椭圆的公切线，作竖板上圆柱孔的轴测图，完成竖板的正等测，其结果如图 5.13(d)所示。

(3) 画底板圆角、先从底板顶面上圆角的切点作切线的垂线，得交 C_1 和 D_1 为圆心，再分别在切点间作圆弧，得顶面圆角的正等测，再作底面圆角的正等测，最后作右边两圆弧的公切线，如图 5.13(e)所示。

(4) 作肋板正等测，整理加深，完成支架的正等测，结果如图 5.13(f)所示。

5.3　斜二轴测图

1. 轴间角和轴向伸缩系数

如图 5.14 所示，将物体上参考坐标系的 OZ 轴铅垂放置，并使坐标面 XOZ 平行于轴测投影面，当投射方向与 3 个坐标面都不平行时，形成正面斜轴测投影。在这种情况下，轴间角 $\angle X_1O_1Z_1=90°$；X、Z 轴向的变形系数 $p_1=r_1=1$。而轴测轴 O_1Y_1 的方向和轴向变形系数 q_1 可随着投影方向的改变而变化，可以任意选定，但为了画图简便，同时立体感又比较强，这里取 $q_1=0.5$，$\angle Y_1O_1Z_1=135°$就得到常用的正面斜二测投影，简称斜二测。

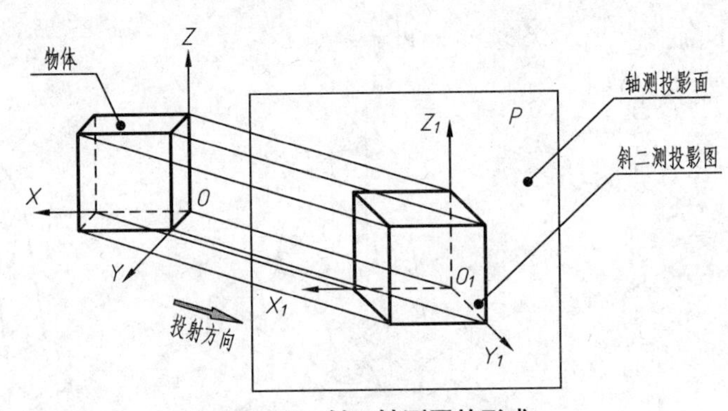

图 5.14　斜二轴测图的形成

图 5.15 所示为斜二测的轴间角和轴向变形系数：$\angle X_1O_1Z_1=90°$，$\angle X_1O_1Y_1=\angle Y_1O_1Z_1=135°$　$p_1=r_1=1$　$q_1=0.5$。

斜二测的特点是物体上与轴测投影面平行的表面在轴测投影中反映实形。因此画斜二测时，应尽量使物体上形状复杂的一面平行于 $X_1O_1Z_1$ 面。斜二测的画法与正等测的画法相似，但它们的轴间角不同，而且其伸缩系数 $q_1=0.5$，所以画斜二测时，沿 Y_1 轴方向的长度应取物体上相应长度的一半。

2．平行于坐标面的圆的斜二轴测图的画法

在斜二轴测图中，3 个坐标面(或平行面)上圆的轴测投影如图 5.16 所示。

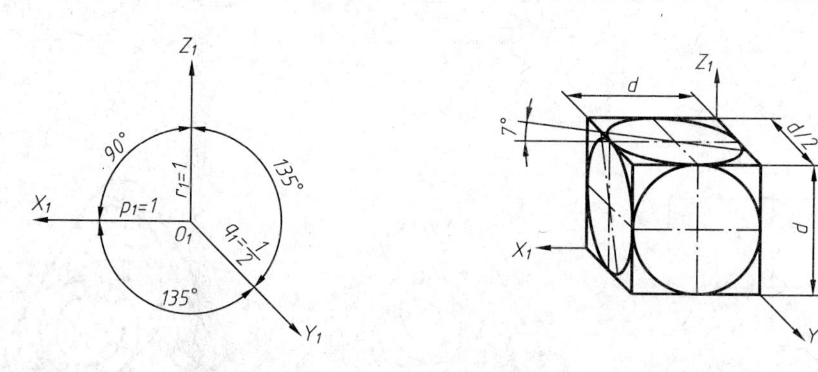

图 5.15　斜二等轴测图轴间角　　　图 5.16　平行于各坐标轴的圆的斜二轴测图

由于 $X_1O_1Z_1$ 面(或平行面)的轴测投影反映实形，因此 $X_1O_1Z_1$ 面上圆的轴测投影仍为圆，其直径与实际的圆相同。在 $X_1O_1Y_1$ 和 $Y_1O_1Z_1$ 面(或平行面)上，圆的斜轴测投影为椭圆，根据理论分析(证明从略)，其长轴方向分别与 X_1 轴和 Z_1 轴倾斜 7°左右，这些椭圆可采用近似画法。由于两个椭圆的作图相当烦琐，所以当物体这两个方向上有圆时，一般不用斜二轴测图，而采用正等轴测图。图 5.17 表示直径为 d 的圆在斜二轴测图中 $X_1O_1Y_1$ 面上椭圆的近似画法。

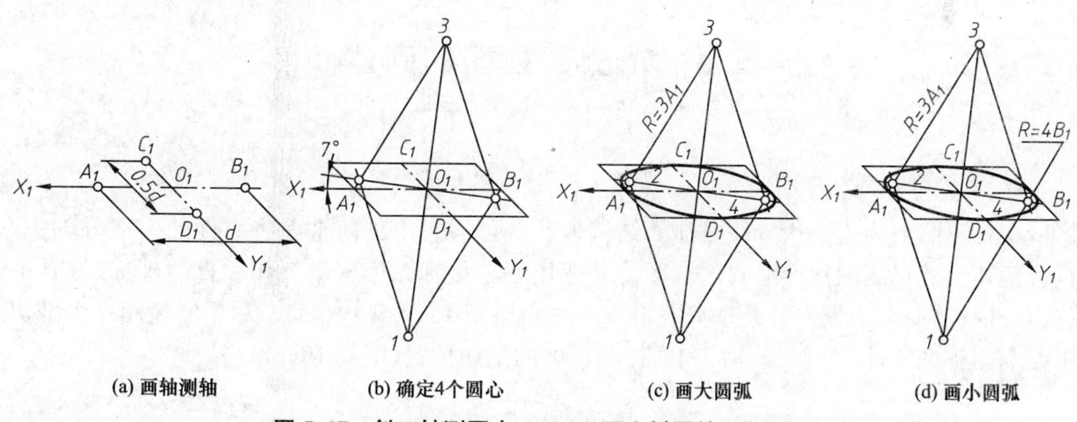

(a) 画轴测轴　(b) 确定4个圆心　(c) 画大圆弧　(d) 画小圆弧

图 5.17　斜二轴测图中 $X_1O_1Y_1$ 面上椭圆的近似画法

3．曲面立体的斜二轴测图画法

在斜二轴测图中，由于 XOZ 面的轴测投影仍反映实形，圆的轴测投影仍为圆，因此当物体的正面形状较复杂，具有较多的圆或圆弧连接时，采用斜二轴测图作图就比较方便。

【例 5-6】　作图 5.18(a)组合体的斜二轴测图。

解：(1) 建立参考坐标系，在正投影图上选定坐标轴，让 y 轴与物体的轴线重合，则底板前端面(具有大小不等的平行圆平面)为正平面，即平行于 $X_1O_1Z_1$ 坐标面(图 5.18(a))。

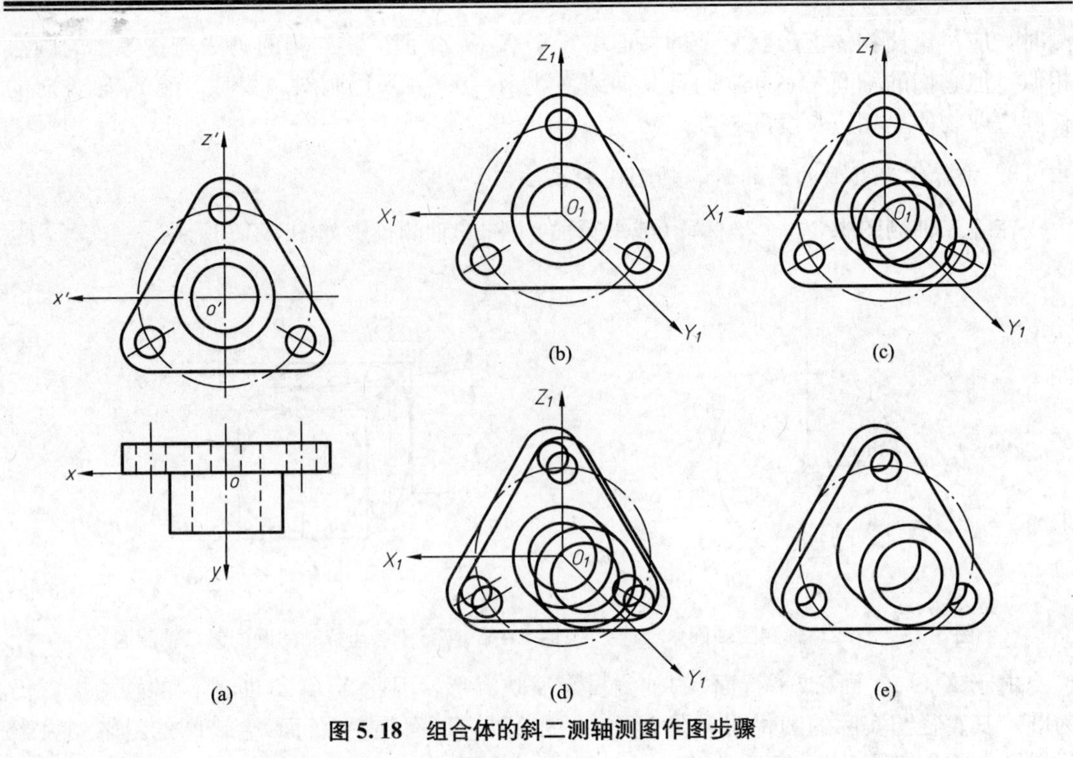

图 5.18　组合体的斜二测轴测图作图步骤

(2) 画斜二轴测图的轴测轴，根据坐标分别定出每个端面的圆心位置(图 5.18(b))。

(3) 按圆心位置依次画出圆柱、圆锥及各圆孔(图 5.18(c)、(d))。

(4) 擦去多余线条，描深后完成全图(图 5.18(e))。

5.4　轴测剖视图的画法

1. 轴测图的剖切方法

在轴测图上为了表达零件内部的结构形状，可假想用剖切平面将零件的一部分剖去，这种剖切后的轴测图称为轴测剖视图。一般用参考坐标系中两个互相垂直的坐标(或其平行面)进行剖切，能较完整地显示该零件的内、外形状(图 5.19(a))。尽量避免用一个剖切平面剖切整个零件(图 5.19(b))和选择不正确的剖切位置(图 5.19(c))。

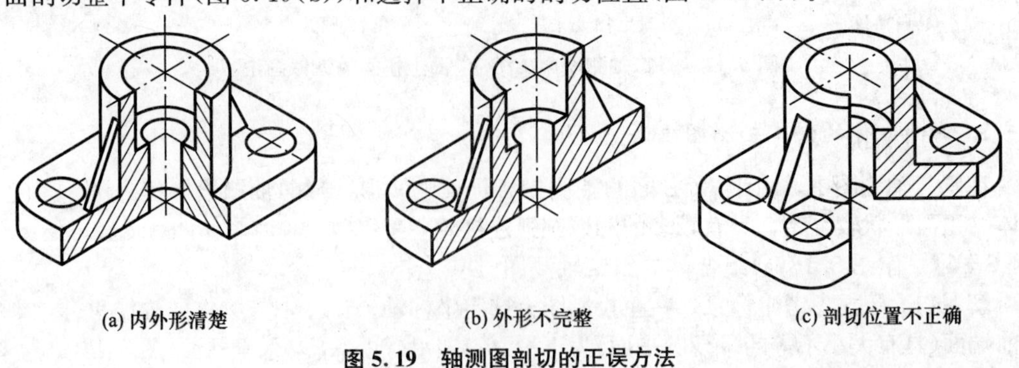

图 5.19　轴测图剖切的正误方法

轴测剖视图中的剖面线方向应按图5.20所示方向画出，正等轴测图如图5.20(a)所示，斜二测轴测如图5.20(b)所示。

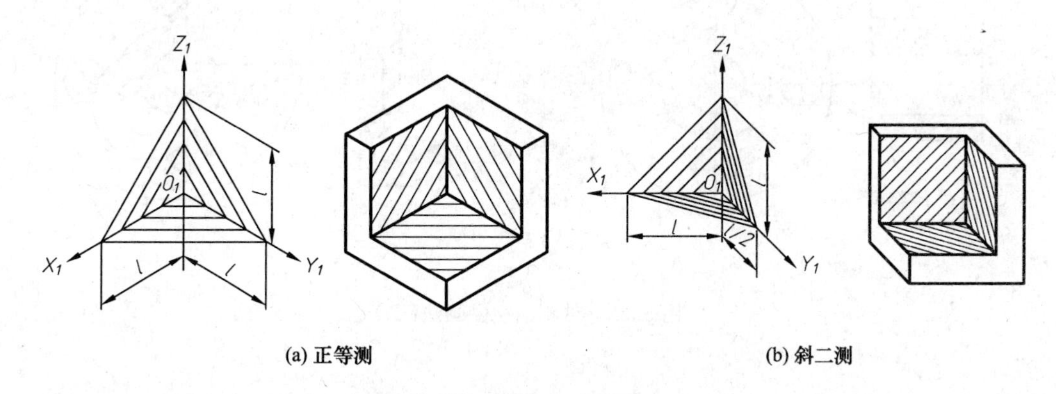

(a) 正等测　　(b) 斜二测

图5.20　轴测剖视图剖面线方向

2. 轴测剖视图的画法

轴测剖视图一般有两种画法。

(1) 先把物体完整的轴测外形图画出，然后沿轴测轴方向用剖切平面将它剖开。如图5.21(a)所示的底座，要求画出它的正等轴测剖视图。先画出它的外形轮廓，内部不可见的孔的轴测投影可以先画虚线，如图5.21(b)所示，然后沿 X、Y 向分别画出其断面形状(图5.21(c))，擦去被剖切掉的1/4部分轮廓，并画上剖面线，即完成该底座的轴测剖视图(图5.21(d))。

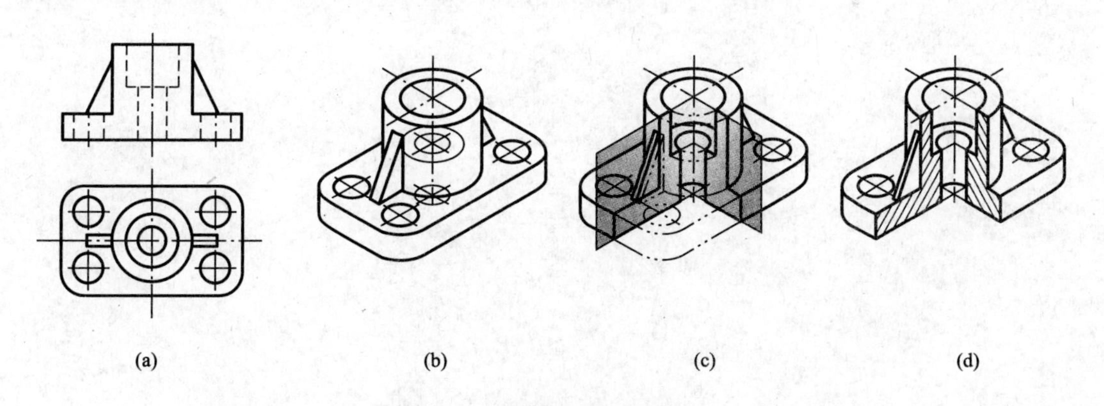

(a)　(b)　(c)　(d)

图5.21　轴测剖视图画法(一)

(2) 先画出截断面的轴测投影，然后再画出截断面外部看得见的轮廓。这样可减少很多不必要的作图线，使作图更为迅速。此法适合于表达内外结构都较复杂的立体。如图5.22(a)所示的端盖，要求画出它的斜二轴测剖视图。

由于该端盖的轴线处在正垂线位置，故采用通过该轴线的水平面及侧平面将其左上方剖切掉1/4。先分别画出水平剖切平面及侧平剖切平面剖切所得剖面的斜二轴测图，如图5.22(b)所示。然后再过各圆心作出各表面上未被切的3/4部分的圆弧，并画上剖面线，即完成该端盖的轴测剖视图(图5.22(c))。

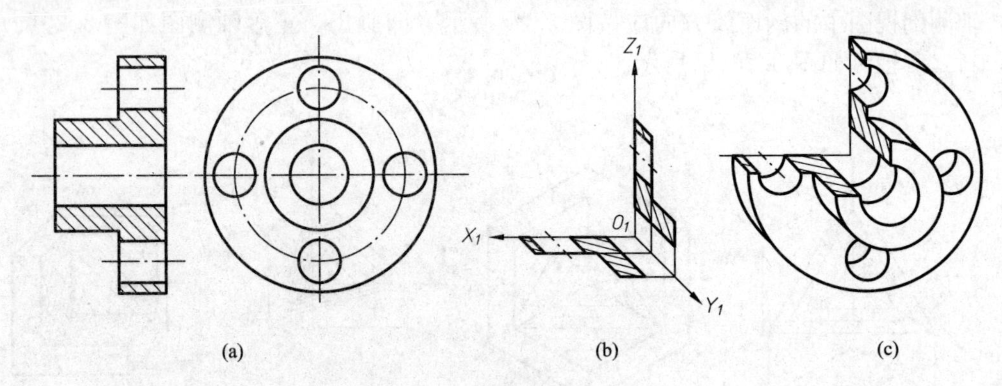

图 5.22　轴测剖视图画法(二)

思　考　题

1. 什么是形体的轴测投影？它与多面正投影相比有哪些特点？
2. 什么是轴测图的轴间角和轴向伸缩系数？
3. 举例说明形体轴测投影的分类。
4. 正等测和斜二测轴测图有哪些区别？什么样的形体使用斜二轴测图表达较好？

第6章
机件的常用表达方法

在生产实际中，机件(包括零件、部件和机器)的结构形状是多种多样的，对于形状复杂的物体，仅用前面所介绍的三视图难以把它们的内外结构表达清楚。因此，国家标准GB/T 17451～53—1998《技术制图 图样画法》中规定了机件的各种表达方法——视图、剖视图和断面图和其他画法，GB/T 16675.1～5.2—1996 对物体的简化表示法进行了规定，以便人们可以灵活地运用到生产实际中。

6.1 视　　图

视图是物体向投影面投射所得的图形。一般只画物体的可见部分，必要时才画出其不可见部分。视图分为基本视图、向视图、局部视图和斜视图。

1. 基本视图

为了清楚地表示出物体的上、下、左、右、前、后的不同形状，根据实际需要，除了已学过的三视图外，在原有3个投影面的基础上，对应地再增加3个投影面，这6个投影面形成正六面体的6个面，称为基本投影面，如图6.1所示。将物体放在正六面体内，分别向六个基本投影面投射所得的6个视图称为基本视图。除主视图、俯视图和左视图外，其他视图的名称及投射方向规定如下。

(1) 右视图——由物体的右方向左投射所得的视图。

(2) 仰视图——由物体的下方向上投射所得的视图。

(3) 后视图——由物体的后方向前投射所得的视图。

6个基本投影面展开的方法如图6.2所示。正立投影面保持不动，其他投影面按箭头所示方向旋转，使其与正立投影面共面，投影面展平后，各基本视图的配置关系如图6.3所示。同一张图纸内各基本视图按图6.3的规定配置，一律不标注视图的名称。实际画图时，应根据物体的结构形状和复杂程度，选用必要的基本视图。

2. 向视图

在实际设计绘图中，往往不能同时将6个基本视图都画在同一张图纸上，或不能按

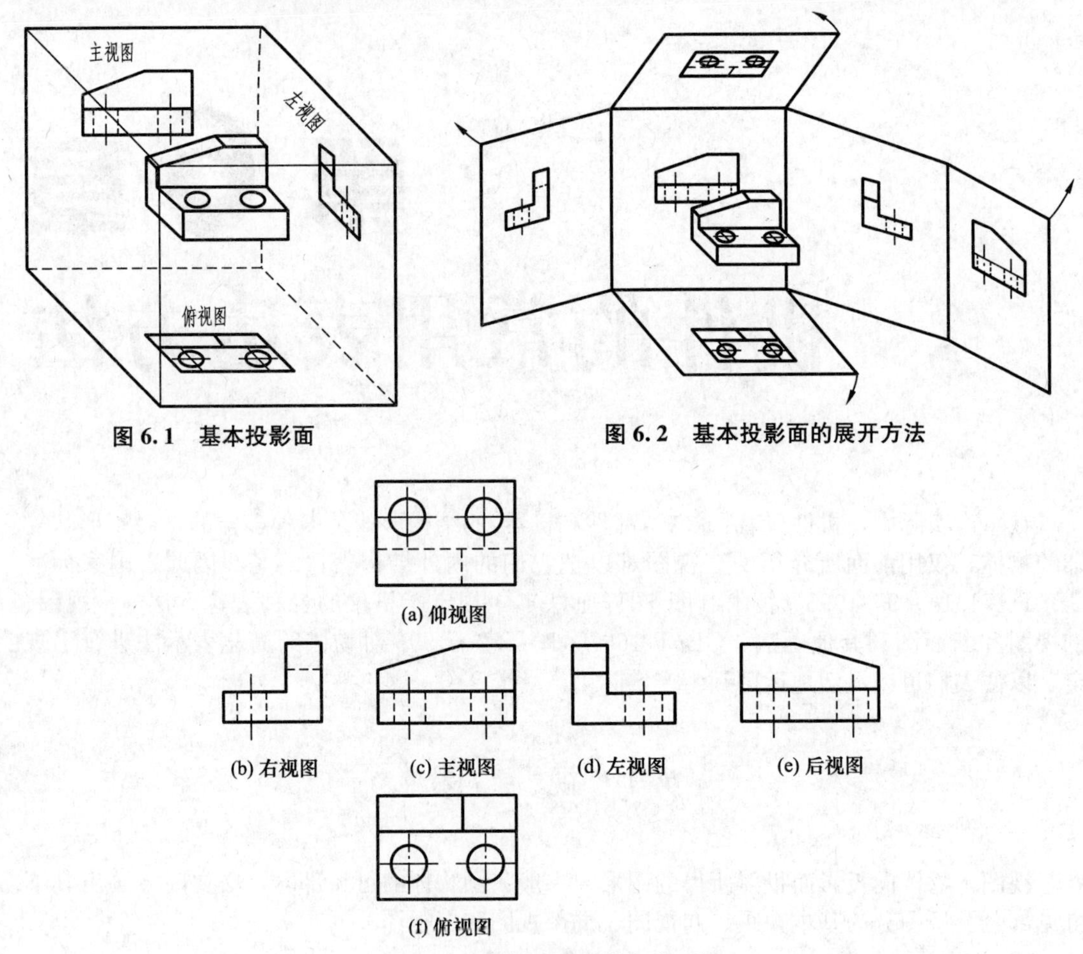

图 6.1　基本投影面

图 6.2　基本投影面的展开方法

图 6.3　6 个基本视图的规定配置

图 6.3 的形式配置各视图。为了解决这个问题以便读图，可以采用一种能自由配置的视图——向视图。

向视图的上方应标注“×”(“×”为大写拉丁字母)，在相应视图的附近用箭头指明投射方向，并标注相同的字母如图 6.4 所示。由于向视图是基本视图的另一种表达形式，所以，表示投射方向的箭头应尽可能配置在主视图上，以便所获视图与基本视图一致。由于表示后视图投射方向的箭头在主视图中反映不出来，所以只能标注在其他视图上。

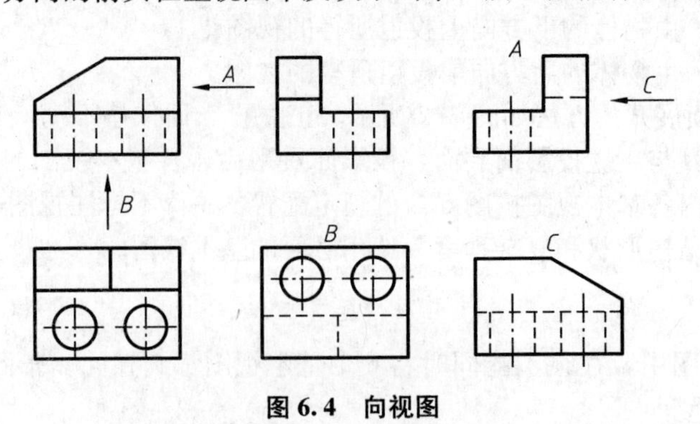

图 6.4　向视图

3. 局部视图

将物体的某一部分向基本投影面投射所得的视图称为局部视图。

如图6.5所示，物体在主、俯视图中已基本表达清楚，只有左侧凸台的形状尚未表达清楚，又没有必要画出完整的左视图，这时可用局部视图表示凸台的形状。

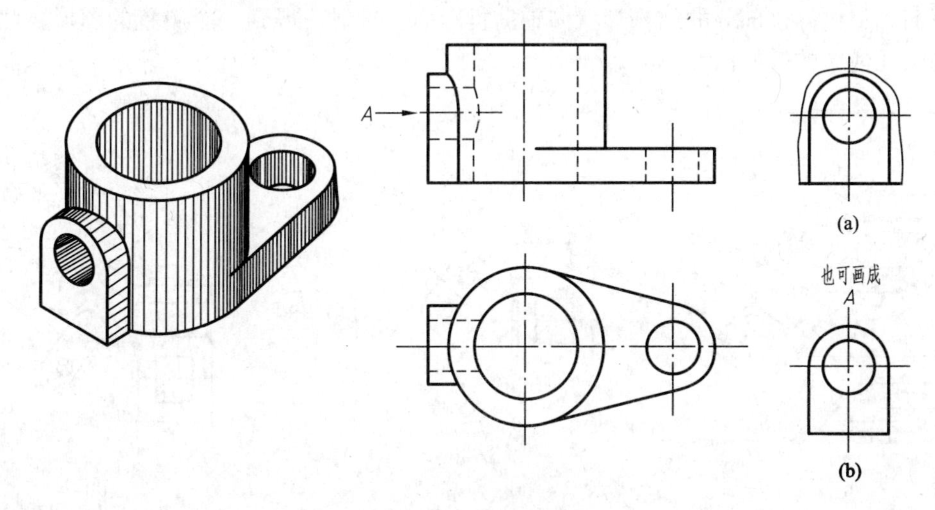

图6.5　局部视图

画局部视图时应注意以下几点。

(1) 局部视图要用带大写拉丁字母的箭头指明表达部位和投射方向，并在相应的局部视图上方注明“×”。

(2) 局部视图的范围应以波浪线表示如图6.5(a)所示，但当所表示的结构完整，且外形轮廓构成封闭图形，与整体的相对位置明确时，可不画波浪线，如图6.5(b)所示。

(3) 局部视图一般配置在箭头所指的方向，必要时也允许配置在其他适当位置。

(4) 局部视图按投影关系配置，中间又没有其他图形分隔时，可省略标注如图6.6(b)所示。

(5) 为了节省绘图时间和图幅，对称物体(或零件)的视图只画一半或四分之一，并在对称中心线的两端画出两条与其垂直的平行细实线，如图6.6所示。

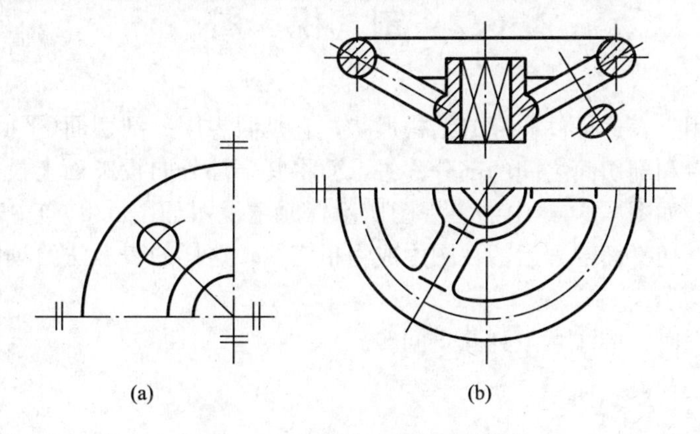

图6.6　对称物体局部视图的画法

4. 斜视图

将机件向不平行于基本投影面的平面投射而得到的视图称为斜视图，如图 6.7 所示。该机件上某一部分的结构形状是倾斜的(不平行于任何基本投影面)，无法在基本投影面上表达该部分的实形。此时，选择一个与机件倾斜部分平行，且垂直于一个基本投影面的辅助投影面，将机件该部分的结构形状向辅助投影面上投射，得到一个斜置的图形。此处使用了画法几何中的换面法。

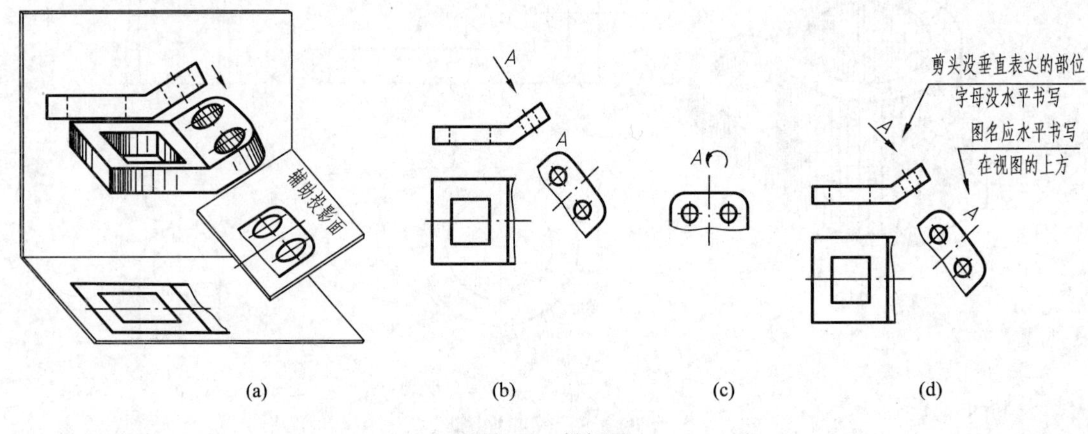

图 6.7　斜视图

斜视图一般按投影关系配置，也可按向视图的形式配置。不论斜视图如何配置，都要在图形上方中间位置处水平注写视图名称“×”(“×”为大写拉丁字母)，并在相应视图附近用箭头指明投射方向，并注上同样的字母，如图 6.7(b)所示。

被投射的机件倾斜结构与未被投射部分的断裂处一般用波浪线表示(也可用双折线、双点画线表示)。有时为使画图方便，也可将图形旋转某一角度后再画出，但在标注视图名称时，需加注旋转符号“⌒”或“⌒”，旋转符号是半径为字高的半圆弧，箭头指向要与实际图形旋转方向一致，且将箭头靠近字母，如图 6.7(c)所示。当需要标注出图形旋转角度大小时，可将角度注写在字母后面。

6.2　剖　视　图

剖视图主要用于表达机件内部的结构形状，它是假想用一剖切面(平面或曲面)剖开机件，将处在观察者和剖切面之间的部分移去，而将其余部分向投影面上投射，这样得到的图形称为剖视图。如图 6.8(d)中的主视图所示，原主视图如图 6.8(a)中表达内部结构形状的虚线，在被剖切平面剖开后的视图中成为粗实线，这样的表示法给读图和标注尺寸带来方便。

在绘制剖视图时，应注意下列几个问题。

1. 剖面区域

在剖视图中，剖切面与机件接触的部分称为剖面区域，如图 6.8(c)所示。国家标准规

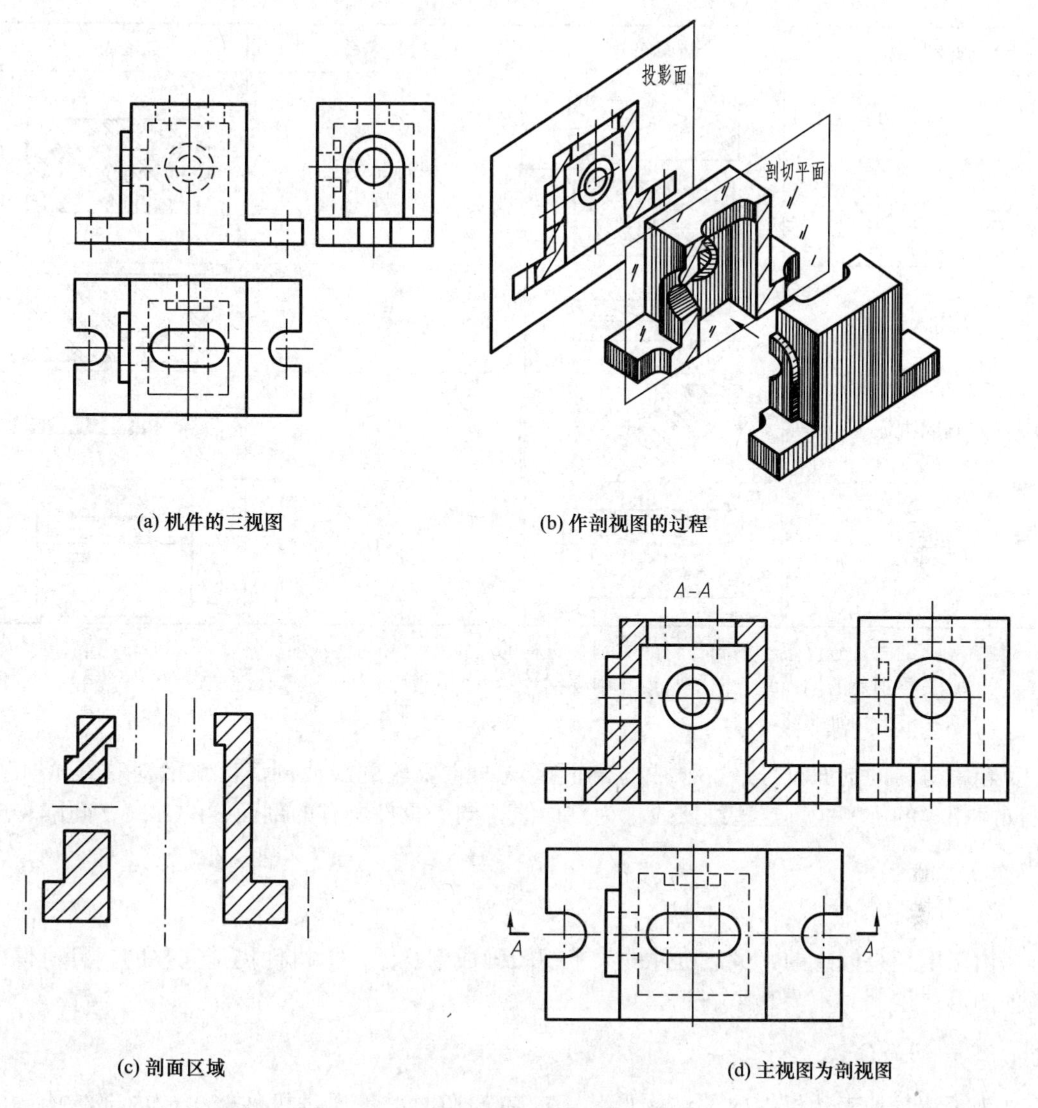

(a) 机件的三视图　　(b) 作剖视图的过程

(c) 剖面区域　　(d) 主视图为剖视图

图 6.8　剖视图

定，剖面区域内要画剖面符号。不同的材料采用不同的剖面符号，见表 6－1。

表 6－1　剖 面 符 号

材料名称	剖面符号	材料名称	剖面符号
金属材料		非金属材料	
线圈绕组元件		型砂、填砂、粉末冶金、砂轮、陶瓷刀片、硬质合金刀片等	
转子、电枢、变压器和电抗器等的叠钢片		玻璃及供观察用的其他透明材料	

（续）

材料名称		剖面符号	材料名称	剖面符号
木材	纵剖面		钢筋混凝土	
	横剖面			
木质胶合板			砖	
基础周围泥土			格网	
混凝土			液体	

注：(1) 剖面符号仅表示不同材料的类别，材料的名称和代号另行注明。
(2) 叠钢片的剖面线方向应与束装中叠钢片的方向一致。
(3) 液面用细实线绘制。

金属材料的剖面符号最好画成与剖面区域的主要轮廓线或剖面区域的对称线成45°，且间隔相等的细实线。这些细实线称为剖面线，同一机件所有的剖面线的方向、间隔均应相同。

2. 剖切假想性

由于剖切是假想的，虽然机件的某个视图画成剖视图，但机件仍是完整的，且机件的其他图形在绘制时不受其影响。

3. 剖切面位置

为了清楚地表达机件内部结构形状，应使剖切面尽量通过机件较多的内部结构(孔、槽等)的轴线、对称面等，并用剖切符号表示。

1) 剖切符号和剖视图名称

剖切符号由粗短画和箭头组成，粗短画(长约5～10 mm)表示出剖切位置，箭头(画在粗短画的外端，并与粗短画垂直)表示投射方向。在剖切符号附近还要注写相同的字母“×”(“×”为大写拉丁字母)，并在剖视图上方中间位置处使用相同的字母注写剖视图的名称“×-×”，如图6.8(d)所示。

6.2.1 画剖视图的方法和步骤

以图6.9(a)所示机件为例说明画剖视图的方法和步骤。

(1) 画出机件的视图，如图6.9(b)所示。

(2) 确定剖切平面的位置，画出剖面区域。选取通过两个孔的轴线的剖切平面，画出剖切平面与机件的交线，得到剖面区域，并在剖面区域内画出剖面符号，如图6.9(c)

所示。

(3) 画出剖切平面后的可见部分的投影，如图 6.9(d)所示(图中台阶面的投影和键槽的轮廓线容易漏画，应该引起注意)。

对于剖切平面后的不可见部分，如果在其他视图上已表达清楚，虚线应省略，对于需要此表达的不可见部分，仍可用虚线画出，如图 6.9(e)所示。

(4) 标注出剖切平面的位置、投射方向和剖视图的名称，按规定将图线描深，如图 6.9(e)所示。

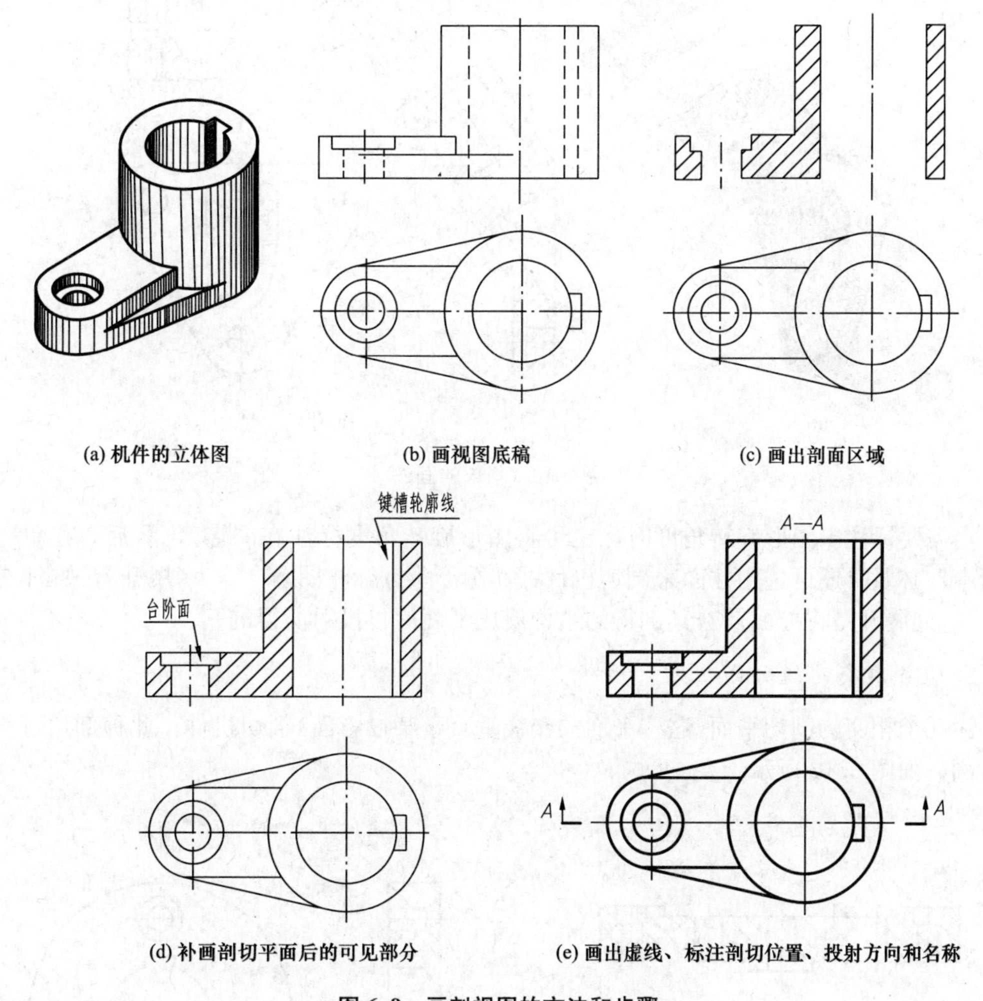

(a) 机件的立体图 (b) 画视图底稿 (c) 画出剖面区域

(d) 补画剖切平面后的可见部分 (e) 画出虚线、标注剖切位置、投射方向和名称

图 6.9 画剖视图的方法和步骤

6.2.2 剖切面种类

剖视图的剖切面有 3 种：单一剖切面、几个相交的剖切面和几个平行的剖切平面。

1. 单一剖切面

用一个剖切面剖切机件称为单一剖。图 6.8 和图 6.9 中的剖视图均为单一剖切平面剖得，此两图中的剖切平面均平行于某基本投影面。当机件上倾斜的内部结构形状需要表达时，可使用不平行于基本投影面的垂直平面作为剖切平面来剖切机件(此种剖切可称为斜剖)。如图 6.10 中 B－B 图。用这种平面剖得的图形是斜置的，但在图形上方中间位置处标注的图名“×-×”与斜视图类似，必须水平书写。为看图方便，应尽量将剖视图配置在符合投影关系的位置上，在不致引起误解的情况下，也可将图形旋转后画出，此时必须在图形上方中间位置处水平标注“⌒×-×”或“×-×⌒”，如图 6.10(c)所示。

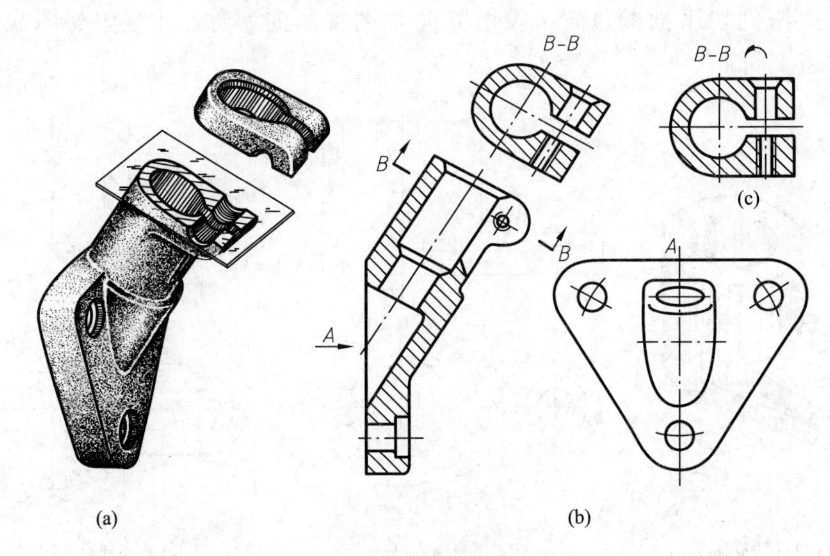

图 6.10　斜剖的画法

当需要标注出图形旋转角度时，也可将图形旋转角度标注在图名×-×后。在单一剖切面中，必要时还可选用柱面来剖切机件并在图形上方标注图名“×-×展开”，如图 6.11 所示(此处展开是将柱面及被其剖得的结构展成平面后再投射所得的)。

2. 几个相交的剖切面

用几个相交的剖切平面(这些平面的交线垂直于某投影面)剖切机件，此种剖切可称为旋转剖，如图 6.12 所示。

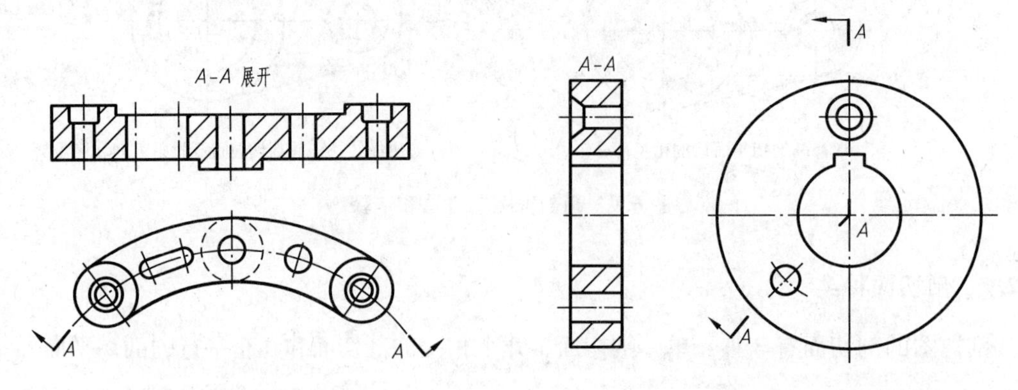

图 6.11　柱面剖切机件　　　　**图 6.12　两个相交平面剖切机件**

在视图中，机件使用单一剖切面不能同时剖切到机件内部需要表达的结构形状，而这个机件在整体上又具有回转轴线，因此可使用两个相交的平面将该机件剖开，用粗短画表示剖切平面的起、讫和相交位置，用过粗短画外端且和粗短画垂直的箭头表示投射方向，并在剖切面的起、讫和两平面相交处注上相同的字母(水平书写的大写拉丁字母，当相交处图线拥挤时，可省略字母)。该机件上半部分用正平面剖切，下半部分用侧垂面剖切，将侧垂面连同被剖开的结构一起旋转到与正立投影面平行，然后再投射，使剖视图既反映实形又便于画图。这几个相交的剖切面可以是平面，也可以是柱面。

图 6.13 所示 A－A 图中有 4 块肋板，由于剖切平面沿肋板的纵向剖切(剖切平面平行于肋板的主要平面)，为了突出表现肋板，规定该肋板被剖到的部分不画剖面符号，且用粗实线把肋板与其邻接部分分开。图中剖切平面后的结构仍按原来位置投射。

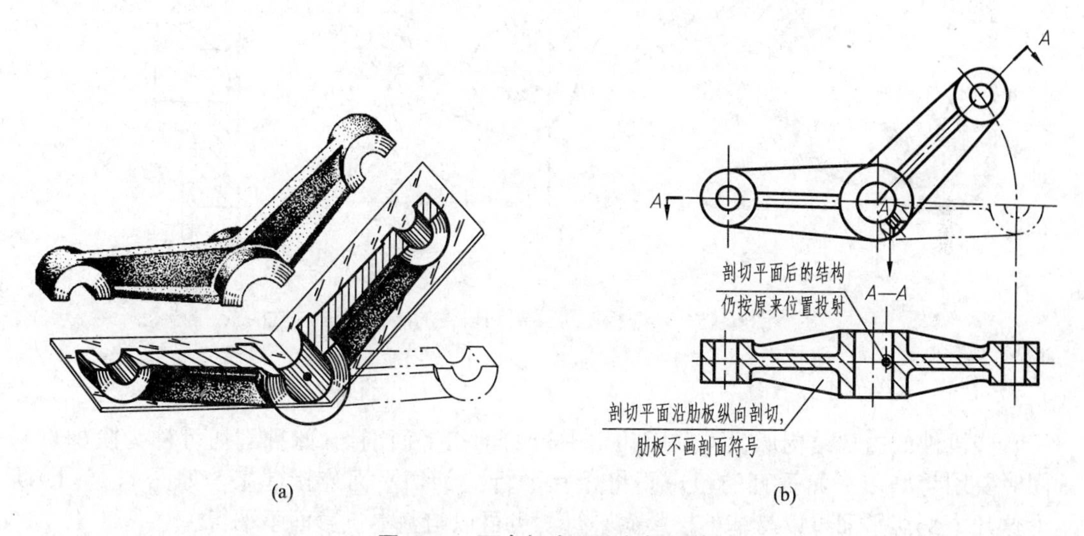

图 6.13　两个相交平面剖切机件

图 6.14 中剖出了不完整要素，画图时可按未剖到处理。图 6.15 给出 4 个相交剖切平面剖切机件的图例，由于三个剖切平面不与基本投影面平行。其剖视图采用了展开画法，在图形上方中间位置处注写“A－A 展开”(此处展开是将剖切平面中各正垂面及被它们剖得的结构都旋转至与侧立投影面平行后再投射所得的。展开前后，各轴线间的距离不变)。

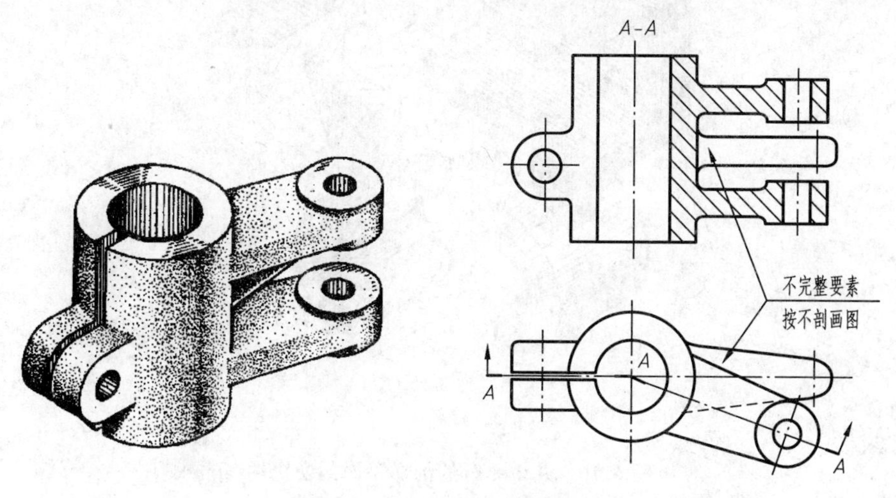

图 6.14　两个相交平面剖切机件

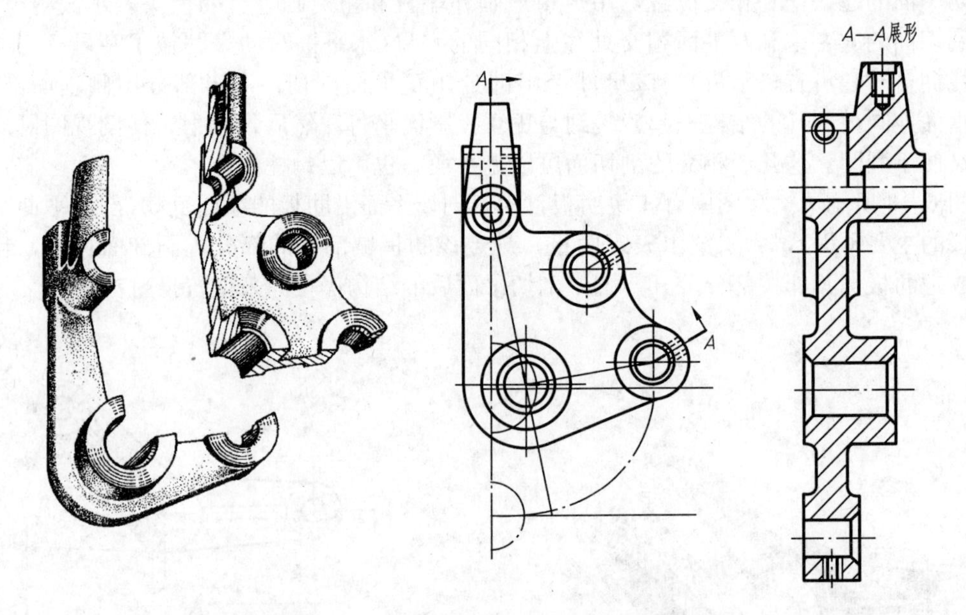

图 6.15　几个相交平面剖切机件的展开画法

3. 几个平行的剖切平面

有些机件的内部结构形状可采用几个平行的剖切平面剖切(此种剖切可称为阶梯剖)，画图时要用与剖切平面垂直的粗短画将相互平行的剖切平面连接起来，如图 6.16(b)所示。这几个剖切平面可以与基本投影面平行，也可以与基本投影面不平行。

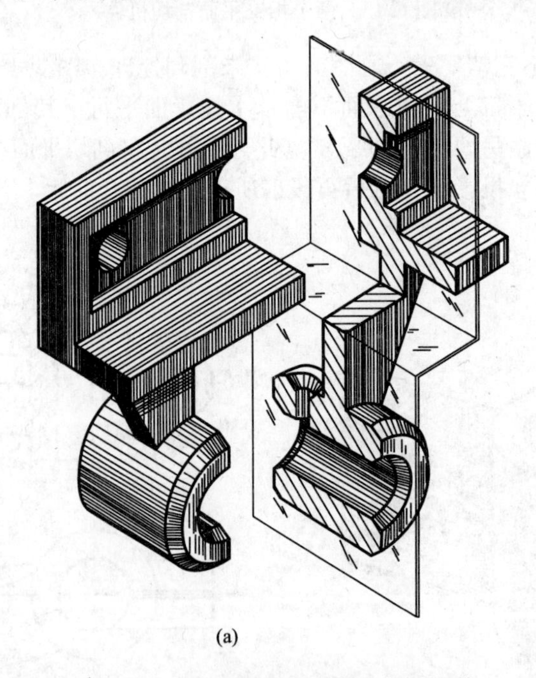

(a)

图 6.16　几个平行的剖切平面剖切机件

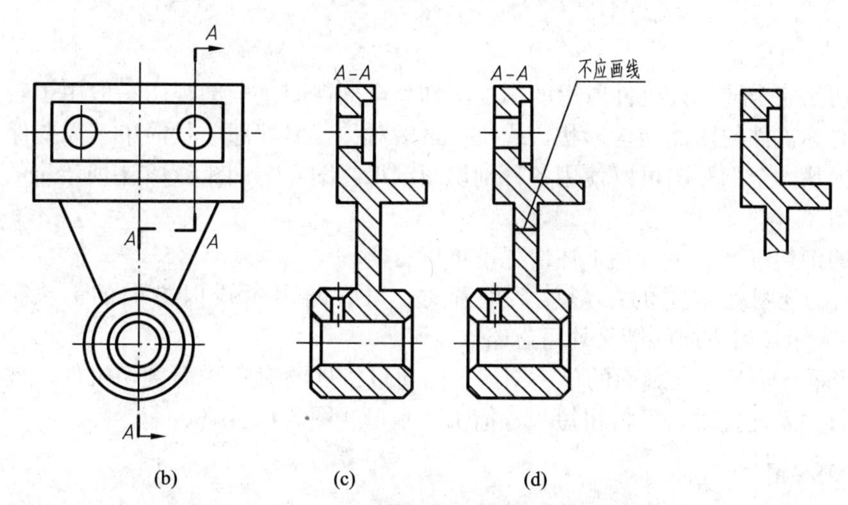

图 6.16　几个平行的剖切平面剖切机件(续)

相互平行的剖切平面的连接处的位置不应与图形中的粗实线(或虚线)重合。用这种方式剖得的剖视图标记与几个相交平面剖得的剖视图类同。

采用几个平行的剖切平面剖切机件时，各剖切平面剖切后所得剖视图是一个图形，不应在视图中画出各剖切平面连接处的界线，如图 6.16(c)所示。在剖视图中，一般不应出现不完整的孔、槽等要素，如图 6.16(d)所示。只有当两个要素在图形上具有公共对称线或轴线时，才可以各画一半，此时应以对称线或轴线为界，如图 6.17 所示。

上述各种剖切面可以单独使用，也可以几种剖切面组合起来使用(此种剖切可称为复合剖)，如图 6.18 所示。

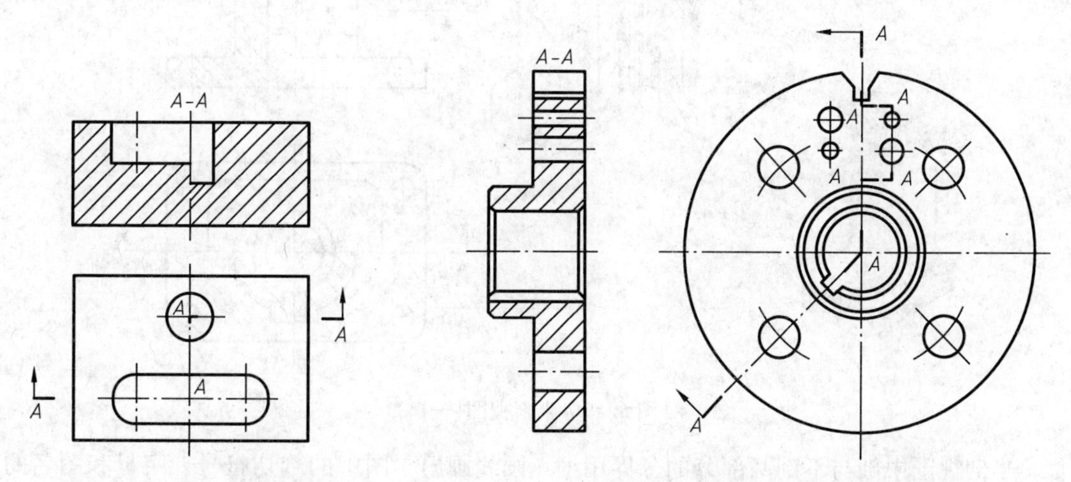

图 6.17　剖出不完整要素　　图 6.18　几种剖切面组合剖切机件

图中机件上部的结构使用了平行平面剖切，下部的结构使用了相交平面剖切。

6.2.3　剖视图的种类

运用上述各种剖切面，根据机件被剖开的范围可将剖视图分为 3 类：全剖视图、半剖视图和局部剖视图。

1. 全剖视图

用剖切面完全地剖开机件所得的剖视图称为全剖视图。全剖视图一般用于表达在投射方向上不对称机件的内部结构形状，或机件虽然对称，但外部形状简单不需要保留的机件外部结构形状。全剖视图可以使用各种剖切面剖得，图 6.8～图 6.18 中所给出的剖视图都是全剖视图。

图中的剖切符号和字母在下述情况下可以省略。

(1) 当剖视图按规定的投影关系配置时，可省略表示投射方向的箭头。图 6.8～图 6.18 中表示投射方向的箭头均可省略。

(2) 当平行于基本投影面的单一剖切平面通过机件的对称平面剖切机件，且剖视图按规定的投影关系配置时，可将粗短画、箭头、字母、图名均省略。

2. 半剖视图

当机件具有对称平面时，以对称平面为界，用剖切面剖开机件的一半所得的剖视图称为半剖视图。图 6.19 所示机件左右对称、前后也对称，因此主视图采用了剖切右半部分、俯视图采用了剖切前半部分表达。这样的表示方法既可表达机件的内部结构形状，又可兼顾表达机件的外部结构形状。由于未剖部分的内形已由剖开部分表达清楚，因此表达未剖部分内形的虚线就不应画出。

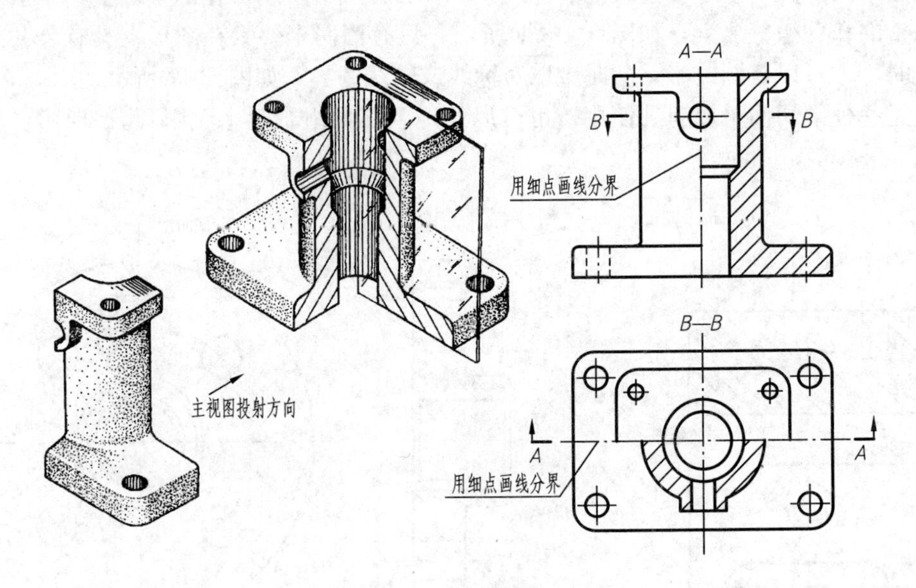

图 6.19　半剖视图(一)

半剖视图中剖与不剖两部分的分界用细点画线画出。图中的剖切符号、字母和图名的注写和省略原则与全剖视图一致。

当机件的结构形状接近于对称，且不对称的部分已在其他图形中表达清楚时，也可采用半剖视图，如图 6.20 所示。图中用两个平行平面剖切机件得到半剖视图，机件右侧的三角形肋板由于被剖切平面沿纵向剖切，所以不画剖面符号，并用粗实线作为肋板与其他部分的分界线。图 6.20 主视图中圆柱的转向线就是肋板与圆柱的分界。图 6.21 是用两个相交平面剖切机件得到的半剖视图。

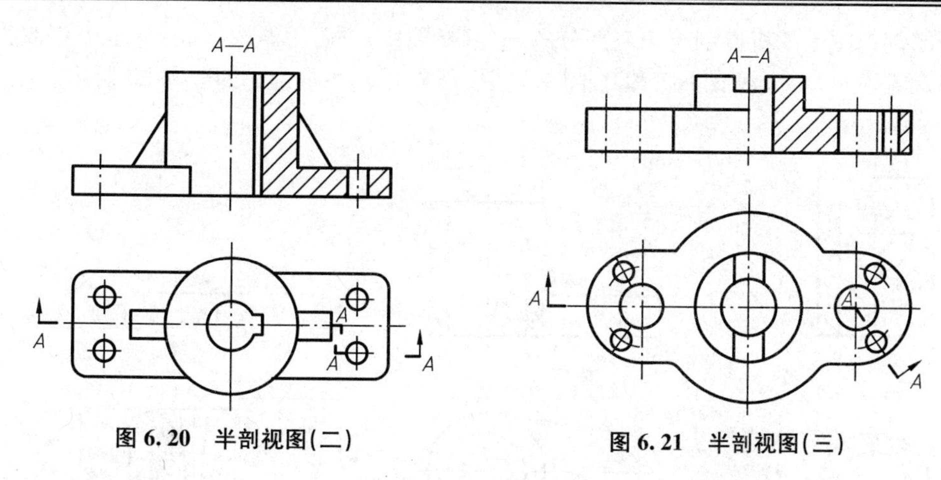

图 6.20　半剖视图(二)　　图 6.21　半剖视图(三)

3. 局部剖视图

用剖切面局部地剖开机件所得的剖视图称为局部剖视图。这种表示法一般用于表达机件局部的内部结构形状(图 6.22)，或用于不宜采用全、半剖视图表示的地方(如轴、连杆、螺钉等实心零件上的某些孔、槽等)。

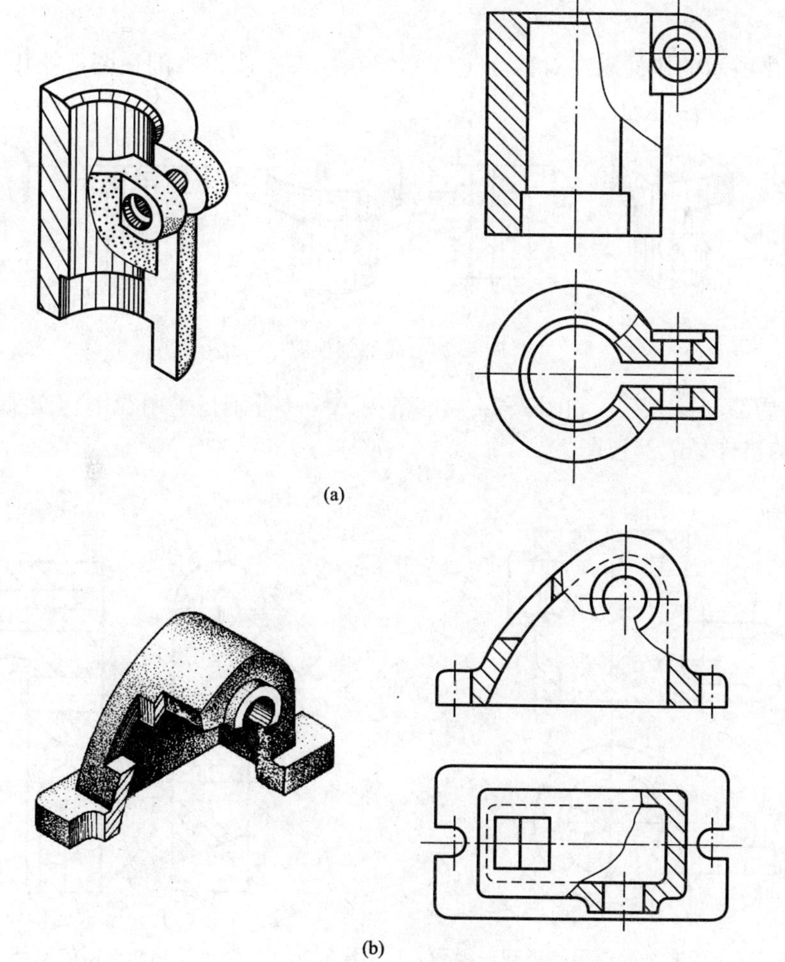

图 6.22　局部剖视图

局部剖视图中的机件剖与未剖部分的分界(断裂线)一般用波浪线表示(也可用双折线、双点画线等表示)，波浪线不应和其他图线或图线的延长线重合，如图 6.23 所示。

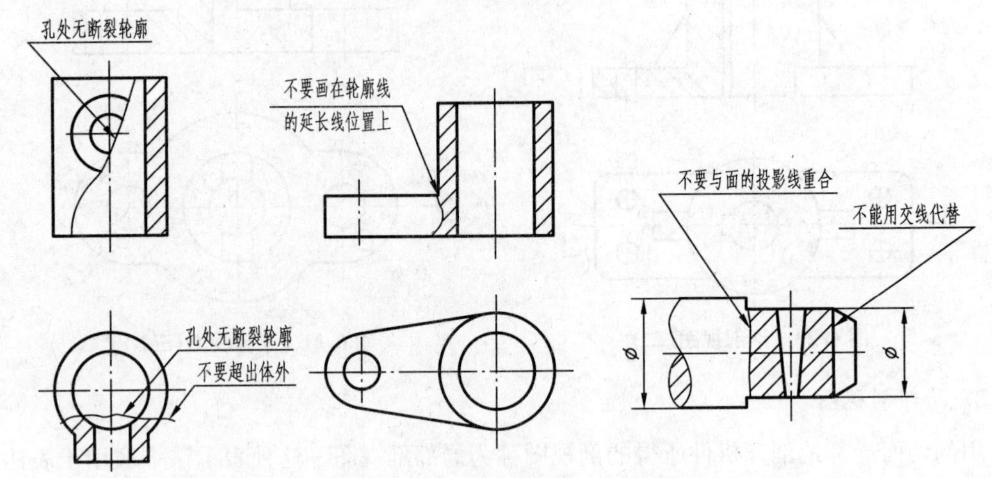

图 6.23　局部剖视图中波浪线的错误画法

在同一个视图中，使用局部剖这种表示法的次数不宜过多，否则会显得凌乱，以致影响图形清晰。

图 6.24 中所示的机件因在对称面上有粗实线，不能使用半剖视图，故用局部剖这种表示法。

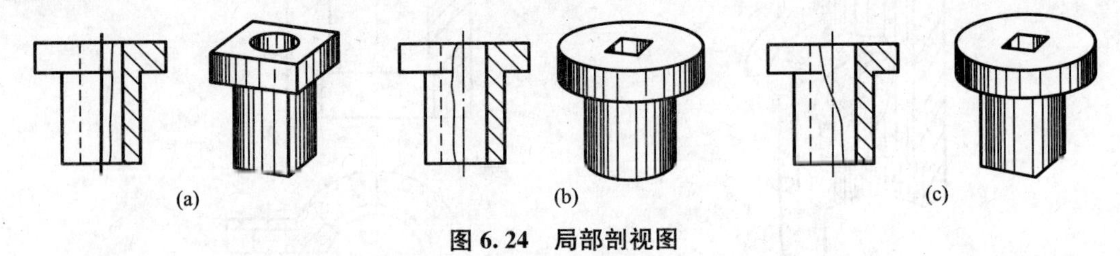

图 6.24　局部剖视图

图 6.25 局部剖视 A－A 和图 6.26 局部剖视 A－A 分别是采用几个相交平面和几个平行平面剖得的机件局部剖视图。

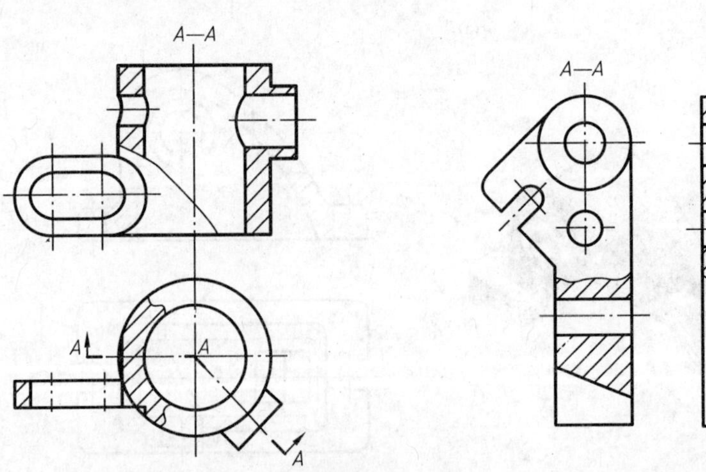

图 6.25　几个相交平面剖得的局部剖视图　　**图 6.26　几个平行平面剖得的局部剖视图**

当有些机件经过剖切后，仍有内部结构未表达清楚而又不宜采用其他方法时，允许采用简化画法，在剖面区域中再作一次局部剖(习惯上称为“剖中剖”)。当采用这种简化表示法时，两者的剖面线应同方向、同间隔，但要相互错开，如图 6.27 所示。

用平行于基本投影面的单一剖切平面剖得的局部剖视图一般不标注，也可与全剖视图一样标注，或如图 6.27 中 B－B 的方法标注。

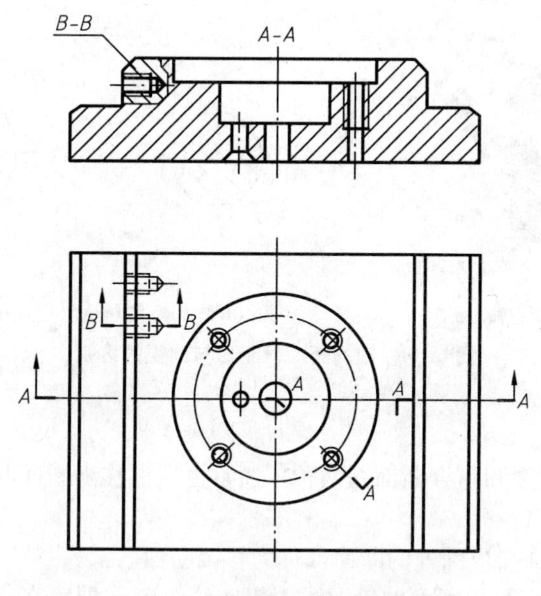

图 6.27　剖视图中再作局部剖视

6.3　断　面　图

1. 基本概念

假想用剖切面将物体的某处切断，仅画出该剖切面与物体接触部分的图形，这个图形称为断面图。通常在断面图上画出剖面符号，断面图常用来表示机件上某一局部的断面形状，如机件上的肋、轮辐，以及轴上的键槽和孔等。

图 6.28(a)、(b)是一根轴的轴测图和两视图。在图 6.28(b)的左视图中，画出了表示各段直径不相同的轴和键槽的投影，图形很不清楚。为了得到具有键槽的这段轴的断面的清晰形状，可如图 6.28(c)所示，假想在键槽处用一个垂直于轴的剖切平面将轴切断，画出它的断面图。在断面图上要画出剖面符号，如图 6.28(d)所示。若画剖视图，则如图 6.28(e)所示。

对比图 6.28(d)和(e)可知，断面图与剖视图的区别是：断面图只画出机件的断面形状，而剖视图则将机件处在观察者和剖切平面之间的部分移去后，除了断面形状以外，还要画出机件留下部分的投影。

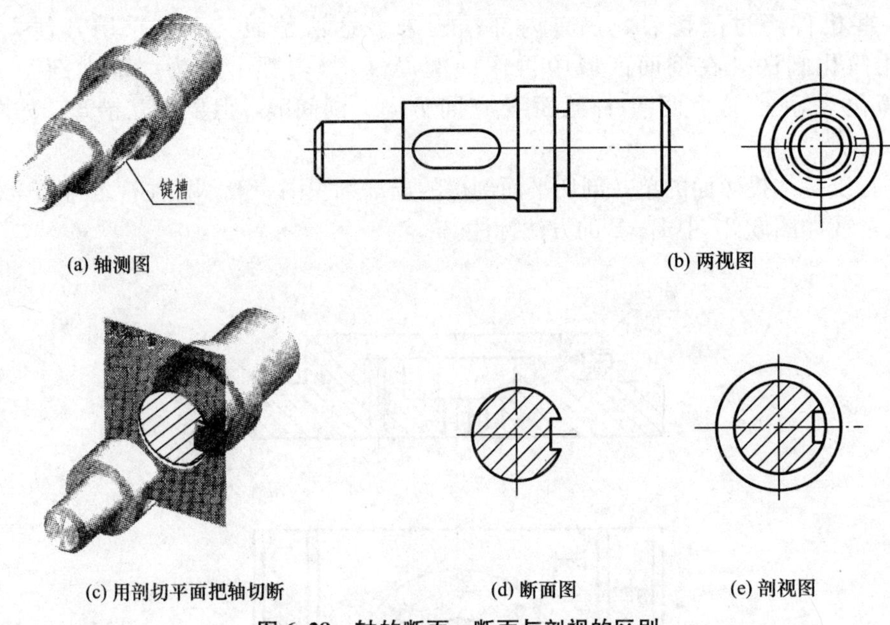

(a) 轴测图 (b) 两视图

(c) 用剖切平面把轴切断 (d) 断面图 (e) 剖视图

图 6.28 轴的断面，断面与剖视的区别

2. 断面图的种类

断面图分移出断面图和重合断面图两种，通常也简称移出断面和重合断面。

1）移出断面图

如图 6.29 所示，画在视图外的断面，称为移出断面。

如图 6.29(a)所示，移出断面的轮廓线用粗实线绘制，配置在剖切线的延长线上或其他适当位置。

断面图形对称时，也可如图 6.29(b)所示，画在视图的中断处。

必要时可将移出断面配置在其他适当的位置，如图 6.29(c)、(d)、(e)所示。在不致引起误解时，允许将图形旋转，如图 6.29(f)所示。移出断面在旋转后，加注旋转方向的符号，并使符号的箭头端靠近图名的拉丁字母。

如图 6.29(g)所示，由两个或多个相交平面剖切得出的移出断面，中间应断开。

如图 6.29(a)和(e)所示，当剖切平面通过回转面形成的孔或凹坑的轴线时，则这些结构应按剖视绘制。

如图 6.29(f)所示，当剖切平面通过非圆孔，会导致出现完全分开的两个断面时，则这些结构应按剖视绘制。

如图 6.29(c)和(f)所示，移出断面一般用粗短画表示剖切面的位置，用箭头表示投射方向，并注上字母“×”，在断面图上方应用同样的字母标出相应的名称×-×。如图 6.29(a)所示，配置在剖切线的延长线上的不对称移出断面可省略字母。如图 6.29(d)和(e)所示，不配置在剖切线的延长线上的对称移出断面，以及按投影关系配置的不对称移出断面，可省略箭头。如图 6.29(a)、(b)、(g)所示，配置在剖切线的延长线上的对称移出断面和配置在视图中断处的移出断面，都不必标注。

2）重合断面图

在不影响图形清晰条件下，断面也可按投影关系画在视图内。画在视图内的断面为重

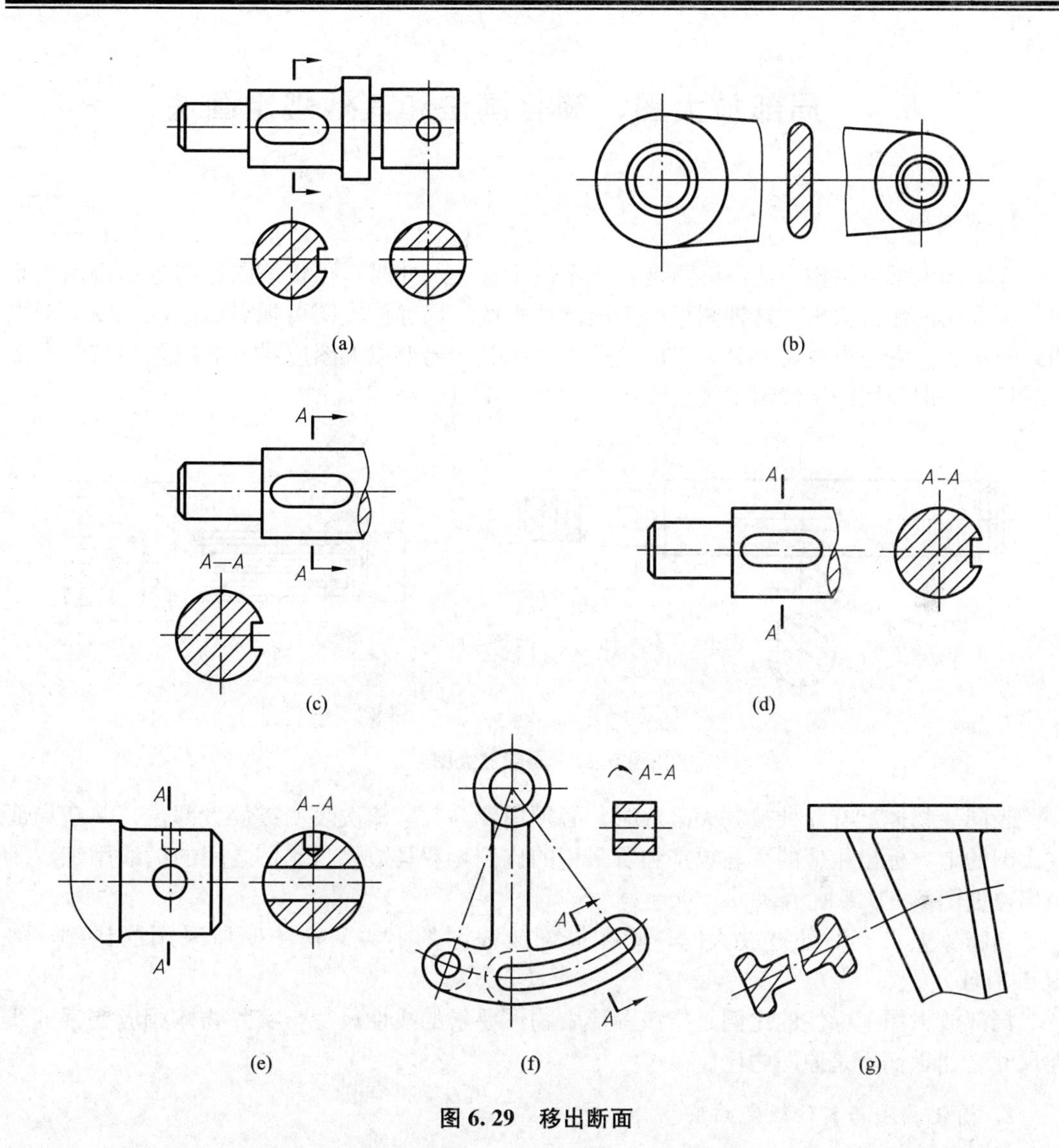

(a)　(b)　(c)　(d)　(e)　(f)　(g)

图 6.29　移出断面

合断面。重合断面的轮廓线用细实线绘制。当视图中的轮廓线与重合断面图形重叠时．视图中的轮廓线仍应连续画出，不可间断。

图 6.30(a)所示的支架的肋的断面图是对称的重合断面，不必标注。如图 6.30(b)所示，配置在角钢的剖切线上的不对称重合断面不必标注字母，只要在剖切符号处画出表示投射方向的箭头即可。

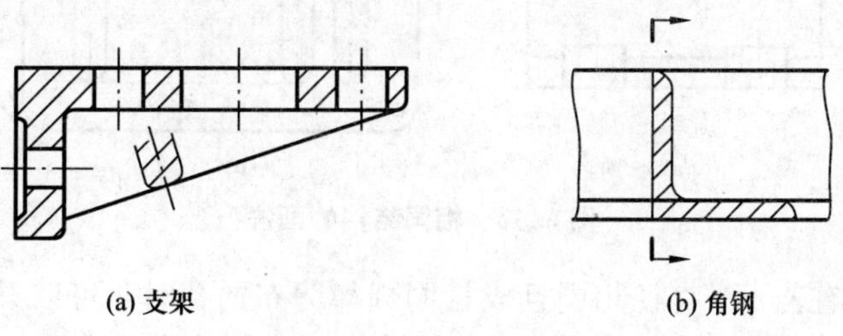
(a) 支架　(b) 角钢

图 6.30　重合断面

6.4　局部放大图、简化画法和其他规定画法

1. 局部放大图

当物体上部分结构表达不够清楚，或不便于标注尺寸时，可将该图这部分结构用大于原图所采用的比例画出，这种图形称为局部放大图。局部放大图可视需要画成视图、剖视图或断面图，它与被放大部分原来的表达方法无关。局部放大图应尽可能配置在被放大部分附近，一般要用细实线圈出被放大部位(图 6.31)。

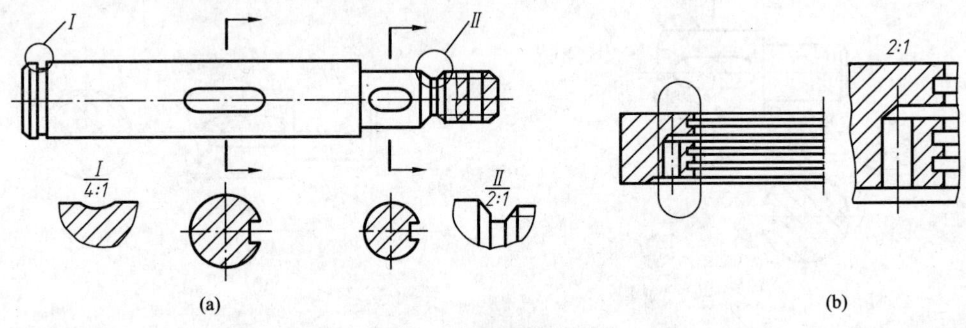

图 6.31　局部放大图

当同一物体上有几处被放大部分时，必须用罗马数字依次表明被放大部位，并在局部放大图的上方标出相应的罗马数字和所采用的比例，罗马数字与比例之间的横线用细实线画出，如图 6.31(a)所示。

当物体上只有一处被放大时，则在局部放大图的上方只需注明所采用的比例，如图 6.31(b)所示。

局部放大图上标注的比例是指该图形中物体要素的线性尺寸与实际物体相应要素的线性尺寸之比，而不是原图之比。

2. 简化画法与其他规定画法

(1) 当物体上具有若干相同结构(如齿、槽)，并按一定规律分布时，只需画出几个完整的结构，其余用细实线连接，但在零件图上必须注明该结构的总数，如图 6.32 所示。

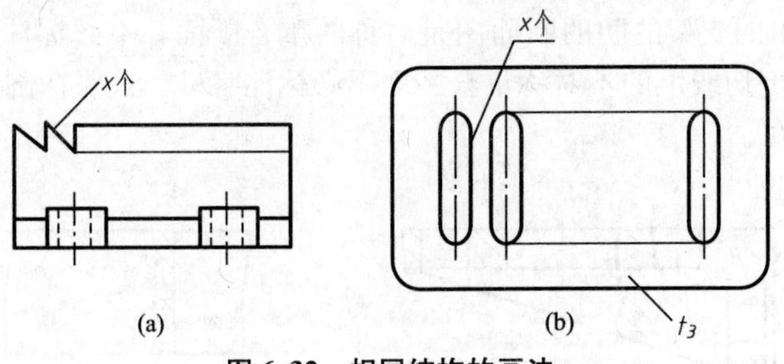

图 6.32　相同结构的画法

(2) 当物体上有若干个直径相同且成相同规律分布的孔时，可以只画出一个或几个，其余用细点画线表示其中心位置，在尺寸标注中注明孔的总数，如图 6.33 所示。

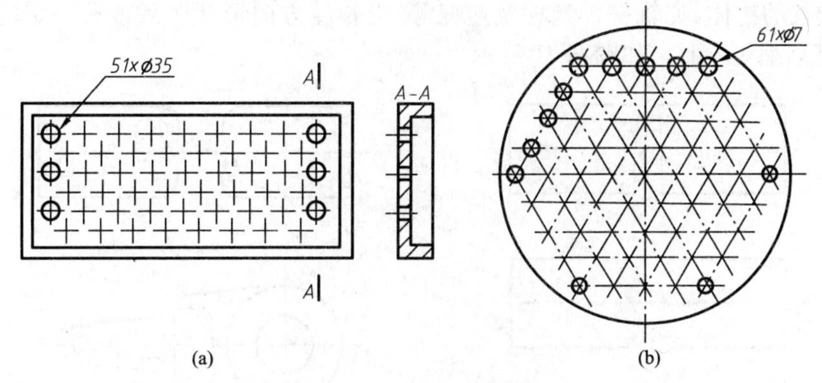

图 6.33　多孔结构的画法

(3) 对于物体上有的肋板、薄壁及轮辐等，当纵向剖切时，这些结构都不画剖切符号，而用粗实线将其与相邻部分分开。当物体回转体上均匀分布的肋板、轮辐和孔等结构不处于剖切平面时，可将这些结构旋转到剖切平面画出，如图 6.34 所示。

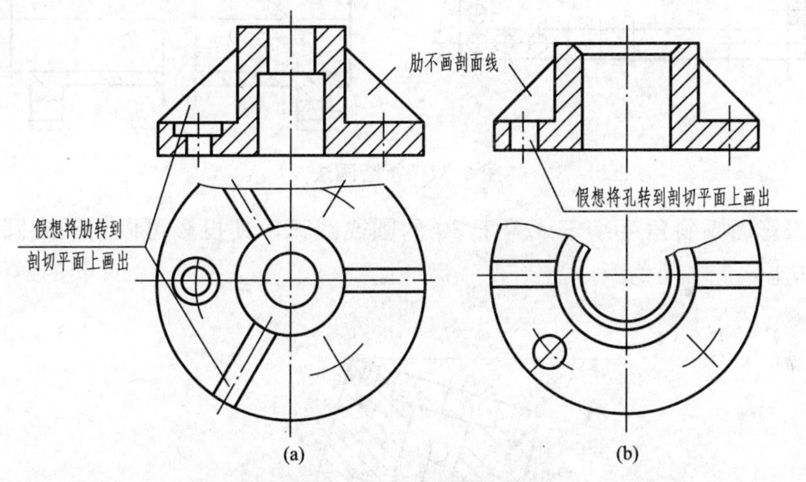

图 6.34　肋、孔的简化画法

(4) 圆柱形法兰盘和类似物体均匀分布的孔可按图 6.35 所示的画法表示。

(5) 移出断面图允许省略剖面符号，但剖切位置和断面图的标注必须遵照原规定，如图 6.36 所示。

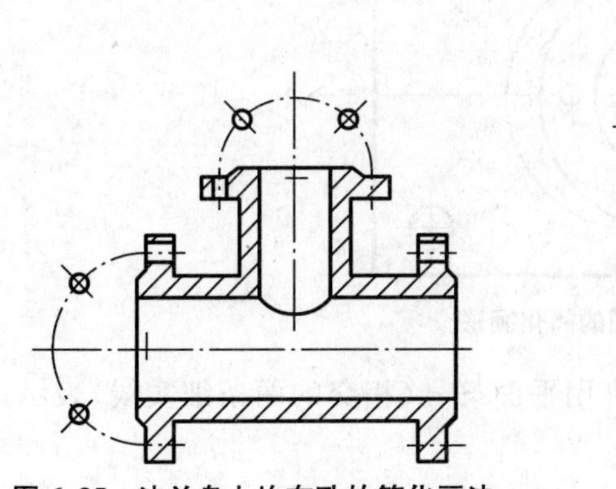

图 6.35　法兰盘上均布孔的简化画法

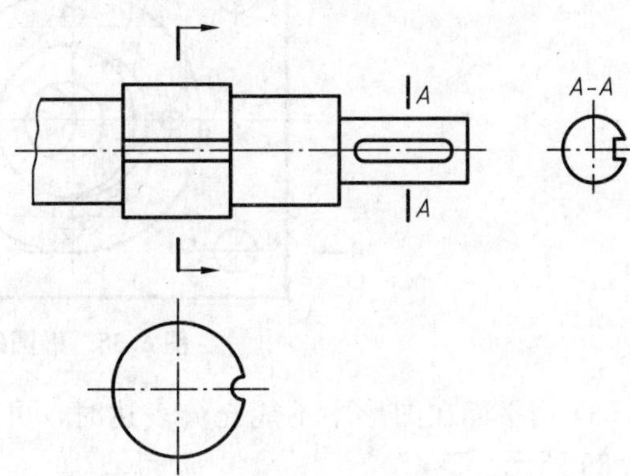

图 6.36　移出断面的简化画法

(6) 较长的物体(如轴杆、型材及连杆等)沿长度方向形状一致或按一定的规律变化时，可断开后缩短绘制，如图 6.37 所示。

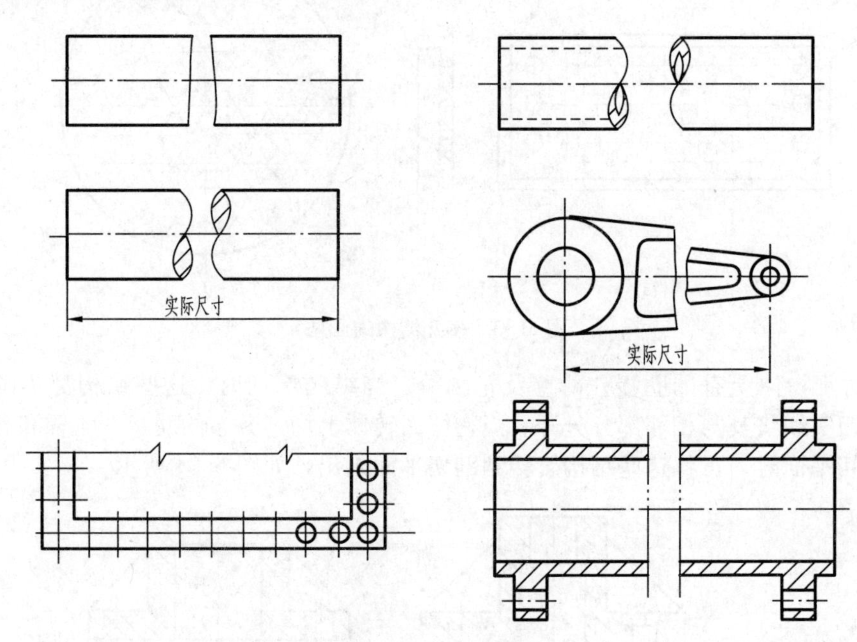

图 6.37　折断画法

(7) 与投影面倾斜角度小于或等于 30°的圆或圆弧，其投影可以用圆或圆弧来代替，如图 6.38 所示。

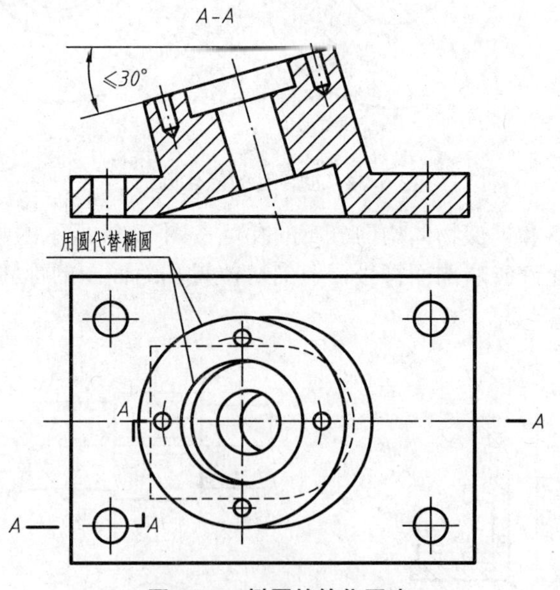

图 6.38　椭圆的简化画法

(8) 当平面在图形中不能充分表达时，可用平面符号(相交的两条细实线)表示，如图 6.39 所示。

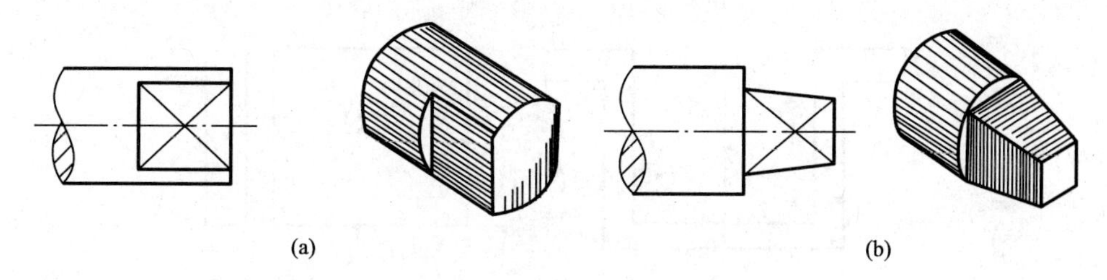

(a)　(b)

图 6.39　平面结构的简化画法

(9) 物体上对称结构的局部视图，如图 6.40 所示。

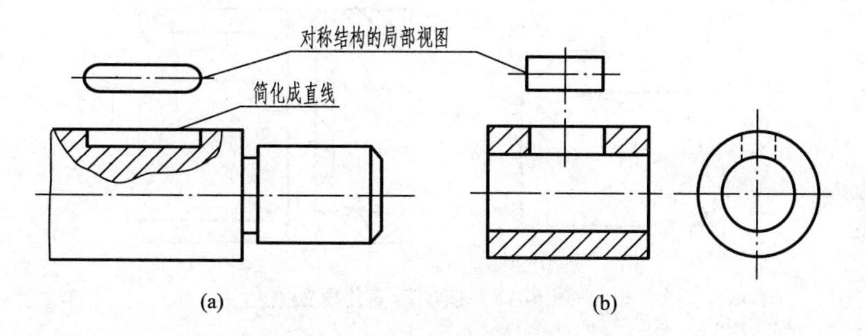

图 6.40　对称结构的局部视图

(10) 物体上一些较小的结构，如在一个图形中已表示清楚，则在其他图形中可以简化或省略，如图 6.41 所示。

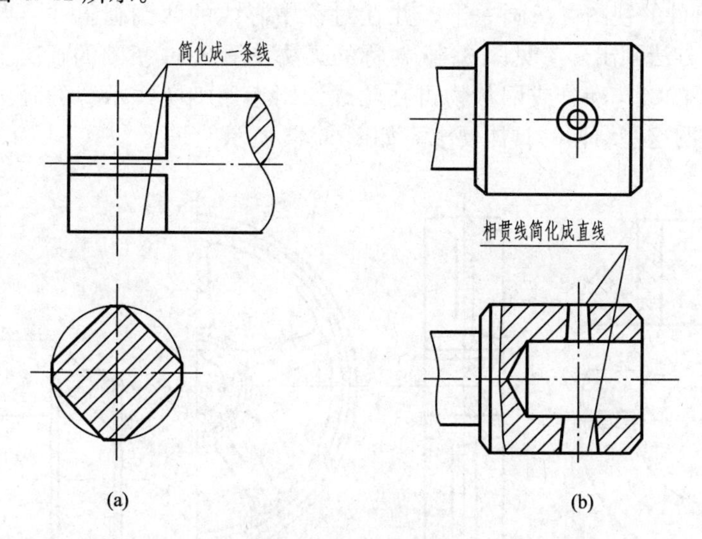

图 6.41　简化画法

(11) 在不致引起误解时，零件图中的小圆角、锐边的小倒圆角或 45°的小倒角允许省略不画，但必须注明尺寸或在技术要求中加以说明，如图 6.42 所示。

(12) 物体上斜度不大的结构，如在一个视图中已表达清楚，在其他视图上可按小端画出，如图 6.43 所示。

(13) 若剖切面过机件上的肋板、轮辐及壁板薄的对称平面时，这些结构都作不剖处

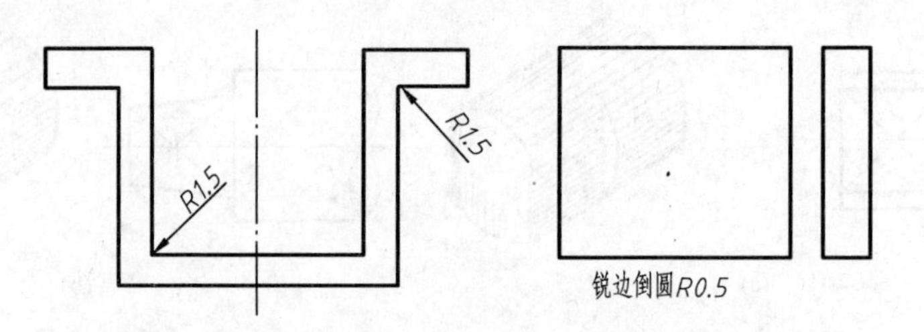

图 6.42　倒圆、倒角简化画法

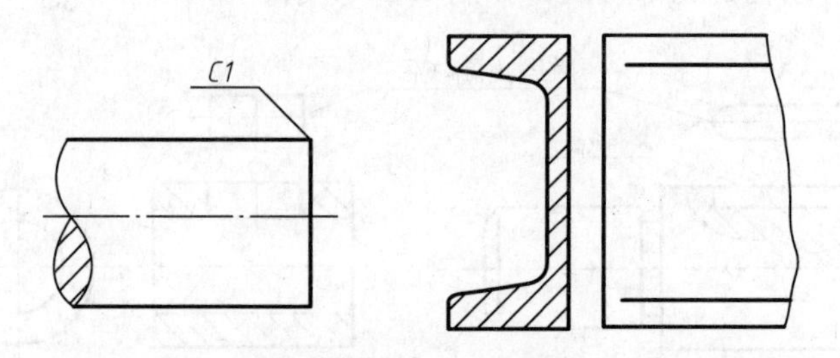

图 6.43　按小端简化画法

理。如图 6.44 所示机件上的肋板结构，在剖切平面过其对称面的剖视图中并不画剖面线，而是用粗实线将其与邻接部分分开。但当剖切面垂直于其对称平面时，则仍应画上剖面线。

(14) 对称机件的视图可只画一半，并在对称中心线的两端画出“＝”对称符号，或用波浪线折断的方法画出。参见图 6.45 对称的画法及图 6.44 折断的画法。

(15) 机件上的滚花部分或网状物可在轮廓线附近用细实线示意的画出，并在图形上或技术要求中注明这些结构的具体要求，如图 6.46 所示。

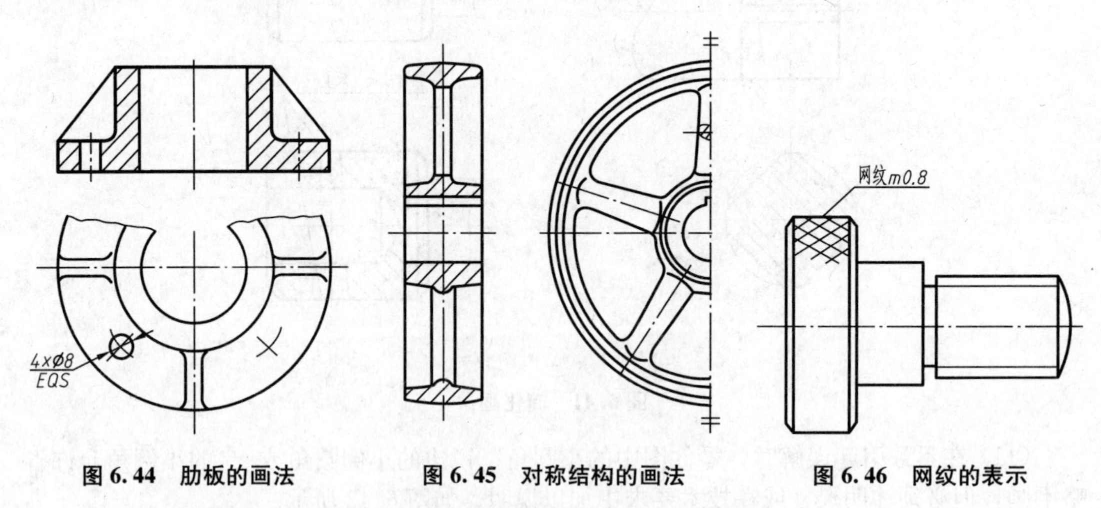

图 6.44　肋板的画法　　图 6.45　对称结构的画法　　图 6.46　网纹的表示

(16) 当机件较长且沿长度方向的形状一致，或按一定规律变化时，允许断开绘制，但必须注出原来实际的长度尺寸，如图 6.47 中的轴、连杆等的表示法。

(17) 必要时，允许在剖视图中再作一次简单的局部剖，且仍以波浪线分界。但两者的剖面线必须同方向、同间隔，但要相互错开，如图 6.48 中的 B－B 所示。

(18) 若需表示剖切面前的结构时，其轮廓可用双点画线按假想投影绘制，如图 6.49 所示。

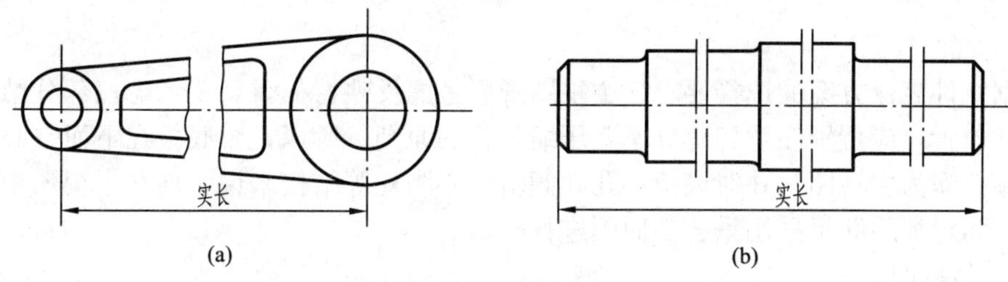

图 6.47　折断的画法

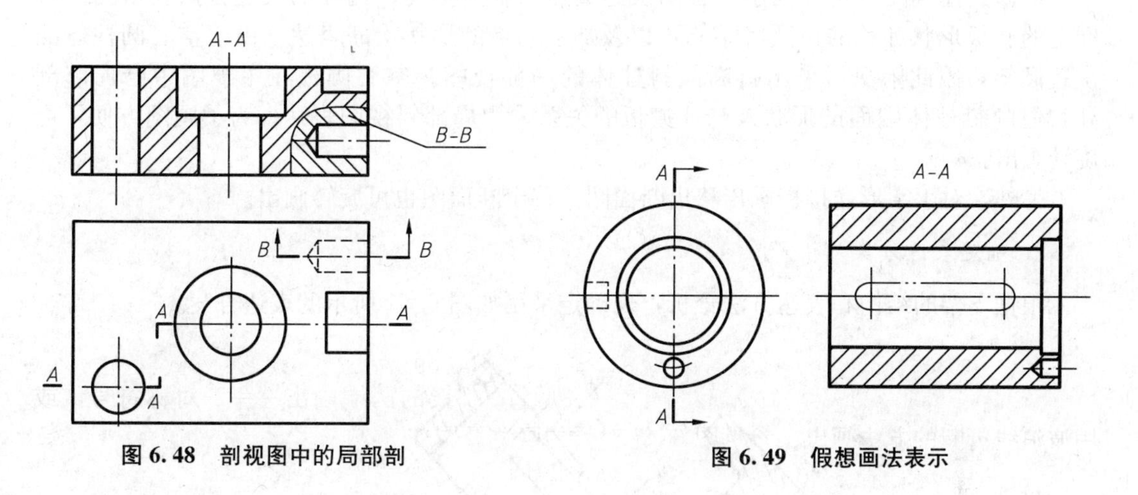

图 6.48　剖视图中的局部剖　　**图 6.49　假想画法表示**

6.5　综合应用举例

前面介绍了机件常用的各种表达方法。在绘制机械工程图样时，必须根据机件的结构形状及尺寸等情况，进行综合的分析和对比，确定适当的表达方案。

选择机件的表达方案时要达到以下两点要求。

(1) 主视图反映特征要突出，各视图表达重点要明确。

(2) 表达方法的选择要恰当，绘制与阅读图样要方便。

6.5.1　综合表达举例

图 6.50 所示为倾斜支架，现以其结构为例进行综合的表达分析。

1. 进行结构分析

支架有 3 部分主要结构：安装固定的底板部分，其基本形状为带有四孔的长方形安装板，且上面有一长形

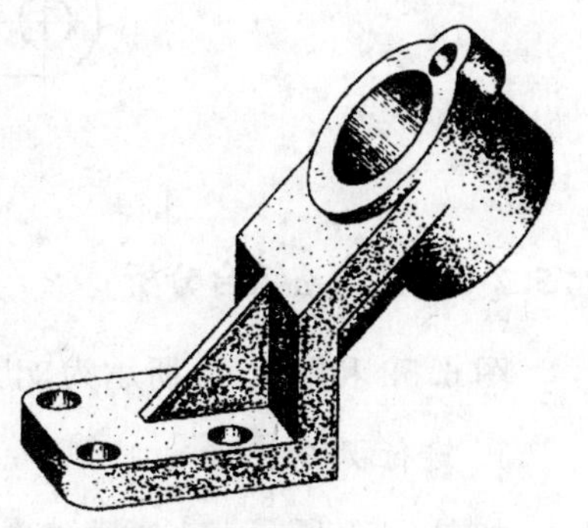

图 6.50　倾斜支架立体图

加强肋；顶部有支撑主体的倾斜空心圆柱结构，一般用来支撑轴杆类零件，圆柱端面有一小孔及矩形槽；机件中间为起连接作用的丁字形肋板。

2. 选择视图表达

1）主视图

根据机件表达方案的选择要求，主视图既要考虑反映特征，又要考虑三部分结构的关系及正常位置，应特别注意各部分不要压缩重叠的原则。所以，以底板在下而空心圆柱体向右侧倾斜作为主视图，并对底板小孔和倾斜空心圆柱等结构来说，均在主视图中采用局部剖视，而对加强肋板采用重合断面图进行表达。

2）其他视图

根据其他视图的选择要求，各图表达重点内容要明确，选择的表达方法要恰当。机件上的底板形状和孔的位置等结构，以及加强肋板的形状均需表达。由于空心圆柱体的位置倾斜，因此俯视图采用折断倾斜柱体的局部视图。空心圆柱在主视图中已局部剖开，但倾斜柱体端面的形状及与连接板的关系采用局部斜视图表达。为了画图方便，可旋转画出。

另外，对丁字形连接板画出移出断面图，移出断面图也可旋转画出。

3. 确定表达方案

根据支架的结构和表达方法分析，现确定采用如图 6.51 所示的表达方案。

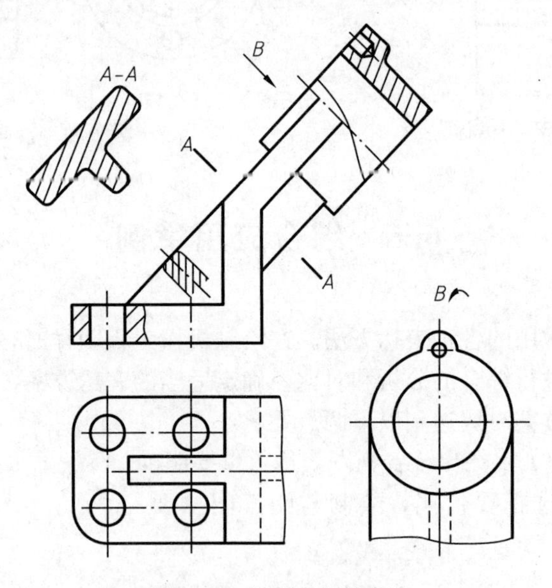

图 6.51　倾斜支架的表达

6.5.2　表达方法综合分析

图 6.52 和图 6.53 所示为支座的两个不同的表达方案，现以此进行综合分析。

1. 进行视图分析

如图 6.52 所示，支座表达由主视图、左视图、C 向视图、D 向局部视图、E 向局部视

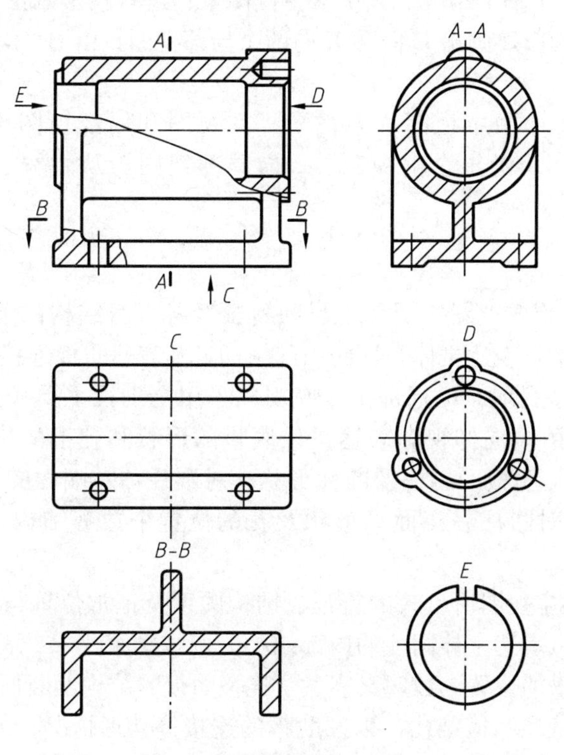

图 6.52　支座表达方案一

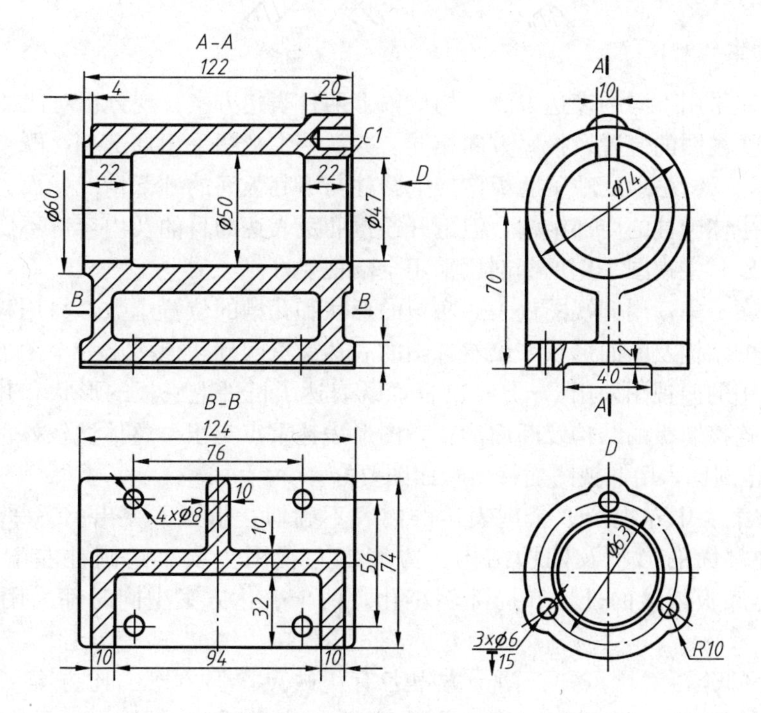

图 6.53　支座表达方案二

图和B-B移出剖面6个图形组成。其中从主视图下边进行投影画出C向仰视图，分别从主视图左右两边进行投影，画出D向和E向两个局部视图，由B-B位置剖切画出移出断面图。

而图6.53中的支座由主视图、俯视图、左视图和局部视图4个图形表达。其中俯视图由B-B位置剖切画出全剖视图，C向局部视图为从主视图右边进行投影画出来的。

2. 表达方法分析

图6.52所示机件的主视图主要考虑反映特征及各部分结构的关系与正常位置画出。主视图选择局部剖视重点表达主体圆柱的内部结构，及表达肋板连接上圆柱与下底板的外部形状，并对底板上小孔取小的局部剖。左视图采用全剖视主要表达底板与圆柱连接肋板的断面等情况。采用C向仰视图表达机件底板的形状和孔槽的位置个数；另用B-B移出断面图来表达连接肋板的结构及断面形状。对圆柱体左端面的形状及凹槽结构，采用D向局部剖视图；对圆柱右端面的形状及孔的位置个数等结构，用E向局部剖视图表达。

图6.53所示机件主视图所反映的特征、结构关系及正常位置与上图相同。主视图选择A-A全剖视，重点表达主体圆柱的内部结构。俯视图采用B-B全剖视，既表达了机件上底板的形状和孔槽的位置个数，又表达了连接肋板的结构及断面形状。左视图主要表达圆柱体左端面的形状及凹槽结构，以及肋板的连接等外形情况。为表达底板上四通孔，采取了小的局部剖视。对圆柱体右端面的形状及孔的位置个数等，采用C向局部视图来表达。

3. 表达方案的对比

通过对支座采用不同的表达方法，构成以上两种表达方案，现分析对比如下。

两方案中主视图的位置及投影方向相同。方案一主视图采用局部剖，既突出表达了圆柱的内部结构，又清楚地反映了肋板连接上圆柱与下底板间的外部情况；而方案二采用全剖，重点表达主体圆柱的内部结构，但剖开连接肋板表达的目的及内容都不明确，因此意义并不大。所以，主视图采用局部剖比采用全剖视要好。

在表达方案一中，用仰视图仅表达底板的形状和孔槽的位置个数，另用移出断面图来表达连接肋板的结构及断面形状，虽然各图的表达重点明确，但多出一个图形，整体性不好。而方案二中的俯视图采用B-B全剖视，既表达了机件上底板的形状和孔槽的位置个数，又表达了连接肋板的结构及断面形状，图形表达重点突出，整体性较好。所以，俯视图采用B-B全剖比采用仰视图加移出断面图要好。

另外，方案一中左视图取全剖表达的内容不确切，重点不突出；另采用了D向局部视图表达左端面的形状及凹槽结构。方案二左视图主要表达圆柱左端面的结构形状，及圆柱与底板连接的外形和局部剖小孔，两个表达方案中同时都采用了D向局部视图。

通过以上的分析对比可知，两个方案各有优缺点，但方案二比方案一好。若将方案二中的主视图改画成局部剖视图，突出表达相应的重点内容，则可构成最佳表达方案。

6.6 第三角画法简介

国家标准(GB/T 17451—1998)规定，技术图样应采用正投影法绘制，并优先采用第一角画法。国际标准(ISO)中规定，第一角画法和第三角画法在国际技术交流和贸易中都可采用。采用第一角画法的有中国、法国、俄罗斯、英国、德国等国家，采用第三角画法的有美国、日本、加拿大、澳大利亚等国家。

从投影体系来看，第一角画法和第三角画法都属于多面正投影，它们在投影方法上并没有什么本质区别，只是各个国家的习惯不同而已。

如图6.54所示，H、V两个投影面将空间分成4部分，分别称为第Ⅰ、Ⅱ、Ⅲ、Ⅳ分角。

第一角画法把物体放在第一分角，使物体处于人和相应的投影面之间，然后向各投影面作正投影，得到各个视图。

第三角画法把物体放在第三分角，使投影面处于人和物体之间(假设投影面是透明的)，然后向各投影面作正投影，得到各个视图。其6个基本投影面的展开方法如图6.55所示。

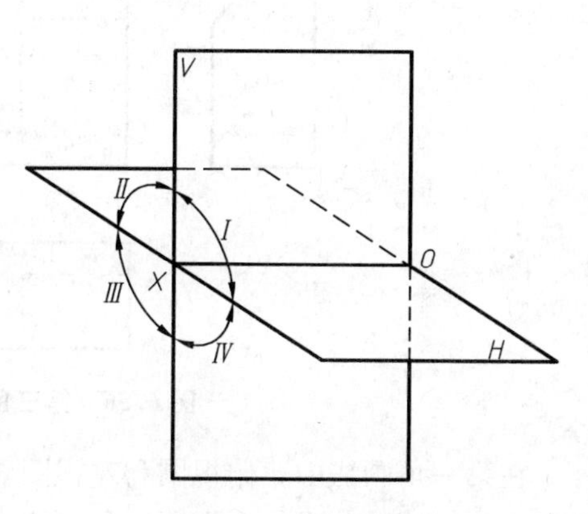

图6.54 4个分角

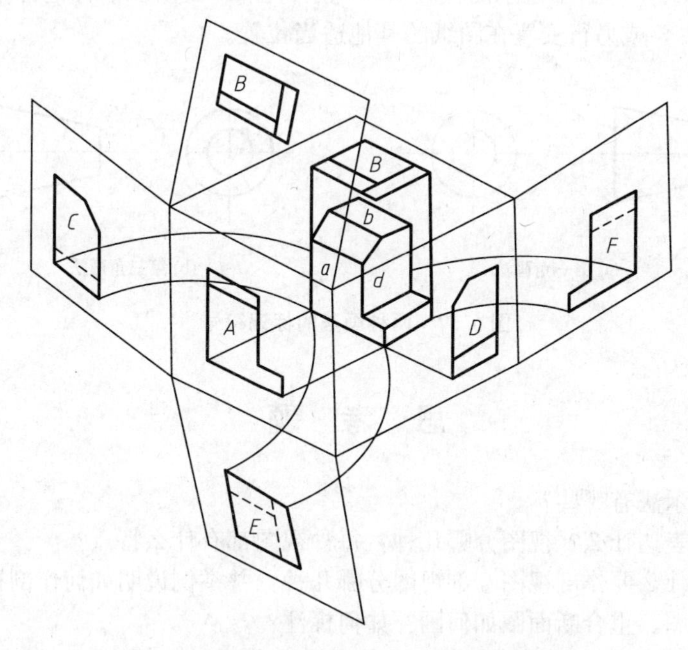

图6.55 第三角画法6个基本投影面的展开方法

无论是第一角画法还是第三角画法，都是多面正投影，其六个投射方向所获得的六个基本视图及其名称是相同的。比较两种画法可以看出：两种画法的基本区别是人、物体、投影面三者的相对位置不同，因此在投影面展开后，视图的配置不一样。在第一角画法中，俯视图在主视图的下方，左视图在主视图的右方；而在第三角画法中，俯视图在主视图的上方，右视图在主视图的右方，其视图配置如图 6.56 所示。

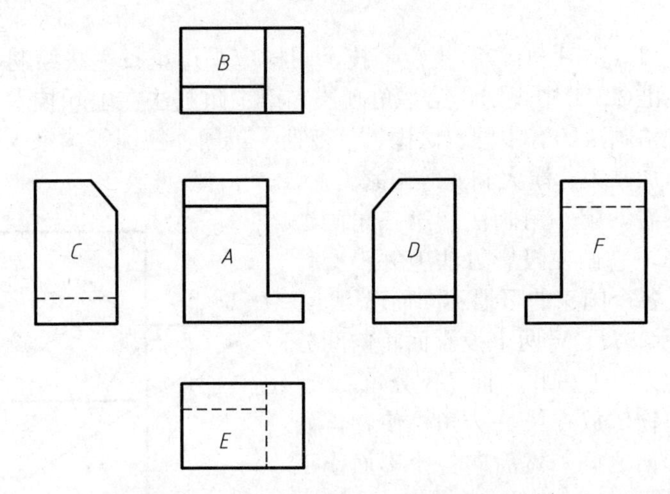

图 6.56　第三角画法 6 个基本视图的配置

在第一角画法中，俯视图和左视图靠近主视图的一侧表示物体的后面，远离主视图的一侧表示物体的前面。而在第三角画法中俯视图和右视图靠近主视图的一侧表示物体的前面，远离主视图的一侧表示物体的后面。

国际标准(ISO)中，为了区别两种画法，规定将图 6.57 所示的标记符号填写在图纸标题栏内适当的位置，或另行安置在图纸的其他适当位置。

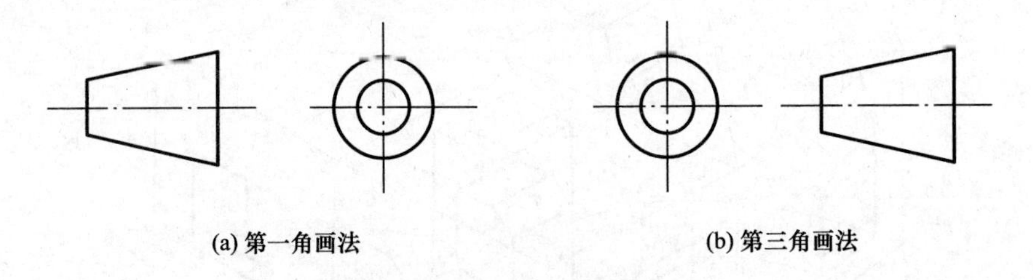

(a) 第一角画法　　　　(b) 第三角画法

图 6.57　两种画法的标记符号

思　考　题

1. 机件的表示法有哪些?
2. 视图主要表达什么? 视图分哪几种? 每种视图都有什么特点?
3. 试说明为什么要作剖视图? 剖视图分哪几种? 并举例说明如何作剖视图。
4. 移出断面图、重合断面图如何画? 如何标注?
5. 什么是局部放大图? 画图时要注意哪些问题?
6. 均布的肋、轮辐、孔等在什么情况下可自动旋转? 画图时应注意哪些问题?
7. 画肋、轮辐、薄壁时，应注意哪些问题?
8. 试指出图 6.58 中各图形的名称，并标注清楚。

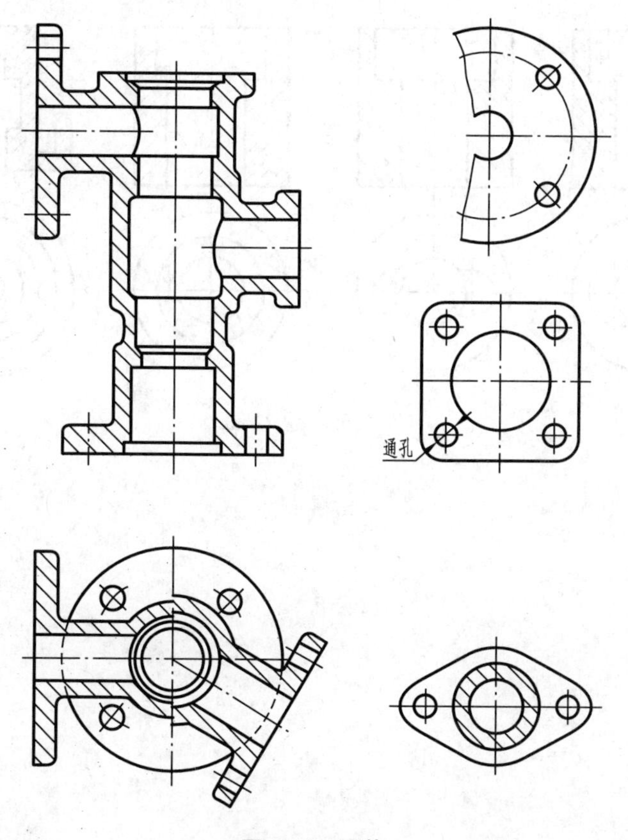

图 6.58　泵体

9. 基本视图总共有几个？它们是如何排列的？它们的名称是什么？在视图中如何处理虚线问题？当基本视图按规定配置时，在图纸上是否标注出视图的名称？

10. 除了基本视图外，按国标规定还可用哪几种视图表达机件？

11. 向视图、局部视图、斜视图在图中应如何配置和标注？

12. 局部视图与局部斜视图的断裂边界用什么表示？画波浪线时要注意些什么？什么情况下可省略波浪线？

13. 剖视图与断面图有何区别？

14. 剖视图有哪几种？要得到这些剖视图，按国标规定有哪几种剖切方法？

15. 在剖视图中，剖切面后的虚线应如何处理？某些表达内部结构的图线在剖切之后变得可见了，应不应该画出？

16. 在剖视图中，应在何处画出剖面符号？剖面符号的画法有什么规定？

17. 剖视图应如何进行标注？什么情况下可省略标注？

18. 剖切平面纵向通过机件的肋、轮辐及薄壁时，这些结构该如何画出？

19. 半剖视图中，外形视图和剖视图之间的分界线为何种图线？能否画成粗实线？

20. 用旋转剖画剖视图时，应注意什么？

21. 用阶梯剖画剖视图时，应注意什么？何谓“不完整要素”？在什么情况下，方可在图中出现“不完整要素”？此时应怎样画？

22. 改正图 6.59 所示剖视图中的错误，将缺的线补上，多余的线上打“×”。

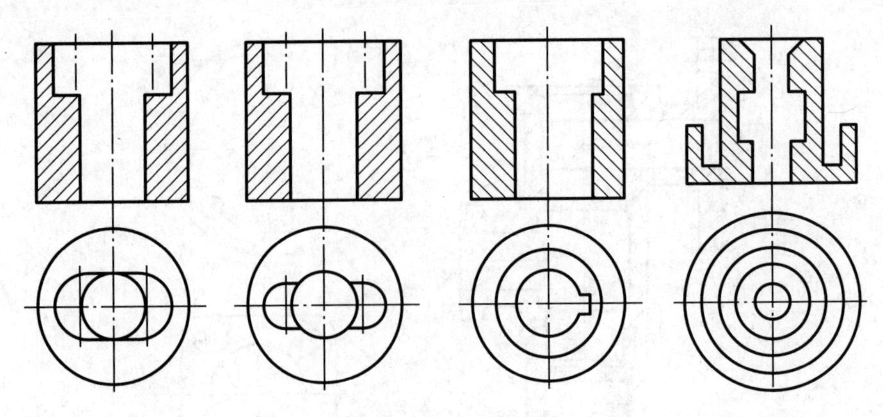

图 6.59　题 22 图

第7章 标准件和常用件

7.1 螺纹的规定画法和标注

7.1.1 螺纹的形成

螺纹是零件上最常见的标准结构，在螺钉、螺栓、螺母和丝杠上起链接或传动的作用。

1. 螺纹的形成

如图 7.1(a)所示，当动点 A 沿圆柱面的母线作等速直线运动，而母线又同时绕圆柱

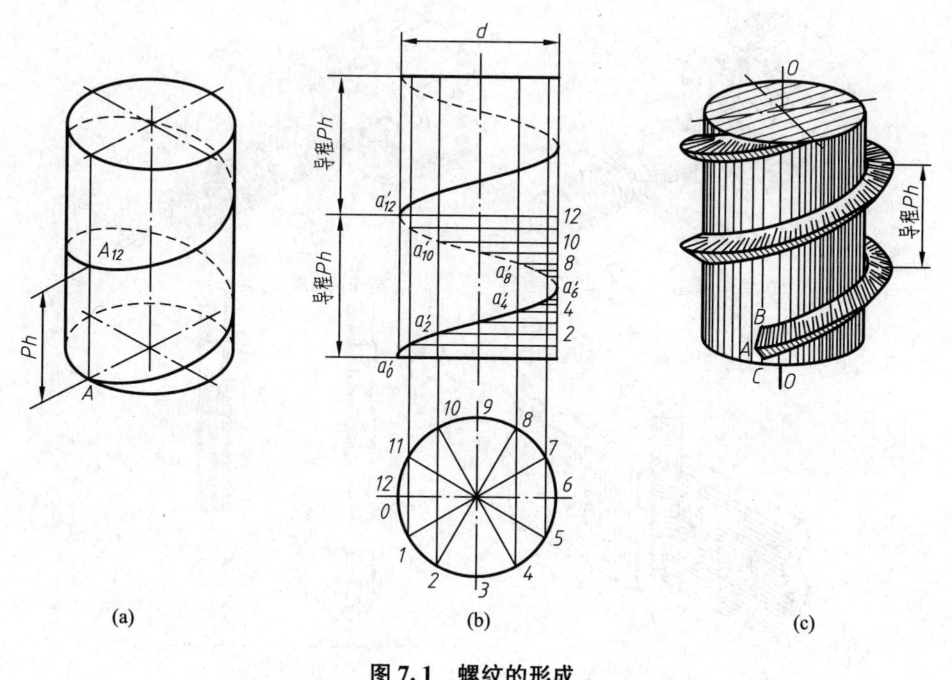

(a) (b) (c)

图 7.1 螺纹的形成

轴线作等速旋转运动时，动点 A 的运动轨迹称为圆柱螺旋线。当母线旋转一周时，动点 A 沿轴向移动的距离 Ph 称为螺旋线的导程。图 7.1(b)为螺旋线的画法。若将动点 A 换成一个与轴线共面的平面图形(如三角形、梯形等)，便形成相应的螺纹(三角形螺纹、梯形螺纹等)，如图 7.1(c)所示。

螺纹是在圆柱、圆锥等回转面上沿着螺旋线所形成的，具有相同轴向断面的连续凸起和沟槽。在圆柱、圆锥等外表面上形成的螺纹称为外螺纹；在圆柱、圆锥孔内表面上形成的螺纹称为内螺纹，如图 7.2 所示。

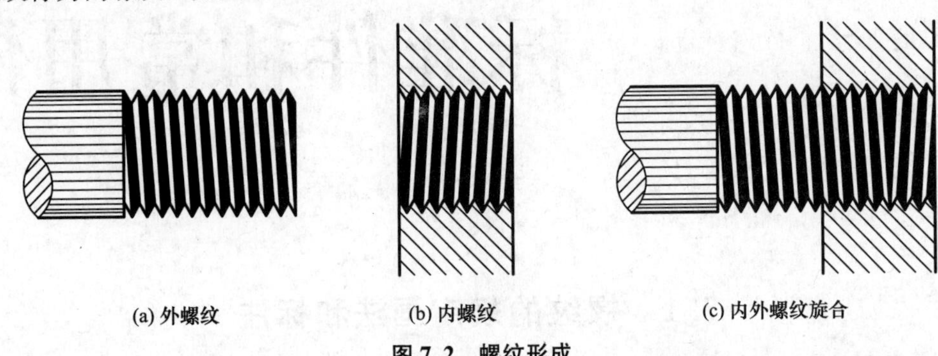

(a) 外螺纹　(b) 内螺纹　(c) 内外螺纹旋合

图 7.2　螺纹形成

螺纹的表面分为凸起和沟槽两部分。凸起部分的顶端称为牙顶，沟槽部分的底部称为牙底。通常在螺纹的起始处作出圆锥形的倒角或球面形的倒圆，以防止螺纹端部损坏并且便于装配。

2. 螺纹的加工

加工螺纹的方法很多，可以采用车削、碾压以及丝锥、板牙等工具手工加工内外螺纹。图 7.3(a)、(b)分别表示在车床上车削外螺纹和内螺纹的情况，当车削刀具快到达螺

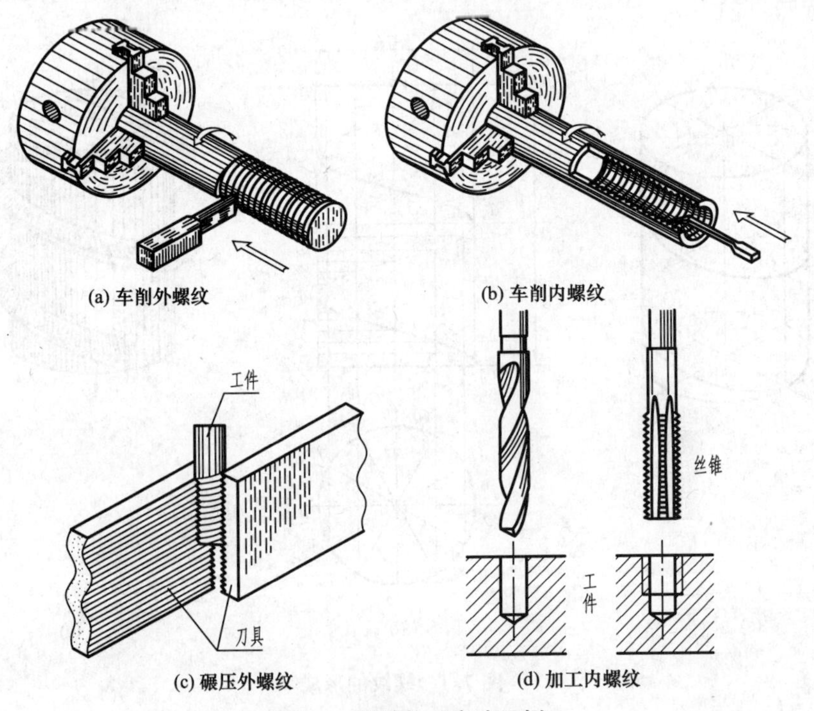

(a) 车削外螺纹　(b) 车削内螺纹

(c) 碾压外螺纹　(d) 加工内螺纹

图 7.3　螺纹加工方法示例

纹终止处时，要逐渐离开工件，所以在螺纹终止处附近的牙型将逐渐变浅，形成不完整的螺纹牙形，这段螺纹称为螺尾。为避免螺尾的出现，可以在螺纹终止处先车削出一个槽，以便于刀具退出，这个槽称为螺纹退刀槽。还可用碾压的方法加工螺纹，图 7.3(c)所示为碾压外螺纹。当加工直径较小的螺孔时，先用钻头钻出光孔，再用丝锥攻螺纹，如图 7.3(d)所示。由于钻头的钻尖顶角接近 120°，所以不穿通孔的锥顶角画成 120°。

7.1.2 螺纹的要素

螺纹由下列五要素确定。

1. 螺纹的牙形

在通过螺纹轴线的剖面上，螺纹的轮廓形状称为螺纹牙形。常见的螺纹牙形有三角形、梯形、矩形和锯齿形等。

2. 螺纹直径

螺纹直径分为大径、小径和中径，如图 7.4 所示。

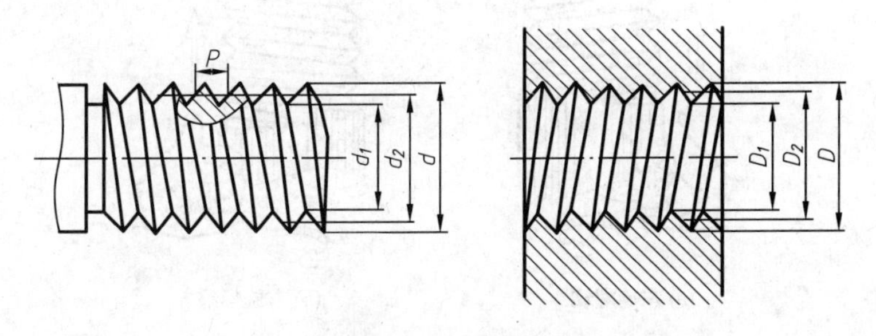

图 7.4 螺纹直径

(1) 大径 d、D：过外螺纹牙顶或内螺纹牙底的假想圆柱面的直径(即螺纹的最大直径)。外螺纹和内螺纹的大径分别用 d、D 表示。表示螺纹时，采用公称直径(即螺纹尺寸的直径)。普通螺纹的公称直径就是大径。

(2) 小径 d_1、D_1：过外螺纹牙底或内螺纹牙顶的假想圆柱面的直径称为小径。外螺纹和内螺纹的小径分别用 d_1、D_1 表示。

内螺纹的小径 D_1 和外螺纹的大径 d 统称为顶径。内螺纹的大径 D 和外螺纹的小径 d_1 统称为底径。

(3) 中径 d_2、D_2：过螺纹的牙宽和槽宽相等处的圆柱面直径称为螺纹的中径。外螺纹和内螺纹的中径分别用 d_2、D_2 表示。中径介于大径和小径之间。

3. 螺纹的线数 n

螺纹有单线和多线之分。沿一条螺旋线形成的螺纹称为单线螺纹；沿轴向等距分布的两条或两条以上的螺旋线所形成的螺纹称为多线螺纹。螺纹的线数用 n 表示。

4. 螺距 P 和导程 Ph

(1) 螺距(P)：螺纹相邻两牙在中径线上对应两点间的轴向距离。

(2) 导程(Ph)：同一螺旋线上相邻两牙在中径线上对应两点间的轴向距离。导程与螺距的关系式为 $Ph=nP$，显然，单线螺纹的导程等于螺距，即 $Ph=P$，如图 7.5 所示。

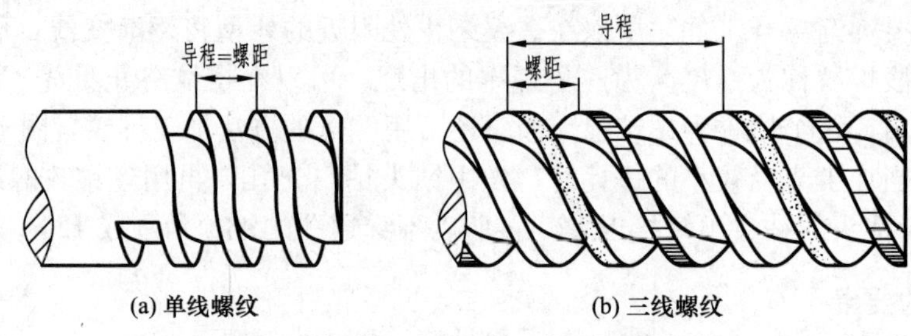

(a) 单线螺纹　　(b) 三线螺纹

图 7.5　螺纹的线数、螺距和导程

5. 旋向

螺纹的旋向分左旋和右旋两种。如图 7.6 所示，逆时针旋转时旋入的螺纹，称为左旋螺纹；顺时针旋转时旋入的螺纹，称为右旋螺纹。工程上绝大部分为右旋螺纹。

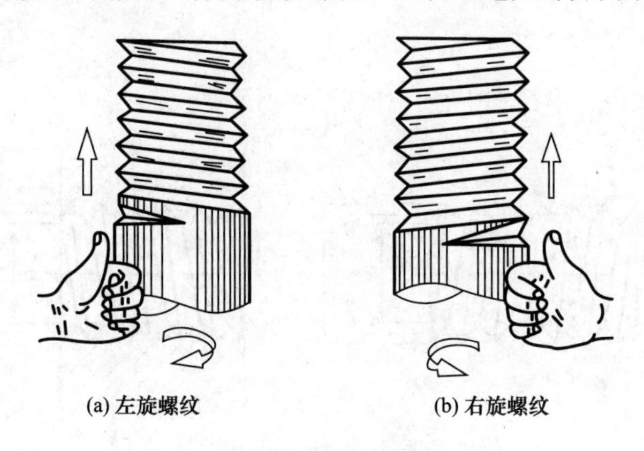

(a) 左旋螺纹　　(b) 右旋螺纹

图 7.6　螺纹的旋向

内、外螺纹配合使用时，以上 5 个要素要完全相同才能旋合，从而实现零件间的连接或传动。在螺纹的诸要素中，螺纹牙形、大径和螺距是决定螺纹的最基本要素，称为螺纹的三要素。为了便于设计计算和加工制造，国家标准对螺纹的三要素规定了标准值，凡是这 3 个要素都符合标准的称为标准螺纹。螺纹牙形符合标准，大径或螺距不符合标准的称为特殊螺纹。对于螺纹牙形不符合标准的，如方牙螺纹，则称为非标准螺纹。

7.1.3　螺纹的规定画法

在绘制机械图样时不必画出螺纹的真实投影，国家标准(GB/T 4459.1—1995)规定了螺纹的画法。

1. 内、外螺纹的规定画法

1）外螺纹的画法

在投影为非圆的视图上，螺纹牙顶所在的轮廓线(即大径)用粗实线表示；螺纹牙底所在的轮廓线(即小径 $d_1=0.85d$)用细实线表示，并画入倒角；倒角或倒圆部分均应画出；螺纹终止线用粗实线表示。

在投影为圆的视图上，表示螺纹牙顶的圆用粗实线；表示螺纹牙底的圆用细实线，并且只画约 3/4 圈，而螺纹的倒角圆省略不画，如图 7.7(a)、(b)所示。

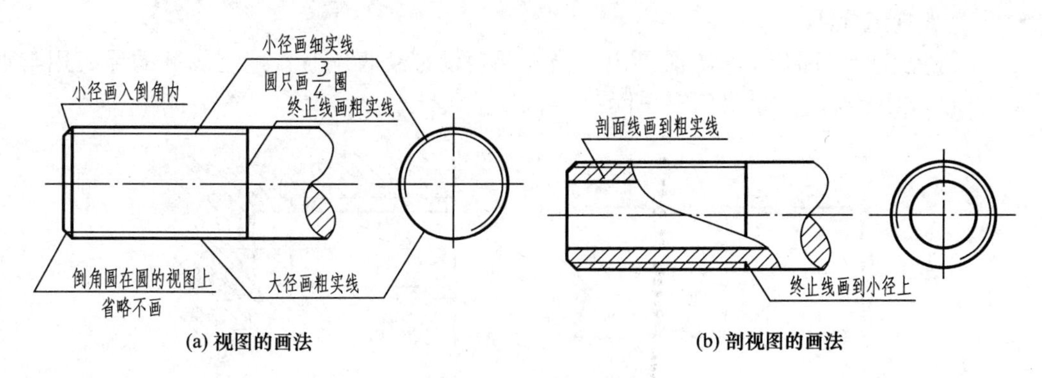

(a) 视图的画法　　(b) 剖视图的画法

图 7.7 外螺纹的画法

2）内螺纹的画法

在投影为非圆的视图中，内螺纹(螺纹孔)一般应采用剖视画法。画剖视图时，内螺纹牙顶(即小径 $D_1=0.85D$)用粗实线表示；内螺纹牙底(即大径)用细实线表示；螺纹终止线用粗实线绘制；剖面线应画到表示小径的粗实线为止，倒角或倒圆部分均应画出，如图 7.8(a)所示。当内螺纹未取剖视时，大径线、小径线、螺纹终止线等均用虚线绘制，如图 7.8(b)所示。

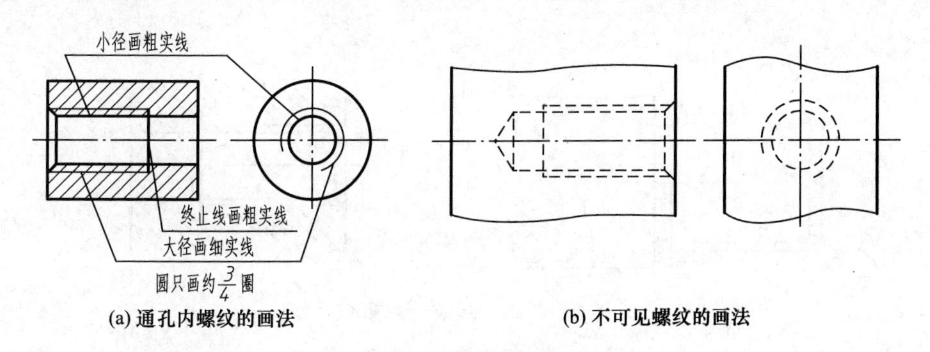

(a) 通孔内螺纹的画法　　(b) 不可见螺纹的画法

图 7.8 内螺纹的画法

在投影为圆的视图中，螺纹牙顶圆(即小径圆)用粗实线表示；螺纹牙底圆(即大径圆)用细实线表示，只画约 3/4 圈；倒角圆不画。

对于不穿通的螺纹孔，应分别画出钻孔深度与螺纹孔深度，一般钻孔深度比螺纹孔深度深，通常取 $0.5D$，并且钻孔底部的锥顶角应画成 120°，如图 7.9 所示。

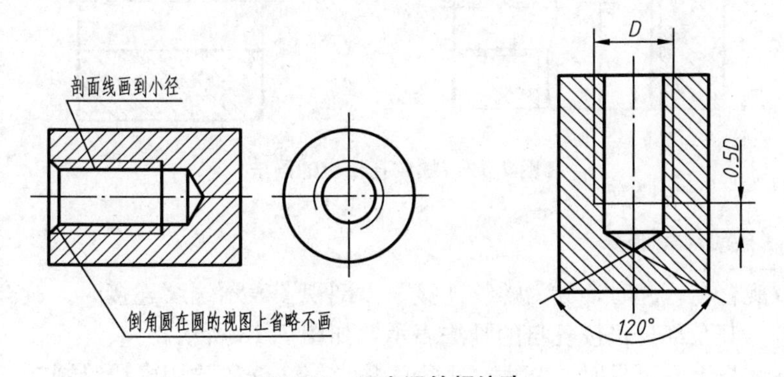

图 7.9 不穿通的螺纹孔

3）其他规定画法

(1) 螺尾。螺尾部分一般不必画出；当需要表示螺纹收尾时，螺尾部分的牙底用与轴线成 30°的细实线绘制，如图 7.10 所示。

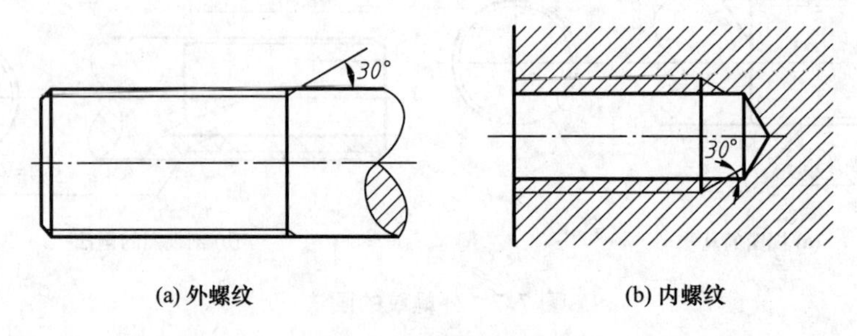

(a) 外螺纹　　(b) 内螺纹

图 7.10　螺尾的画法

(2) 螺纹端部倒角。为便于内外螺纹装配和防止端部螺纹损伤，在螺纹端部常加工出倒角，如图 7.7 和图 7.8 等所示。

(3) 退刀槽。为避免产生螺尾，方便进刀和退刀，在螺纹终止处先车削出一个槽，这个槽称为螺纹退刀槽，如图 7.11 所示。螺尾、倒角及退刀槽的结构均已标准化，具体尺寸详见 GB/T 3—1997。

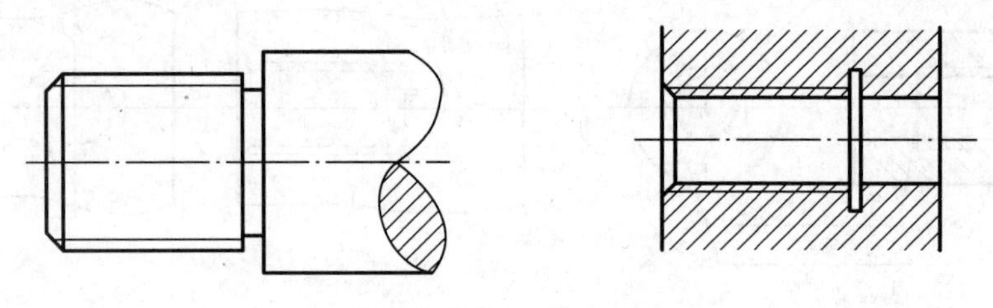

图 7.11　螺纹退刀槽

(4) 螺纹孔相贯的画法。两螺纹孔或螺纹孔与光孔相贯时，其相贯线按螺纹的小径画出，如图 7.12 所示。

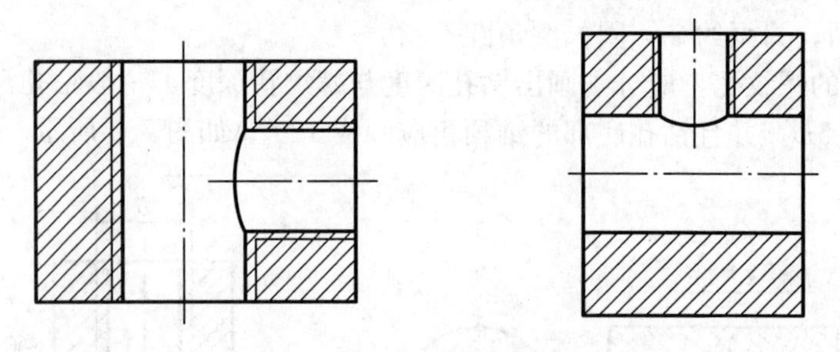

图 7.12　螺纹孔相贯的画法

2. 螺纹连接的规定画法

内外螺纹旋合在一起时，称为螺纹连接。以剖视图表示螺纹连接时，旋合部分按外螺纹的画法绘制，其余部分仍按各自的画法表示，如图 7.13 所示。

当螺纹在图样上不可见时，其大、小径、螺纹终止线等均用虚线绘制。

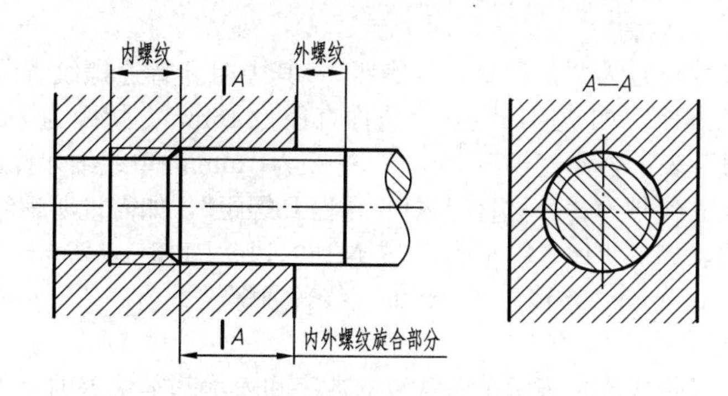

图 7.13　内外螺纹连接的画法

3. 螺纹牙形的表示方法

牙形符合国家标准的螺纹一般不必表示牙形。当需要表示牙形时可采用图 7.14(a)所示局部剖视图或 7.14(b)的局部放大图的绘制方法。

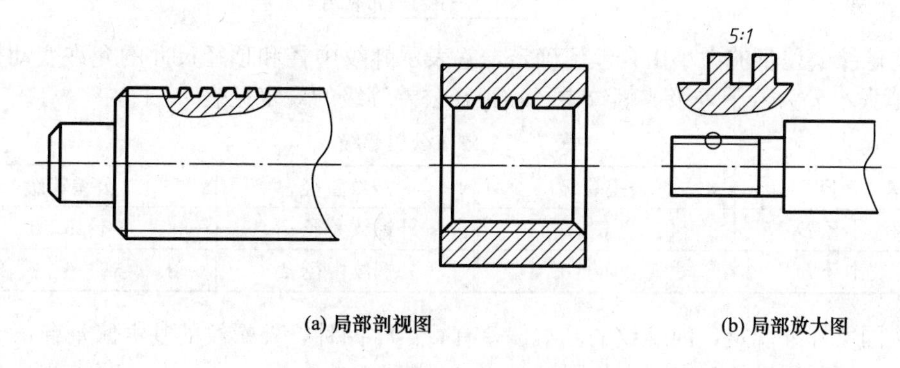

(a) 局部剖视图　　(b) 局部放大图

图 7.14　螺纹牙型的表示方法

7.1.4　螺纹的种类和标记

通常按牙形，螺纹可以分为普通螺纹、梯形螺纹、锯齿形螺纹、矩形螺纹和管螺纹等。各种螺纹的画法都是相同的，为加以区别，应在图中按国家标准规定的标记方法进行标注。各种螺纹标记的具体项目及格式如下。

1. 普通螺纹

普通螺纹的应用最为广泛，如螺纹紧固件(螺栓、螺母、螺钉、螺柱等零件)上的螺纹一般均为普通螺纹。普通螺纹分为粗牙普通螺纹和细牙普通螺纹，在直径相同的条件下，螺距最大的普通螺纹称为粗牙普通螺纹，而其余螺距的普通螺纹均称为细牙普通螺纹。细牙普通螺纹多用于细小的精密零件和薄壁零件上。

普通螺纹完整标记内容包括 5 部分。

螺纹特征代号　尺寸代号—公差带代号—旋合长度代号—旋向代号

1）螺纹特征代号

普通螺纹的螺纹特征代号用字母“M”表示。

2）尺寸代号

单线螺纹的尺寸代号为“公称直径×螺距”，其中粗牙普通螺纹省略标注螺距，细牙普通螺纹必须标注螺距。如“M16”表示公称直径为16mm、螺距为2mm的单线粗牙普通螺纹；“M16×1”表示公称直径为16mm、螺距为1mm的单线细牙普通螺纹。

双线螺纹的尺寸代号为“公称直径×Ph导程P螺距”，如需说明螺纹的线数可在后面括号内用英语表明。如“M16×Ph3 P1.5或M16×Ph3 P1.5(two starts)”表示公称直径为16mm、螺距为1.5mm、导程为3 mm的双线普通螺纹。

3）公差带代号

普通螺纹的公差带代号由表示公差等级的数字和表示基本偏差的字母组成，大写字母表示内螺纹，小写字母表示外螺纹。普通螺纹应标注中径和顶径公差带代号(顶径指外螺纹的大径和内螺纹的小径)，中径在前、顶径在后；若两者相同，则可只标注一个。例如：

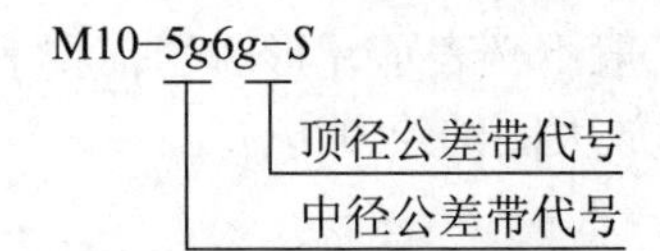

(1) 螺纹公差带的大小由公差值确定，它表示螺纹中径和顶径尺寸的允许变动量，并按公差值大小分为若干等级。螺纹中径和顶径公差等级的规定见表7-1。

表7-1　螺纹公差等级

螺纹直径	公差等级	螺纹直径	公差等级
内螺纹小径 D_1	4、5、6、7、8	外螺纹大径 d_1	4、6、8
内螺纹中径 D_2	4、5、6、7、8	外螺纹中径 d_2	3、4、5、6、7、8、9

(2) 国家标准规定，内螺纹的基本偏差有G、H两种，外螺纹的基本偏差有e、f、g、h四种。中径和顶径的基本偏差相同。

4）旋合长度代号

两个相互配合的螺纹，沿其轴线方向相互旋合部分的长度称为旋合长度。普通螺纹的旋合长度规定了长、中、短3种，其代号分别为L、N、S。当旋合长度为中等(N)时省略标注“N”。必要时可标注S或L或旋合长度具体数值。

5）旋向代号

左旋螺纹应标注旋向代号“LH”，右旋螺纹不标注。

2. 管螺纹

管螺纹一般用于管路的连接。管螺纹的标记是采用指引线的形式标注在图形上，指引线指向管螺纹的大径。管螺纹的标记内容如下：

螺纹特征代号　尺寸代号—公差等级代号—旋向代号

管螺纹又分为用螺纹密封的管螺纹和非螺纹密封的管螺纹。其特征代号也不一样：对于用螺纹密封的管螺纹，与圆锥外螺纹旋合的圆柱内螺纹的代号为Rp，与圆锥外螺纹旋合的圆锥内螺纹的代号为Rc，与圆柱内螺纹旋合的圆锥外螺纹的代号为R_1，与圆锥内螺纹旋合的圆锥外螺纹R_2；对于非螺纹密封的管螺纹，内、外螺纹的特征代号均为G。

管螺纹的尺寸代号是指管子内通径，单位为in(英寸)。根据尺寸代号查出大、小径的具体数值进行绘图。

公差等级代号只用于非螺纹密封的外管螺纹，分为 A、B 两个等级。内螺纹公差等级只有一种，不需标注。

螺纹为右旋时不标注旋向代号；左旋时标注“LH”。

3. 梯形螺纹和锯齿形螺纹

梯形螺纹和锯齿形螺纹用于传递运动和动力。在工作时，梯形螺纹牙的两侧均受力，而锯齿形螺纹是单侧受力。

梯形螺纹和锯齿形螺纹的标记与普通螺纹的标记稍有不同，主要是旋合方向标注的位置在螺距之后(右旋螺纹省略标记)。此外，梯形螺纹和锯齿形螺纹的旋合长度只有中(N)、长(L)两种，当选用中等(N)旋合长度时，代号“N”省略不标注。具体标注方法如下：

螺距(单线)

螺纹特征代号　公称直径×或　旋向—公差带代号—旋合长度

导程(P 螺距)(多线)

梯形螺纹的特征代号为“Tr”，锯齿形螺纹的特征代号为“B”。

普通螺纹、管螺纹、梯形螺纹和锯齿形螺纹的标注见表 7-2。

表 7-2　标准螺纹的标注示例

螺纹类别		标注图例	说明
普通螺纹	细牙外螺纹	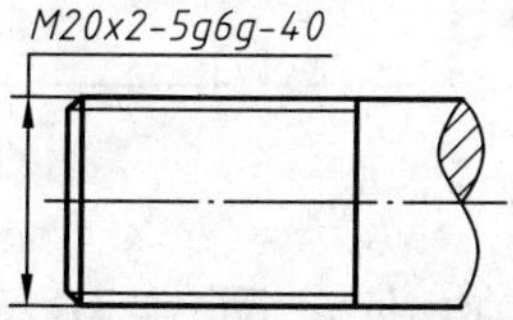 M20x2-5g6g-40	细牙螺纹螺距必须标注，中径和顶径公差带不同，分别标注 $5g$ 与 $6g$，右旋省略不标注，旋合长度用具体数值 40mm 标注
	粗牙内螺纹	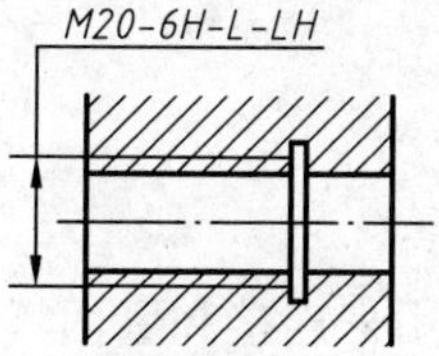 M20-6H-L-LH	粗牙螺纹螺距不标注，LH 左旋，L 长旋合，中径和顶径公差带相同，只标注一个代号 $6H$
非螺纹密封管螺纹	内螺纹	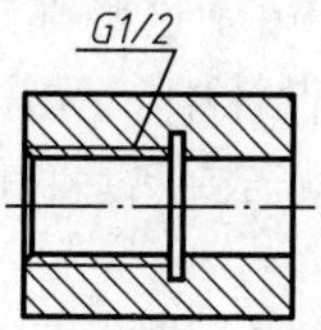 G1/2	管螺纹的标注指向螺纹大径。内管螺纹的中径公差等级只有一种，省略标注
	外螺纹	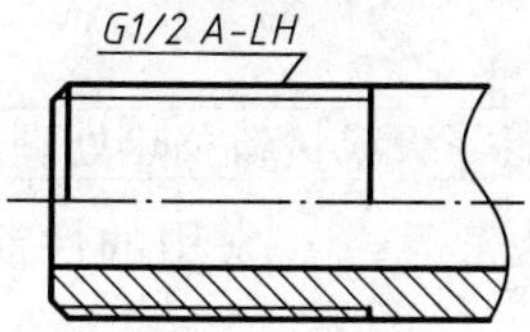 G1/2 A-LH	外管螺纹中径的公差等级分为 A、B 两级，需标注；左旋用“LH”标注

（续）

螺纹类别		标注图例	说明
梯形螺纹	外螺纹	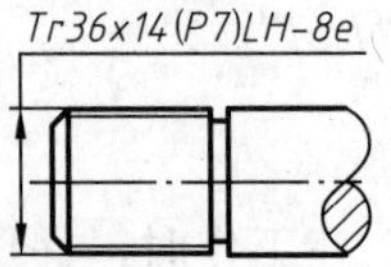 Tr36x14(P7)LH-8e	梯形螺纹导程 14，螺距 7，线数 2，旋向左旋。中径公差带为 8e，旋合长度为 N
	内螺纹	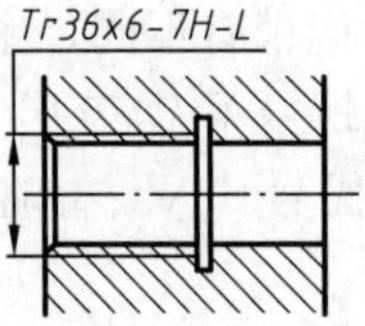 Tr36x6-7H-L	梯形螺纹导程 6，螺距 6，单线，旋向右旋省略不注。中径公差带为 7H，旋合长度为 L
锯齿形螺纹	外螺纹	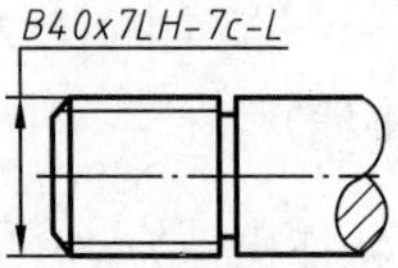 B40x7LH-7c-L	锯齿形螺纹，螺距 7，左旋，中径公差带代号为 7 c，旋合长度为 L
	内螺纹	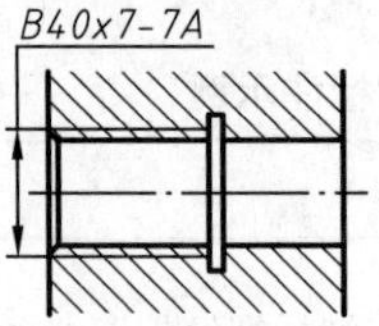 B40x7-7A	锯齿形螺纹，螺距 7，右旋省略不注，中径公差带代号为 7 A，旋合长度为中等，省略不注

7.2 常用螺纹紧固件的规定画法和标注

7.2.1 螺纹紧固件的种类和标记

螺纹紧固件是运用一对内、外螺纹的连接作用来连接和紧固零部件。常用的有螺栓、双头螺柱、螺钉、螺母和垫圈等，如图 7.15 所示。由于这些都是标准件，结构和尺寸都已标准化，并由有关专业工厂大量生产。故在机械设计中，不需要单独绘制它们的图样，而是根据设计要求按相应的国家标准进行选取，这就需要熟悉它们的结构形式并掌握其标记方法。

按照 GB/T 1237—2000 规定，螺纹紧固件的标记方法分为完整标记和简化标记两种，其完整标记通式为：

名称　标准编号　形式与尺寸—性能等级或材料及热处理—表面处理

常见螺纹紧固件的结构形式和标记示例见表 7-3。常用的性能等级在简化标记中省略。

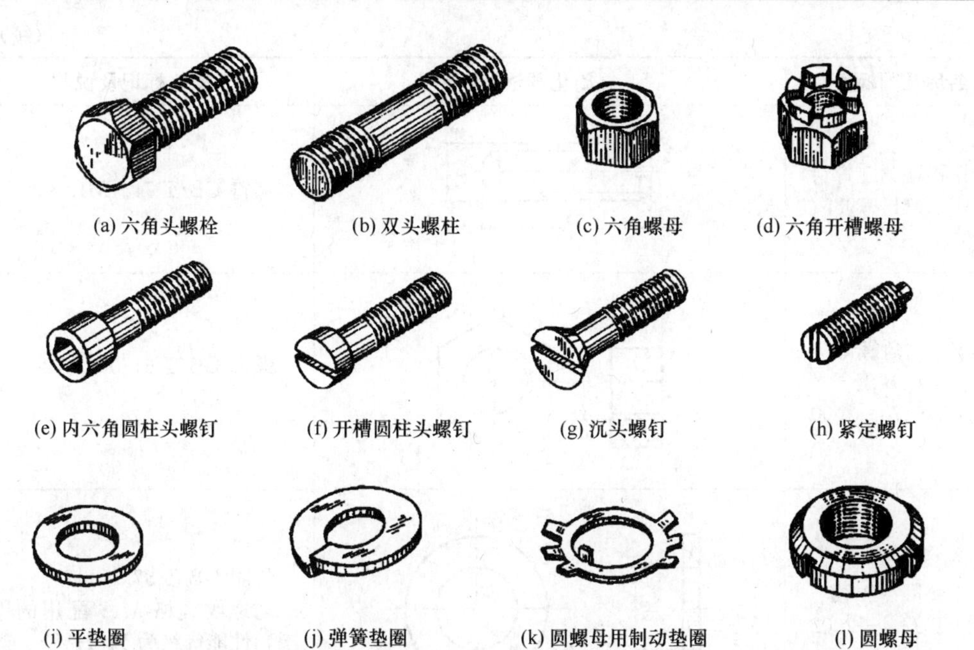
(a) 六角头螺栓 (b) 双头螺柱 (c) 六角螺母 (d) 六角开槽螺母
(e) 内六角圆柱头螺钉 (f) 开槽圆柱头螺钉 (g) 沉头螺钉 (h) 紧定螺钉
(i) 平垫圈 (j) 弹簧垫圈 (k) 圆螺母用制动垫圈 (l) 圆螺母

图 7.15 常用的螺纹紧固件

表 7-3 螺纹紧固件的结构形式和标记示例

名称及国标号	简化画法	简化标记及说明
六角头螺栓 *A* 和 *B* 级 GB/T 5782—2000	50 M10	螺栓 GB/T 5782 *M*10×50 表示 *A* 级，螺纹规格 d=*M*10，公称长度 l=50mm
双头螺柱($b_m=d$) GB/T 897—1988	A型 M10 b_m 45	螺柱 GB/T 897 *A M*10 × 45 表示 A 型双头螺柱，螺纹规格 d=*M*10，公称长度 l=45mm。若为 B 型，则省略标记 *B*
开槽盘头螺钉 GB/T 67—2000	50 M10	螺钉 GB/T 67 *M*10×50 公称长度在 40mm 以内时为全螺纹
开槽沉头螺钉 GB/T 68—2000	50 M10	螺钉 GB/T 68 *M*10×50 公称长度在 45mm 以内时为全螺纹

(续)

名称及国标号	简化画法	简化标记及说明
开槽锥端紧定螺钉 GB/T 71—1985	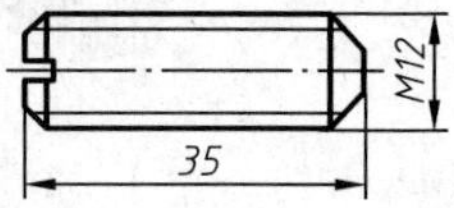 M12 35	螺钉 GB/T 71　M12×35
1型六角螺母 A和B级 GB/T 6170—2000	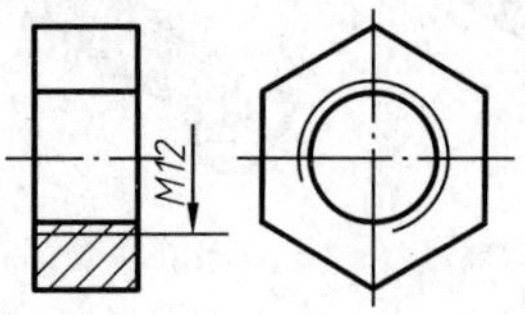 M12	螺母 GB/T 6170　M12
平垫圈　A级 GB/T 97.1—2002	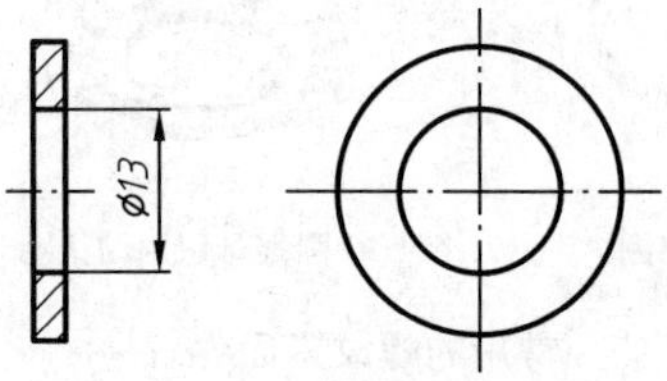 ϕ13	垫圈 GB/T 97.1　12 与螺纹规格 M12 配用的平垫圈，性能等级为 140HV
标准型弹簧垫圈 GB/T 93—1987	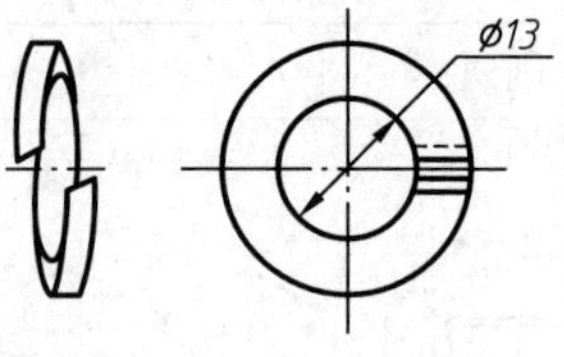 ϕ13	垫圈 GB/T 93　12 与螺纹规格 M12 配用的弹簧垫圈

其中：形式与尺寸项目中包含产品形式、螺纹规格或公称尺寸等参数。

例如，螺纹规格为 M12，公称长度 l=80 mm，性能等级为 8.8 级，表面经过镀锌钝化的六角头螺栓的完整标记为：

螺栓　GB/T 5782—1986　M12×80－8.8－Zn·D

7.2.2　螺纹紧固件的画法

1. 单个螺纹紧固件的画法

绘制螺纹紧固件时，可通过查表，将各部分尺寸按国家标准规定的数据画出。为了提高作图速度，工程实践中常用比例画法，即在画图时，除公称长度 L 需经计算，并查表选定标准值外，其余各部分尺寸都与螺纹大径 d(或 D)建立一定的比例关系，并按此比例画图。常见螺纹紧固件的比例画法如图 7.16 所示。

2. 螺纹紧固件连接的画法

由于螺纹紧固件是标准件，因此只需在装配图中画出连接图。螺纹紧固件的连接通常有螺栓连接、螺柱连接和螺钉连接 3 种。画连接图时，在保证投影正确的前提下，必须符

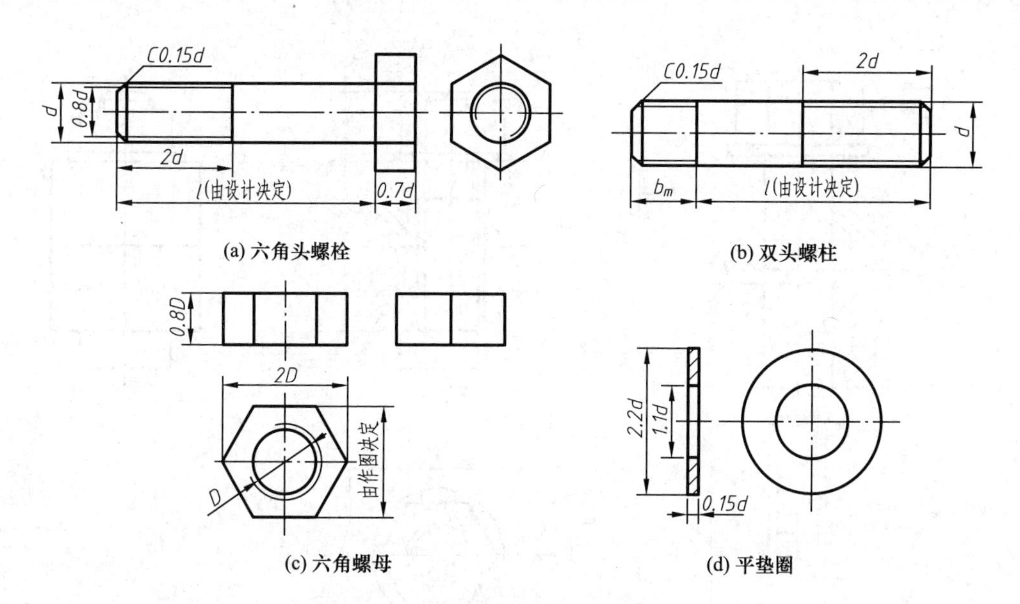

图 7.16　常见螺纹紧固件的比例画法

合装配图的规定画法。

基本规定如下。

(1) 两零件的接触表面只画一条粗实线，凡不接触表面，无论间距多小，都画两条粗实线。

(2) 在剖视图中，相接触两零件的剖面线要方向相反或间隔不等，而同一零件在各个视图中的剖面线的方向和间隔应一致。

(3) 在剖视图中，当剖切平面通过实心零件(螺栓、螺柱、螺钉、螺母、垫圈等)的轴线时，这些零件都按不剖绘制，只画出外形；但如果垂直其轴线剖切，则按剖视要求绘制。

1) 螺栓连接

螺栓连接一般适用于两个不太厚并允许钻成通孔的零件之间连接。由螺栓、螺母和垫圈将两个零件连接在一起，如图 7.17所示。图 7.18 为螺栓的连接画法。

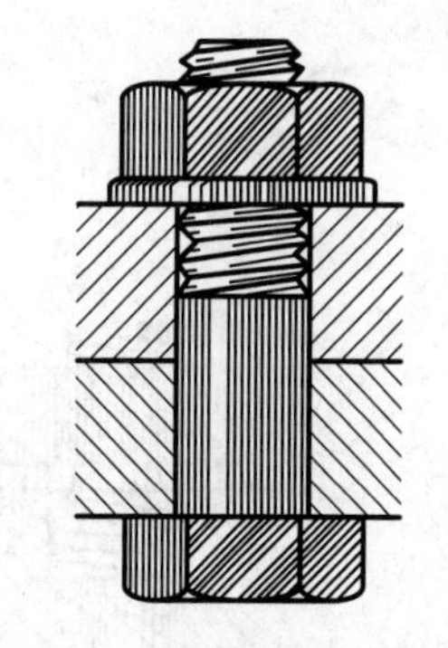

图 7.17　螺栓连接示意图

从图中可以看出，螺栓的有效长度 l 应符合：

$$l \geqslant \delta_1 + \delta_2 + 0.15d(\text{垫圈厚}) + 0.8d(\text{螺母厚}) + 0.3d(\text{螺栓末端伸出高度})$$

根据计算出的数值，查阅国家标准选取与其相近的标准值。

为了保证装配方便，被连接零件上的孔径应比螺纹大径略大些，按 $1.1d$ 画出。同时，应注意螺栓上的螺纹终止线应低于通孔的顶面，以便拧紧螺母时有足够的螺纹长度。

2) 双头螺柱连接

当两零件连接时，如果其中一个零件较厚，不允许钻成通孔或不适宜用螺栓连接时，可采用双头螺柱连接。用双头螺柱、螺母和垫圈将两个零件连接在一起，如图 7.19 所示。图 7.20 为双头螺柱连接画法。

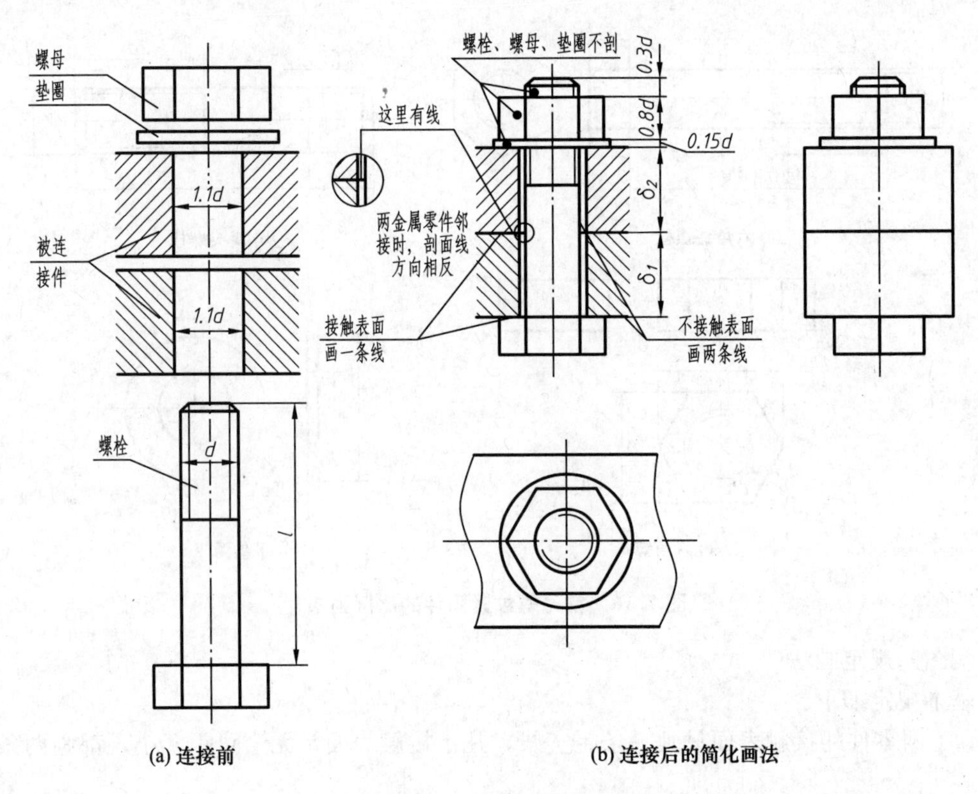

(a) 连接前 (b) 连接后的简化画法

图 7.18 螺栓连接画法

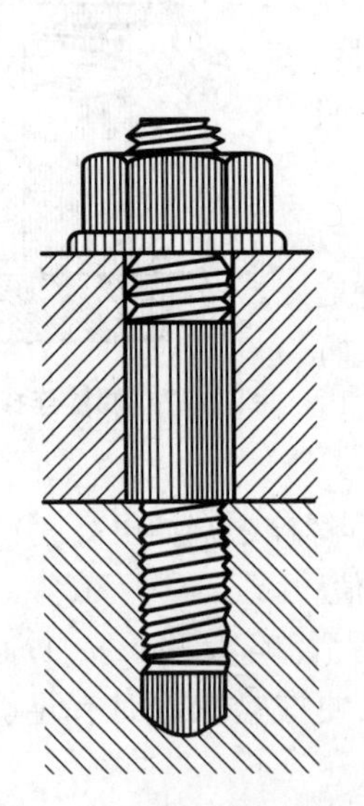

图 7.19 双头螺柱连接示意图

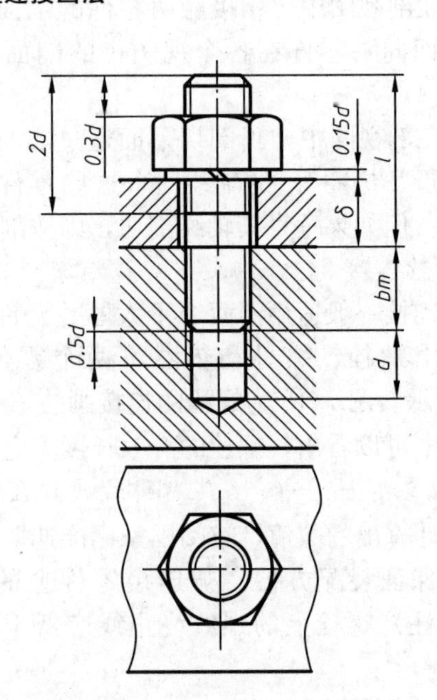

图 7.20 双头螺柱连接画法

从图中可以看出，双头螺柱的有效长度 l 应符合：

$l \geqslant \delta + 0.15d$(垫圈厚)$+0.8d$(螺母厚)$+0.3d$(螺柱末端伸出高度)

根据计算出的数值，查阅国家标准选取与其相近的标准值。

双头螺柱旋入机件的一端的长度 b_m 值与机件的材料有关。通常当被旋入零件的材料为钢和青铜时，取 $b_m=d$；为铸铁时，取 $b_m=1.25d$ 或 $1.5d$；为铝时，取 $b_m=2d$。

双头螺柱旋入端应全部拧入机件内，所以旋入端螺纹终止线与机件端面应平齐。

机件上的螺纹孔的螺纹深度应大于旋入端的螺纹长度 b_m。在画图时，螺纹孔的螺纹深度可按 $b_m+0.5d$ 画出；钻孔深度可按 b_m+d 画出。

3）螺钉连接

(1) 连接螺钉。连接螺钉多用于连接不经常拆卸，并且受力不大的零件。连接时不使用螺母，而是将螺钉直接拧入机件的螺纹孔里，如图 7.21 所示。

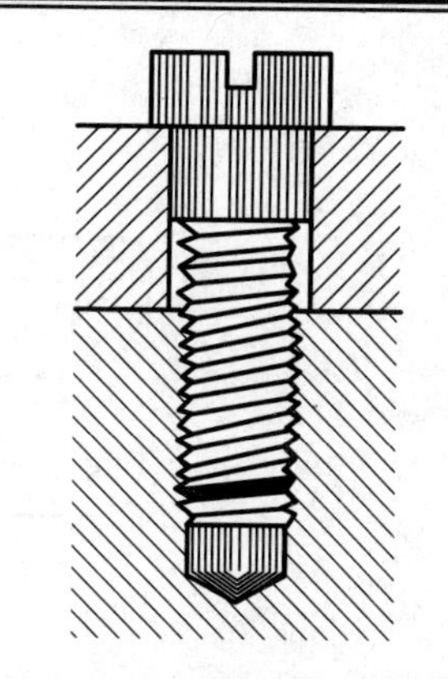

图 7.21　螺钉连接示意图

图 7.22 为螺钉连接的画法。螺钉的有效长度 $l=\delta$(连接件厚度)$+b_m$。根据计算出的数值，查阅相关国家标准选取与其相近的标准值。螺钉的旋入长度 b_m 与被连接件的材料有关，可参照双头螺柱选取。

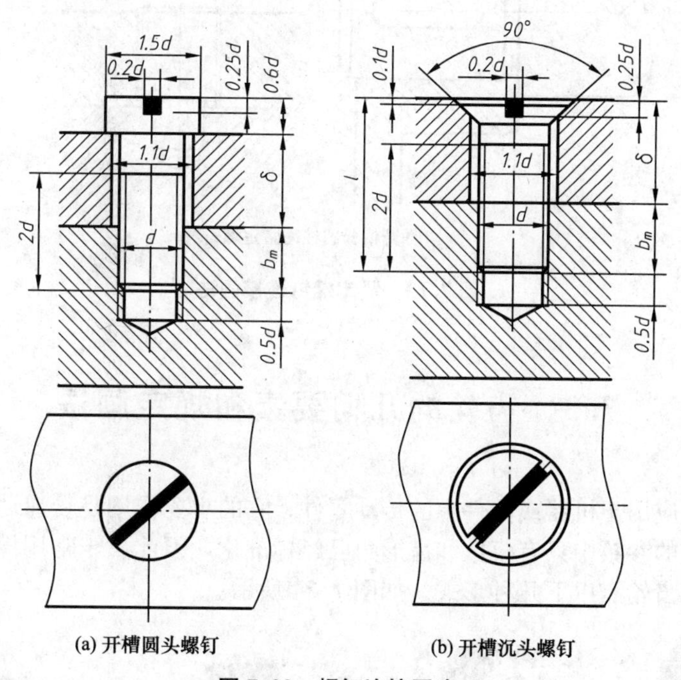

图 7.22　螺钉连接画法

为使螺钉头能压紧被连接件，螺钉的螺纹终止线应高出螺纹孔的端面，或在螺杆的全长上都有螺纹。

螺钉头部的一字槽和十字槽的投影可以涂黑表示，在投影为圆的视图上，不按投影关系绘制，规定按 45°画出。

(2) 紧定螺钉。紧定螺钉用来固定两个零件的相对位置，使它们不产生相对运动。根据尾端形状的不同，紧定螺钉又分为开槽锥端紧定螺钉和开槽长圆柱端紧定螺钉等，如图 7.23所示。

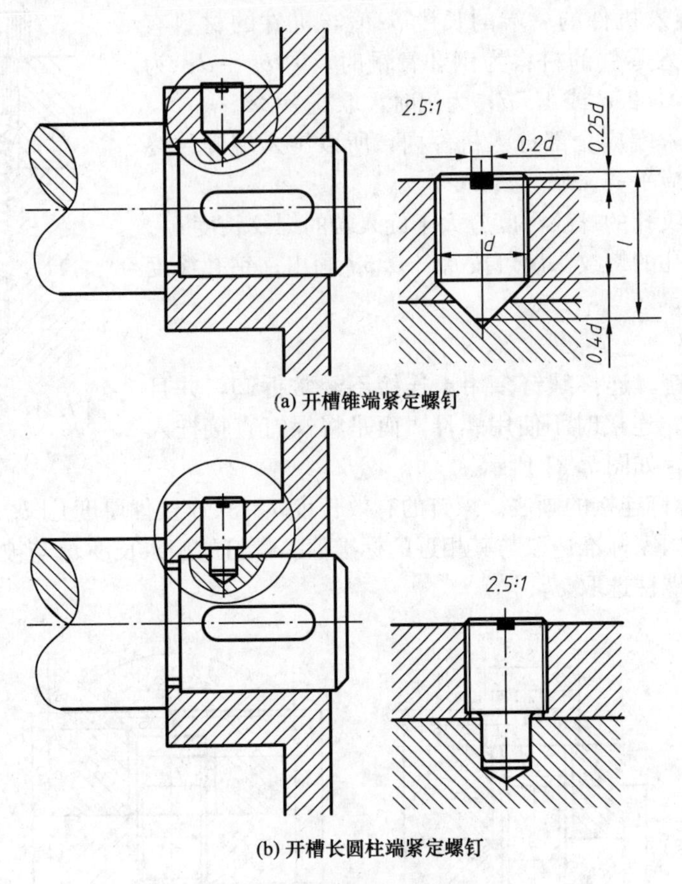

(a) 开槽锥端紧定螺钉

(b) 开槽长圆柱端紧定螺钉

图 7.23　紧定螺钉连接画法

7.3　齿轮的几何要素和规定画法

齿轮是广泛应用于机器或部件中的传动零件，它的主要作用是传递动力、改变转速和回转方向。齿轮的参数中只有模数和齿形角已经标准化，因此属于常用件。齿轮传动的种类很多，常见的齿轮有以下几种形式，如图 7.24 所示。

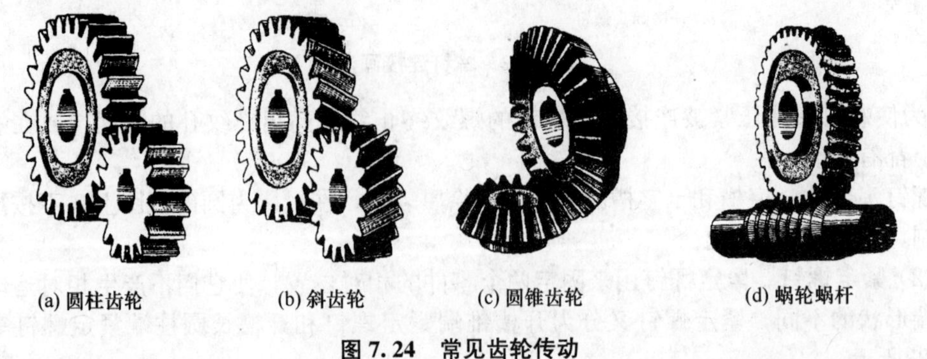

(a) 圆柱齿轮　　(b) 斜齿轮　　(c) 圆锥齿轮　　(d) 蜗轮蜗杆

图 7.24　常见齿轮传动

(1) 圆柱齿轮，用于两平行轴之间的传动。

(2) 圆锥齿轮，用于两相交轴之间的传动。

(3) 蜗轮蜗杆，用于两交叉轴之间的传动(交叉角一般为直角)。

在传动中，为保证运动平稳、啮合正确，齿轮轮齿的齿廓曲线可制成渐开线、摆线和圆弧。通常采用渐开线齿廓。齿轮有标准齿轮与非标准齿轮之分，具有标准齿的齿轮称为标准齿轮。本节主要介绍齿廓曲线为渐开线的标准齿轮的基本知识和规定画法。

7.3.1　圆柱齿轮

齿轮的一般结构如图7.25所示，最外部为轮缘，其上有轮齿；中心部为轮毂，轮毂中有轴孔和键槽；轮缘和轮毂之间由辐板(或轮辐)连接。常见的圆柱齿轮按其轮齿方向分为直齿、斜齿和人字齿等。

1. 直齿圆柱齿轮各部分的名称和尺寸关系(图7.26)

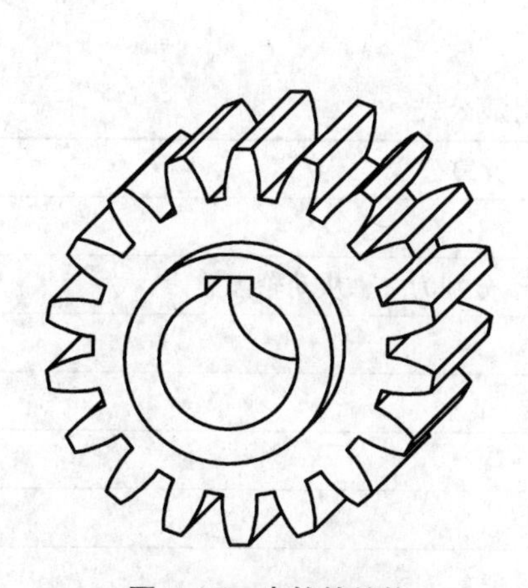

图7.25　齿轮的结构

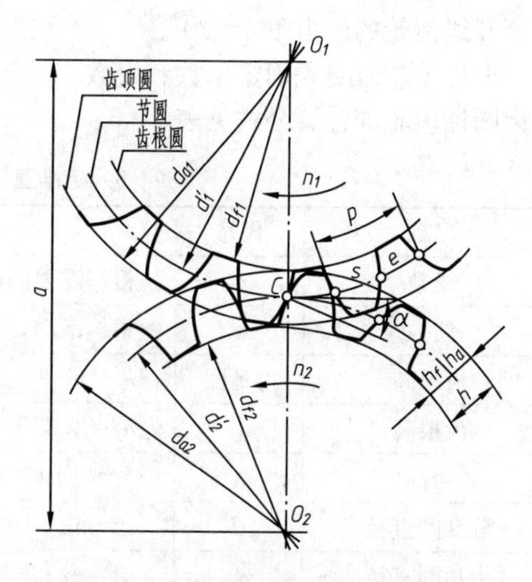

图7.26　标准直齿圆柱齿轮各部分名称

(1) 节圆直径d'和分度圆直径d：O_1O_2分别为两个啮合齿轮的中心，两齿轮的一对齿廓的啮合接触点是在连心线O_1O_2上的点C称为节点。分别以O_1、O_2为圆心，O_1C、O_2C为半径作圆，齿轮的传动可假想为这两个圆作无滑动的纯滚动。这两个圆称为齿轮的节圆。对于标准齿轮，节圆和分度圆是一致的。对单个齿轮而言，分度圆是齿轮设计和加工时计算各部分尺寸的基准圆。

(2) 节点C：在一对啮合齿轮上，两节圆的切点，位于两齿轮的中心连线上。

(3) 齿顶圆直径d_a：轮齿顶部所在的圆。

(4) 齿根圆直径d_f：齿槽根部所在的圆。

(5) 齿距p、齿厚s、槽宽e：分度圆上相邻两齿同侧齿面之间的弧长称为齿距。一个轮齿齿廓之间的弧长称为齿厚。一个齿槽齿廓之间的弧长称为槽宽。标准齿轮$s=e$，$p=s+e$。

(6) 齿顶高h_a、齿根高h_f、齿高h：齿顶圆与分度圆之间的径向距离称为齿顶高。分度圆与齿根圆之间的径向距离称为齿根高。齿顶圆与齿根圆之间的径向距离称为齿高，$h=h_a+h_f$。

(7) 中心距 a：两啮合齿轮轴线之间的距离，$a=(d_1+d_2)/2$。

(8) 齿数 z：齿轮上轮齿的个数，设计时依据传动比确定。

(9) 模数 m：齿轮设计中的重要参数。模数是人为引入的参数，用它取代无理数 p/π 由 $\pi d=pz$ 得 $d=(p/\pi)z=mz$，单位为 mm，标准模数见表 7-4。

表 7-4　圆柱齿轮标准模数　单位：mm

第一系列	1，1.25，1.5，2，2.5，3，4，5，6，8，10，12，16，20，25，32，40，50
第二系列	1.75，2.25，2.75，(3.25)，3.5，(3.75)，4.5，5.5，(6.5)，7，9，(11)，14，18，22，28，36，45

注：选用模数时，优先选用第一系列，括号内的模数值尽可能不用。

(10) 啮合角、压力角、齿形角：两齿轮啮合轮齿齿廓在 C 点的公法线与两节圆的公切线所夹的锐角称为啮合角，也称为压力角；加工齿轮的原始基本齿条的法向压力角称为齿形角，用 α 表示。一对标准齿轮啮合时，啮合角＝压力角＝齿形角＝α。我国规定，标准渐开线齿轮的压力角 $\alpha=20°$。

设计齿轮时要先确定模数和齿数，其他各部分尺寸均可由模数和齿数计算出来。标准直齿圆柱齿轮的计算公式见表 7-5。

表 7-5　标准直齿圆柱齿轮的计算公式

名称	代号	计算公式
模数	m	根据需要选用标准数值
齿数	z	根据运动要求选定。z_1、z_2 分别为主、从动轮齿数
齿顶高	h_a	$h_a=m$
齿根高	h_f	$h_f=1.25m$
齿高	h	$h=h_a+h_f=2.25m$
分度圆直径	d	$d=mz$
齿顶圆直径	d_a	$d_a=m(z+2)$
齿根圆直径	d_f	$d_f=m(z-2.5)$
齿距	p	$p=\pi m$
中心距	a	$a=(d_1+d_2)/2$
传动比	i	$i=n_1/n_2=d_2/d_1=z_2/z_1$

2. 单个圆柱齿轮的画法

(1) 在视图中，齿轮的轮齿部分按下列规定绘制：齿顶圆和齿顶线用粗实线绘制；分度圆和分度线用细点画线绘制；齿根圆和齿根线用细实线绘制(也可以省略不画)，如图 7.27(a)所示。

(2) 在剖视图中，齿轮可以采用半剖视图或全剖视图。当剖切平面通过齿轮的轴线时，轮齿一律按不剖处理，而齿根线用粗实线绘制，如图 7.27(b)所示。

(3) 如需要表示轮齿(斜齿、人字齿)的方向时，可在非圆的外形视图上用 3 条与轮齿方向一致的细实线表示，如图 7.27(c)、(d)所示。

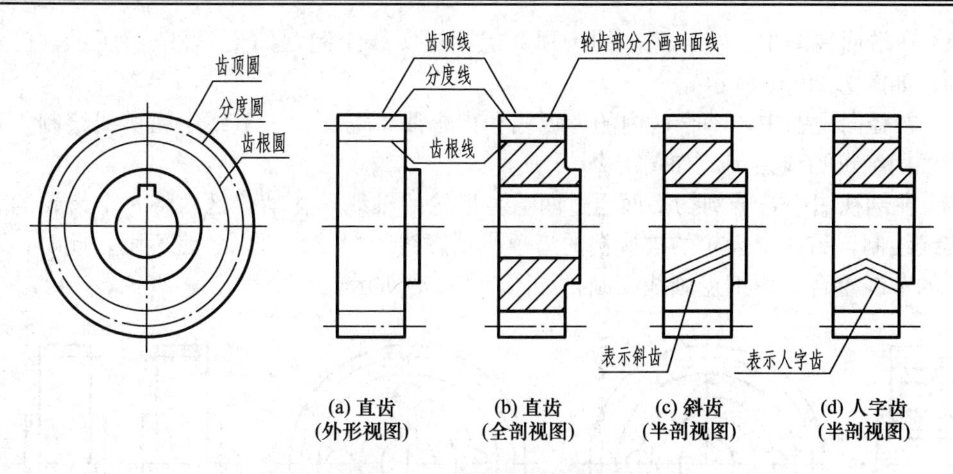

图 7.27　圆柱齿轮的画法

图 7.28 为直齿圆柱齿轮的零件图，图形的画法如前所述绘制。零件图中应包括制造时所需的尺寸和技术要求。除此之外，在图样右上角的参数表中，应注写模数、齿数和齿形角等基本参数。

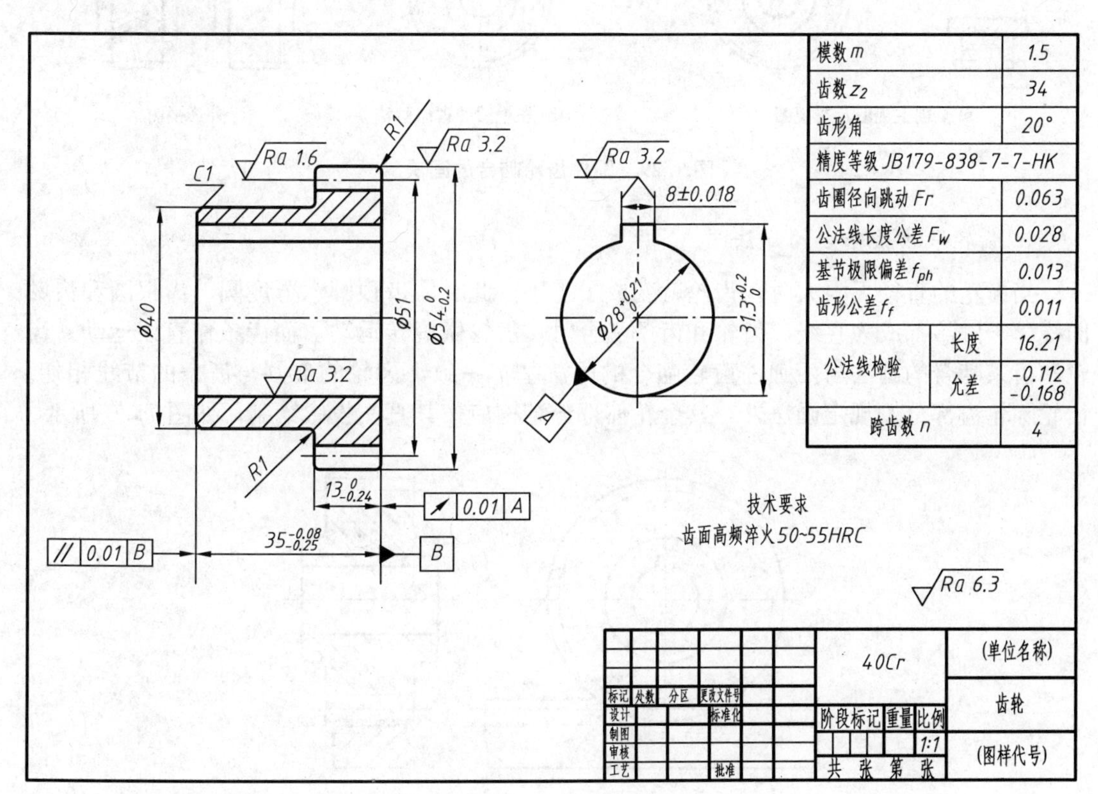

图 7.28　直齿轮零件图示例

3. 圆柱齿轮啮合的画法

两个标准齿轮相互啮合时，它们的分度圆处于相切位置，此时啮合区外按单个齿轮画法绘制，啮合区内则按如下规定绘制。

(1) 在端面视图中，啮合区内的齿顶圆仍用粗实线绘制，如图 7.29(a)所示，也可省略不画，如图 7.29(b)所示。

(2) 在径向视图中，啮合区内的齿顶线和齿根线不需画出，节线用粗实线绘制，其他处的节线用细点画线绘制，如图 7.29(c)所示。

(3) 在剖视图中，若剖切平面通过两啮合齿轮的轴线，在啮合区内将一个齿轮的轮齿用粗实线绘制，另一个齿轮的被遮挡的齿顶线用虚线绘制，也可以省略不画。此时，两啮合齿轮的节线重合，用细点画线绘制，如图 7.29(a)所示。

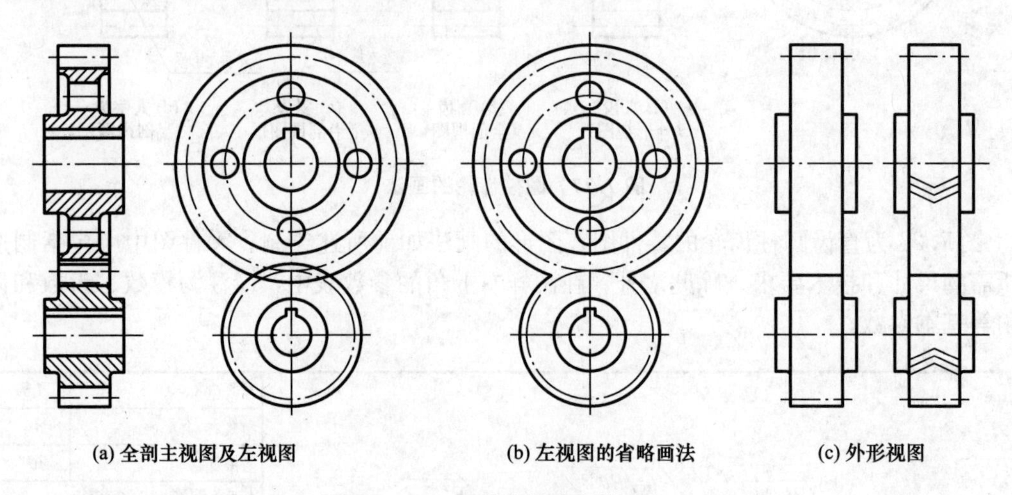

图 7.29 圆柱齿轮啮合的画法

4. 齿轮和齿条啮合的画法

当齿轮的直径无限大时，齿轮就变成了齿条。此时，齿顶圆、分度圆、齿根圆和齿廓曲线(渐开线)都成为直线。齿轮和齿条啮合时，齿轮做旋转运动，而齿条作直线运动。齿轮和齿条啮合的画法与两圆柱齿轮啮合的画法基本一致，齿轮的节圆与齿条的节线相切。齿轮除轮齿部分按规定画法外，其余轮体部分结构应按其真实投影绘制，如图 7.30 所示。

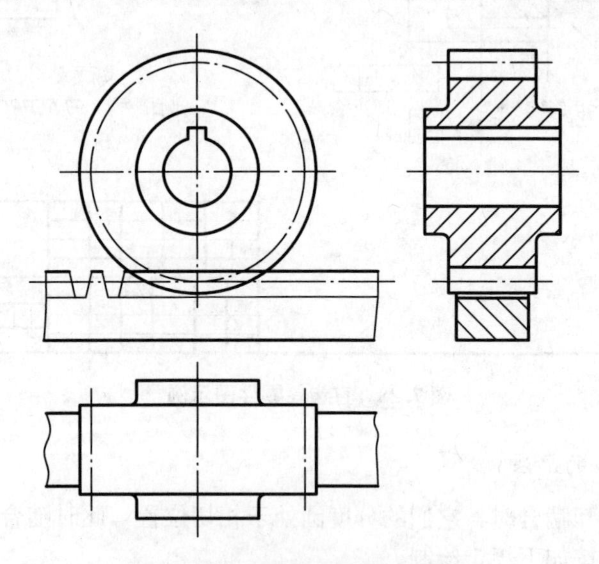

图 7.30 齿轮和齿条啮合的画法

7.3.2　圆锥齿轮

传递两相交轴(一般两轴交成直角)间的回转运动或动力可用成对锥齿轮。锥齿轮分为直齿、斜齿、螺旋齿和人字齿等。圆锥齿轮的轮齿位于圆锥面上，所以圆锥齿轮的轮齿一端大而另一端小，轮齿的齿厚由大端到小端逐渐变小，模数和分度圆也随之变化。为了便于设计制造，国家标准规定以大端模数为标准模数来计算和决定其他各部分尺寸。

1. 直齿锥齿轮各部分名称和尺寸计算

圆锥齿轮各部分名称如图 7.31 所示。轴线相交成 90°的直齿锥齿轮各部分尺寸的计算公式见表 7－6。

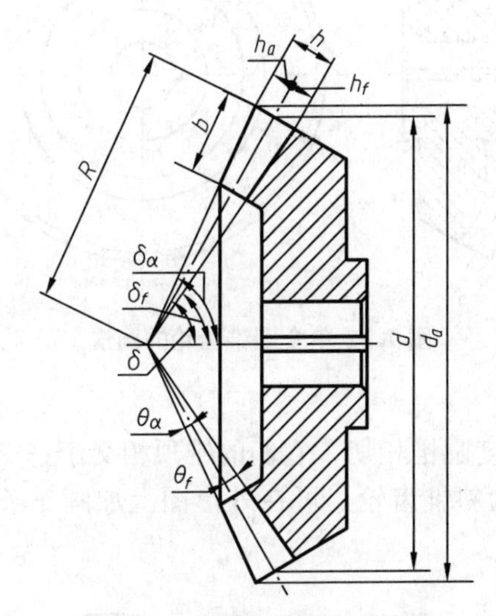

图 7.31　圆锥齿轮各部分名称

表 7－6　直齿锥齿轮各部分尺寸计算公式

名称	代号	计算公式
分锥角	m	$\tan\delta_1 = z_1/z_2$，$\tan\delta_2 = z_2/z_1$ 或 $\delta_2 = 90° - \delta_1$
分度圆直径	d	$d = mz$
齿顶圆直径	d_a	$d_a = m(z + 2\cos\delta)$
齿根圆直径	d_f	$d_f = m(z - 2.4\cos\delta)$
齿顶高	h_a	$h_a = m$
齿根高	h_f	$h_f = 1.2m$
齿高	h	$h = h_a + h_f = 2.2m$
外锥距	R	$R = mz/2\sin\delta$
齿顶角	υ_a	$\tan\upsilon_a = h_a/R = 2\sin\delta/z$
齿根角	υ_f	$\tan\upsilon_f = h_f/R = 2.4\sin\delta/z$
顶锥角	δ_a	$\delta_a = \delta + \upsilon_a$
根锥角	δ_f	$\delta_f = \delta - \upsilon_f$
齿宽	b	$b = (0.2 \sim 0.35)R$

2. 圆锥齿轮的画法

锥齿轮的画法基本上与圆柱齿轮相同，只是由于圆锥的特点，在表达和作图方法上较圆柱齿轮复杂。

1）单个圆锥齿轮的画法

单个锥齿轮的主视图常画成剖视图。而在左视图上用粗实线画出齿轮大端和小端的齿顶圆，用细点画线画出大端的分度圆，如图 7.32 所示。也可以只用一个视图表示。

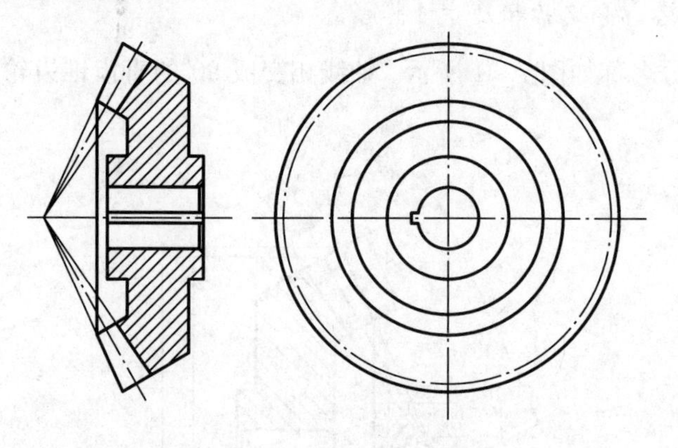

图 7.32 单个圆锥齿轮的画法

2）圆锥齿轮啮合的画法

圆锥齿轮啮合时，两分度圆锥相切，它们的锥顶相交于一点。画图时主视图多用剖视表示，如图 7.33 所示。若为斜锥齿轮，可在外形图上加画三条平行的细实线表示轮齿的方向。

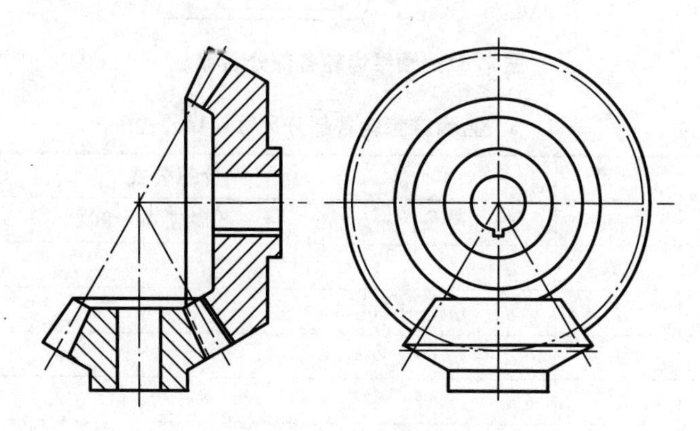

图 7.33 锥齿轮啮合画法

7.3.3 蜗轮和蜗杆

蜗轮蜗杆是用于传递空间两交叉轴之间(一般为直角)的回转运动。蜗轮蜗杆的传动比通常可大到 40～50，而一般的圆柱齿轮或锥齿轮的传动比在 1～10 范围内，传动比越大，齿轮所占空间越大，因而蜗轮蜗杆广泛应用于传动比较大的机械传动中。在工作时，蜗杆为主动件，蜗轮为从动件。它具有结构紧凑、传动平稳、传动比大等优点，同时又具有摩擦大、发热多、效率低等缺点。

1. 蜗轮蜗杆的主要参数、尺寸计算和画法

蜗杆的基本参数是：轴向模数 m、蜗杆头数 z_1 和蜗杆直径系数 q。为了便于标准化、降低生产成本，国家标准在规定了蜗杆模数的同时，还规定了相应的直径系数。我国国家标准规定，每一种模数对应几个直径系数，见表 7-7。

表 7-7　标准模数和蜗杆的直径系列

m/mm	1	1.25	1.6	2
q	18	16、17.9	12.5、17.5	9、11.2、14、17.7
m/mm	2.5		3.15	
q	8.9、11.2、14.2、18		8.8、11.2、14.2、17.7	
m/mm	4		5	
q	7.8、10、12.5、17.7		8、10、12.6、18	

蜗杆的画法如图 7.34 所示，各部分尺寸计算公式见表 7-8。

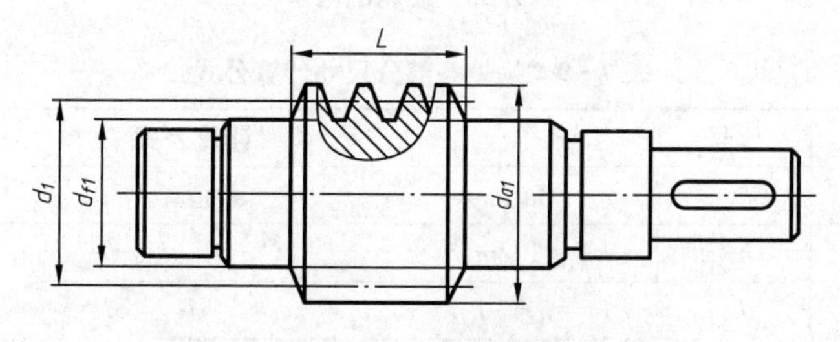

图 7.34　蜗杆的画法

表 7-8　蜗杆各部分尺寸计算公式

名称	代号	计算公式
齿顶高	h_{a1}	$h_{a1}=m$
齿根高	h_{f1}	$h_{f1}=h_{a1}+c=m+0.2m=1.2m$
齿高	h_1	$h_1=h_{a1}+h_{f1}=2.2m$
分度圆直径	d_1	$d_1=mq$
齿顶圆直径	d_{a1}	$d_{a1}=d_1+2h_{a1}=mq+2m=m(q+2)$
齿根圆直径	d_{f1}	$d_{f1}=d_1-2h_{f1}=mq-2.4m=m(q-2.4)$
轴向齿距	p_x	$p_x=\pi m$
导程	γ	$\tan\gamma=mz_1/d_1=z_1/q$
导程角	p_2	$p_2=\pi mz_1$

蜗轮的基本参数是模数 m 和齿数 z_2。蜗轮的画法如图 7.35 所示，各部分尺寸计算公式见表 7-9。

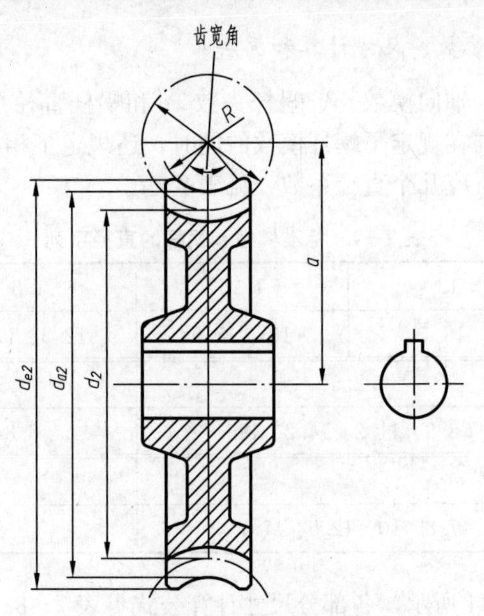

图 7.35　蜗轮的画法

表 7-9　蜗轮各部分尺寸计算公式

名称	代号	计算公式
齿顶高	h_{a2}	$h_{a2}=m$
齿根高	h_{f2}	$h_{f2}=1.2m$
齿高	h_2	$h_2=h_{a2}+h_{f2}=2.2m$
分度圆直径	d_2	$d_2=m z_2$
齿顶圆直径	d_{a2}	$d_{a2}=d_2+2m=m\ (z_2+2)$
齿根圆直径	d_{f2}	$d_{f2}=d_2-2.4m=m\ (z_2-2.4)$
中心距	a	$a=m\ (q+z_2)/2$

2. 蜗轮蜗杆的啮合画法

蜗轮蜗杆啮合的剖切画法如图 7.36 所示；不剖切的画法如图 7.37 所示。

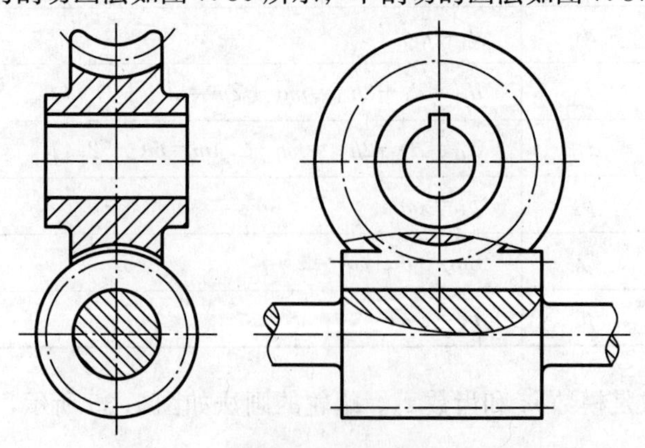

图 7.36　蜗轮蜗杆啮合的画法(剖视)

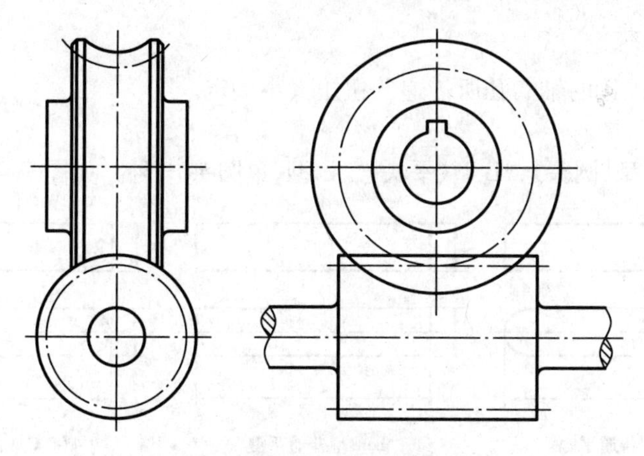

图 7.37　蜗轮蜗杆啮合的画法(外形)

7.4　键　和　销

7.4.1　键连接

1. 键的作用及类型

键是一种标准零件，用于连接轴和装在轴上的传动零件(齿轮、皮带轮等)，实现轴与传动件的轴向固定或轴向滑动，起传递扭矩的作用。在轴和轴孔的连接处(孔所在的部位称为轮毂)制有键槽，可将键嵌入，如图 7.38 所示。

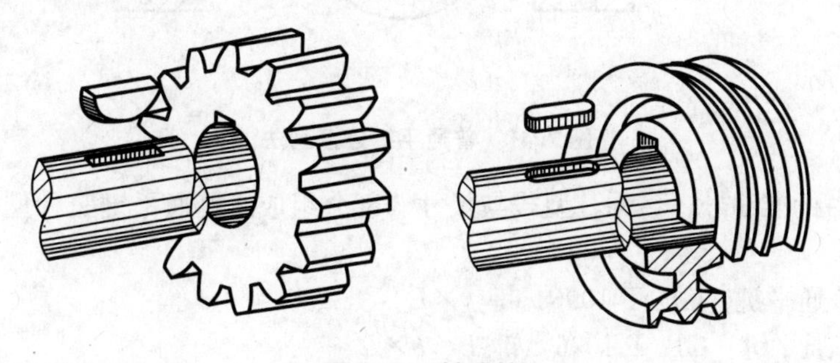

图 7.38　键连接

常用的键有普通型平键、普通型半圆键和钩头型楔键等，如图 7.39 所示。

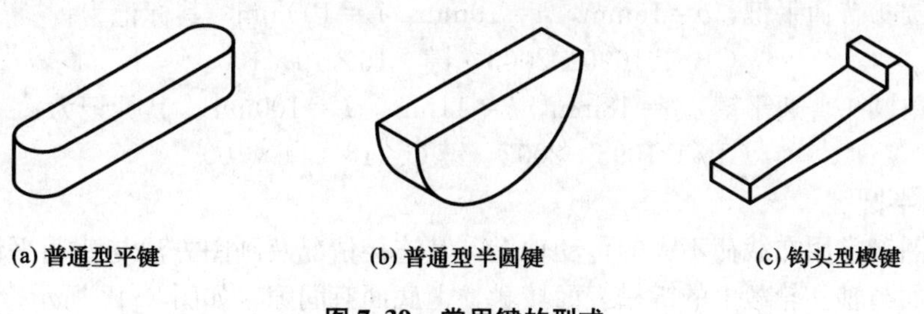

(a) 普通型平键　　(b) 普通型半圆键　　(c) 钩头型楔键

图 7.39　常用键的型式

2. 键的画法和标记

键的大小由被连接的轴、孔所传递的扭矩大小决定。

1）普通平键

普通平键有A型(圆头)、B型(平头)、C型(单圆头)3种，如图7.40所示。

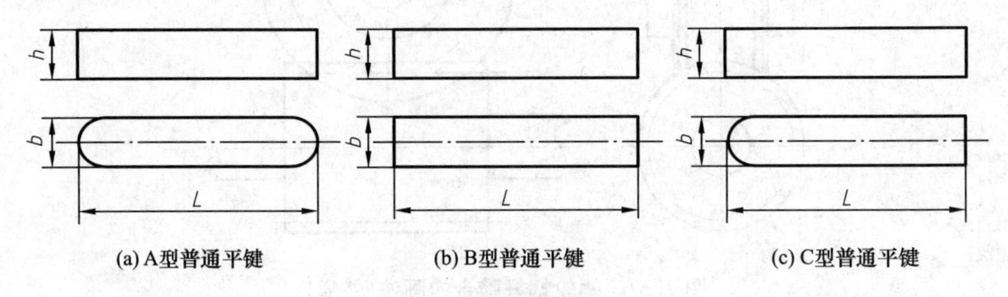

(a) A型普通平键　　(b) B型普通平键　　(c) C型普通平键

图7.40　普通平键

轴与孔用键连接时的画图步骤如图7.41所示。图7.41(a)、(b)分别为轴和轮毂上键槽的画法。图7.41(c)是轴与孔连接时装配画法；在反映键长方向的剖视图中，轴采用局部剖视，键按不剖绘制；当沿键的纵向剖切时，键应画剖面符号。键两侧面是工作面，它与轴、轮毂的键槽两侧面相接触，应画一条线。键的上、下底面为非工作面，下底面与轴上键槽底面接触，应画一条线；而其上底面与轮毂键槽的底面有一定间隙，应画两条线。

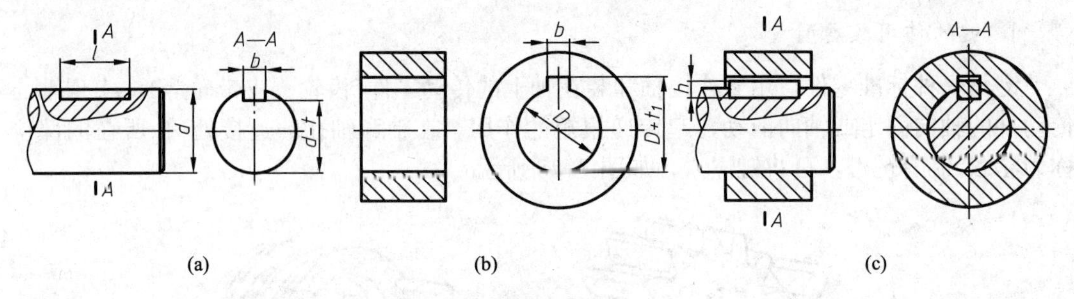

(a)　　(b)　　(c)

图7.41　普通平键连接画法

键的标记由标准编号、名称、型式与尺寸3部分组成。普通平键三种型式键的标记方法如下。

(1) A型普通平键：GB/T 1096　键 $b\times L$。

(2) B型普通平键：GB/T 1096　键 B　$b\times L$。

(3) C型普通平键：GB/T 1096　键 C　$b\times L$。

标记中A型(圆头)普通平键的“A”字省略不注。

例如，圆头普通平键，$b=16$mm，$h=10$mm，$L=100$mm，其标记为：

GB/T 1096—2003　键　16×10×100。

又如，单圆头普通平键，$b=18$mm，$h=11$mm，$L=100$mm，其标记为：

GB/T 1096—2003　键 C　18×11×100。

2）普通半圆键

普通半圆键常用在载荷不大的传动轴上，其连接情况及画图方法与普通平键类似，键两侧及下底面与轴和轮毂上的键槽表面接触，上底面有间隙，如图7.42所示。

普通半圆键的标记方法：GB/T 1099.1　键　$b \times h \times D$。

例如，普通型半圆键 $b=6\text{mm}$，$h=10\text{mm}$，$D=25\text{mm}$，其标记为：

GB/T 1099.1　键　6×10×25

3）钩头型楔键

钩头型楔键的顶面斜度为 1∶100，装配时沿轴向将键打入键槽，直至打紧为止。因此钩头楔键的上、下底面为工作面，各画一条线，如图 7.43 所示。

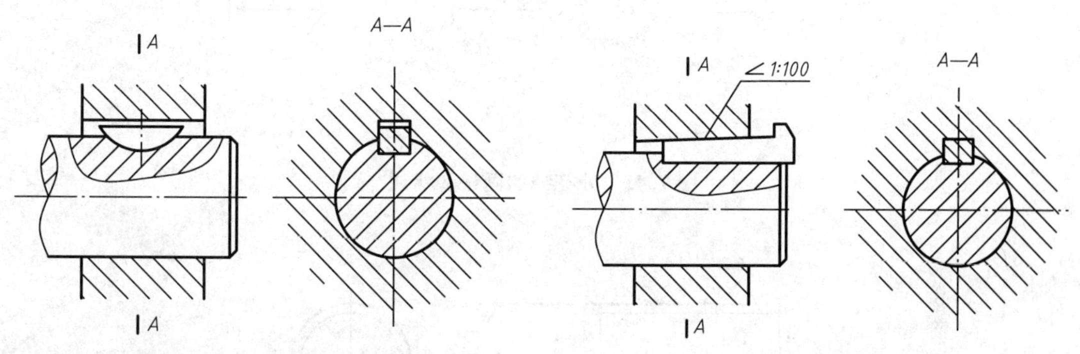

图 7.42　半圆键连接画法　　图 7.43　钩头楔键连接画法

钩头楔键的标记方法：GB/T 1565　键　$b \times L$。

例如，钩头型楔键 $b=16\text{mm}$，$h=10\text{mm}$，$D=25\text{mm}$，其标记为：

GB/T 1565　键　16×100

7.4.2　花键

花键是在轴或孔的表面上等距分布的相同键齿，一般用于需沿轴线滑动(或固定)的连接，传递扭矩或运动。因此，花键连接在汽车和机床中广泛应用。

花键的齿形有矩形和渐开线形等，其中以矩形最为常见，它的结构和尺寸已标准化。

国家标准对矩形花键的画法作如下规定。

1. 外花键的画法

在外圆柱(或外圆锥)表面形成的花键称为外花键，如图 7.44(a)。在平行于花键轴线的投影面的视图中，外花键的大径用粗实线、小径用细实线绘制。当外花键需用断面图表示，应在断面图上画出一部分齿形(需标明齿数)或全部齿形，如图 7.45(b)所示。外花键的终止端和尾部长度的末端均用细实线绘制，并与轴线垂直；尾部画成与轴线成 30°的斜线，必要时可按实际情况画出，如图 7.45(a)所示。在垂直于花键轴线投影面的视图中，花键大径用粗实线，小径用细实线画整圆。按图 7.46 左视图绘制。

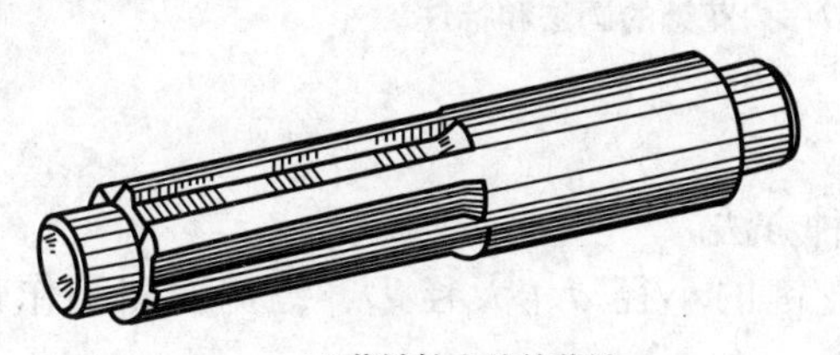

(a) 花键轴上的外花键

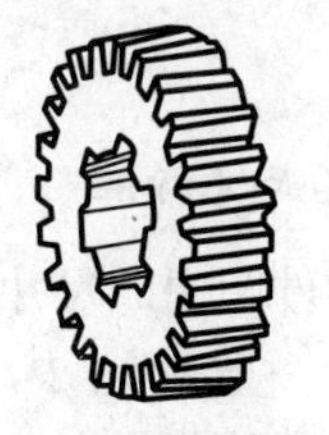

(b) 齿轮上的内花键

图 7.44　矩形花键

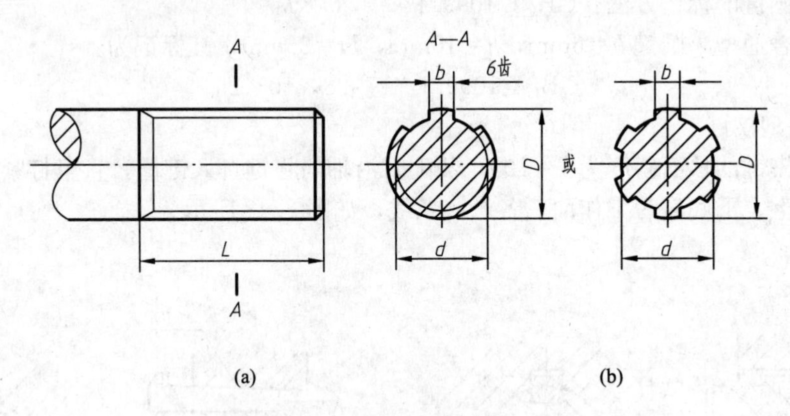

图 7.45　外花键的画法和标注

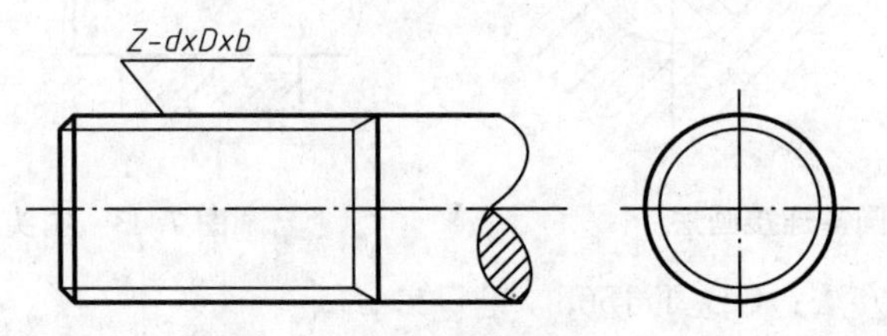

图 7.46　外花键的代号标注

2. 内花键的画法

在内圆柱(或内圆锥)表面形成的花键称为内花键，如图 7.44(b)所示。在平行于花键轴线的投影面的剖视图中，大径和小径均用粗实线绘制。在垂直于花键轴线投影面的视图中，花键在视图中画出一部分齿形(需标明齿数)或全部齿形，倒角圆规定不画，如图 7.47 所示。

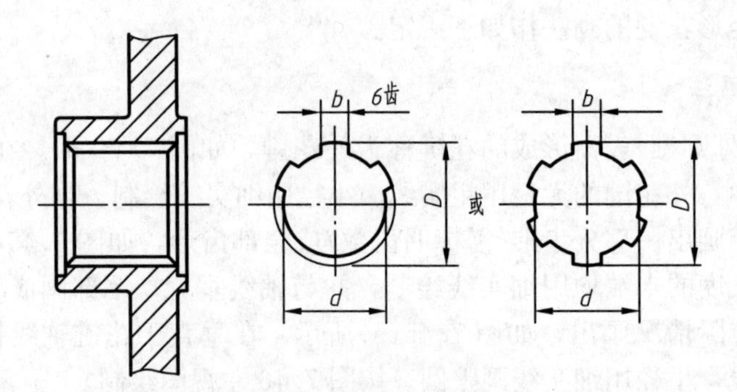

图 7.47　内花键的画法和标注

3. 花键的尺寸标注

花键在零件图中的尺寸标注有两种方法。

(1) 采用一般标注法，即注出花键的小径 d、大径 D、键宽 b 和工作长度 L，如图 7.45和图 7.47 所示。

(2) 用标注花键代号的方法，如图 7.46 所示。

花键的代号用下式表示：

$$Z-d\times D\times b$$

式中，Z 为齿数；d 为小径；D 为大径；b 为键宽。其中 d、D 和 b 的数值后均应加注公差带代号(零件图上)或配合代号(装配图中)。注写时将它们的基本尺寸和公差带代号、标准编号写在指引线的基准线上，指引线从花键的大径引出。

4. 花键连接的画法及尺寸标注

在装配图中，花键连接用剖视图或断面图表示时，其连接部分按外花键绘制，花键在装配图中连接及尺寸标注如图 7.48 所示。

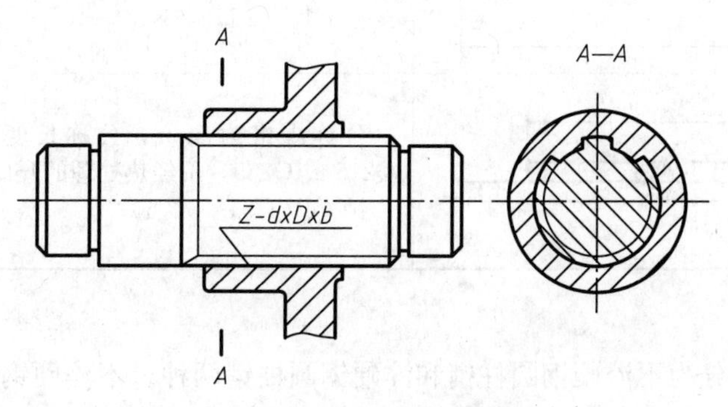

图 7.48　花键连接的画法

7.4.3　销连接

1. 销的作用

销主要用于零件间的定位、连接和锁紧。销的种类很多，常用的有圆柱销、圆锥销和开口销等，如图 7.49 所示。

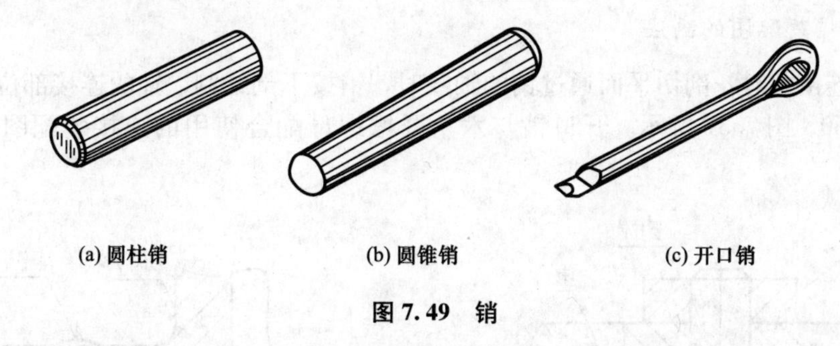

(a) 圆柱销　(b) 圆锥销　(c) 开口销

图 7.49　销

圆柱销靠过渡配合固定在被连接件的销孔中。圆柱销经多次装拆产生磨损而影响定位精度。圆锥销有 1∶50 的锥度，比圆柱销定位可靠，多次装拆不会影响连接质量。开口销与六角开槽螺母配合使用，以防止螺母松动或限定其他零件在装配体中的位置。

2. 销的型式、标记

销是标准件。国家标准对销的结构形式、大小和标记都作了相应的规定，表 7－10 为常用销的主要尺寸、标记示例。

表 7－10 常用销的主要尺寸、标记示例

名称	型式	标记示例
圆柱销		公称直径 d＝8mm，公差为 $m6$，公称长度 l＝30mm，材料为钢，不经淬火，不经表面处理的圆柱销： 销 GB/T 119.1　8m6×30
圆锥销		公称直径 d＝6mm，公称长度 l＝30mm，材料为 35 钢，热处理硬度(28～38)HRC，表面氧化处理，不淬硬的 A 型圆锥销： 销 GB/T 117　6×30
开口销		公称规格为 5mm，公称长度 l＝50mm，材料为 Q215 或 Q235，不经热处理的开口销： 销 GB/T 91　5×50

1）圆柱销

常用的圆柱销分为不淬硬钢圆柱销和淬硬钢圆柱销两种。不淬硬钢圆柱销直径公差有 $m6$ 和 $h8$ 两种，淬硬钢圆柱销直径公差只有 $m6$ 一种。淬硬钢圆柱销因淬火方式不同分为 A 型(普通淬火)和 B 型(表面淬火)两种。

2）圆锥销

常用圆锥销分为 A 型(磨削)和 B 型(切削或冷镦)两种，其公称直径是小头直径。

3）开口销

表 7－10 中给出的开口销的公称规格 5mm 是指与开口销相配的销孔直径，而开口销的实际直径 d_{max}＝4.6mm。

3. 销连接装配图的画法

在画销连接图时，剖切平面通过销的轴线时，销按不剖绘制，轴的连接部位取局部剖视，如图 7.50、图 7.51 所示。开口销与六角开槽螺母配合使用的连接装配图如图 7.52 所示。

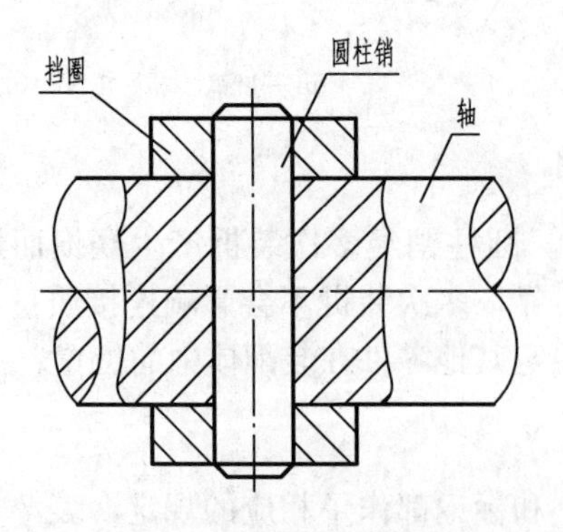

图 7.50　圆柱销连接装配图

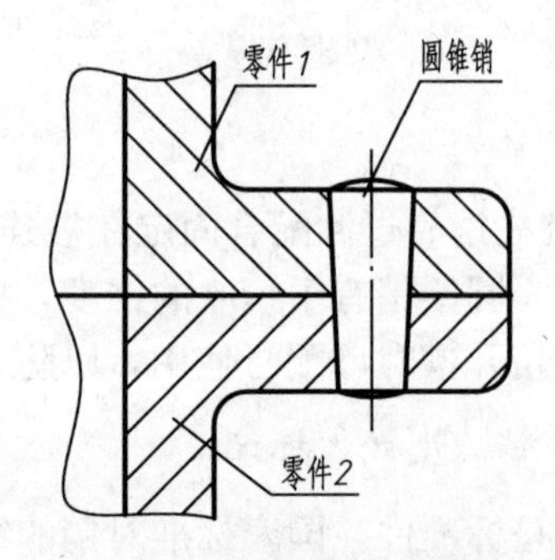

图 7.51　圆锥销连接装配图

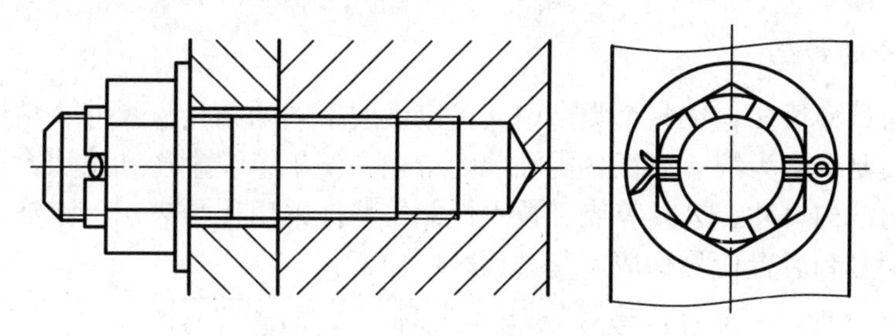

图 7.52　开口销连接装配图

由于圆柱销和圆锥销的装配要求较高，销孔一般要在被连接零件装配后同时加工，这一要求需在相应的零件图上注明“与件 XX 同钻铰或配作”，如图 7.53(a) 所示。锥销孔的公称直径指小端直径，标注时采用旁注法，如图 7.53(b) 所示。

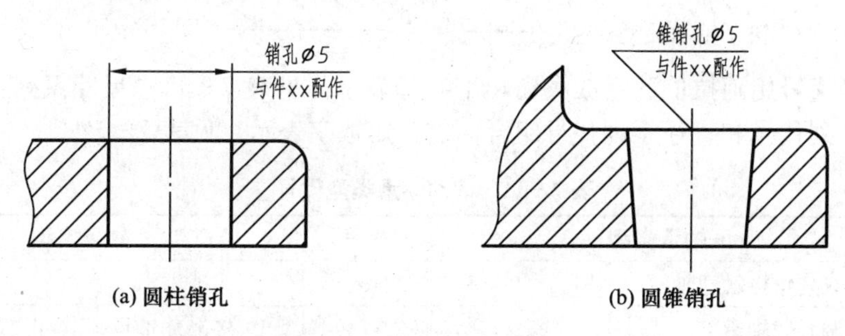

(a) 圆柱销孔　(b) 圆锥销孔

图 7.53　销孔的尺寸标注

7.5　滚动轴承

轴承是用来支承轴的组件。根据轴承中摩擦性质的不同，分为滑动轴承和滚动轴承两大类。滚动轴承是标准件，它具有结构紧凑、摩擦力小、功率消耗少、启动容易等优点，在机械设备中应用广泛。

1. 滚动轴承的结构和分类

滚动轴承一般由内圈、外圈、滚动体和保持架等 4 部分组成，其基本结构如图 7.54 所示。内圈上有凹槽，以形成滚动体圆周运动时的滚动道。保持架把滚动体彼此隔开，避免滚动体相互接触，以减少摩擦与磨损。滚动体有球、圆柱滚子、圆锥滚子等。使用时，一般内圈套在轴颈上随轴一起转动，外圈安装固定在轴承座孔中。

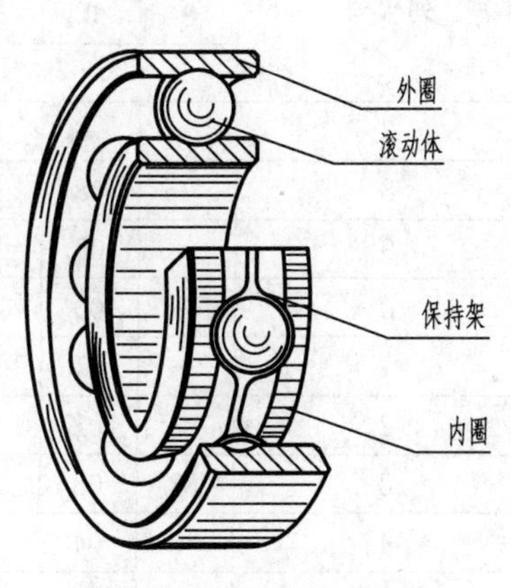

图 7.54　滚动轴承的结构

滚动轴承的种类很多，按照轴承所能承受的外载荷不同，滚动轴承可以分为 3 类。

(1) 向心轴承，主要用于承受径向载荷。

(2) 推力轴承，只承受轴向载荷。

(3) 向心推力轴承，能同时承受径向载荷和轴向载荷。

2. 滚动轴承的标记

滚动轴承的类型很多，在各个类型中又可以做成不同的结构、尺寸、精度等级，以便适应不同的使用要求。为统一表征各类轴承的特点，便于组织生产和选用，按国家标准规定，滚动轴承的结构尺寸、公差等级、技术性能等特性采用代号表示。滚动轴承代号由基本代号、前置代号和后置代号构成，其排列顺序如下：

前置代号	基本代号	后置代号

基本代号是滚动轴承代号的基础。滚动轴承(滚针轴承除外)基本代号由轴承类型代号、尺寸系列代号和内径代号构成。滚动轴承的标记示例如下：

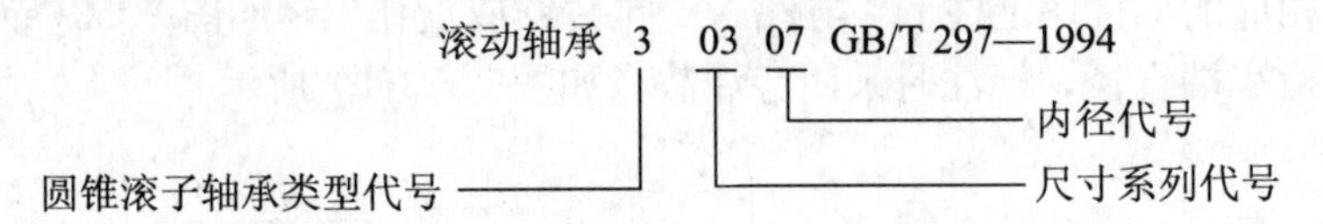

轴承类型代号用阿拉伯数字或大写拉丁字母表示，见表 7－11；尺寸系列代号由轴承的宽(高)度系列代号和直径系列代号组合而成，用数字表示，见表 7－12。

表 7－11　滚动轴承类型代号

代号	轴承类型	代号	轴承类型
0	双列角接触球轴承	6	深沟球轴承
1	调心球轴承	7	角接触球轴承
2	调心滚子轴承和推力调心滚子轴承	8	推力圆锥滚子轴承
3	圆锥滚子轴承	N	圆锥滚子轴承，双列或多列用字母 *NN* 表示
4	双列深沟球轴承	U	外球面球轴承
5	推力球轴承	QJ	四点接触球轴承

表 7－12　滚动轴承的尺寸系列代号

直径系列代号	向心轴承								推力轴承			
	宽度系列代号								高度系列代号			
	8	0	1	2	3	4	5	6	7	9	1	2
	尺寸系列代号											
7	—	—	17	—	37	—	—	—	—	—	—	—
8	—	08	18	28	38	48	58	68	—	—	—	—
9	—	09	19	29	39	49	59	69	—	—	—	—
0	—	00	10	20	30	40	50	60	70	90	10	—
1	—	01	11	21	31	41	51	61	71	91	11	—
2	82	02	12	22	32	42	52	62	72	92	12	22
3	83	03	13	23	33	—	—	—	73	93	13	23
4	—	04		24	—	—	—	—	74	94	14	24
5	—	—	—	—	—	—	—	—	—	95	—	—

轴承内径代号表示滚动轴承的公称内径(轴承内圈的孔径)，一般由两位数字组成(基本代号右起第一、二位数字表示)。当内径尺寸在20～480mm(22、28、32除外)的轴承时，内径代号为公称内径除以5的商数，商数为个位数时需在商数左边加“0”，内径代号为其他尺寸时可查相关标准。部分轴承公称内径代号见表7-13。

表7-13　部分轴承公称内径代号

轴承公称内径/mm		内径代号	示例
10～17	10	00	深沟球轴承6200 $d=\phi10$mm
	12	01	
	15	02	
	17	03	
20～480 (22、28、32除外)		公称直径除以5的商数，当商数为个位数时，需在商数左边加“0”，如08	深沟球轴承6208 $d=\phi40$mm
22、28、32		用公称内径毫米数直接表示，但在与尺寸系列代号之间用“/”分开	深沟球轴承62/22 $d=\phi22$mm

前置代号和后置代号是轴承在结构形状、尺寸、公差、技术要求等有改变时，在其基本代号左、右添加的补充代号。其具体编制规则及含义参见GB/T 272—1993。

3. *滚动轴承的画法*

滚动轴承是标准件，由专业工厂生产，使用单位一般不必画出其零部件图。只需在装配图中根据国家标准所规定的简化画法或规定画法表示。简化画法又包括通用画法和特征画法两种，但同一张图样上一般只采用其中一种画法。画图时，根据所给定的轴承代号，从轴承标准中查出外径D、内径d、宽度$B(T)$等主要尺寸，其他部分尺寸按比例关系画出。应注意，在规定画法中，轴承外圈和轴承内圈的剖面线的方向和间隔要相同。常用滚动轴承的画法见表7-14。

表7-14　常用滚动轴承的画法

名称	结构形式	规定画法	特征画法
深沟球轴承 GB/T 276—1994 类型代号6 主要参数 D、d、B	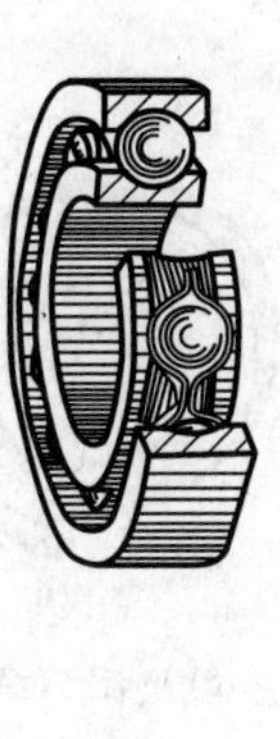	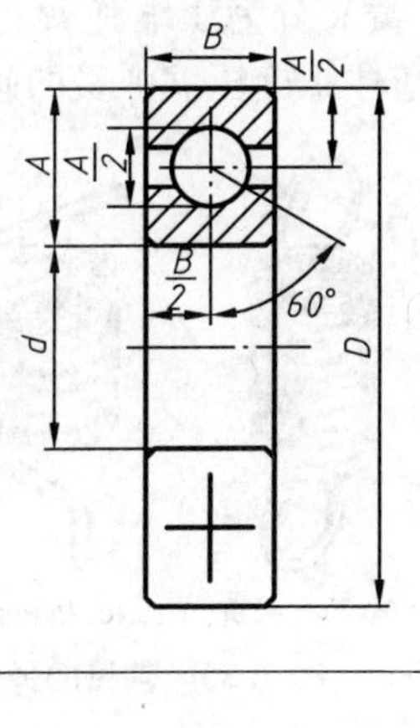 B，$\frac{A}{2}$，A，$\frac{A}{2}$，$\frac{B}{2}$，$60°$，d，D	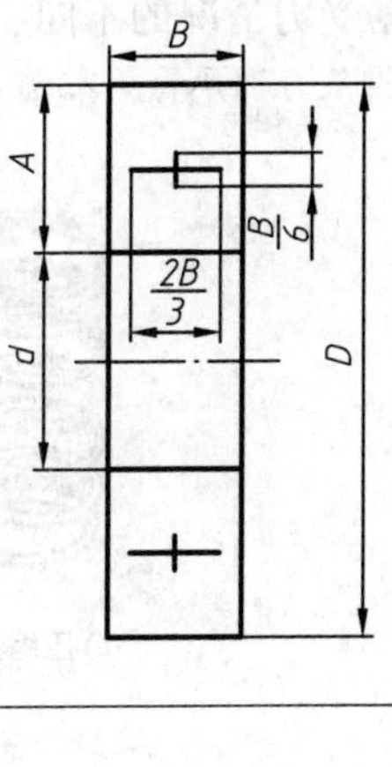 B，A，$\frac{B}{6}$，$\frac{2B}{3}$，d，D

（续）

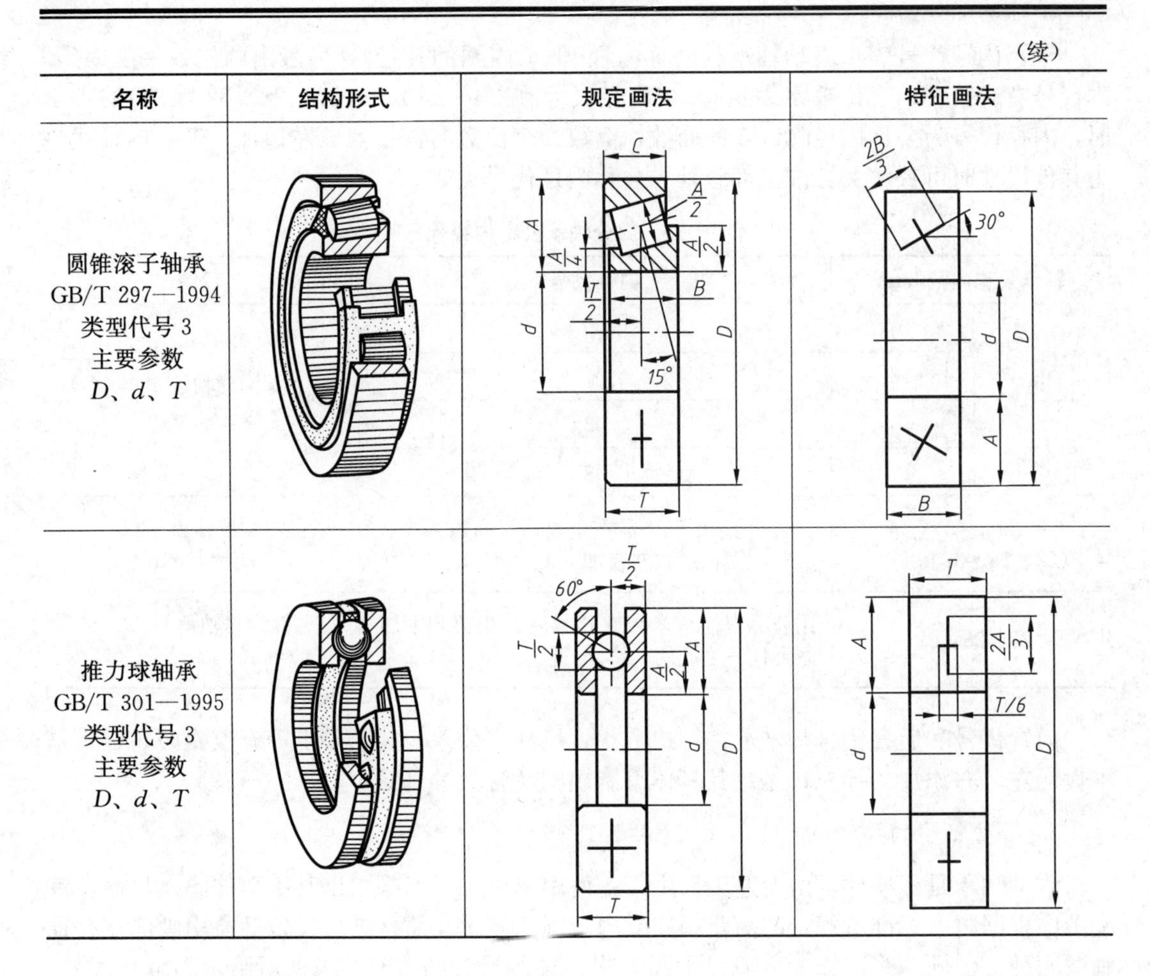

名称	结构形式	规定画法	特征画法
圆锥滚子轴承 GB/T 297—1994 类型代号 3 主要参数 *D*、*d*、*T*			
推力球轴承 GB/T 301—1995 类型代号 3 主要参数 *D*、*d*、*T*			

7.6 弹　　簧

弹簧是利用材料的弹性和结构特点，通过变形和储存能量工作的一种机械零(部)件，主要用于减震、夹紧、复位、调节、储能、测量等方面。它属于常用件，在机械工程中应用十分广泛。弹簧的种类比较多，常见的有螺旋弹簧、碟形弹簧、涡卷弹簧、板弹簧等。根据受力情况的不同，螺旋弹簧又分为压缩弹簧、拉伸弹簧、扭转弹簧和平面涡卷弹簧，如图 7.55 所示。本节仅介绍圆柱螺旋压缩弹簧的画法。

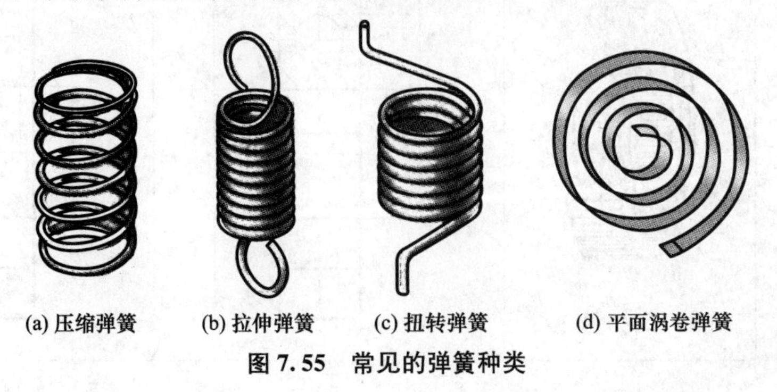

(a) 压缩弹簧　(b) 拉伸弹簧　(c) 扭转弹簧　(d) 平面涡卷弹簧

图 7.55　常见的弹簧种类

1. 圆柱螺旋压缩弹簧的参数

圆柱螺旋压缩弹簧由钢丝绕成，为使压力弹簧在工作时受力均匀，一般将两端并紧后磨平，使弹簧的端面与轴线垂直，如图7.56(a)所示。

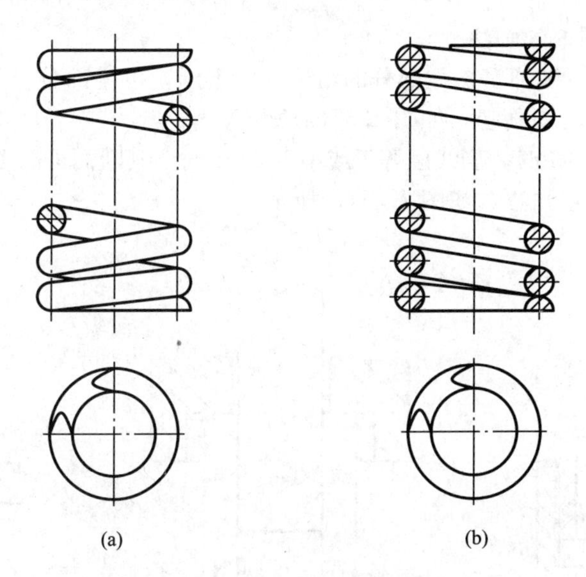

图7.56　圆柱螺旋压缩弹簧的视图与剖视画法

(1) 线径d：用于缠绕弹簧的钢丝直径。

(2) 弹簧外径D：弹簧的外圈直径。

(3) 弹簧内径D_1：弹簧的内圈直径，$D_1=D-2d$。

(4) 弹簧中径D_2：弹簧内径和外径的平均值，$D_2=D_1+d=D-d$。

(5) 节距t：除两端的支承圈外，弹簧上相邻两圈截面中心线的轴向距离。

(6) 有效圈数n：弹簧上能保持相同节距的圈数。有效圈数是计算弹簧受力的主要依据。

(7) 支承圈数n_2：为使弹簧工作平稳、受力均匀，将弹簧两端并紧磨平(或锻平)的圈数。支承圈仅起支承和定位作用，常见的有1.5圈、2圈、2.5圈3种，两端各磨平3/4圈。

(8) 总圈数n_1：弹簧的有效圈与支撑圈之和，$n_1=n+n_2$。

(9) 弹簧自由高度H_0：弹簧未受载荷时的高度，$H_0=nt+(n_2-0.5)d$。

(10) 弹簧展开长度：制造弹簧时所需簧丝的长度，$L=n_1\sqrt{(\pi D_2)^2+t^2}$。

(11) 旋向：分左旋和右旋。

2. 圆柱螺旋压缩弹簧的规定画法

1) 单个弹簧的画法

(1) 在平行于圆柱螺旋压缩弹簧轴线的投影面的视图中，可画成视图，也可以画成剖视图，各圈的轮廓线画成直线，如图7.56所示。

(2) 圆柱螺旋压缩弹簧有效圈数在4圈以上时，可以只画出其两端的1～2圈(支承圈除外)，中间部分可省略，用通过中径的细点画线连起来，并且可适当缩短图形长度，如图7.56所示。

(3) 无论支承圈的圈数多少和并紧情况如何，均按2.5圈绘制。如图7.56所示。必要时，也可以按支承圈的实际结构绘制。

(4) 螺旋弹簧均可画成右旋，但对左旋弹簧不论画成左旋或右旋，都要在“技术要求”中注明。

2) 弹簧在装配图上的画法

(1) 在装配图中，被弹簧挡住部分的结构一般不画，可见部分应从弹簧的外轮廓线或从弹簧钢丝断面的中心线画起，如图7.57(a)所示。

(2) 螺旋弹簧被剖切时，当线径等于或小于2mm时，其断面可涂黑表示。如图7.57(b)所示。也允许采用示意画法，如图7.57(c)所示。

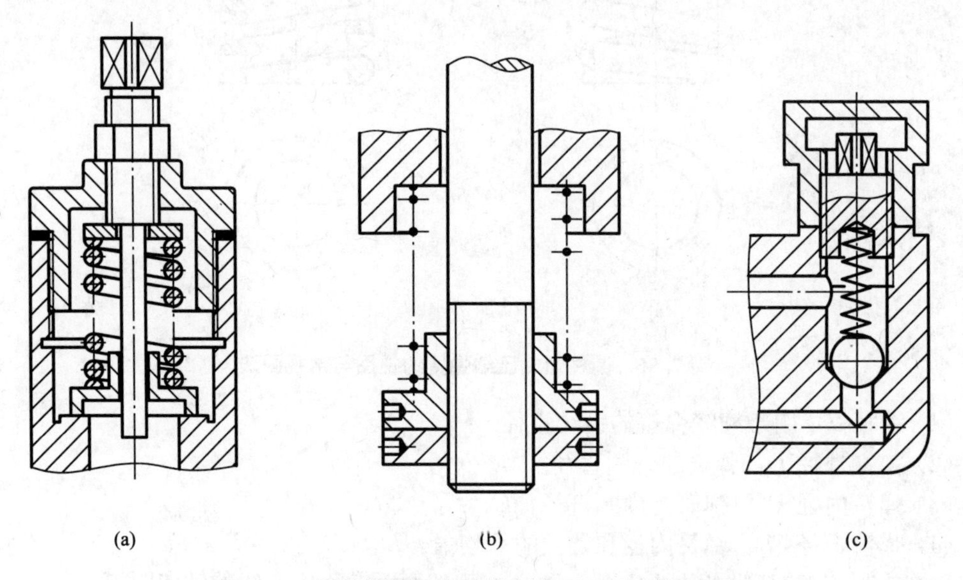

图7.57 圆柱螺旋压缩弹簧在装配图中的弹簧画法

3. 圆柱螺旋压缩弹簧的画图步骤

1) 已知圆柱螺旋压缩弹簧的d、D、t、n、n_2、旋向。其画图步骤如图7.58所示。

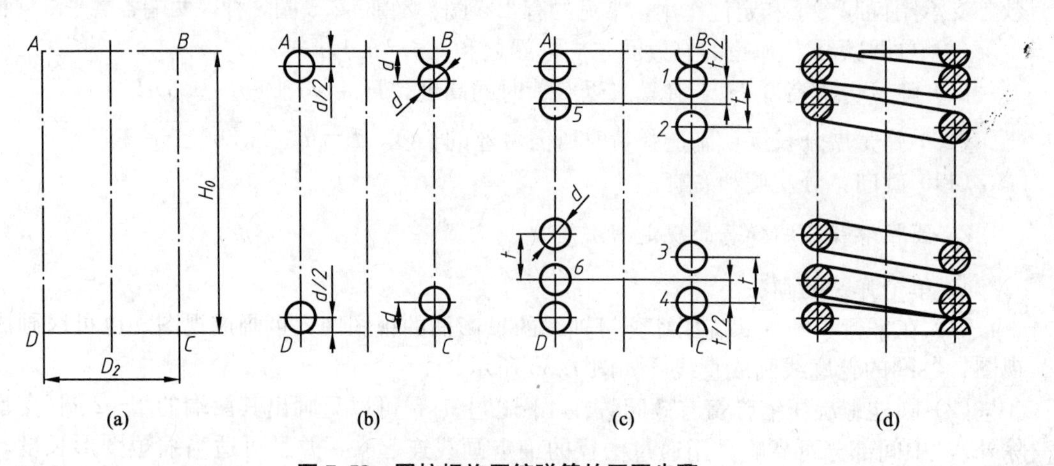

图7.58 圆柱螺旋压缩弹簧的画图步骤

(1) 计算出弹簧中径 D_2 及自由高度 H_0，画出矩形 $ABCD$，如图 7.58(a)所示。

(2) 根据线径 d，画出两端支承圈部分的圆和半圆，如图 7.58(b)所示。

(3) 画出有效圈部分直径与簧丝直径相等的圆。先在 BC 上根据节距 t 画出圆 2 和 3；然后从 1、2 和 3、4 的中点作水平线与 AD 相交，画出圆 5 和 6，如图 7.58(c)所示。

(4) 按右旋旋向作相应圆的公切线及剖面线，完成作图，如图 7.58(d)所示。

2) 圆柱螺旋压缩弹簧的零件图示例

图 7.59 是圆柱螺旋压缩弹簧的零件图，在轴线水平放置的弹簧主视图上，注出完整的尺寸和尺寸公差、形位公差；同时，用文字叙述技术要求，并在零件图上方用图解表示弹簧受力情况。

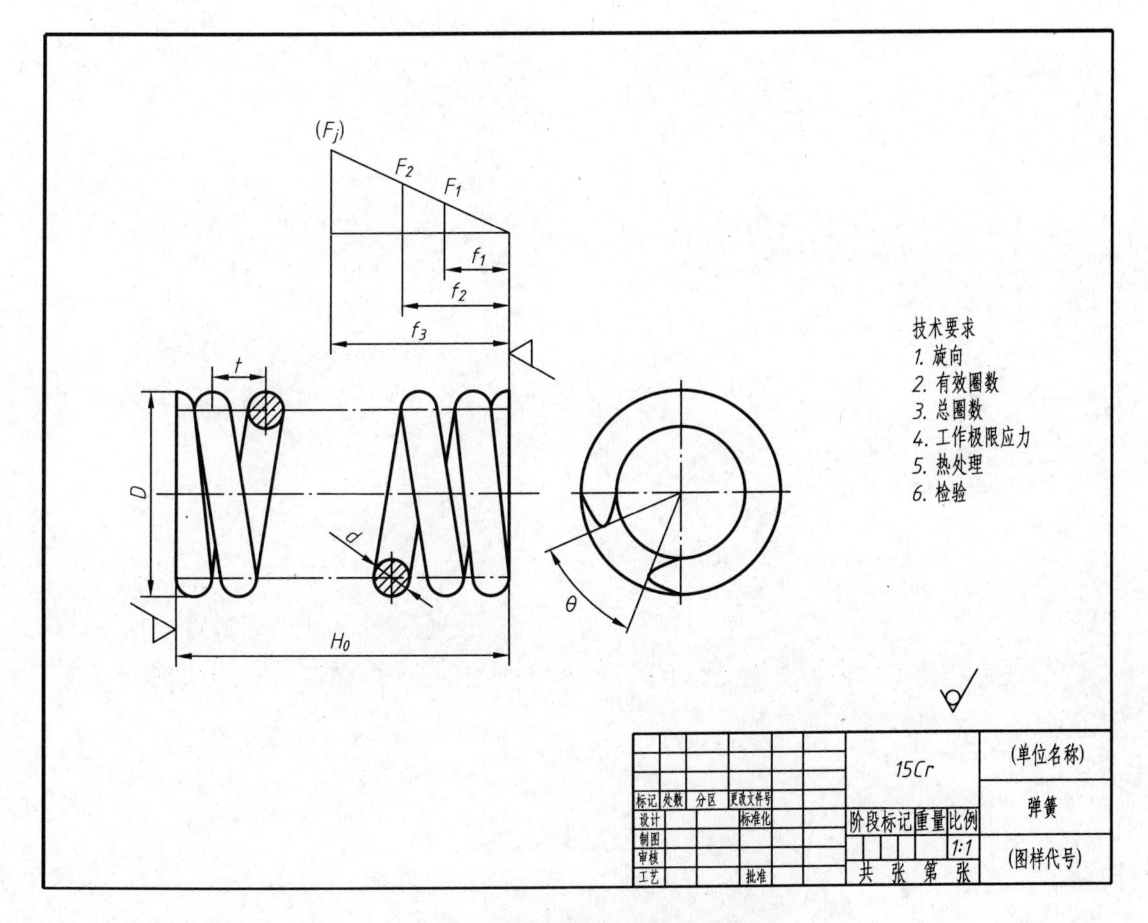

图 7.59 圆柱螺旋压缩弹簧的零件图

思 考 题

1. 螺纹的五大基本要素有哪些？内、外螺纹旋合时，应该符合哪些要求？
2. 常用的标准螺纹有哪几种？如何标注？
3. 常用的螺纹紧固件有哪几种？如何标注？

4. 直齿圆柱齿轮的基本要素是什么?

5. 圆柱齿轮啮合的剖视图中，啮合区画几条线?分别是哪几条线?

6. 如何标注键槽宽及槽深?

7. 在装配图中滚动轴承有几种画法?规定画法中，内、外圈剖面线的倾斜方向如何绘制?

第8章 零件图

组成机器或部件的最基本的构件称为零件。任何机器或部件都是由零件按一定的装配关系和技术要求装配而成的。根据零件在机器或部件上的作用，一般可将零件分为3种类型。

(1) 一般零件：其形状、结构、大小都必须按部件的功能和结构要求设计。一般零件都需画出零件图以供制造、维护等。按其结构特点和功能可大致分成轴套类、盘盖类、箱体类、叉架类等。

(2) 常用件：如齿轮、蜗轮、蜗杆等，主要用于各种传动机构中，传递动力和运动。国标中只对这类零件的功能结构部分(如齿轮的轮齿部分)实行标准化，并有规定画法，其余结构形状则根据使用条件的不同而有不同的设计。常用件一般要画零件图。

(3) 标准件：如紧固件(螺栓、螺钉、垫圈、螺母等)、键、销、弹簧等，主要作用是连接、定位、支撑、密封等。标准件使用特别广泛，其型式、规格、材料等都有统一的国标，查阅有关标准，就能得到全部尺寸，因此，不必画零件图。

表达一个零件的图样称为零件工作图(简称零件图)。本章主要讨论零件图的作用与内容、零件的表达及尺寸标注、零件图的技术要求、零件的工艺结构分析、看零件图和画零件图的方法和步骤等。

8.1 零件图的内容

1. 零件图的作用

零件图是表达零件的形状、尺寸、加工精度和技术要求的图样。它是设计部门提交给生产部门的重要技术文件，反映设计者的意图，表达了机器(或部件)对零件的要求，并同时考虑到零件结构和制造的可能性与合理性；在生产中起指导作用，是制造和检验零件的依据；也是技术交流的重要资料。

2. 零件图的内容

零件图是指导制造和检验零件的图样。因此，图样中必须包括制造和检验该零件时所需的全部信息。图8.1所示为实际生产中用的蜗轮轴零件图，为了满足生产需要，一张完整的零件图应包括下列基本内容。

1）一组视图

要综合运用视图、剖视、断面及其他规定和简化画法，选择能把零件的内、外结构形状表达清楚的一组视图。

2）全部尺寸

用一组尺寸，正确、完整、清晰、合理地标注出零件各部分的大小和相对位置关系。零件图上应注出加工完成和检验零件是否合格所需的全部尺寸。

3）技术要求

用一些规定的符号、数字、字母和文字注解，简明、准确地给出零件在使用、制造和检验时应达到的一些技术要求(包括表面粗糙度、尺寸公差、形状和位置公差、表面处理和材料处理等要求)。

4）标题栏

标题栏说明零件的名称、材料、数量、日期、图的编号、比例以及描绘、审核人员签字等。根据国家标准，标题栏有固定形式及尺寸，制图时应按标准绘制。

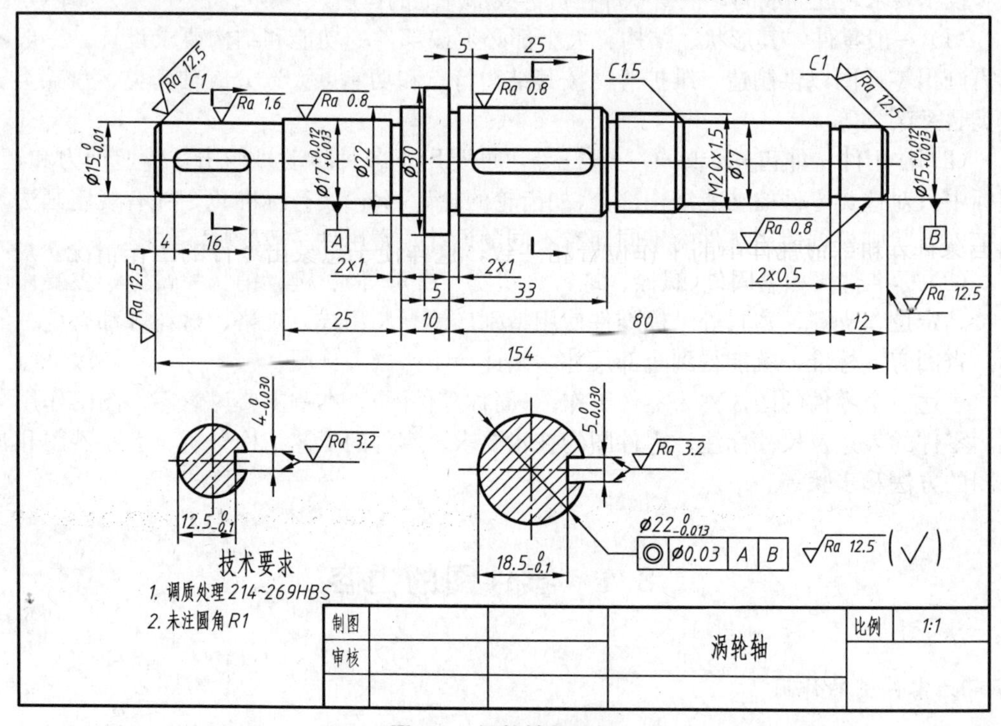

图 8.1　涡轮轴零件图

8.2　零件图的视图表达和尺寸标注

8.2.1　零件的视图表达

零件图的视图选择就是选用一组合适的视图表达零件的内、外结构形状及各部分的相对位置关系。在便于看图的前提下，力求制图简便，这是零件图视图选择的基本要求。它是前述章节中机件各种表达方式的具体综合运用。要想正确、完整、清晰、简便地表达零件的结构形状，关键在于选择一个最佳的表达方案。

1. 主视图的选择

主视图是一组视图的核心，画图和看图时，一般多从主视图开始。主视图选择得恰当与否，直接影响到其他视图的选择、画图和看图的方便、图幅的合理利用等。因此，画零件图时必须首先选择好主视图。选择主视图时应先确定零件的安放位置，然后确定主视图投射方向。

零件安放需符合以下原则：

1）主要加工位置原则

零件图的作用是指导制造零件，因此主视图所表示的零件位置应尽量和该零件的主要工序的加工装夹位置一致，以便读图。如轴、套、轮和盘类零件多在车床、磨床上加工，工件一般水平放置，故常按加工位置选择主视图，即在主视图上常将其回转轴线水平放置，且轴类零件大端在左、小端在右，如图 8.2 所示。

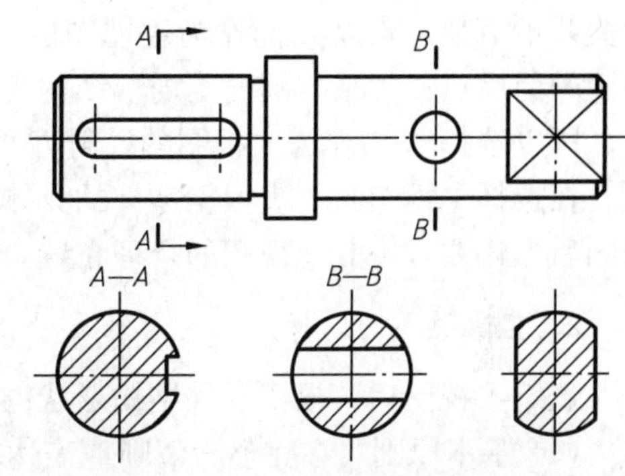

图 8.2　按主要加工位置选择主视图

2）工作位置原则

工作位置是指零件在机器或部件中所处的工作位置。对于加工位置多变的零件，应尽量与零件在机器或部件中的工作位置相一致，这样便于想象出零件的工作情况。对于叉架、壳体类零件，常按其工作位置来选择主视图，如图 8.3(a)所示。但对在机器中工作时斜置的零件，为便于画图和读图，应将其放正。

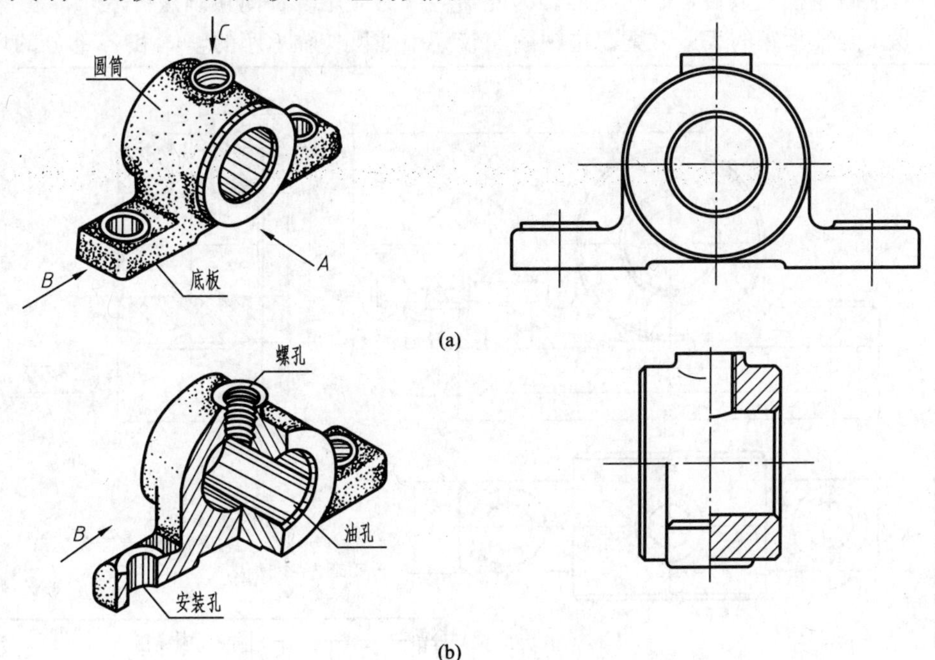

图 8.3　轴承座的主视图选择

主视图的投射方向应符合形状特征原则：选择反映零件形状和结构特征以及各部分结构形状和相互位置关系最明显的方向，作为主视图的投射方向。如图 8.3(a)所示，轴承座大致分两个部分。

(1) 带凸台的圆筒——支撑轴衬和转轴，凸台上安装油杯以润滑转轴。

(2) 长方形底板——支撑圆筒和安装轴承座，为了减少加工面和减少安装接触面，底板上面有凸台，下面有通槽。

轴承座前后、左右对称。若以 A 向作为主视图的投射方向，得到的视图如图 8.3(a)所示，圆筒和底板结合情况很明显，轴承座形状特点突出，但凸台和底板与圆筒的前后位置关系不清楚。若以 B 向作为主视图的投射方向，得到的视图如图 8.3(b)所示，底板与圆筒的前后位置关系、圆筒的内部结构等虽然清楚，但整个轴承座的形状特点不如 A 向清楚。所以选择 A 向作为主视图的投射方向。

在选择主视图时，应根据零件的具体结构和加工、使用情况加以综合考虑。当选好主视图后，还要考虑其他视图的合理布置，充分利用图纸等。

2. 其他视图的选择

选定主视图后，根据零件结构形状的复杂程度选择其他视图。应注意以下原则。

(1) 基本原则。在完整、清晰地表达零件内、外结构形状的前提下，优先选用基本视图，尽量在基本视图上作剖视。

(2) 互补性原则。其他视图主要用于表达零件在主视图中尚未表达清楚的部分，作为主视图的补充。主视图与其他视图表达零件时，各有侧重，相互弥补，才能完整、清晰地表达零件的结构形状。

(3) 视图简化原则。在选用视图、剖视图等各种表达方法时，还要考虑绘图、读图的方便，力求减少视图数目，简化图形。为此，应广泛应用各种简化画法。

图 8.4 是轴承座的表达方案。主视图比较集中地反映轴承座的整体和各部分的形状特

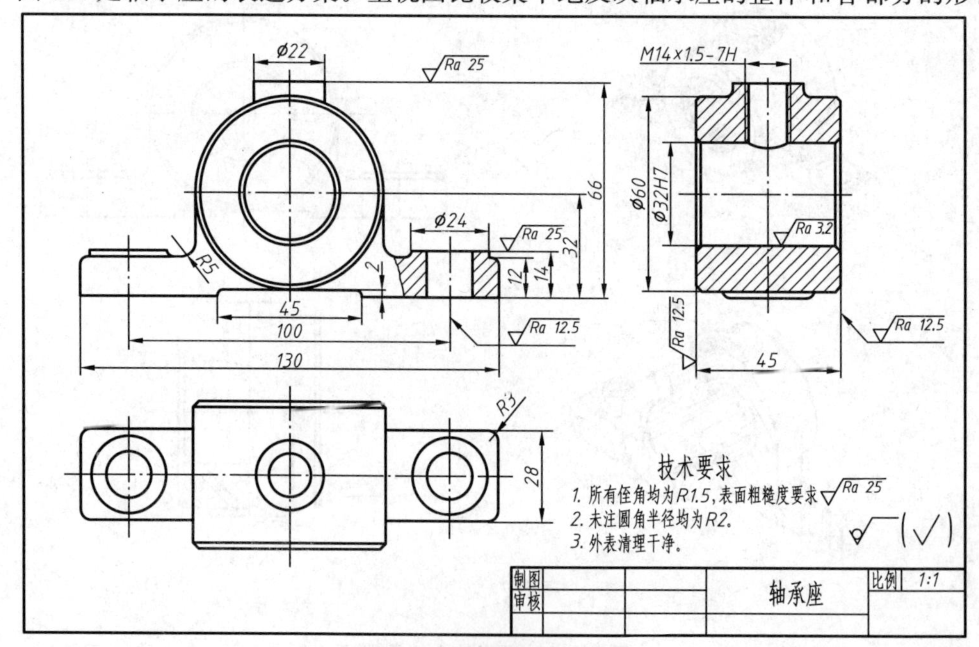

图 8.4　轴承座的表达方案

征，表明该零件左右对称，采用局部剖表达安装孔的结构；俯视图主要表达底板的形状；左视图采用全剖视，重点反映轴承座内部结构形状。

3. 典型零件的表达分析

零件的结构形状千变万化。根据零件的结构特点可将其分为 4 类：轴套类、盘盖类、叉架类和箱体类。不同类型的零件有不同的表达方法。即使是同一个零件，其表达方法也不是唯一的。下面仅从零件的结构特点、表达方案等方面进行分析。

(1) 轴套类零件。包括各种转轴、销轴、衬套、轴套等。图 8.5 所示为蜗轮轴的零件图。轴、套类零件的结构特点、主要加工方法、主视图选择、表达方法见表 8-1。

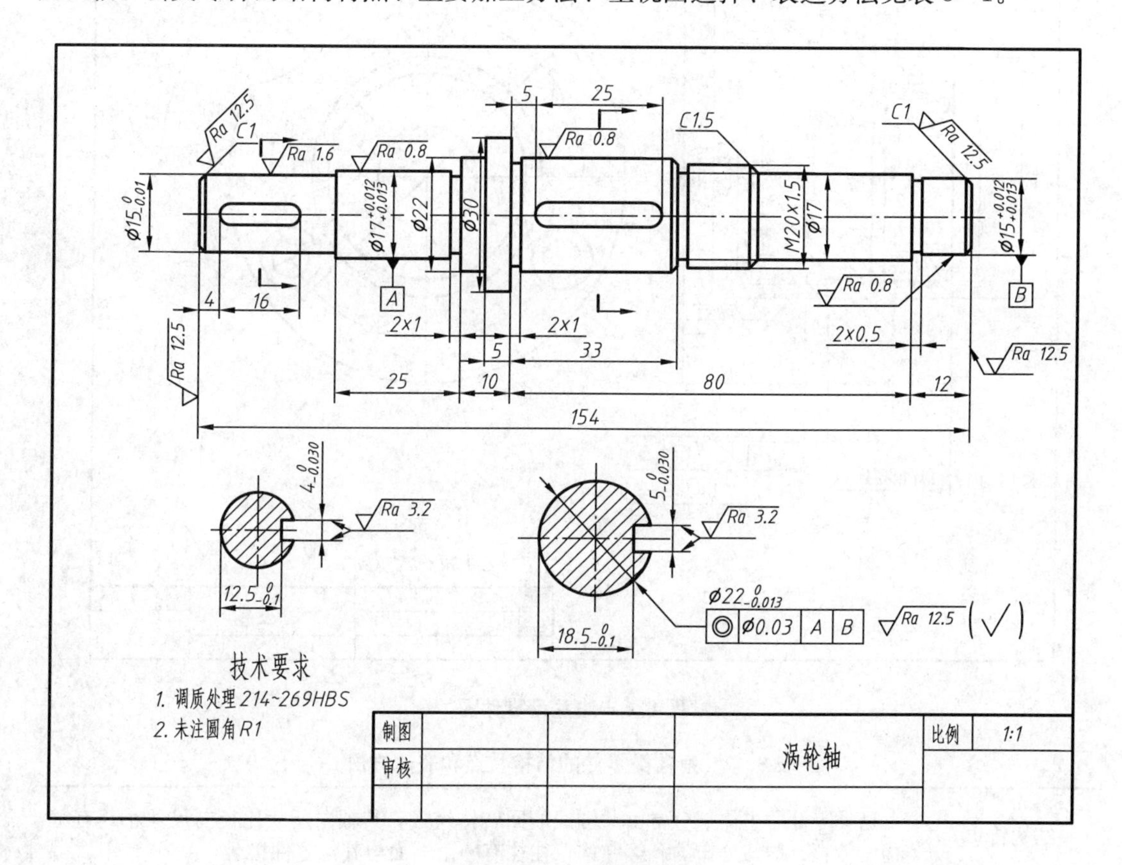

图 8.5　涡轮轴零件图

表 8-1　轴套类零件的结构特点和表达方法

结构特点	零件各部分由回转体组成，零件的轴向尺寸比径向尺寸大，常有轴肩、倒角、键槽、螺纹、退刀槽、砂轮越程槽、销孔和中心孔等结构，套类零件是中空的
加工方法	毛坯一般用棒料，主要加工方法是车削、磨削和镗削
主视图选择	按主要加工位置将轴线水平放置，并反映零件的形状特征
视图表达方法	一般常用主视图表达零件的主体结构，用断面、局部剖视、局部放大图表达零件的某些局部结构，对于中空的套类零件，其主视图一般取剖视图

（2）盘盖类零件。包括各种齿轮、带轮、手轮、法兰盘、端盖和压盖等。图 8.6 所示为法兰盘零件图。这类零件的结构特点、主要加工方法、主视图选择、表达方法见表 8-2。

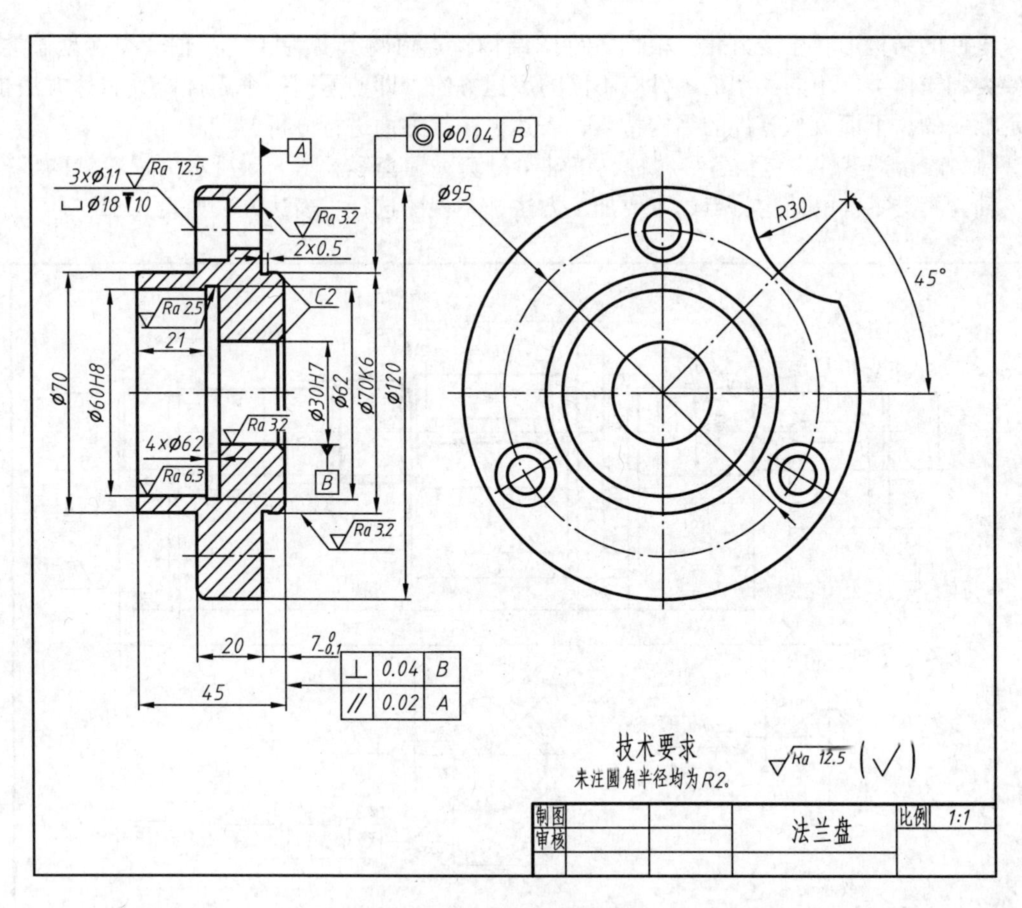

图 8.6　法兰盘零件图

表 8-2　盘盖类零件的结构特点和表达方法

结构特点	这类零件的主体部分常由共轴线的回转体组成，其轴向尺寸比径向尺寸小，有键槽、轮辐、均匀分布的孔等结构，往往有一个端面与其他零件接触
加工方法	毛坯多为铸件，回转体类主要在车床上加工，平盖板类用刨削或铣削加工
主视图选择	以车削加工为主的零件，按主要加工位置将轴线水平放置；不以车削加工为主的零件，按工作位置放置
视图表达方法	一般采用两个基本视图，主视图常采用剖视图以表达内部结构；另一视图则表达其外形轮廓和各组成部分，如孔、肋、轮辐等的相对位置，并常采用简化画法

（3）叉架类零件。包括各种拨叉、连杆、支架、支座等。图 8.7 所示为托架零件图。这类零件的结构特点、主要加工方法、主视图选择、表达方法见表 8-3。

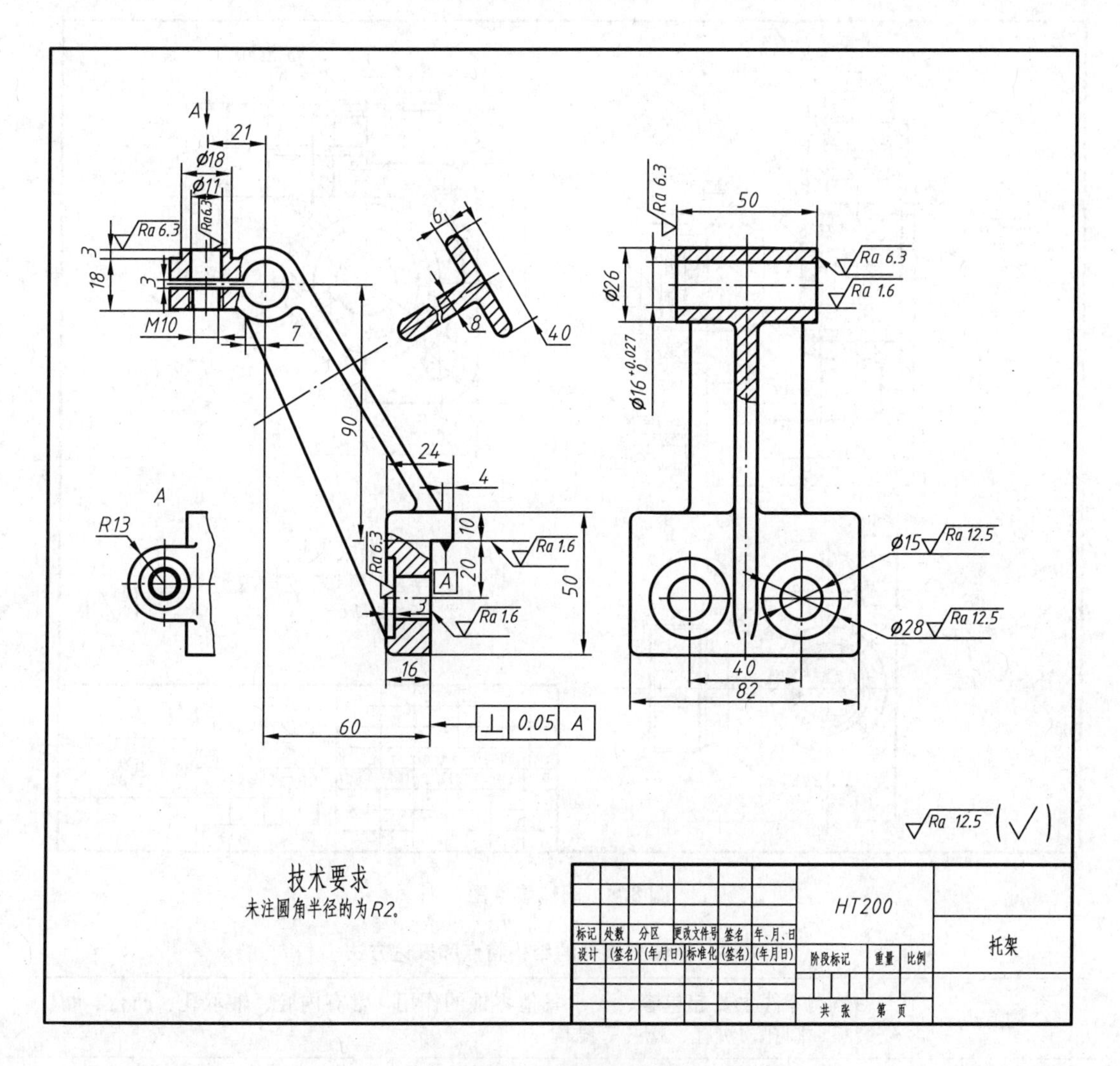

图 8.7　托架零件图

表 8-3　叉架类零件的结构特点和表达方法

结构特点	叉架类零件通常由工作部分、支承（或安装）部分及连接部分组成，常有螺孔、肋、槽等结构
加工方法	毛坯一般为铸件或锻件，然后进行多种工序的加工
主视图选择	以零件的工作位置放置，并反映零件的形状特征
视图表达方法	一般需要两个以上的视图，零件的倾斜部分用斜视图或斜剖视表达，内部结构常采用局部剖视图表达，薄壁和肋板的断面形状常采用断面图表达

(4) 箱体类零件。包括各种箱体、壳体、阀体、泵体等。图 8.8 所示为阀体零件图。这类零件的结构特点、主要加工方法、主视图选择、表达方法见表 8-4。

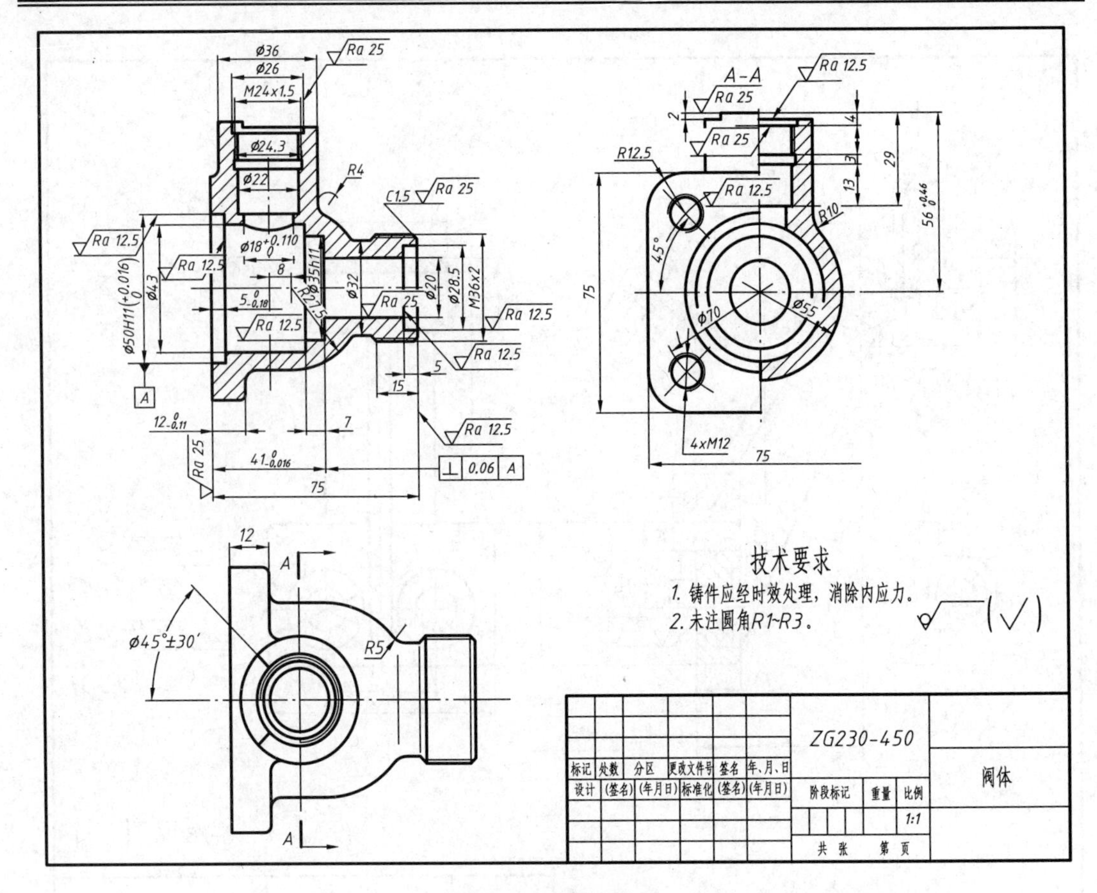

图 8.8 阀体零件图

表 8-4 箱体类零件的结构特点和表达方法

结构特点	箱体类零件主要起包容、支承其他零件的作用，常有内腔、轴承孔、凸台、肋、安装板、圆孔、沉孔、螺孔等结构
加工方法	毛坯一般为铸件或焊接件，然后进行多种机械加工
主视图选择	以零件的工作位置放置，并反映零件的形状特征
视图表达方法	一般需要两个以上的基本视图，采用通过主要支承孔轴线的剖视图表示其内部结构形状，一些局部结构常用局部视图、局部剖视图、断面图等表达

8.2.2 零件的尺寸标注

零件图是加工、检验零件的依据。在零件图上，视图只能表达零件的结构形状，尺寸才能确定零件的大小和各部分之间的相对位置关系。在零件图上注写的尺寸，应达到正确、完整、清晰、合理。所谓正确，就是零件图上所注尺寸必须符合国家标准中的有关规定；所谓完整，就是应注全零件各部分结构的定形尺寸、定位尺寸和总体尺寸；所谓清晰，就是配置尺寸便于看图；所谓合理，是所标注的尺寸应满足结构设计的要求，并考虑加工方便、测量简单，切合生产实际，即满足设计要求和工艺要求。尺寸标注的基本规定和尺寸标注的正确、完整、清晰的要求已在前面几章中作了详细介绍，本节主要介绍尺寸标注的合理性。

为了使所注尺寸合理，应考虑以下几个方面的内容：

1. 尺寸基准

尺寸基准是标注尺寸的起点。在选择尺寸基准时，必须考虑零件在机器或部件中的位置、作用、零件之间的装配关系以及零件在加工过程中的定位和测量等要求，因此，基准应根据设计要求、加工情况和测量方法确定。基准按用途可分为设计基准和工艺基准，按主次可分为主要基准和辅助基准。

1）设计基准

在零件设计时，根据零件的结构和设计要求而选定标注尺寸的起点称为设计基准。零件图上常以零件的底面、端面、对称平面、回转体的线作为基准。如图 8.9 所示端盖零件，其回转轴线是各外圆表面和内孔的设计基准。

2）工艺基准

零件在加工时用以加工定位和检验而选定的基准称为工艺基准。如图 8.9 所示，零件的右端面 A 为装配时用的工艺基准。工艺基准又可分为定位基准和测量基准。

(1) 定位基准。在加工过程中零件装夹定位时所用的基准。如图 8.10 所示，左侧外圆柱面 B 在加工右侧外圆柱面时起定位作用，是定位基准。

(2) 测量基准。在测量、检验零件已加工面的尺寸时所用的基准。图 8.10 中的轴肩 A 是测量右端圆柱轴向尺寸的测量基准。

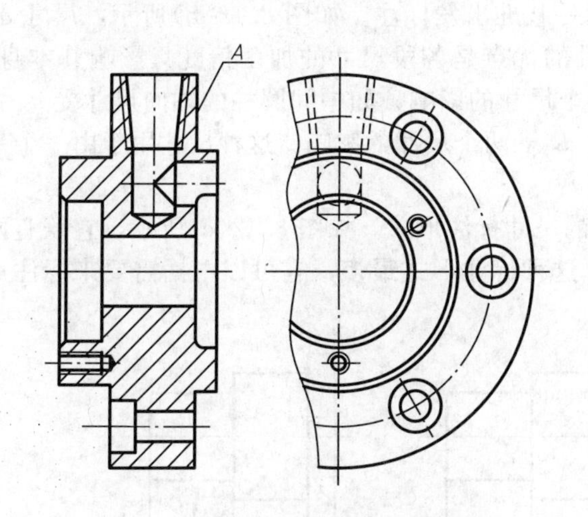

图 8.9 端盖的设计基准和工艺基准

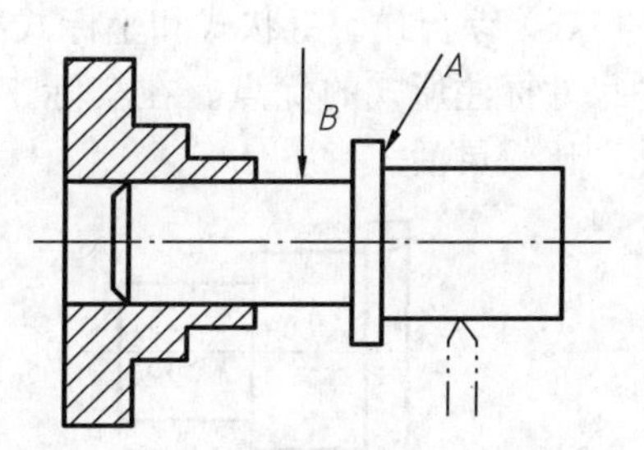

图 8.10 轴类零件的工艺基准

(3) 尺寸基准的选择。标注尺寸时从设计基准出发，其优点是反映设计要求，便于保证所设计的零件在机器或部件中的工作性能；若从工艺基准出发，其优点是把尺寸的标注与零件加工和测量联系起来，在标注尺寸时反映工艺要求，便于加工、测量。为了减少加工误差，保证设计要求，应尽可能将设计基准与工艺基准重合。如果不能重合，则首先保证设计要求，即将重要的设计尺寸从设计基准出发标注，次要的尺寸可从工艺基准注起。这样既保证了设计要求，又便于加工和测量。在标注零件长、宽、高 3 个方向的定位尺寸之前，首先将设计基准确定为主要基准，其他不能与设计基准重合的工艺基准可确定为辅助基准。主要基准与辅助基准之间要有尺寸联系，如图 8.11 所示。

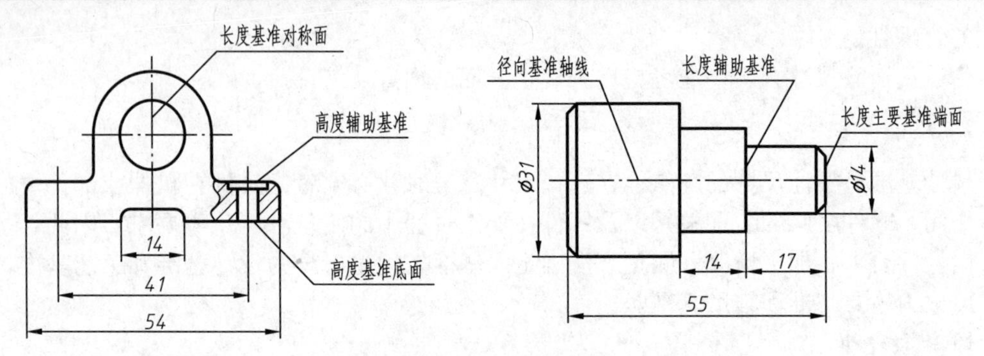

图 8.11　尺寸基准

2. 尺寸的标注形式

由于零件的设计、工艺要求不同，尺寸基准选择也不同。因此，尺寸标注形式有链状式、坐标式和综合式 3 种。

(1) 链状式。把同一方向的各逐段首尾相连连续标注。如图 8.12(a)所示，a、b 、c 这 3 个尺寸是互相串联的链式尺寸，a 的终点是 b 的起点，b 的终点是 c 的起点。链状式尺寸的优点是能保证每一段尺寸的精度，每段尺寸的加工误差只影响其本身，不会影响其他尺寸；缺点是总体尺寸的误差是各段误差之和，总体尺寸不易控制。链状式尺寸常用于保证孔组中心距的情况。

(2) 坐标式。把同一方向的尺寸从同一基准出发标注。如图 8.12(b)所示，尺寸 a、d、e 的基准都是轴的左端面。坐标式尺寸的优点是各段尺寸的加工精度只影响其本身，不影响总体尺寸；缺点是某些尺寸段受两个尺寸的影响，如中间圆柱的轴向尺寸受 a、d 两个尺寸的影响，右端圆柱的轴向尺寸受 d、e 两个尺寸的影响。这种尺寸用于由一个基准确定一组精确尺寸的情况。

(3) 综合式。链状式和坐标式相结合的尺寸标注形式。如图 8.12(c)所示，它兼有两种尺寸标注形式的优点。在实际工作中，这种标注形式最多，它可以根据需要来标注尺寸，比较灵活。

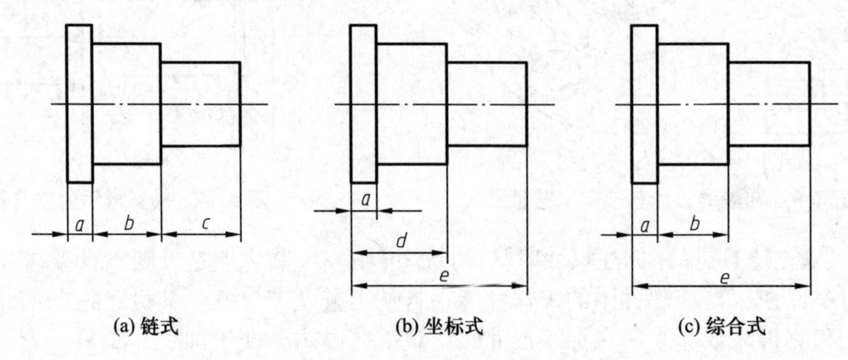

图 8.12　尺寸标注的形式

3. 标注尺寸的注意事项

(1) 主要的设计尺寸应直接注出。主要尺寸主要是指那些影响产品工作性能、精度以及与其他零件相互联系的尺寸，对于这些尺寸，在零件图中一定要直接标注出来。因为在生产过程中误差的产生是不可避免的，直接标注出主要的尺寸，就能使得主要尺寸能够直接加工出来，而误差累计到不重要的部分，从而不会对零件的使用性能产生影响。如图 8.13 所示的阶梯轴，其上键槽、圆柱销孔对其工作性能有重要影响，它们的尺寸就是阶梯轴的主要尺寸，所以应当把它们直接标注出来，如图 8.13(a)所示；而图 8.13(b)所示的标注方法就不正确，因为在实际生产过程中所产生的误差会积累到主要尺寸上面，从而会影响到产品的工作性能，如误差的积累过大，甚至会使得该轴无法使用。

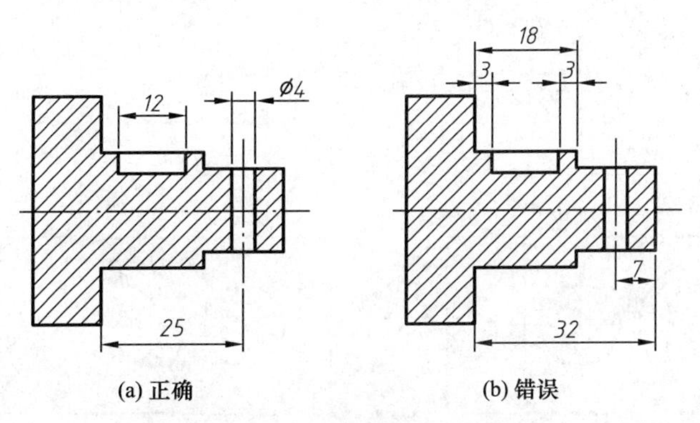

(a) 正确　　(b) 错误

图 8.13　主要尺寸直接注出

(2) 避免注成封闭尺寸链。封闭尺寸链是首尾相接，绕成一整圈的一组尺寸，一组首尾相连的链状尺寸称为封闭尺寸链，如图 8.14(a)中 a、b、c、d 尺寸就组成一个封闭尺寸链。组成尺寸链的每一个尺寸称为尺寸链的环。

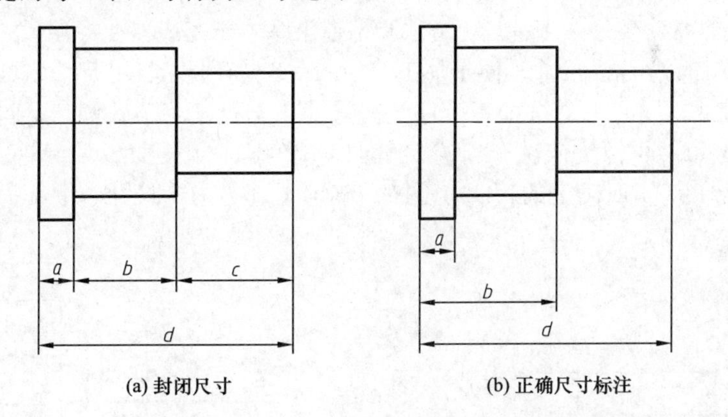

(a) 封闭尺寸　　(b) 正确尺寸标注

图 8.14　避免封闭尺寸链

从加工的角度来看，在一个封闭尺寸链中，总有一个尺寸是其他尺寸都加工完后自然得到的。例如，加工完尺寸 a、b 和 c 后，尺寸 d 就自然得到了。由于加工时尺寸 a、b、c 都可能产生误差，这些误差就会积累到 d 上，而若 d 本身有一定的精度要求，就不能满足设计要求了。所以，标注尺寸时应避免注成封闭尺寸链即各环都注上尺寸。通常是将尺寸链中最不重要的那个尺寸作为开口环，不注写尺寸，如图 8.14 所示。这样，使该尺寸链中其他尺寸的制造误差都集中到这个封闭环上来，从而保证重要尺寸的精度。

当然，在零件图样上标注尺寸应考虑的问题还很多，如标注尺寸要考虑便于加工、测量和装配，零件的毛坯面和加工面的尺寸应分开标注，毛坯面和加工面之间在同一方向只能有一个联系尺寸等。这些将有待后续课程的学习。

(3) 尺寸标注要相对集中。在加工、检验时要检查尺寸，应把零件上同一结构的尺寸尽量集中标注在该结构特征明显的视图上，这样能把有关尺寸和零件形状紧密结合，便于看图，如图 8.15 所示。

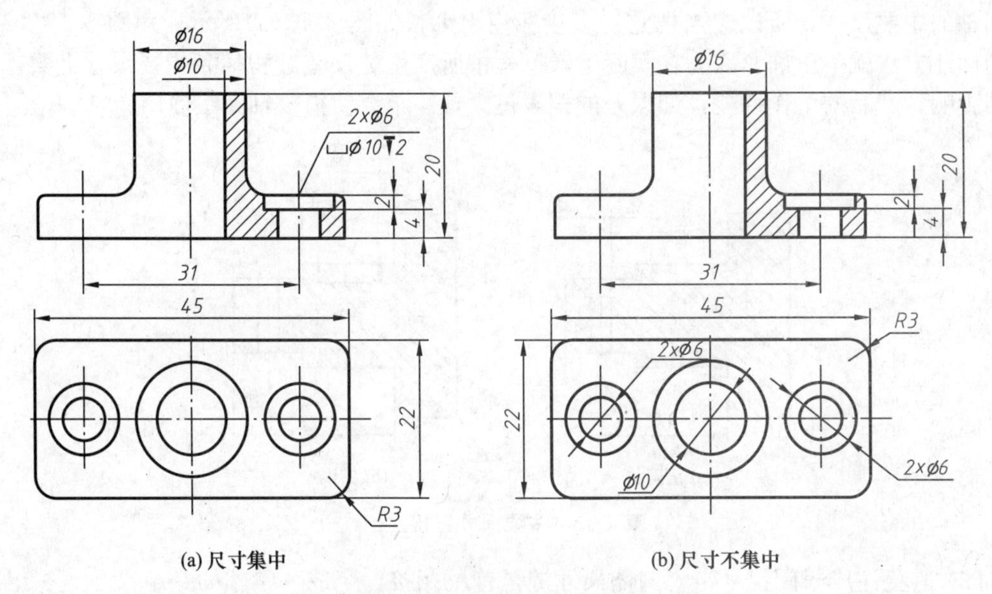

(a) 尺寸集中　　(b) 尺寸不集中

图 8.15　尺寸标注相对集中

(4) 按加工方法、加工顺序标注尺寸。零件的加工方法有车、铣、刨、磨、钻等，一个零件要制成成品，常常要经过多种加工方法和多道工序才能完成。在标注尺寸时，应按不同的加工方法、加工顺序标注尺寸，便于加工。如图 8.16(a)所示，上部为铣削加工尺寸，下部为车削加工尺寸；同时考虑按加工顺序注写尺寸，先粗车 ϕ25 外圆，下料保证长度 61；车 ϕ20 保证长度 11；再掉头依次车出 ϕ25 和 ϕ16，分别保证长度 30、11(右侧 ϕ20 长度是由 61－11－30－9＝11 所确定的)和 9。图 8.16(b)上部为内部尺寸，下部为外形尺寸。

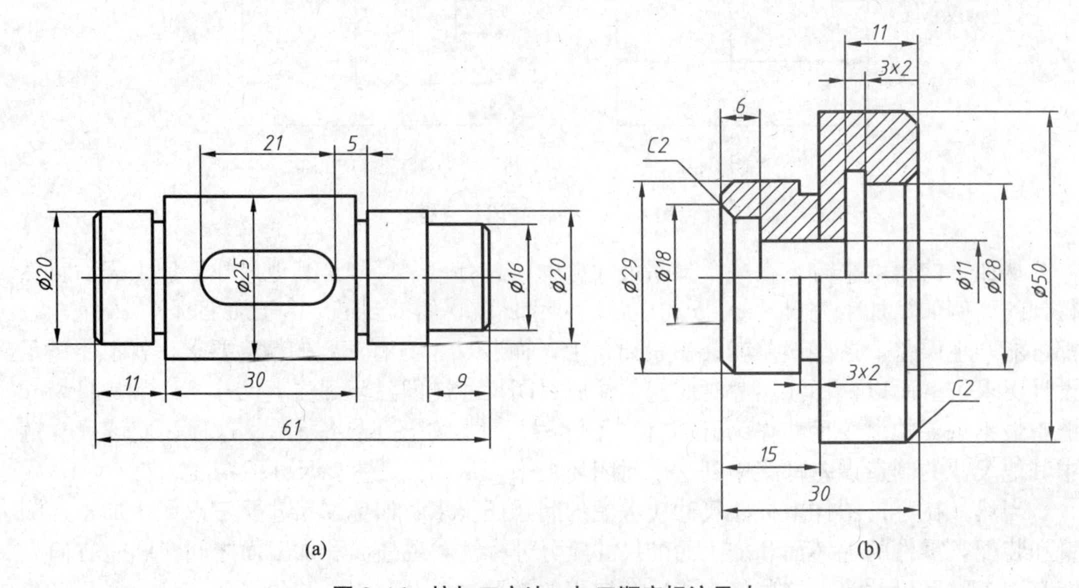

(a)　　(b)

图 8.16　按加工方法、加工顺序标注尺寸

(5) 毛坯面尺寸标注。毛坯面之间的尺寸一般应单独标注，这类尺寸是靠制造毛坯时保证的。标注零件上毛坯面尺寸时，加工面和毛坯面之间在同一方向上只能有一个联系尺寸，其余则为毛坯面与毛坯面之间的尺寸或加工面与加工面之间的尺寸。如图 8.17(a)所示，毛坯面之间的尺寸为 M_1 和 M_4，加工面之间的尺寸为 L，加工面和毛坯面之间的联系尺寸为 A。这是因为毛坯制造时误差较大，加工时不能同时保证两个或两个以上的毛坯面和加工面之间的联系尺寸。如图 8.17(b)所示，不能同时保证 A 和 B 的尺寸精度。

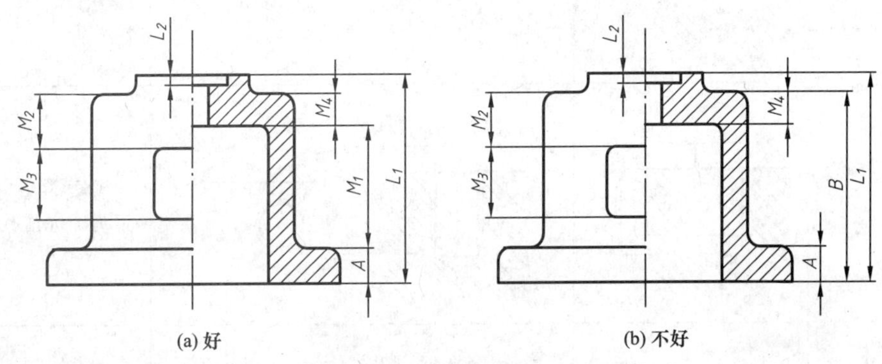

(a) 好　　(b) 不好

图 8.17　毛坯面尺寸标注

(6) 标注尺寸要方便测量。如图 8.18 所示，图中标注“好”的图形的尺寸既符合设计要求，又便于测量。

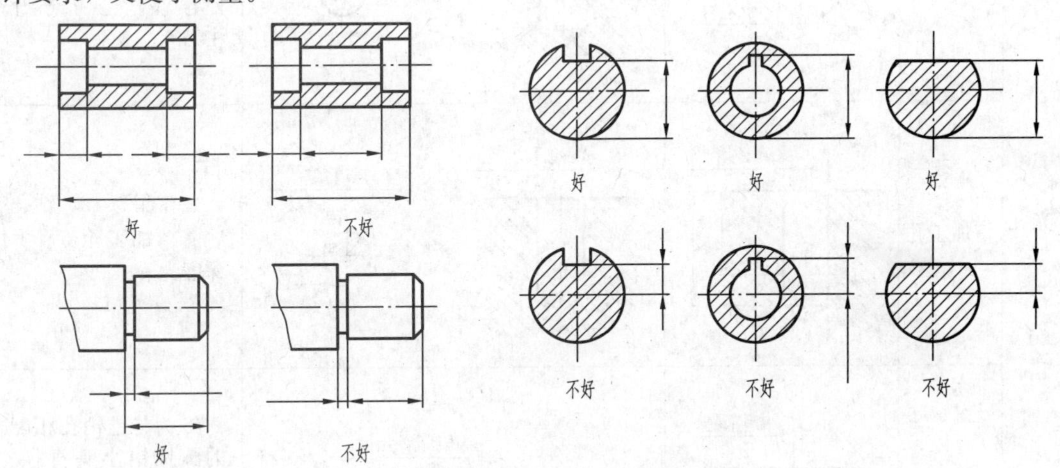

图 8.18　尺寸标注要便于测量

4. 零件上常见结构的尺寸标注

零件上常见结构的尺寸标注见表 8-5。

表 8-5　零件上常见结构的尺寸标注及简化注法

零件结构类型		标注方法	简化注法	说明
螺孔	通孔	3×M6-6H	3×M6-6H　3×M6-6H	3×$M6$ 表示直径为 6，有规律分布的三个螺孔。可以旁注；也可直接注出

（续）

零件结构类型		标注方法	简化注法	说明
螺孔	不通孔	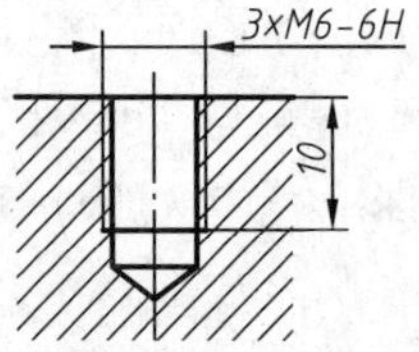 3×M6-6H 10	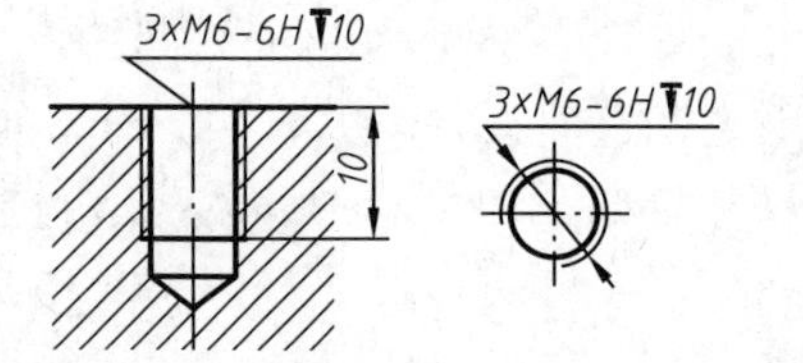 3×M6-6H▼10 10 3×M6-6H▼10	螺孔深度可与螺孔直径连注；也可分开注出
		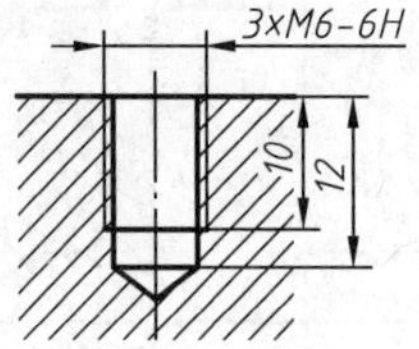 3×M6-6H 10 12	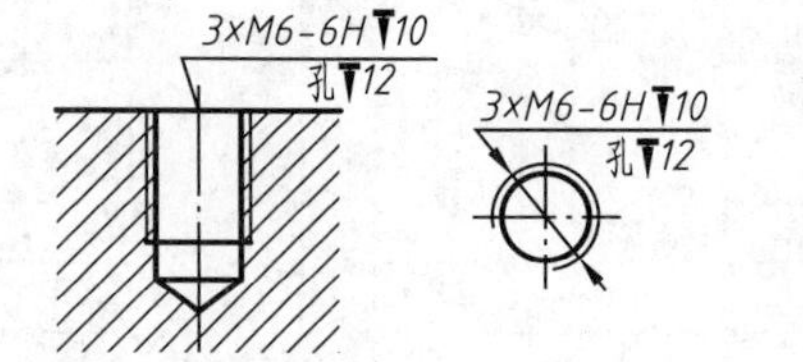 3×M6-6H▼10 孔▼12 3×M6-6H▼10 孔▼12	需要注出孔深时，应明确标注孔深尺寸
光孔	一般孔	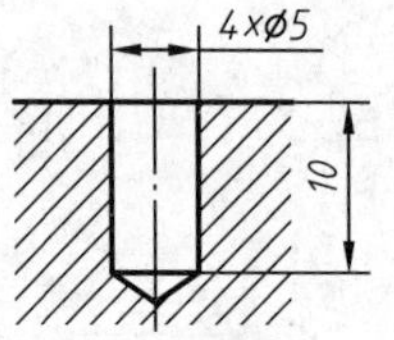 4×Ø5 10	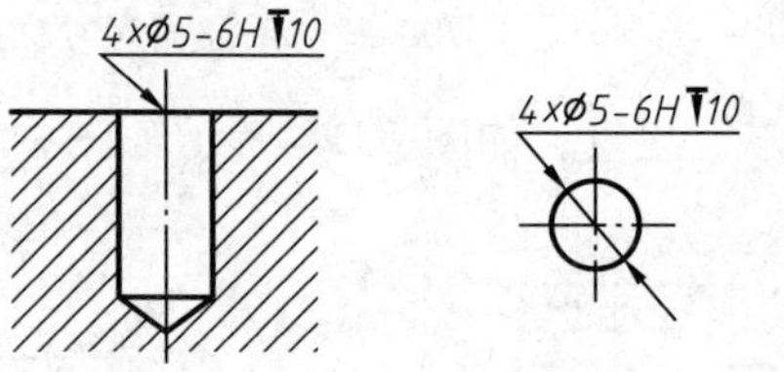 4×Ø5-6H▼10 4×Ø5-6H▼10	4×ϕ5 表示直径为5，有规律分布的4个光孔。孔深可与孔径连注；也可分开注出
	精加工孔	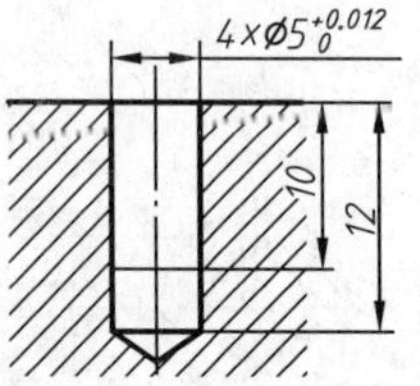 4×Ø$5^{+0.012}_{0}$ 10 12	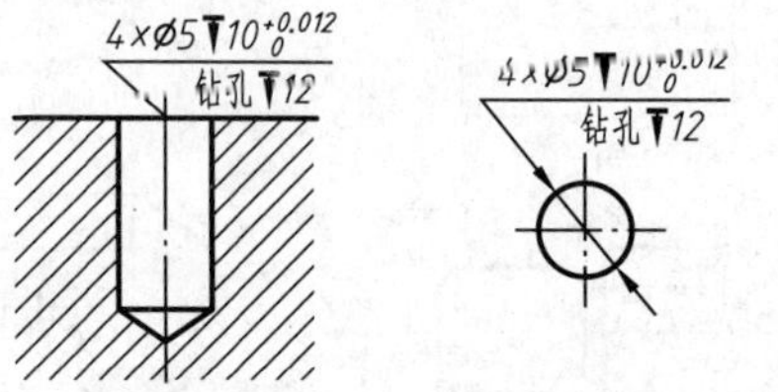 4×Ø5▼$10^{+0.012}_{0}$ 钻孔▼12 4×Ø5▼$10^{+0.012}_{0}$ 钻孔▼12	光孔深为12，钻孔后需精加工至$5^{+0.012}_{0}$深度为10
	销锥孔	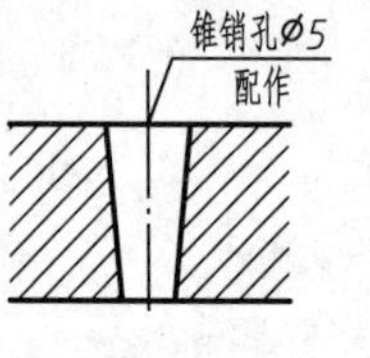 锥销孔Ø5 配作	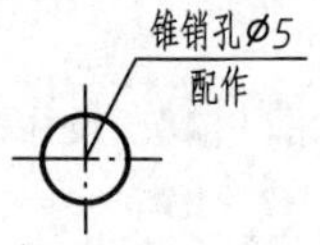 锥销孔Ø5 配作	ϕ5为与锥销孔相配的圆锥销小头直径。锥销孔通常是相邻两零件装配后一起加工的
沉孔	锥形沉孔	90° Ø13 6×Ø7	6×Ø7 ⌵Ø13×90° 6×Ø7 ⌵Ø13×90°	6×ϕ7表示直径为7，有规律分布的6个孔。锥形部分尺寸可以旁注；也可直接注出

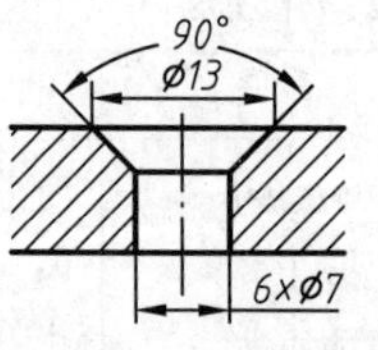

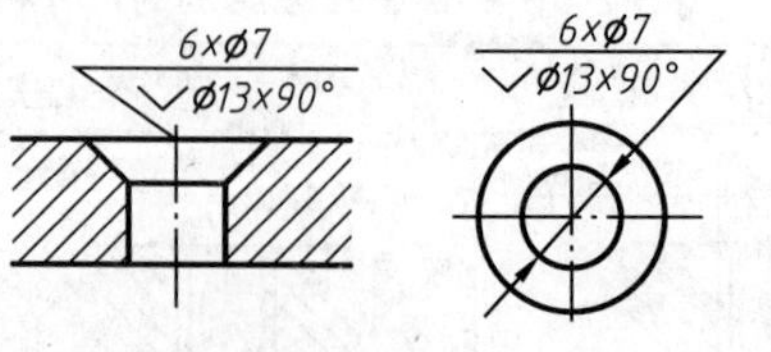

（续）

零件结构类型		标注方法	简化注法	说明
螺孔	通孔	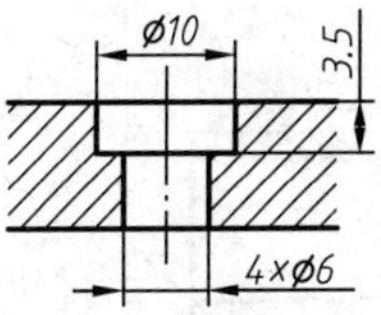	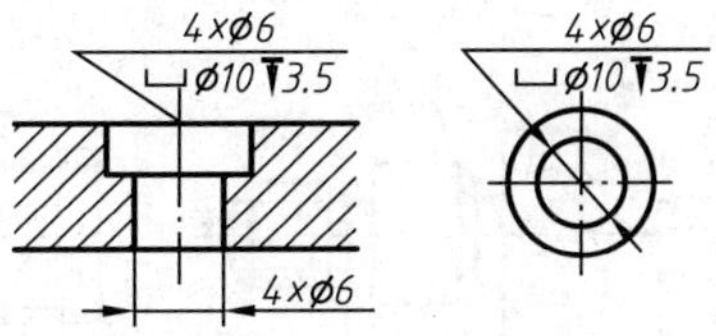	4×ϕ6 的意义同上。柱形沉孔的直径为 10，深度为 3.5，均需注出锪平
	不通孔	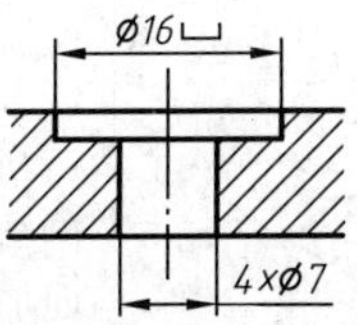	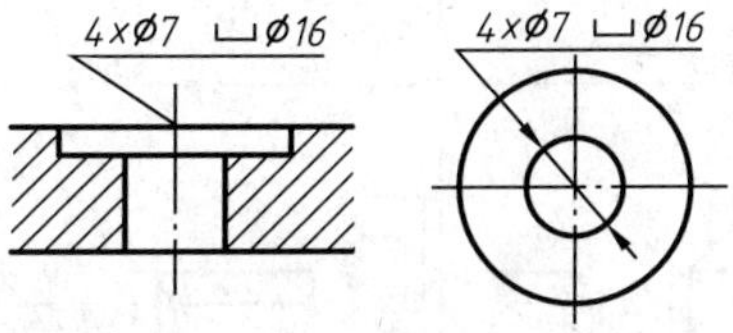	锪平孔 ϕ16 的深度不需标注，一般锪平到不出现毛面为止
		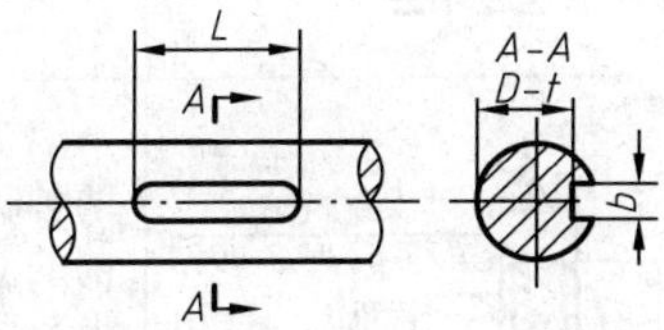	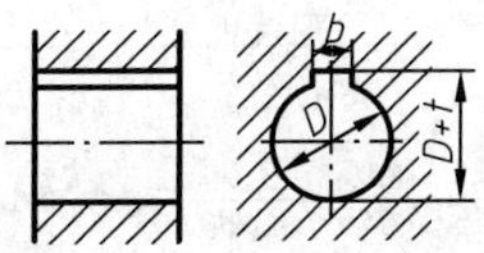	标注 $D-t$ 便于测量
		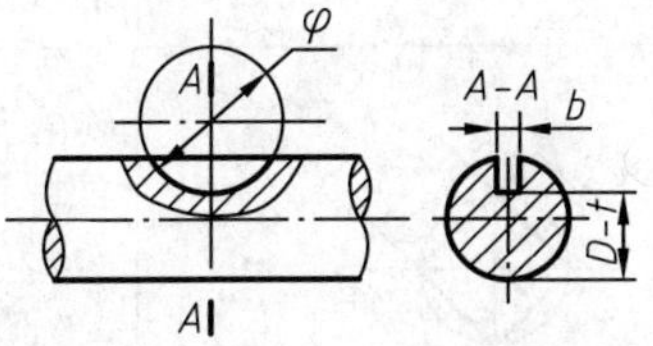	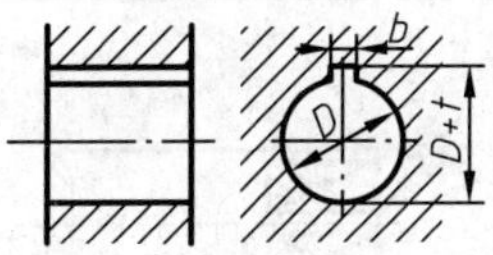	标注直径，便于选择铣刀，标注 $D-t$ 便于测量
		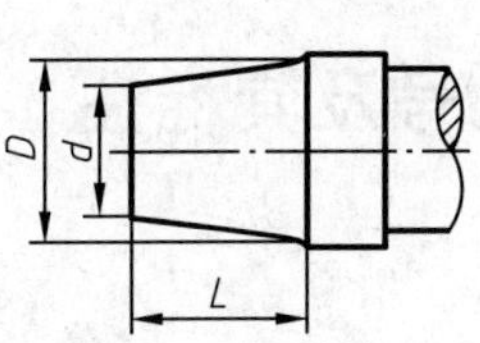	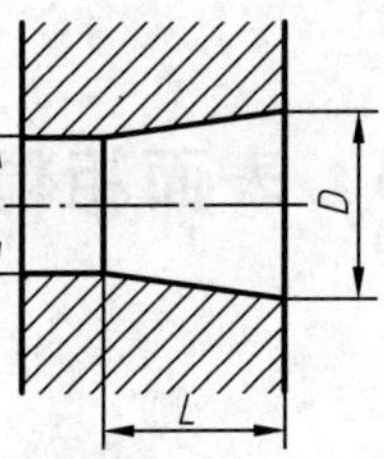	当锥度要求不高时，这样标注便于制造木模
		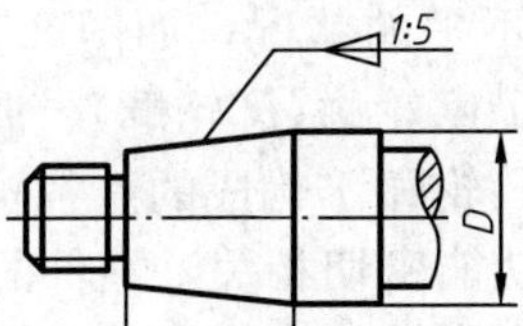	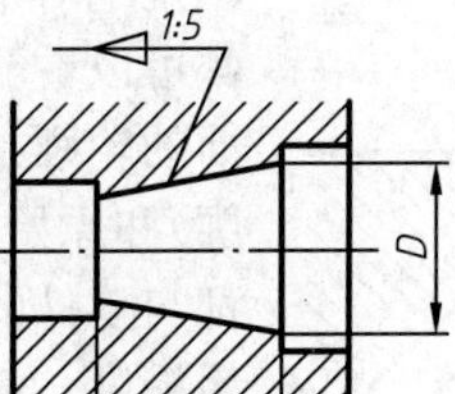	当锥度要求准确并为保证一端直径尺寸时的标注形式

（续）

零件结构类型	标注方法	简化注法	说明
退刀槽及砂轮越程槽	I 2:1 45° R0.5 45° b a b a	I b×a	D b 为便于选择割槽刀，退刀槽宽度应直接注出。直径 D 可直接注出；也可注出切入深度
倒角	CL	CL	CL L 30° 倒角为 45°时，在倒角的轴向尺寸 L 前面加注符号"C"；倒角不是 45°时，要分开标注
滚花	b 直纹m0.3 GB/T 6403.3-1986 D+Δ	2 D	b 网纹m0.3 GB/T 6403.3-1986 D+Δ 30° 30° 滚花有直纹与网纹两种标注形式。滚花前的直径尺寸为 D，滚花后的直径为 $D+\Delta$，Δ 应按模数 m 查相应的标准确定
平面	a×a	a a	在没有表示正方形实形的图形上，该正方形的尺寸可用 $a\times a$（a 为正方形边长）表示；否则要直接标注

8.3 表面粗糙度代号及其标注

1. 表面结构概念

零件表面在加工过程中，由于机床和刀具的振动，材料的不均匀等因素，加工的表面不是绝对平整和光滑的，放在显微镜或放大镜下观察，都可以看到高低不平的状况，如图 8.19 所示。实际表面的轮廓是由粗糙度轮廓（R 轮廓）、波纹度轮廓（W 轮廓）和原始轮廓（P 轮廓 ）构成的。各轮廓所具有的特性都与零件的表面功能密切相关，零件的表面结构特性是粗糙度、波纹度和原始轮廓特性的统称，它通过不同的测量与计算方法得出的一系列参数进行表征，是评定零件表面质量和保证其表面功能的重要技术指标。

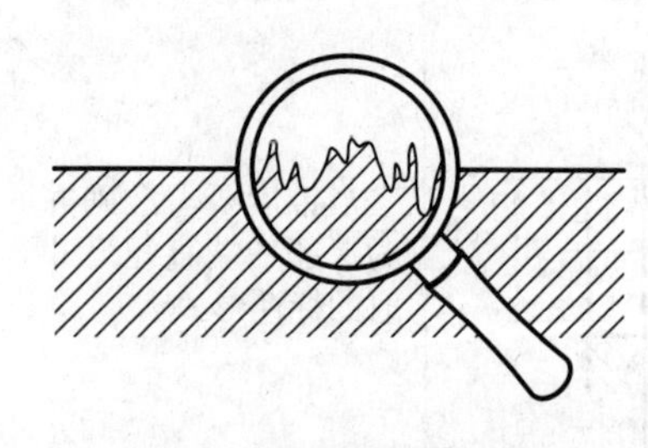

图 8.19　放大后的零件表面

2. 表面结构的参数

国家标准规定了评定表面结构的3组参数。对表面结构有要求时的表示法涉及下面的参数：

(1) 轮廓参数（GB/T 3505—2000 定义）：*R* 轮廓（粗糙度参数）、*W* 轮廓（波纹度参数）、*P* 轮廓（原始轮廓参数）。

(2) 图形参数（GB/T 18618—2002 定义）：粗糙度图形、波纹度图形。

(3) 支承率曲线参数（GB/T 18778.2—2003 和 GB/T 18778.3—2006 定义）。为了满足对零件表面不同的功能要求，国家标准根据表面微观几何形状的高度、间距和形状等特征，规定了相应的评定参数。在机械图样中常用的评定参数是轮廓参数。现主要介绍轮廓参数中的两个粗糙度轮廓参数：轮廓算术平均偏差 *Ra*、轮廓最大高度 *Rz*。

① 轮廓算术平均偏差 *Ra*：在取样长度内，测量方向的轮廓线上的点与基准线之间距离绝对值的算术平均值，如图 8.20 所示。

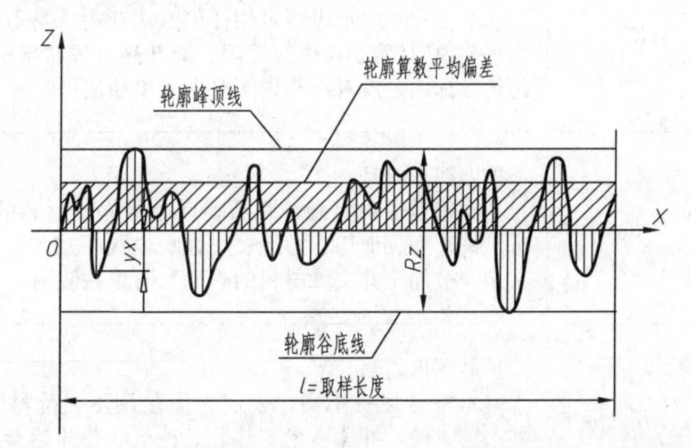

图 8.20 评定轮廓的算术平均偏差 *Ra* 和轮廓的最大高度 *Rz*

用公式表示为：

$$Ra = \frac{1}{l}\int_{0}^{l} |y_x| \, dx \quad \text{或近似的表示为:} Ra = \frac{1}{n}\sum_{i=1}^{n} |y(x)|$$

式中，l 为取样长度，是判别具有表面粗糙度特征的一段基准线长度；y 为轮廓偏距，是轮廓线上的点到基准线之间的距离。图 8.20 中 *OX* 为基准线。

② 轮廓的最大高度 *Rz*：在一个取样长度内，最大轮廓峰顶线和最大轮廓谷底线之间的距离。

表 8-6 所示为国家标准规定的表面粗糙度参数(*Ra*)，其值越小，零件的表面质量要

表 8-6 表面粗糙度参数值

Ra/μm	优先系列	0.012	0.025	0.050	0.100	0.20	0.40	0.80
		1.60	3.2	6.3	12.5	25	50	100
	补充系列	0.008	0.010	0.016	0.020	0.032	0.040	0.063
		0.080	0.125	0.160	0.25	0.32	0.50	0.63
		1.00	1.25	2.0	2.5	4.0	5.0	8.0
		10.0	16.0	20	32	40	63	80

求越高；值越大，零件的表面质量要求越低。一般来说，有配合要求或有相对运动的零件表面，其表面粗糙度参数值小。表面粗糙度要求越高，则其加工成本越高。因此，应在满足零件使用功能的前提下，合理选用表面粗糙度参数。

3. 表面结构的图形符号、代号及标注方法

1）图形符号的类型和意义

在技术产品文件中对表面结构的要求可用几种不同的图形符号表示，每种符号都有特定的含义。基本图形符号和扩展图形符号(加一个短横和一个小圆)见表 8－7。

表 8－7　表面结构的图形符号及其含义(GB/T 131—2006)

符号	含义及说明
	基本图形符号 基本符号，表示表面可用任何方法获得。当不加注粗糙度参数值或有关说明(例如：表面处理、局部热处理状况等)时，仅适用于简化代号标注，没有补充说明时不能单独使用
	扩展图形符号 基本符号加一短画，表示表面是用去除材料的方法获得。例如：车、铣、磨、剪切、抛光、腐蚀、电火花加工、气割等，仅当其含义是“被加工并去除材料的表面”时单独使用
	扩展图形符号 基本符号加一小圆，表示表面是用不去除材料的方法获得。例如：铸、锻、冲压变形、热轧、冷轧、粉末冶金等，或者是用于保持原供应状况的表面(包括保持上道工序的状况)
(1)　(2)　(3)	完整图形符号 用于标注表面结构特征的补充信息。(1)(2)(3)符号分别用于“允许任何工艺(APA)”“去除材料(MRR)”“不去除材料(NMR)”方法获得的表面标注
1　2　3　4　5　6	工件轮廓各表面的图形符号 当在图样某个视图上构成封闭轮廓的各表面有相同的表面结构要求时，应在完整符号上加一圆圈，标注在图样中工件的封闭轮廓线上。如果标注会引起歧义时，各表面应分别标注。左图符号是指对图形中封闭轮廓的 6 个面的共同要求(不包括前后面)

2）表面结构完整图形符号的比例和尺寸

表面结构要求图形符号的画法如图 8.21 所示，图中参数的大小若以图样轮廓线宽度 b 为参数，有：符号的线宽 $d'=b/2$；高度 $H_1=10b$，高度 $H_2=2H_1+(1\sim2)=20b+(1\sim2)$。另外与符号相关的数字、字母的高度 $h=10d'=10b/2$。具体尺寸见表 8－8。

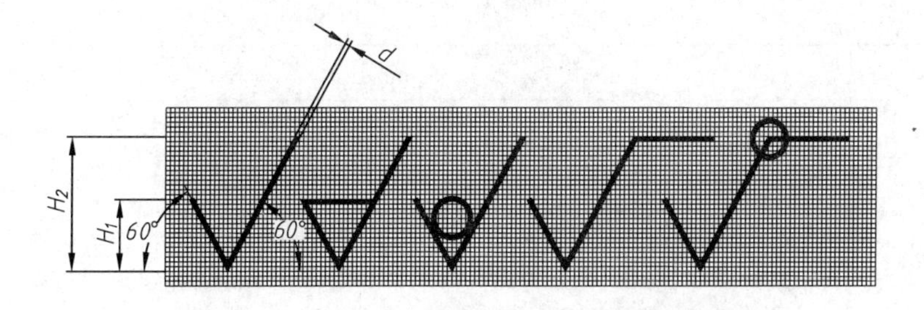

图 8.21 表面结构要求图形符号的画法

表 8-8 数字、字母和图形符号的尺寸

数字和字母高度 h(GB/T 14690—1993)	2.5	3.5	5	7	10	14	20
符号线宽度 d' 字母线宽 d	0.25	0.35	0.5	0.7	1	1.4	2
高度 H_1	3.5	5	7	10	14	20	28
高度 H_2	7.5	10.5	15	21	30	42	60
注：H_2	H_2 和长边横线长度取决于标注内容						

3）表面结构代号

在表面粗糙度符号（√、∇/、ɸ/）上注写所要求的表面特征参数后，即构成表面粗糙度代号。为了明确表面结构要求，除了标注表面结构参数和数值外，必要时应标注补充要求，补充要求包括传输带、取样长度、加工工艺、表面纹理方向、加工余量等。完整的表面结构代号组成如图 8.22 所示。

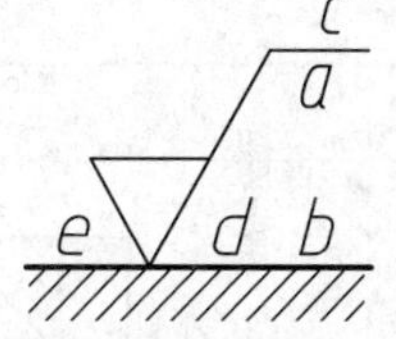

图 8.22 完整的表面结构代号

(1) 位置 *a*——注写表面结构的单一要求，包括表面结构参数代号、极限值、传输带或取样长度，在参数代号和极限值间应插入空格。

(2) 位置 *a*、*b*——注写两个或多个表面结构要求，如位置不够时，图形符号应在垂直方向扩大，以空出足够的空间。

(3) 位置 *c*——注写加工方法，表面处理，涂层或其他加工工艺要求等。

(4) 位置 *d*——注写所要求的表面纹理和纹理的方向，如“=”“⊥”等。

(5) 位置 *e*——注写所要求的加工余量。

4）表面结构代号的含义(表 8-9)。

表 8-9 表面结构代号含义(GB/T 131—2006)

序号	符号	说明
1	√0.008-0.8/Ra 3.2	表示去除材料，单向上限值，默认传输带，R 轮廓，粗糙度的最大高度 0.4μm，评定长度为 5 个取样长度(默认)，“16%规则”(默认)
2	√-0.8-25/Wz310	表示去除材料，单向上限值，默认传输带，R 轮廓，粗糙度最大高度的最大值 0.2μm，评定长度为 5 个取样长度(默认)，“最大规则”

（续）

序号	符号	说明
3	-0.8/Ra 3.2	表示去除材料，单向上限值，传输带 0.008～0.8mm，*R* 轮廓，算术平均偏差 3.2μm，评定评定长度为 5 个取样长度(默认)，“16%规则”(默认)
4	URa max3.2 LRa 0.8	表示去除材料，单向上限值，传输带：根据 CB/T 6062，取样长度 0.8μm (λ_s 默认 0.0025mm)，R 轮廓：算术平均偏差 3.2μm，评定长度包含 3 个取样长度，“16%规则”(默认)
5	Rz max0.2	表示去除材料，单向上限值，传输带：根据 CB/T 6062，取样长度 0.8μm (λ_s 默认 0.0025mm)，*R* 轮廓：算术平均偏差 3.2μm，评定长度包含 3 个取样长度，“16%规则”(默认)
6	Rz 0.4	表示去除材料，单向上限值，传输带 0.8～25mm，*W* 轮廓，波纹度最大高度 10μm，评定长度包含 3 个取样长度，“16%规则”(默认)

4. 表面及结构要求在图样和其他技术产品文件中的注法

表面结构要求对每一表面一般只标注一次，并尽可能标注在相应的尺寸及其公差的同一视图上。应标注在轮廓线、尺寸线、尺寸界线或引出线上，并尽量标注在有关的尺寸线附近，所标注的结构要求是对完整工件表面的要求。关于表面结构要求在图样中的注法见表 8-10。

表 8-10　表面结构要求在图样中的注法

序号	标注实例	说明
1	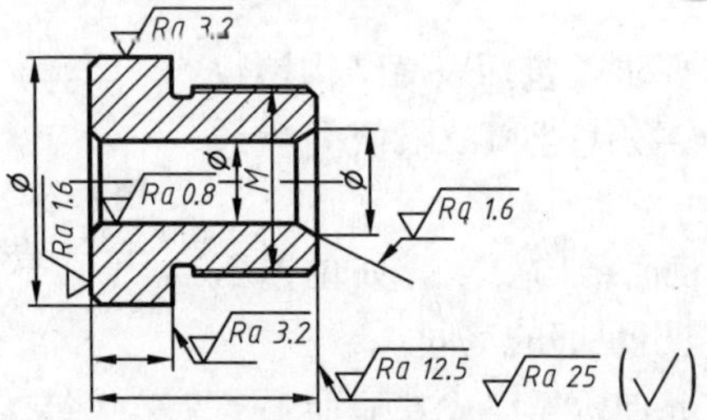 Ra 3.2, Ra 1.6, Ra 0.8, Rq 1.6, Ra 3.2, Ra 12.5, Ra 25 (√), φ, φ, M	应使表面结构的注写和读取的方向与尺寸的注写和读取的方向一致
2	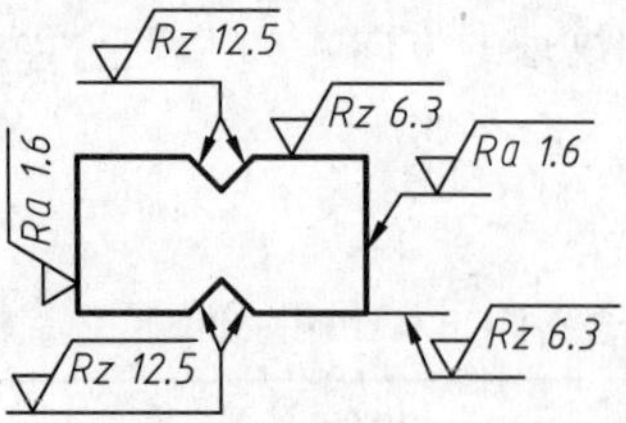 Rz 12.5, Rz 6.3, Ra 1.6, Ra 1.6, Rz 6.3, Rz 12.5	表面结构要求可注写在轮廓线上，其符号应从材料外指向并接触表面，必要时表面结构符号也可以用带箭头或黑点的指引线引出
3	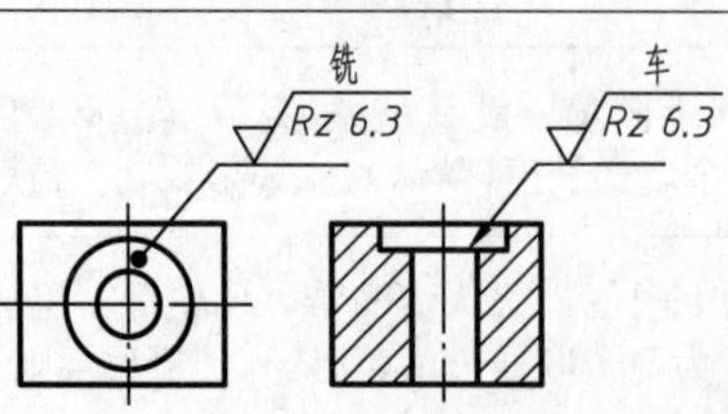 铣 Rz 6.3, 车 Rz 6.3	表面结构符号可以用箭头或带黑点的指引线引出

（续）

序号	标注实例	说明
4	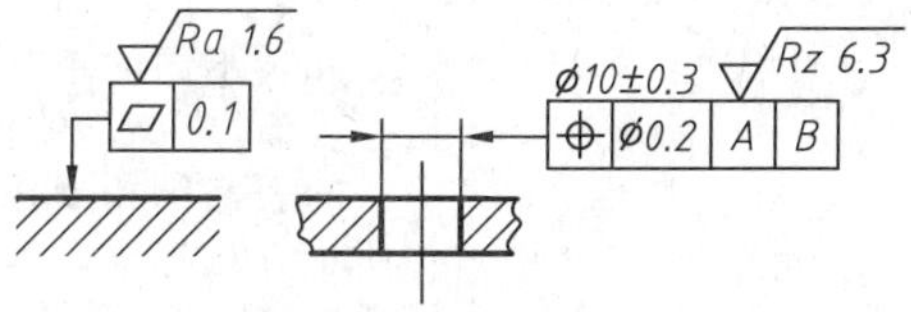 Ra 1.6　0.1　ø10±0.3　Rz 6.3　ø0.2 A B	表面结构要求可以标注在形位公差框格的上方
5	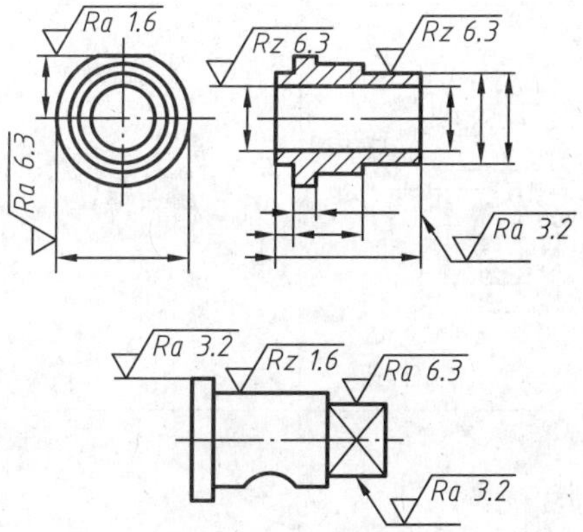 Ra 1.6　Rz 6.3　Rz 6.3　Ra 6.3　Ra 3.2 Ra 3.2　Rz 1.6　Ra 6.3　Ra 3.2	表面结构要求可以直接标注在延长线上，或用带箭头的指引线引出标注。圆柱和棱柱表面的结构要求只标注一次，如果每个棱柱表面有不同的表面结构要求，则应分别单独标注
6	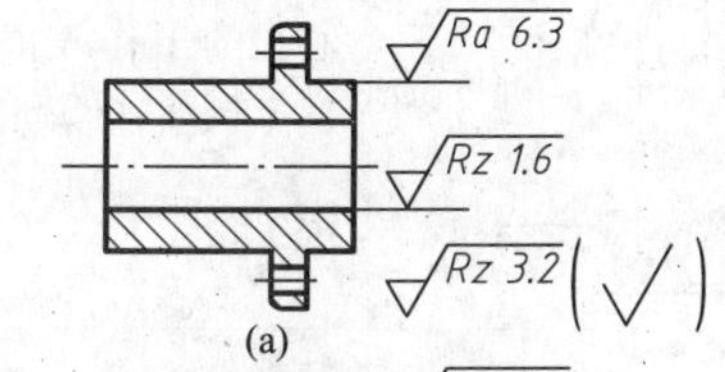 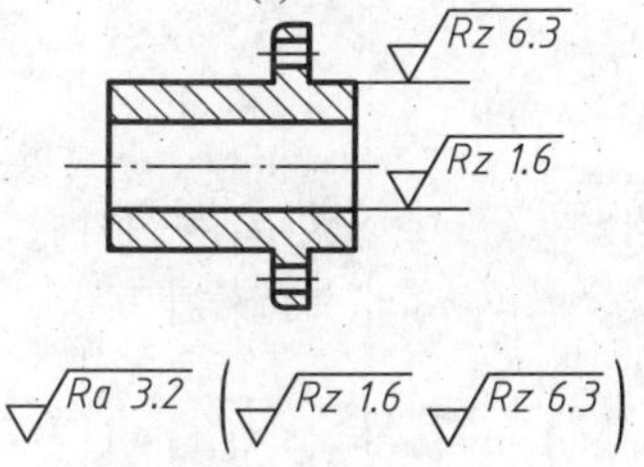 Ra 6.3　Rz 1.6　Rz 3.2（ ） (a) Rz 6.3　Rz 1.6　Ra 3.2（Rz 1.6　Rz 6.3） (b)	如果工件(包括全部)表面具有相同的表面结构要求，则可统一标注在图样的标题栏附近。此时(除全部表面具有相同要求的情况外)，表面结构要求的符号后面应有： ——在圆括号内给出无任何其他标注的基本符号(左图(a))。 ——在圆括号内给出不同的表面结构要求(左图(b)) 不同的表面结构要求应直接标注在图形中
7	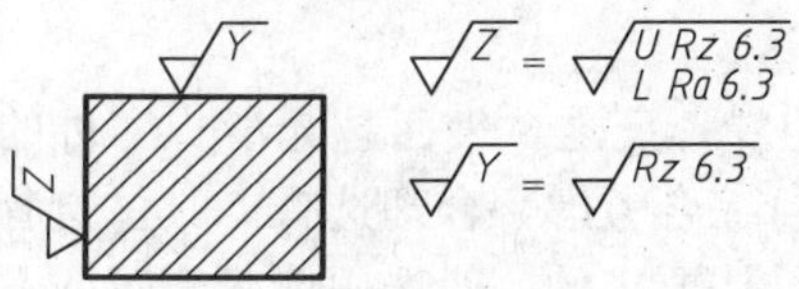 Y　Z　Z = U Rz 6.3 L Ra 6.3　Y = Rz 6.3	可用带字母的完整符号，以等式的形式，在图形或标题栏附近，对有相同表面结构要求的表面进行简化标注
8	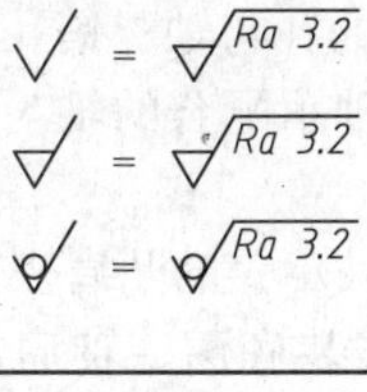 = Ra 3.2 = Ra 3.2 = Ra 3.2	多个表面有共同表面结构要求时，可以用基本符号、扩展符号以等式的形式给出多个表面共同的表面结构要求

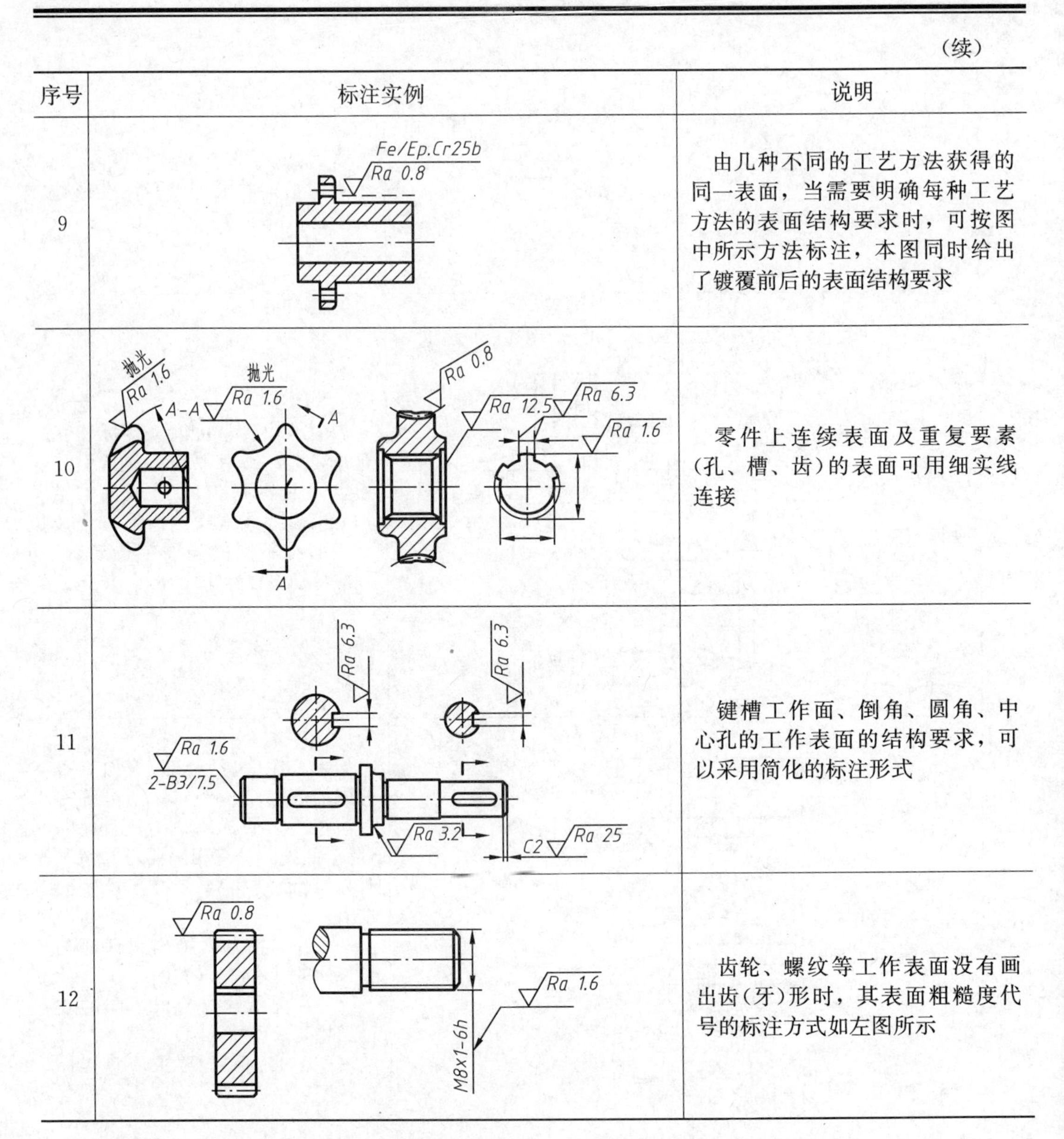

（续）

序号	标注实例	说明
9	Fe/Ep.Cr25b Ra 0.8	由几种不同的工艺方法获得的同一表面，当需要明确每种工艺方法的表面结构要求时，可按图中所示方法标注，本图同时给出了镀覆前后的表面结构要求
10	抛光 Ra 1.6 A-A 抛光 Ra 1.6 A A Ra 0.8 Ra 12.5 Ra 6.3 Ra 1.6	零件上连续表面及重复要素(孔、槽、齿)的表面可用细实线连接
11	Ra 6.3 Ra 6.3 Ra 1.6 2-B3/7.5 Ra 3.2 C2 Ra 25	键槽工作面、倒角、圆角、中心孔的工作表面的结构要求，可以采用简化的标注形式
12	Ra 0.8 Ra 1.6 M8x1-6h	齿轮、螺纹等工作表面没有画出齿(牙)形时，其表面粗糙度代号的标注方式如左图所示

5. *表面结构要求参数的选用情况*

表面结构要求的 Ra 值越大，表面越粗糙；反之，表面越光滑。零件的表面结构要求应根据零件的使用要求和加工的经济性进行综合考虑，合理选择。具体选择时，可参考同类产品，进行类比确定。常用的零件表面结构要求的一般选用情况简述如下。

(1) 重要配合面，如高速转动的轴颈与衬套孔的工作表面，曲轴、凸轮轴的工作表面，气缸与活塞的配合面，滑动导轨的工作表面，齿轮的孔与轴、销孔等可选用 Ra0.8。

(2) 较重要的配合面，如齿轮的齿廓面、滑动轴承配合的轴与孔、中速转动的轴颈等可选用 Ra1.6。

(3) 传动零件的配合表面，如端盖的内侧面、轴承盖的凸肩表面等可选用 Ra3.2。

(4) 有相对运动或重要的接触面，如箱体的安装底面、轴肩端面、键槽的工作表面等，可选用 $Ra6.3$。

（5）尺寸精度不高，没有相对运动的接触面或重要零件的非工作表面，如壳体、支座的底面，轴、套、盘的端面，齿轮、带轮的侧面，键槽的非工作表面等可选用 $Ra12.5$。

（6）不重要的加工表面，如螺栓通孔、油孔、倒角、不重要的端面等可选用 $Ra25$。

（7）铸件、锻件、冲压件、热轧、冷轧等用不去除材料的方法获得的表面，其对表面结构要求没有其他要求时，可标注表面结构要求简化符号。

6. *表面结构要求图样标注的演变*（GB/T 131—2006）

表面结构要求图样标注从 GB/T 131 演变到现在，已是第三版，见表 8-11。

表 8-11　表面结构要求的图形标注的演变

序号	GB/T 131 的版本			
	1983(第一版)(1)	1993(第二版)(2)	2006(第三版)(3)	说明
1	1.6	1.6　1.6	Ra 1.6	*Ra* 只采用“16% 规则”
2	Ry 3.2	Ry 3.2　Ry 3.2	Rz 3.2	除了 *Ra*“16% 规则”的参数
3	_d	1.6max	Rz max1.6	“最大规则”
4	1.6/0.8	1.6/0.8	-0.8/Ra 1.6	*Ra* 加取样长度
5	_d	_d	-0.25-0.8/Ra 1.6	传输带
6	Ry 3.2/0.8	Ry 3.2/0.8	-0.8/Rz 6.3	除了 *Ra* 外其他参数取样长度
7	1.6 Ry 6.3	1.6 Ry 6.3	Ra 1.6 Rz 6.3	*Ra* 及其他参数
8	_d	Ry 3.2	Rz3 6.3	评定长度中取样长度个数如果不是 5
9	_d	_d	L Ra 1.6	下限值
10	3.2 1.6	3.2 1.6	U Ra 3.2 L Ra 1.6	上、下限值

注：（1）既没有定义默认值也没有其他的细节，尤其是无默认评定长度、无默认取样长度、无“16% 规则”或“最大规则”。

（2）在 GB/T 3505—1983 和 GB/T 10610—1989 中定义的默认值和规则仅用于参数 *Ra*、*Ry* 和 *Rz*（十点高度）。此外，GB/T 131—1993 中存在着参数代号书写不一致问题，标准正文要求参数代号第二个字母标注为下标，但在所有的图表中，第二个字母都是小写，而当时所有的其他表面结构标准都使用下标。

（3）新的 *Rz* 为原 *Ry* 的定义，原 *Ry* 的符号不再使用。

（4）*d* 表示没有该项。

表面结构要求标注的说明：考虑了新旧标准的交替，工厂应用与学校教学存在一定时间的滞后期，大多数工厂和企业在一段时间内仍然会广泛使用老的粗糙度标注标准。

8.4　公差与配合简介

公差与配合以及形状和位置误差是零件图和装配图中重要的技术要求，也是检验产品质量的技术指标。国家标准总局发布了有关极限与配合的标准：国家标准 GB/T 1800.1—1997、GB/T 1800.2～3—1998、GB/T 1800.4—1999 和《形状和位置误差》GB/T 1882—1996。公差与配合的基本概念如下。

1. 互换性概念

在相同规格的一批零件或部件中，任取一零件，不须选择或修配就能装在机器上，达到规定的性能要求，零件的这种性质就称为互换性。零件的互换性是现代化机械工业的重要基础，既有利于装配或维修机器又便于组织生产协作，进行高效率的专业化生产。而公差与配合制度是实现互换性的一个基本条件。为了满足互换性要求，以及提高加工经济性，图样上常注有公差配合、形状和位置公差等技术要求。

2. 尺寸公差

零件在加工制造的过程中尺寸不可能做得绝对准确，在满足零件性能要求的前提下，允许尺寸的变动量，称为尺寸公差，简称公差。下面介绍公差的有关术语，如图 8.23 所示。

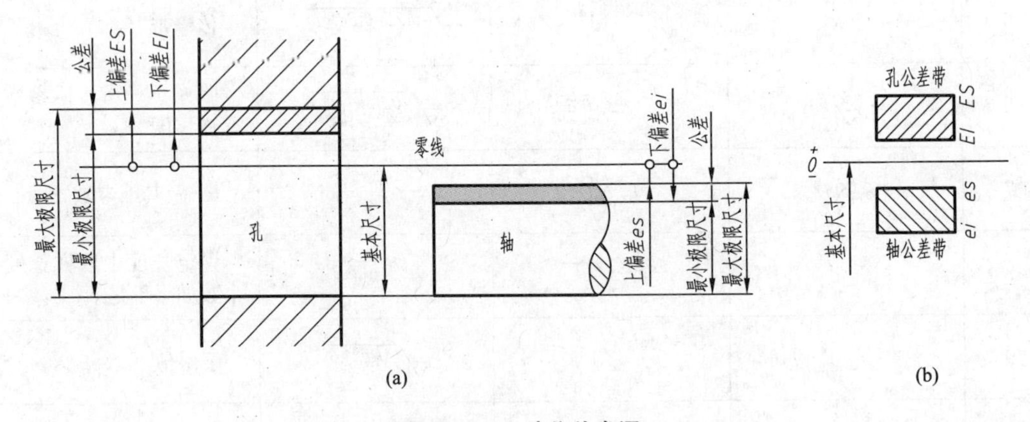

图 8.23　尺寸公差术语

(1) 基本尺寸：由设计确定的尺寸。

(2) 实际尺寸：通过测量获得的尺寸。

(3) 极限尺寸：允许零件尺寸变化的两个界限值称为极限尺寸，分最大极限尺寸和最小极限尺寸。

① 最大极限尺寸：孔或轴允许的最大尺寸。

② 最小极限尺寸：孔或轴允许的最小尺寸。

(4) 尺寸偏差：某一尺寸减其基本尺寸所得的代数差称为尺寸偏差，简称偏差。最大极限尺寸减其基本尺寸所得的代数差称为上偏差，孔、轴的上偏差分别用 *ES* 和 *es* 表示。最小极限尺寸减其基本尺寸所得的代数差称为下偏差，孔、轴的下偏差分别用 *EI* 和 *ei* 表示。上、下偏差统称为极限偏差。

(5) 尺寸公差(*IT*)：允许尺寸的变动量称为尺寸公差，简称公差。

公差＝最大极限尺寸—最小极限尺寸＝上偏差—下偏差。

公差是一个没有正负号的绝对值。

(6) 公差带：在尺寸公差分析中，常将图 8.23 (a)所示的基本尺寸、偏差和公差之间的关系简化成图 8.23(b)所示的图形，称为公差带图；由代表上、下偏差的两条直线所限定的一个区域称为公差带，确定偏差的一条基准线称为零偏差线，简称零线。一般情况下，零线代表基本尺寸，零线之上为正偏差，零线之下为负偏差。

公差带包括了“公差带大小”与“公差带位置”，国标规定公差带的大小和位置分别由标准公差和基本偏差来确定。

(7) 标准公差：由国家标准所列的，用以确定公差带大小的公差称为标准公差，用符号“IT”表示(字母 IT 为“国际公差”的符号)，共分 20 个标准公差等级。每个标准公差等级用一个标准公差等级代号表示，标准公差等级代号用符号 IT 和数字组成，即 IT01、IT0、IT1、…、IT18 共 20 级，IT01 精确程度最高，公差等级依次增大，等级(精度)依次降低。标准公差数值取决于基本尺寸的大小和标准公差等级，其值可查附录 18。

(8) 基本偏差：用以确定公差带相对于零线位置的那个极限偏差称为基本偏差。它可以是上偏差和下偏差，一般指靠近零线的那个偏差。

国家标准规定的基本偏差系列，其代号用拉丁字母表示，大写字母表示孔，小写字母表示轴，孔和轴各有 28 个，如图 8.24 所示，由图可见，孔的基本偏差 *A*～*H* 为下偏差，*J*～*ZC* 为上偏差；而轴的基本偏差则相反，*a*～*h* 为上偏差，*j*～*zc* 为下偏差。图中 h 和 H

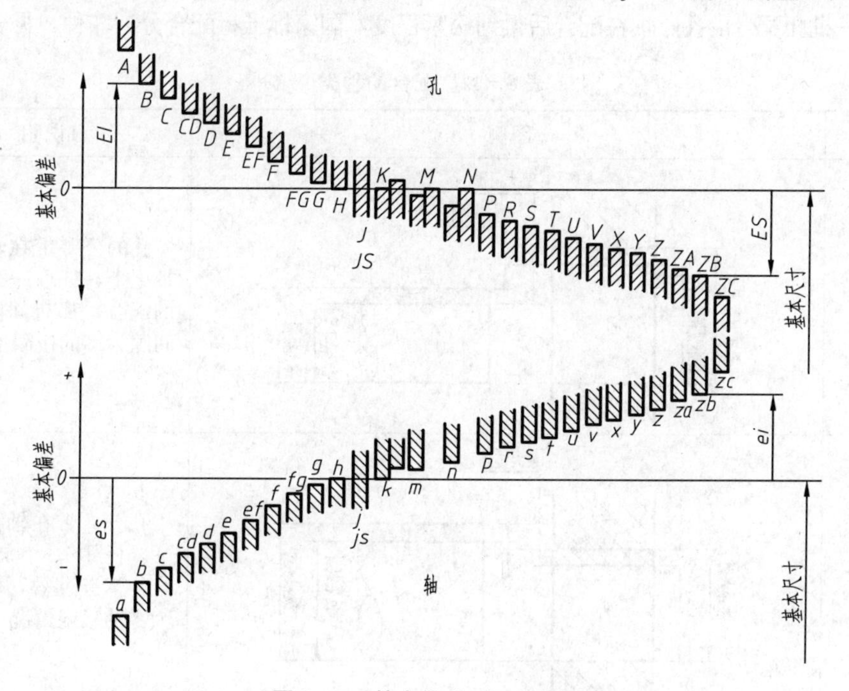

图 8.24 基本偏差系列示意图

的基本偏差为零，分别代表基准轴和基准孔，JS 和 js 对称于零线，其上、下偏差分别$+IT/2$和$-IT/2$。基本偏差的数值可查阅附录 19 和附录 20。

(9) 公差带的确定及代号：基本偏差系列图中，只表示了公差带的位置，没有表示公差带的大小，因此，公差带一端是开口的，其偏差值取决于所选标准公差的大小，可根据基本偏差和标准公差算出。

对于孔：$ES=EI+IT$ 或 $EI=ES-IT$。

对于轴：$es=ei+IT$ 或 $ei=es-IT$。

孔、轴公差带代号由基本偏差代号和公差等级代号组成。例如：

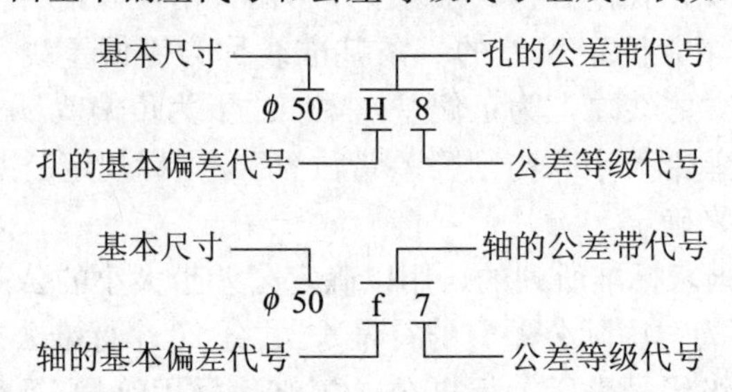

3. 配合

1) 配合及其种类

基本尺寸相同的、相互结合的孔和轴公差带之间的关系称为配合。其中基本尺寸相同，孔和轴的结合是配合的条件，而孔、轴公差带之间的关系反映了配合精度和配合的松紧程度，孔、轴的配合松紧程度可用“间隙”或“过盈”来表示。孔的尺寸减去相配合的轴的尺寸为正，即孔的尺寸大于轴的尺寸，就产生间隙。孔的尺寸减去相配合的轴的尺寸为负，即孔的尺寸小于轴的尺寸，就产生过盈。

根据一批相配合的孔、轴在配合后得到松紧程度，国家标准将配合分为 3 种，见表 8-12。

表 8-12 配合的种类

配合种类	图例	说明
间隙配合	最大间隙 最小间隙 最大极限尺寸 最小极限尺寸 孔 轴 最小极限尺寸 最大极限尺寸	孔的公差带在轴的公差带之上，任取一个轴和孔的配合，都有间隙，包括间隙为零的极限情况
过盈配合	最大过盈 最小过盈 最大极限尺寸 最小极限尺寸 孔 轴 最小极限尺寸 最大极限尺寸	孔公差带在轴公差带之下，任取一个轴和孔配合，都有过盈，包括过盈为零的极限情况

（续）

配合种类	图例	说明
过渡配合	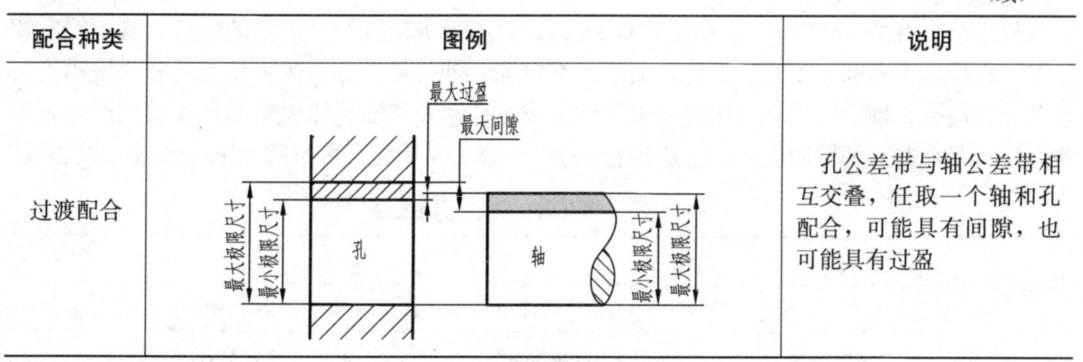	孔公差带与轴公差带相互交叠，任取一个轴和孔配合，可能具有间隙，也可能具有过盈

（1）间隙配合——具有间隙(包括最小间隙等于零)的配合。孔的公差带在轴的公差带之上。

（2）过盈配合——具有过盈(包括最小过盈等于零)的配合。此时孔的公差带在轴的公差带之下。

（3）过渡配合——可能具有间隙或过盈的配合。此时孔、轴的公差带一部分互相重叠。

2）配合基准制

把基本尺寸相同的孔、轴公差带组合起来，就可以组成各种不同的配合。为了便于设计制造、降低成本，实现配合标准化，国标规定了两种基准制，即基孔制配合和基轴制配合。

（1）基孔制配合——基本偏差为一定的孔的公差带与不同基本偏差的轴的公差带形成各种配合的一种制度，如图 8.25(a)所示，基孔制配合中的孔称为基准孔，其基本偏差代号为 H，下偏差 $EI=0$。

（2）基轴制配合——基本偏差为一定的轴的公差带与不同基本偏差的孔的公差带形成各种配合的一种制度，如图 8.25(b)所示，基轴制的轴为基准轴，其基本偏差代号为 h，上偏差 $es=0$。

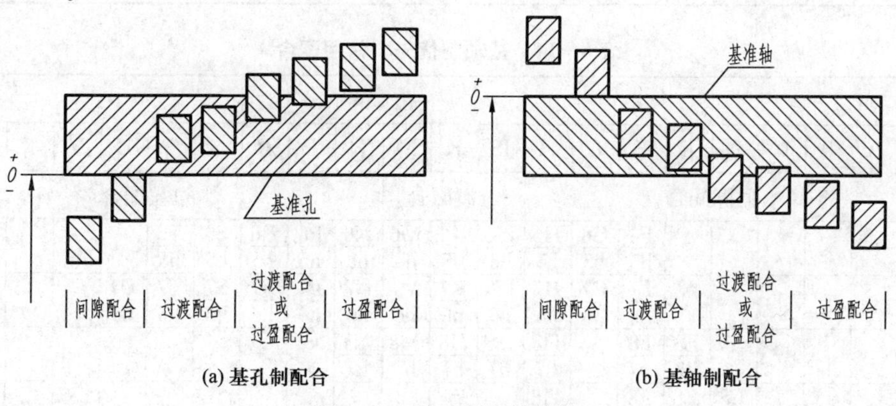

(a) 基孔制配合　　(b) 基轴制配合

图 8.25　基孔制与基轴制

3）配合代号

用孔、轴公差带代号的组合表示，写成分数形式。例如 ϕ50H8/f7 或 $\phi50\dfrac{H8}{f7}$，其中 50 表示孔、轴基本尺寸，H8 表示孔的公差带代号，f7 表示轴的公差带代号，H8/f7 表示配合代号。

在配合代号中，凡孔的基本偏差为 H 者，表示基孔制配合，凡轴的基本偏差为 h 者，表示基轴制配合。

4）优先和常用配合

标准公差有 20 个等级，基本偏差有 28 种，可组成大量配合。过多的配合，既不能发挥标准的作用，也不利于生产。因此，国家标准将孔、轴公差带分为优先、常用和一般用途公差带，并由孔、轴的优先和常用公差带分别组成基孔制和基轴制的优先配合和常用配合，以便选用。基孔制和基轴制优先、常用配合见表 8－13，常用配合可查阅国家标准或有关手册。

表 8－13　基孔制优先、常用配合

基准孔	轴																				
	a	b	c	d	e	f	g	h	js	k	m	n	p	r	s	t	u	v	x	y	z
	间隙配合								过渡配合				过盈配合								
H6						H6/f5	H6/g5	H6/h5	H6/js5	H6/k5	H6/m5	H6/n5	H6/p5	H6/r5	H6/s5	H6/t5					
H7						H7/f6	**H7/g6**	H7/h6	H7/js6	**H7/k6**	H7/m6	**H7/n6**	**H7/p6**	H7/r6	**H7/s6**	H7/t6	**H7/u6**	H7/v6	H7/x6	H7/y6	
H8					H8/e7	**H8/f7**	H8/g7	**H8/h7**	H8/js7	H8/k7	H8/m7	H8/n7	H8/p7	H8/r7	H8/s7	H8/t7	H8/u7				
H8				H8/d8	H8/e8	H8/f8		H8/h8													
H9			H9/c9	**H9/d9**	H9/e9	H9/f9		**H9/h9**													
H10			H10/c10	H10/d10				H10/h10													
H11	H11/a11	H11/b11	**H11/c11**	H11/d11				**H11/h11**													
H12		H12/b12						H12/h12	（1）常用配合 59 中，其中优先配合 13 种。表中黑色字体为优先配合 （2）H6/n5、H7/p6 在基本尺寸小于 3mm 或等于 3mm 和 H8/r7 在小于或等于 100mm 时为过渡配合												

表 8－14　基轴制优先、常用配合

基准轴	孔																				
	A	B	C	D	E	F	G	H	JS	K	M	N	P	R	S	T	U	V	X	Y	Z
	间隙配合								过渡配合				过盈配合								
h5						F6/h5	G6/h5	H6/h5	JS6/h5	K6/h5	M6/h5	N6/h5	P6/h5	R6/h5	S6/h5	T6/h5					
h6						F7/h6	**G7/h6**	**H7/h6**	JS7/h6	**K7/h6**	M7/h6	**N7/h6**	**P7/h6**	R7/h6	**S7/h6**	T7/h6	**U7/h6**				
h7					E8/h7	**F8/h7**		H8/h7	**JS8/h7**	K8/h7	M8/h7	N8/h7									
h8				D8/h8	E8/h8	F8/h8		H8/h8													
h9				**D9/h9**	E9/h9	F9/h9		**H9/h9**													
h10				D10/h10				H10/h10													
h11	A11/h11	B11/h11	**C11/h11**	D11/h11				**H11/h11**													
H12		B12/h12						H12/h12	常用配合 47 中，其中优先配合 13 种。表中黑色字体为优先配合												

附录 19 和 20 分别摘录了 GB/T 1800.4—1999 规定的优先配合中轴和孔的基本偏差数值。根据基本尺寸和公差带代号，可通过查表获得孔、轴的极限偏差数值。查表时，根据某一基本尺寸的孔和轴先由其基本偏差代号得到基本偏差值，再由公差等级查表得到标准公差值，最后由标准公差与极限偏差的关系，算出另一极限偏差值。

对于优先及常用配合的极限偏差，可直接查附录 21 和 22 获得。

【例 8-1】 确定 $\phi 50H8/f7$ 中孔和轴的极限偏差。

解： 由基本尺寸 50(属于尺寸分段>40～50)和孔的公差带代号 H8，从附录 20 可查得孔的上、下偏差分别为 $ES=39\mu m$，$EI=0\mu m$。由基本尺寸 50 和轴的公差带代号 F7，查附录 19 可得轴的上、下偏差分别为 $es=-25\mu m$，$ei=-50\mu m$。由此可知，孔的尺寸为 $\phi 50^{+0.039}_{\ 0}$ 轴的尺寸为 $\phi 50^{-0.025}_{-0.050}$，$\phi 50\dfrac{H8}{f7}$ 的公差带图如图 8.26(a)所示，从图中可以看出孔、轴是基孔制的间隙配合，最大间隙为 +0.089mm，最小间隙为 +0.025mm。

【例 8-2】 已知 $\phi 30\dfrac{P7}{h6}$，试确定孔和轴的极限偏差值及配合性质。

解： 由基本尺寸 30(属于尺寸分段>30～40)和孔的公差带代号 P7，从附录 20 可查得孔的上、下偏差分别为 $ES=-14\mu m$，$EI=-35\mu m$。由基本尺寸 30 和轴的公差带代号 h6，查附录 21 可得轴的上、下偏差分别为 $es=0\mu m$，$ei=-13\mu m$。由此可知，孔的尺寸为 $\phi 30^{-0.014}_{-0.035}$，轴的尺寸为 $\phi 300^{\ 0}_{-0.013}$，$\phi 30\dfrac{P7}{h6}$ 的公差带图如图 8.26(b)所示，从图中可以看出孔、轴是基轴制的过盈配合，最大间隙为 +0.035mm，最小间隙为 +0.001mm。

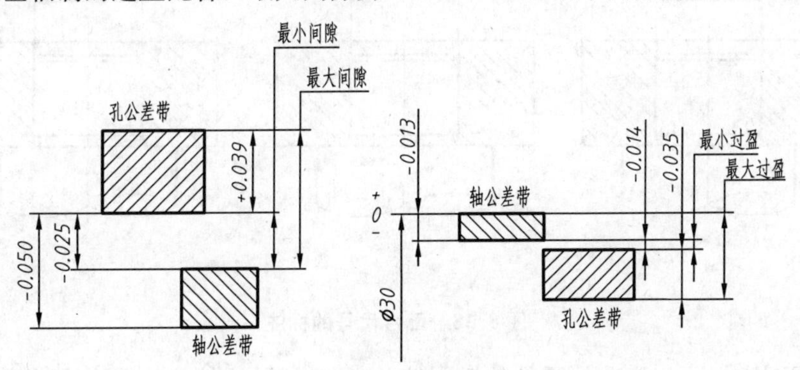

图 8.26 公差带图

4. 公差与配合在图样中的标注

1) 在零件图中的标注

在零件图上尺寸公差可按下面 3 种形式之一标注：一是只标注公差带代号；二是只标注极限偏差的数值；三是同时标注公差带代号和相应的极限偏差，且极限偏差应加上圆括号，如图 8.27 所示。

一般情况下，用于大批量生产的零件图，可只标注公差代号，如图 8.27(a)所示。用于中小批量生产的零件图，一般只注极限偏差，标注极限偏差数值时，应注意上下偏差的小数点必须对齐，小数点后的位数也必须相同。如上偏差或下偏差为“零”时，用数字“0”标出，并与下偏差或上偏差的小数点前的个位数对齐，如图 8.27(b)所示。当要求同时标注公差代号和相应的极限偏差时，则应按图 8.27(c)所示标注。如公差带相对于基本

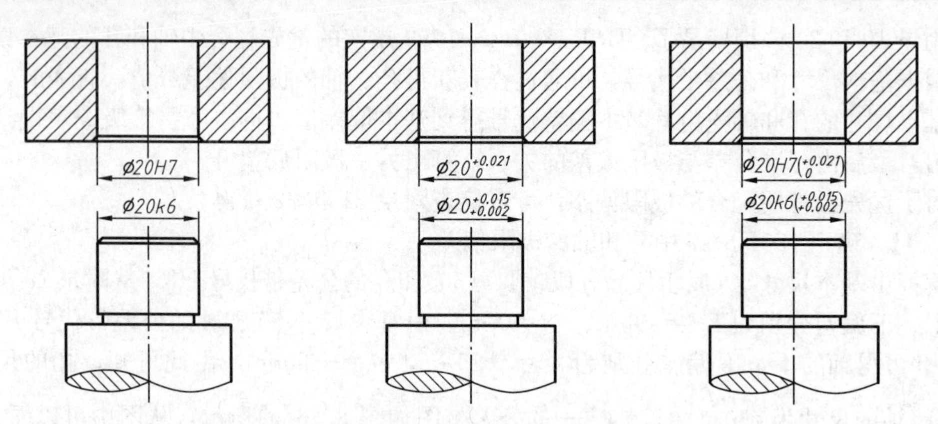

图 8.27　尺寸公差的标注

尺寸对称配置时，两个基本尺寸相同，只需注写一次，并在偏差与基本尺寸之间注出符号“±”，且两个数字高度相同。

2）在装配图中的标注

在装配图中一般标注配合代号或分别标注出孔和轴的极限偏差。标注配合代号时，必须在基本尺寸的后边，用分数的形式注出。分子为孔的公差带代号，分母为轴的公差带代号，如图 8.28(a)所示。必要时也允许按图 8.28(b)或图 8.28(c)所示的形式标注。

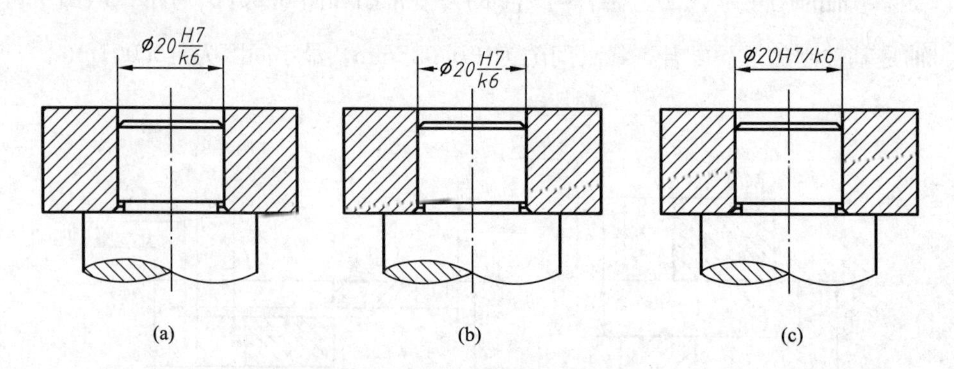

图 8.28　配合代号的标注

在装配图中标注相配合的零件的极限偏差时，一般按图 8.29 所示的形式标注，孔的

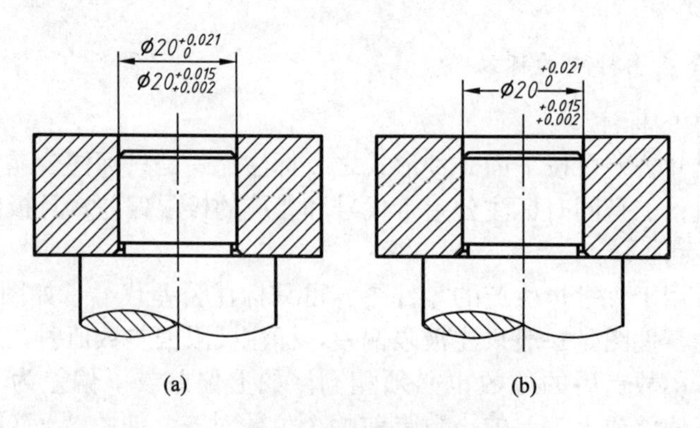

图 8.29　配合零件极限偏差标注

基本尺寸和极限偏差注写在尺寸线的上方，轴的基本尺寸和极限偏差注写在尺寸线的下方，也允许按图 8.29(b)的形式标注。

8.5 形状和位置公差

经过加工的零件，除了会产生尺寸误差外，也会产生表面形状和位置误差。如图 8.30(a)所示小轴的弯曲、图 8.30(b)所示阶梯轴轴线不在同一水平位置的情况，如不加以控制，将会影响机器的质量。因此对零件上精度要求较高的部位，必须根据实际需要对零件加工提出相应的形状误差和位置误差的允许范围，即要在图纸上标出形位公差。

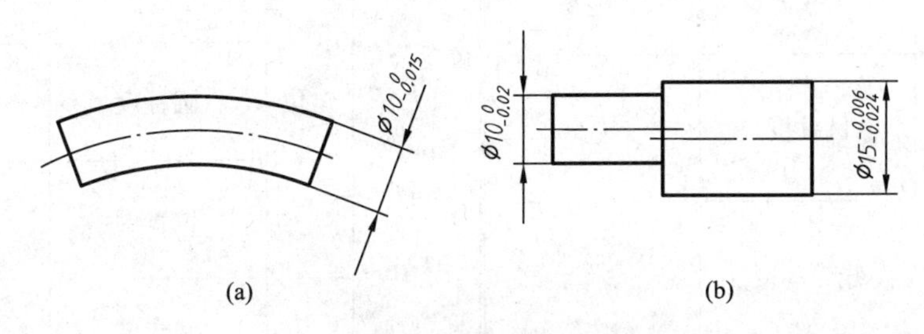

图 8.30 零件的形状和位置误差

下面介绍有关形状和位置公差(简称形位公差)中的定义、术语、符号及标注方法。

1. 基本术语

(1) 要素：构成零件特征的点、线、面。要素可以是实际存在的零件轮廓上的点、线或面，也可以是由实际要素取得的轴线或中心平面等。

(2) 实际要素：零件上实际存在的要素，通常用测量得到的要素代替。

(3) 理想要素：具有几何学意义的要素。它是按设计要求，由设计图样给定的点、线、面的理想状态。

(4) 被测要素：给出了形位公差要求的要素。

(5) 基准要素：用来确定被测要素方向或位置的要素。理想的基准要素简称要素。

(6) 单一要素：仅对要素本身给出形状公差的要素。

(7) 关联要素：对其他要素(基准要素)有功能要求而给出位置的要素。

(8) 形状公差：单一实际要素的形状所允许的变动全量。

(9) 位置公差：关联实际要素的位置对基准所允许的变动全量。

2. 形位公差的项目和符号

国家标准 GB/T 1182—1996 将形状公差分为 4 个项目：直线度、平面度、圆度和圆柱度。其又将位置公差分为 8 个项目，其中，平行度、垂直度和倾斜度为定向公差；位置度、同轴度和对称度为定位公差；圆跳动和全跳动为跳动公差。线轮廓度和面轮廓度按有无基准要求，分为位置公差和形状公差。形位公差的每个项目都规定了专用符号，见表 8-15。

表 8-15　形位公差各项目的名称和符号(GB/T 1182—1996)

分类	名称	符号	分类		名称	符号
形状公差	直线度	—	位置公差	定向	平行度	//
	平面度	▱			垂直度	⊥
	圆度	○			倾斜度	∠
	圆柱度	⌭		定位	同轴度	◎
	线轮廓度	⌒			圆柱度	⌯
	面轮廓度	⌓			位置度	⌖
				跳动	圆跳度	↗
					全跳度	⌰

3. 形位公差的标注

在图样上标注形位公差时，应有公差框格、被测要素和基准要素(对位置公差)3 组内容。

1) 公差框格

形位公差要求在矩形公差框格中给出，该框由两格或多格组成，用细实线绘制，框格高度推荐为图内尺寸数字高度的 2 倍，框格中的内容从左到右分别填写公差特征符号、线性公差(如公差带是圆形或圆柱形的，则在公差值前加注“ϕ”，如果是球形的，则加注“S”)，第三格及以后格为基准代号的字母和有关符号，如图 8.31(a)所示。公差框格可水平或垂直放置。

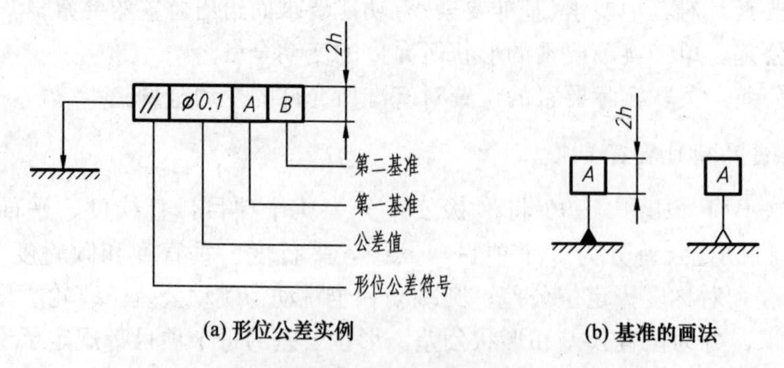

(a) 形位公差实例　　(b) 基准的画法

图 8.31　形位公差框格、符号、数字、基准的画法

2）被测要素和基准要素的标注方法

标注位置公差是需要用基准代号，基准代号的画法如图 8.31(b)所示。标注时应注意以下几点：

(1) 当被测要素(或基准要素)为线或表面时，指引线(或基准符号)应指在靠近该要素的轮廓线或其延长线，但必须与相应尺寸线明显地错开，如图 8.32 所示。

(2) 箭头也可指向引出线的水平线，如图 8.33 所示。

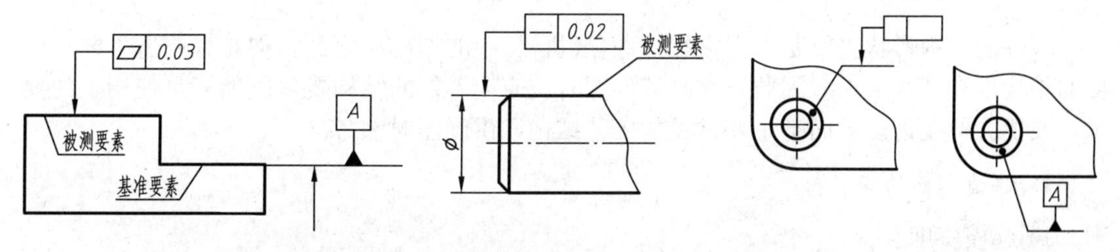

图 8.32 被测要素为轮廓线或表面时的注法　　图 8.33 形位公差的引出注法

(3) 当尺寸公差及要素(或基准要素)为中心线、中心面或中心点时，箭头(或基准符号)应位于相应尺寸线的延长线上，如图 8.34 所示。

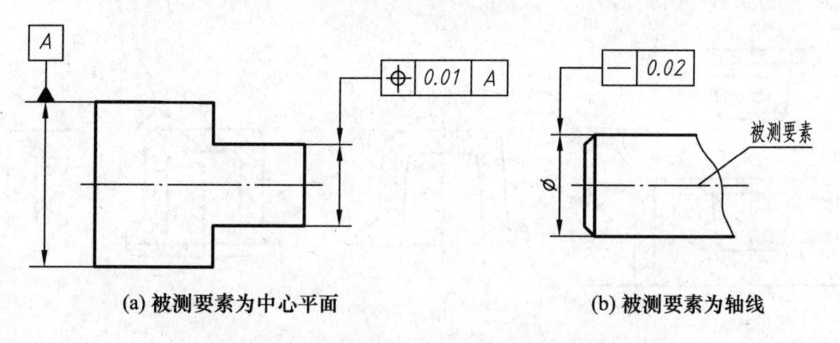

(a) 被测要素为中心平面　　(b) 被测要素为轴线

图 8.34 被测要素为轴线或中心平面的注法

4. 形位公差综合标注示例

下面以图 8.35 中标注的各形位公差为例，对其含义进行解释。

图 8.35 中所注形位公差表示：

(1) $SR100$ 的球面对 $\phi16f7$ 轴线的圆跳动公差为 0.003mm。

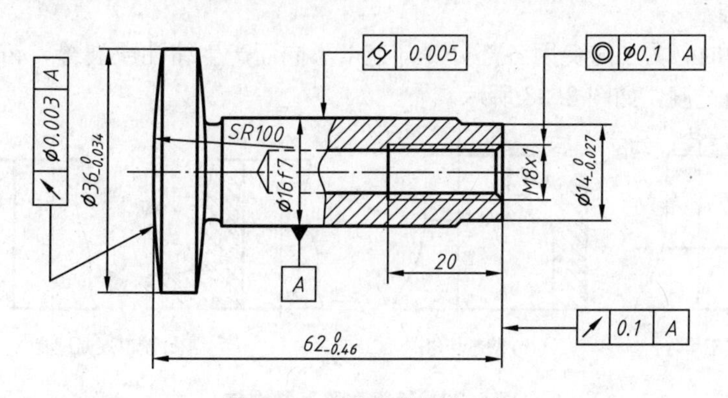

图 8.35 形位公差标注示例

(2) ϕ16f7 圆柱的圆柱度公差为 0.005mm。

(3) M8×1 螺孔的轴线对 ϕ16f7 轴心线的同轴度公差为 ϕ0.1mm。

(4) 右端面对 ϕ16f7 轴线的圆跳动公差为 0.1mm。

8.6　零件结构的工艺性简介

零件的结构形状主要是根据它在部件(或机器)中的作用决定的。但是，制造工艺对零件的结构也有某些要求。因此，在画零件图时，应使零件的结构要求既能满足使用上的要求，又要方便制造。下面举一些常见的工艺结构，供画图时参考。

1. 铸造零件的工艺性

1) 起模斜度

用铸造的方法制造零件的毛坯时，为了便于从砂型中取出模样，一般沿模样起模方向作成约 1∶20 的斜度，称为起模斜度。因此，在铸件上也有相应的起模斜度，如图 8.36(a)所示，但这种斜度在图样上可不予以标注，也可以不画出，如图 8.36(b)所示；必要时，可以在技术要求中用文字进行说明。

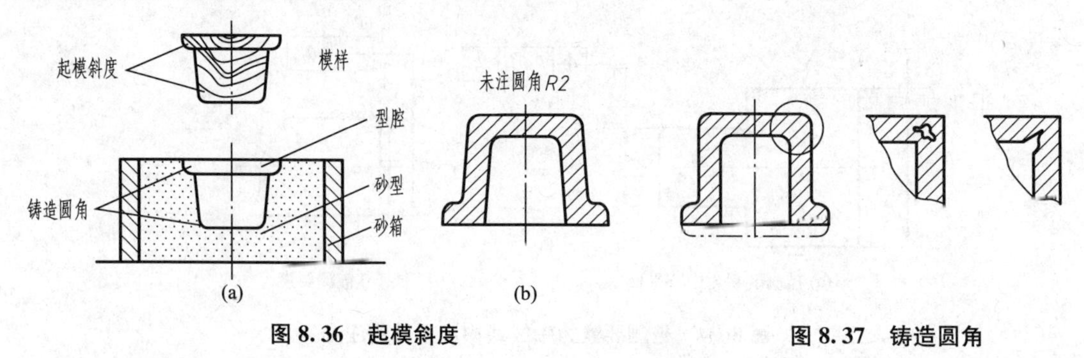

图 8.36　起模斜度　　图 8.37　铸造圆角

2) 铸造圆角

在铸件毛坯各表面的相交处，都有铸造圆角(图 8.37)，这样既能方便起模，又能防止浇铸铁水时将砂型转角处冲坏，还可以避免铸件在冷却时产生裂缝或缩孔。铸造圆角在图样上一般不予标注，常集中注写在技术要求中。

3) 铸件壁厚

在浇铸零件时，为了避免因各部分冷却速度不同而产生缩孔或裂缝，铸件壁厚应保持大致相等或逐渐过渡，如图 8.38 所示。

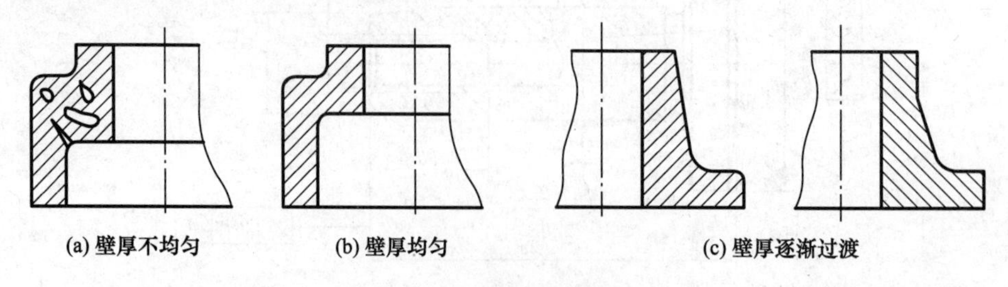

图 8.38　铸件壁厚尽量均匀

2. 零件加工面的工艺结构

1）倒角和倒圆

在轴或孔的端面处，通常都要加工成倒角。因为在零件的加工过程中，由于加工速度、刀具的锋利程度等因素的影响，零件的端面处极易产生毛刺和锐边，在端部加工成倒角能够有效去除零件的毛刺、锐边，如图 8.39(a)所示；除此之外，在端面处加工成倒角，在装配时还能够起到导向的作用，方便零件的装配，如图 8.39(b)所示。

为了避免由于结构的突然变化而产生应力集中，在轴肩处通常要加工成圆角的形式。如图 8.39(c)所示。

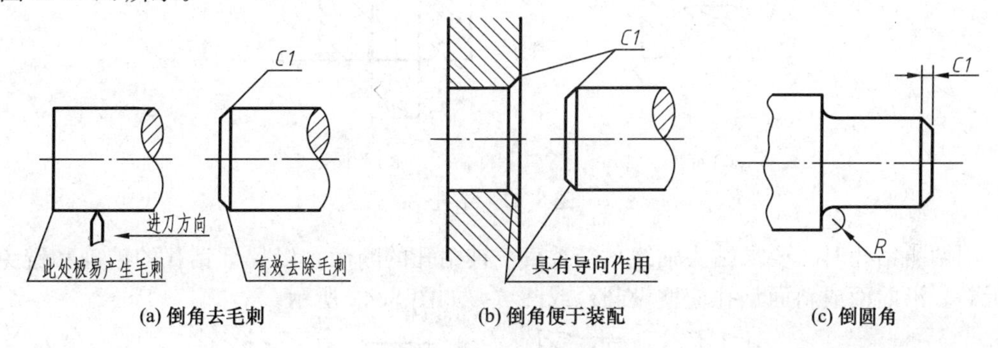

图 8.39　倒角和倒圆

2）退刀槽与越程槽

车削螺纹和磨削加工是机械加工中常见的两种加工方式。在车削螺纹时，为了退刀的方便，常在螺纹加工的末端设置退刀槽，退刀槽的尺寸标注可以按“槽宽×直径”的形式标注，也可以按“槽宽×槽深”的形式标注，如图 8.40(a)所示；在磨削过程中，为了让砂轮能够完全磨削被加工面而又不至于碰撞到零件的其他部位，在零件的末端通常都设有越程槽，越程槽结构尺寸可查阅有关机械零件设计手册，如图 8.40(b)所示。

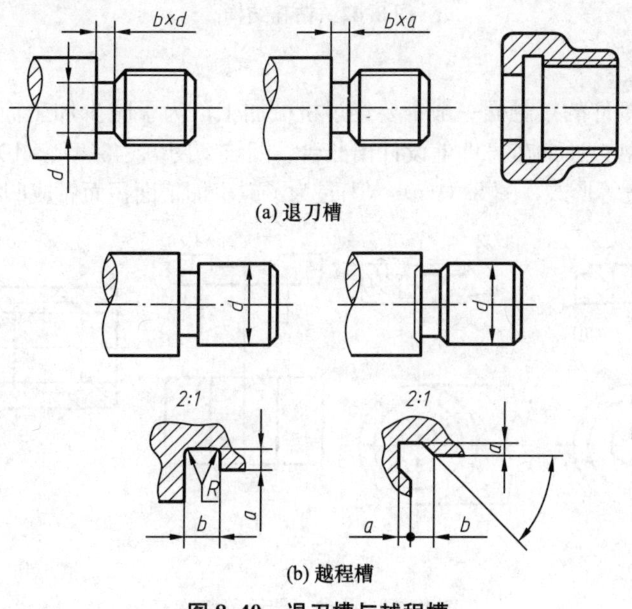

图 8.40　退刀槽与越程槽

3）钻孔结构

用钻头钻出的盲孔，在底部有一个120°的锥角，钻孔深度指圆柱部分的深度，不包括锥坑，如图8.41(a)所示。在阶梯钻孔的过渡处，也存在锥角120°的圆台，其画法及尺寸如图8.41(b)所示。

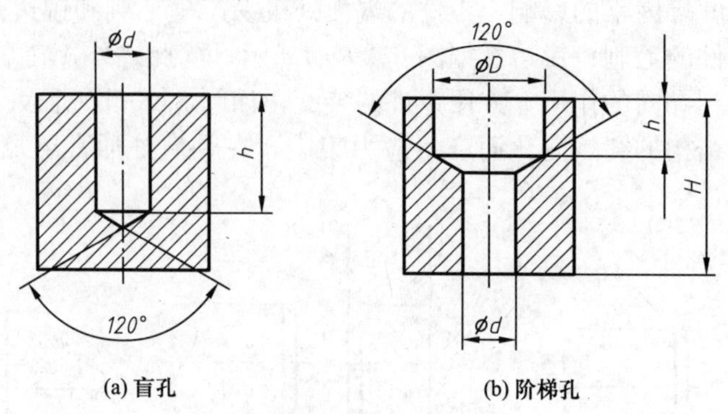

图8.41　钻孔

用钻头钻孔时，要求钻头轴线尽量垂直于被钻孔的断面，以保证钻孔的准确和避免钻头折断。沿曲面或斜面钻孔应增设凸台或凹坑，如图8.42所示。

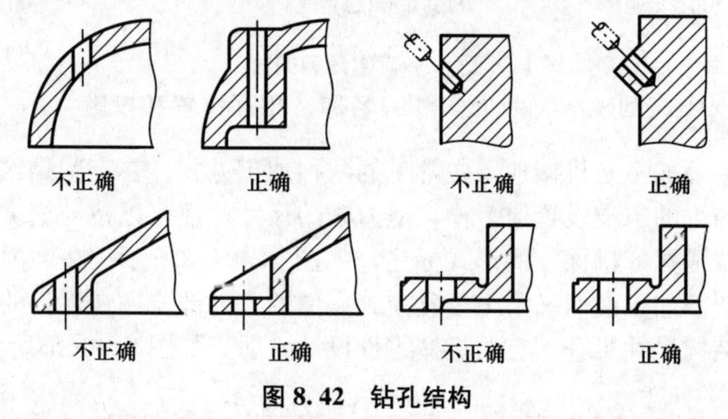

图8.42　钻孔结构

4）凸台和凹坑

零件上与其他零件的接触面一般都要经过机械加工，为了减少加工面积，并保证零件表面之间有良好的接触，通常在铸件上设计出凸台、凹坑。图8. 43(a)、(b)是螺栓连接的支撑面，做成凸台或凹坑等形式，图8.34(c)、(d)是为了减少加工面积而做成凹槽、凹腔的结构。

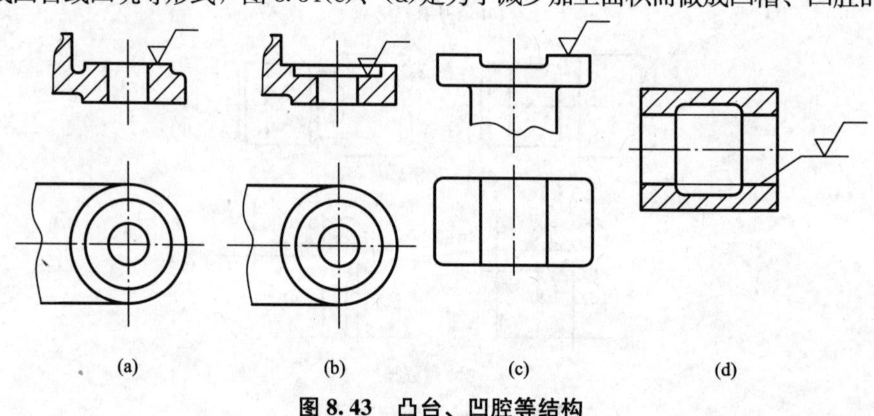

图8.43　凸台、凹腔等结构

8.7 看零件图

在进行零件设计、制造、检验时，不仅要有绘制零件图的能力，还必须有读零件图的能力。读零件图的目的是了解零件的名称、材料及用途，根据零件图想像出零件的内外结构形状、功用，以及它们之间的相对位置及大小，搞清零件的全部尺寸和零件的制造方法和技术要求，以便制造、检验时采用合适的制造方法，在此基础上进一步研究零件结构的合理性，以便不断改进和创新。

1. 看零件图的方法和步骤

(1) 读标题栏。从标题栏可以了解零件的名称、材料、数量、图样的比例等，从而初步判断零件的类型，了解加工方法及作用。

(2) 表达方案分析。分析零件的表达方案，弄懂零件各部分的形状和结构。开始看图时，必须先看懂主视图，然后看用多少个视图和用什么表达方法，以及各个视图间的关系，搞清楚表达方案的特点，为进一步看懂零件图打好基础。可按下列顺序进行分析。

① 确定主视图；

② 确定其他视图、剖视图、断面图等的名称、相互位置和投影关系；

③ 有剖视图、断面图的要找出剖切面的位置；有向视图、局部视图、斜视图的要找到投影部位的字母和表示投射方向的箭头；

④ 有无局部放大图和简化画法。

(3) 进行形体分析、线面分析和结构分析。进行形体分析和线面分析是为了更好地搞清楚投影关系和便于综合想象出整个零件的形状。可按下列顺序进行分析；

① 先看懂零件大致轮廓，用形体分析法将零件分为几个较大的独立部分进行分析；

② 分内、外部结构进行分析，分析零件各部分的功能和形状；

③ 对不便于进行形体分析的部分进行线面分析，搞清投影关系，读懂零件的结构形状。

(4) 尺寸分析。尺寸分析可按下列顺序进行：

① 据形体分析和结构分析，了解定形尺寸和定位尺寸；

② 据零件的结构特点，了解尺寸的标注形式，了解功能尺寸和非功能尺寸；

③ 确定零件的总体尺寸。

(5) 技术要求分析。根据图形内、外的符号和文字注解，对表面粗糙度、尺寸公差、形位公差、材料热处理及表面处理等技术要求进行分析。

(6) 综合分析。通过以上各方面分析，对零件的作用、内外结构的形状、大小、功能和加工检验要求都有了较清楚的了解，最后归纳、总结，得出零件的整体结构。

2. 看零件图举例

图 8.44 所示是壳体零件图，按上述看图方法和步骤读图如下：

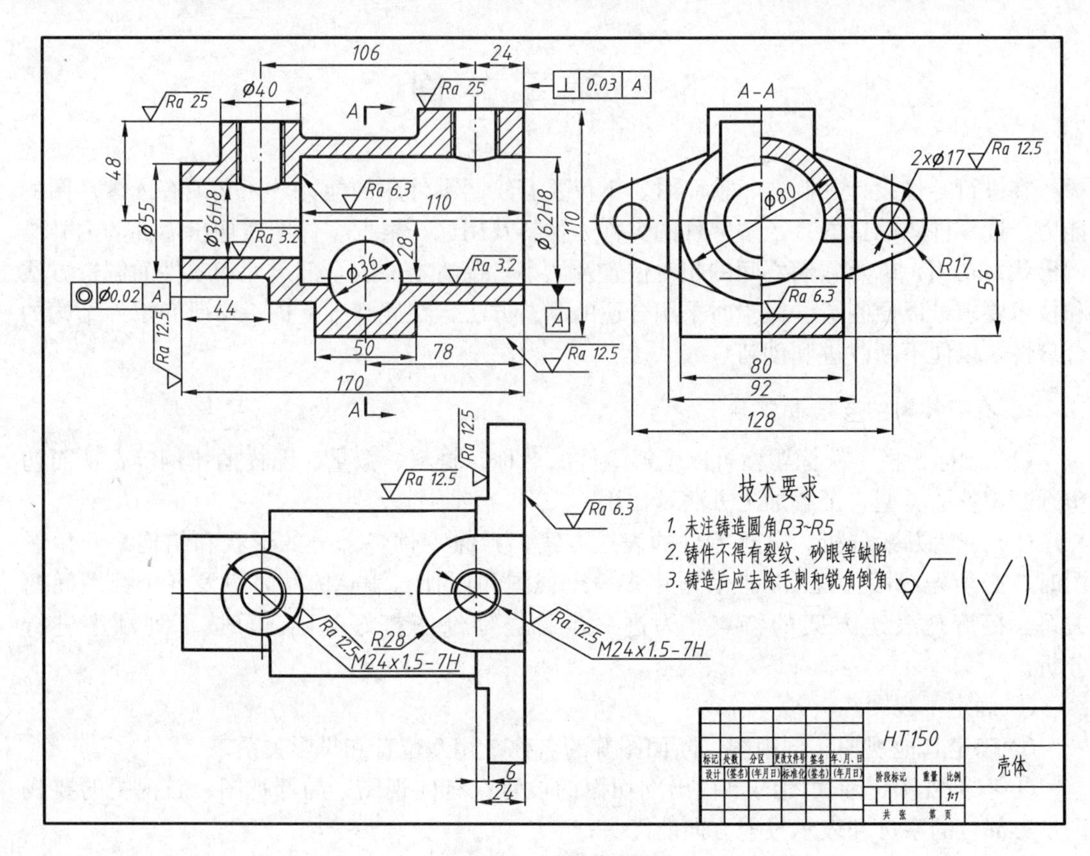

图 8.44　壳体零件图

1. 读标题栏

零件名称为壳体，比例为 1∶1，属箱体类零件。材料代号是 HT150，是灰铸铁，这个零件是铸件。

2）表达方案分析

壳体零件较为复杂，用 3 个基本视图表达。主视图为用正平面剖切，得到零件的全剖视图，主要表达零件的内部结构形状，由于零件的前后对称，剖切位置在对称平面上，且剖视图按投影关系配置，所以主视图省略标注。俯视图采用基本视图，表达零件的外形，主要表达零件上部两凸台的形状。左视图采用半剖视图，剖切位置通过 ϕ36 孔的轴线，主要表达零件左、右两端的形状及零件前后 ϕ36 孔和零件内部 ϕ62H8 孔相交情况。

3）进行形体分析、线面分析和结构分析

由形体分析可知：该壳体零件主体结构大致是回转体，在回转体的右侧连接安装侧板，上部有两凸台，前后也有方形平台。

再看细部结构：中部是阶梯的空心圆柱，外圆直径分别为 ϕ55、ϕ80，内圆直径分别为 ϕ36H8、ϕ62H8。上部凸台一是圆柱形，另一是半圆柱和四棱柱组成，两凸台均有 $M24\times 1.5$ 的螺孔，且螺孔与中部的阶梯圆柱孔贯通；前后方形平台对称，平台前面正好与 ϕ80 圆柱面 相切，平台长为 50，并钻有 ϕ36 通孔；右侧是安装侧板，有安装孔 $2\times\phi$17。

4）尺寸分析

通过形体和尺寸分析可以看出：零件高度方向的主要尺寸基准为零件的底面，由定位尺寸56、11分别定位中部的阶梯空心圆柱和最高凸台的位置，再由空心圆柱的轴线作辅助基准，由尺寸48、28定位另一凸台和$\phi36$孔的高度；宽度方向的主要尺寸基准为零件前后的对称面；长度方向的主要尺寸基准为右端面，由定位尺寸24、106、78分别确定各孔的位置。总体尺寸为长度168、宽度为164(18+128+18)，高度为11。通过分析定位和定形尺寸，可完全读懂壳体的形状和大小。

5）技术要求分析

中部的阶梯空心圆柱内孔$\phi36$H8、$\phi62$H8有尺寸公差要求，其极限偏差数值可查表得到。形位公差有：壳体零件的右端面对$\phi62$H8孔的轴线垂直度公差为0.03，$\phi36$H8孔的轴线对$\phi62$H8孔的轴线同轴度公差为$\phi0.02$。零件的表面粗糙度中，$\phi62$H8孔和$\phi36$H8孔为$\sqrt{Ra\ 3.2}$，要求最高，其他加工面Ra值从6.3μm到25μm不等，其余未标注表面为不加工面。用文字叙述的技术要求有：对铸件毛坯的质量要求，未注铸造圆角等要求。

6）综合分析

把以上各项内容综合起来，可得出壳体零件是机器中的重要零件，该零件结构特点是其内部有圆柱孔，前后对称，起容纳、支撑其他零件作用，内部有流体通过，有进、出流体的通道。该零件内孔的加工精度高，有尺寸公差和形位公差要求，并且孔的内表面和其他零件有配合要求，这样得到了零件的总体概念。

8.8 零件的测绘

1. 测绘概述

测绘是以已有的机器或零件为对象，通过测量和分析，并绘制出零件图和装配图的过程。

(1) 测绘的分类。根据目的不同，测绘分为设计测绘、机修测绘、仿制测绘3种情况。

① 设计测绘的目的是设计。为了设计新产品，对有参考价值的设备或产品进行测绘，作为新设计的参考或依据。

② 机修测绘的目的是修配。机器因零部件损坏不能正常工作，又无图样可查时，需对有关零件进行测绘，以满足修配工作的需要。

设计测绘与机修测绘的明显区别是：设计测绘的目的是新产品的设计与制造，要确定的是基本尺寸和公差，主要满足零部件的互换性需要。而机修测绘的目的是修配，确定出制造零件的实际尺寸或修理尺寸，以修配为主，即配作为主、互换为辅，主要满足一台机器的传动配合要求。

③ 仿制测绘的目的是仿制。为了制造生产性能较好的机器，而又缺乏技术资料和图纸时，通过测绘机器的零部件，得到生产所需的全部图样和有关技术资料，以便组织生产。测绘的对象大多是较先进的设备，而且多为整机测绘。

(2) 测绘工作的意义。测绘仿制速度快，经济成本低，又能为自行设计提供宝贵经验，因而受到各国的普遍重视。前苏联在西方各国对其进行经济技术封锁的条件下，能在航天工业和机器制造业方面取得飞速发展，主要是走测绘仿制之路。日本靠引进外国先进技术和设备，组织测绘仿制和改进工作获得了巨大的经济利益，大约节约了65%的研究时间和90%的科研经费，使日本在20世纪70年代初就达到欧美发达国家水平。

许多发展中国家为了节约外汇，常常引进少量的样机，进行测绘仿制，然后改进提高，发展成本国的系列产品，从而保护本国的民族工业，发展本国经济，因此测绘仿制无论对发达国家还是发展中国家都有着重要的意义。

中国也不例外，许多产品是通过测绘仿制后改进国产化的。随着改革开放和技术商品化的发展，测绘技术将在国民经济的发展中继续发挥着重要的作用。

2. 常用的测量工具及测量方法

1）测量工具

测量尺寸常用的工具有直尺、内卡钳、外卡钳，测量较精密的零件需用游标卡尺和千分尺等，如图8.45所示。

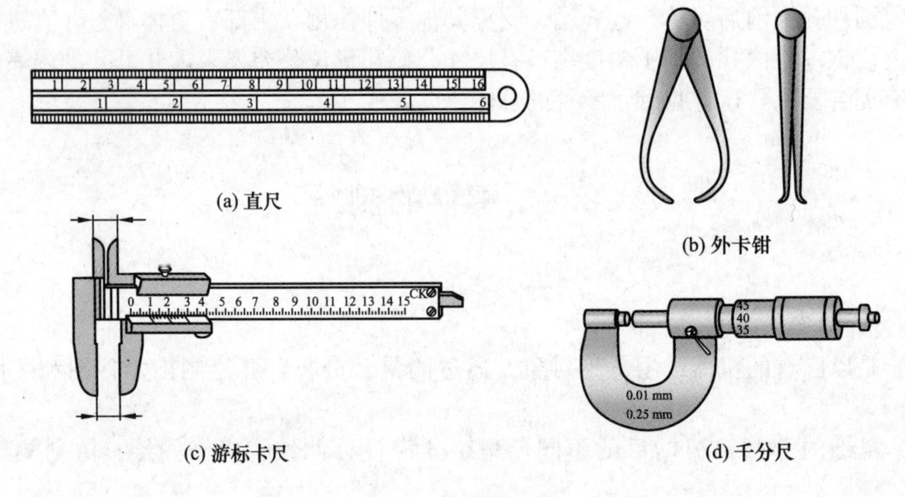

图8.45 测量工具

2）常用的测量方法

(1) 测量直线尺寸：一般可用直尺直接测量，有时也可用三角板与直尺配合进行，如图8-46所示。若要求精确，则用游标卡尺。

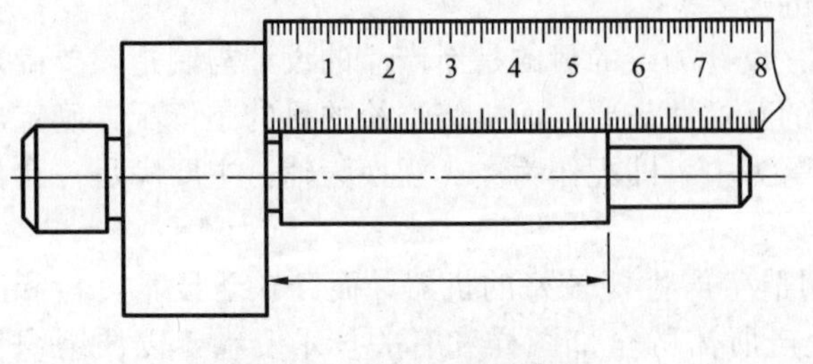

图8.46 用直尺测量长度

(2) 测量回转体的内外径：测量外径用外卡钳，测量内径用内卡钳，测量时要将内、外卡钳上下、前后移动，量得的最大值为其内径或外径。用游标卡尺测量时的方法与用内、外卡钳时相同，如图8.47所示。

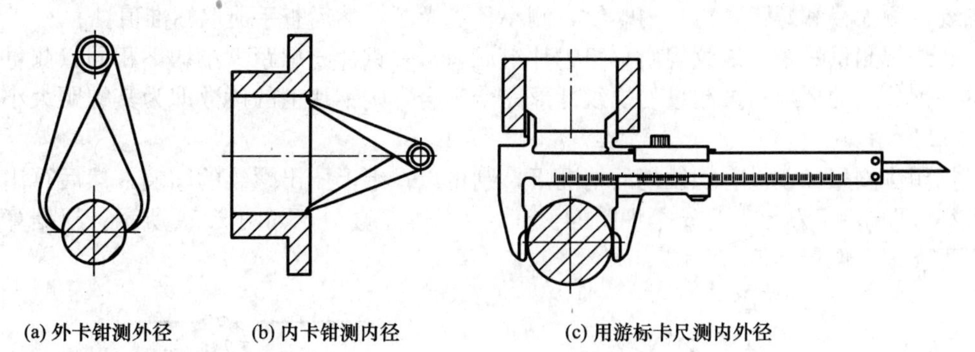

(a) 外卡钳测外径　(b) 内卡钳测内径　(c) 用游标卡尺测内外径

图 8.47　内外直径的测量

(3) 测量壁厚：如图 8.48 所示，可用外卡钳与直尺配合使用。

(4) 测量孔间距：如图 8.49 所示，用外卡钳测量相关尺寸，再进行计算。

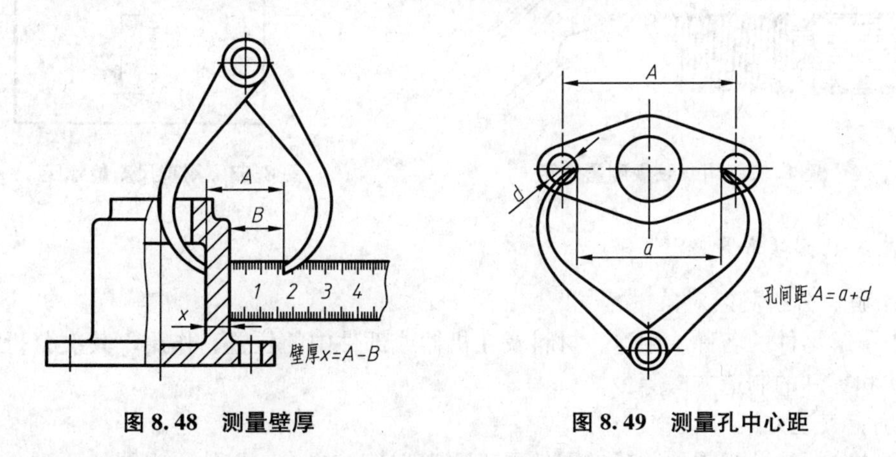

图 8.48　测量壁厚　　图 8.49　测量孔中心距

(5) 测量轴孔中心高：如图 8.50 所示，用外卡钳及直尺测量相关尺寸，再进行计算。

(6) 测量圆角：图 8.51 为用圆角规测量的方法。每套圆角规有很多片，一半测量外圆角，一半测量内圆角，每片上均有圆角半径，测量圆角时只要在圆角规中找出与被测量部分完全吻合的一片，则片上的读数即为圆角半径。铸造圆角一般目测估计其大小即可。若手头有工艺资料，则应选取相应的数值而不必测量。

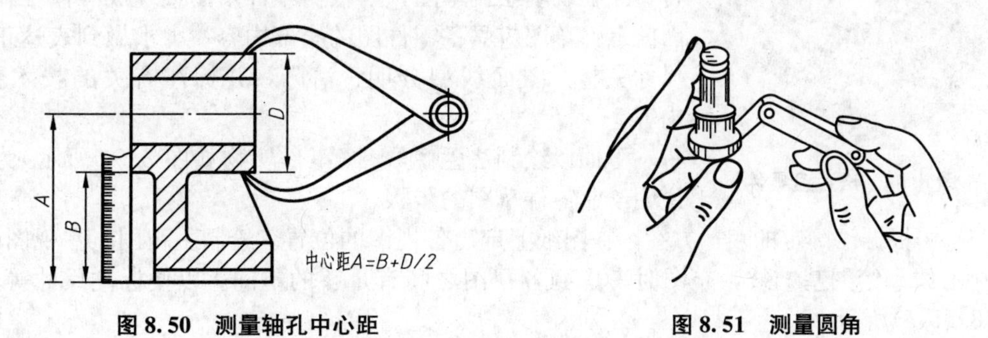

图 8.50　测量轴孔中心距　　图 8.51　测量圆角

(7) 测量螺纹：可用螺纹规或拓印法测量，测量螺纹要测出直径和螺距的数据。对于外螺纹，测大径和螺距；对于内螺纹，测小径和螺距，然后查手册取标准值。

螺纹规测量螺距：螺纹规由一组钢片组成，每一钢片的螺距大小均不相同，测量时只要某一钢片上的牙形与被测量的螺纹牙形完全吻合，则钢片上的读数即为其螺距大小，如图 8.52 所示。

拓印法测量：在没有螺纹规的情况下，则可以在纸上压出螺纹的印痕，然后算出螺距的大小，即 $p=T/n$，T 为 n 个螺距的长度，n 为螺距数量，如图 8.53 所示。根据算出的螺距再查手册取标准值。

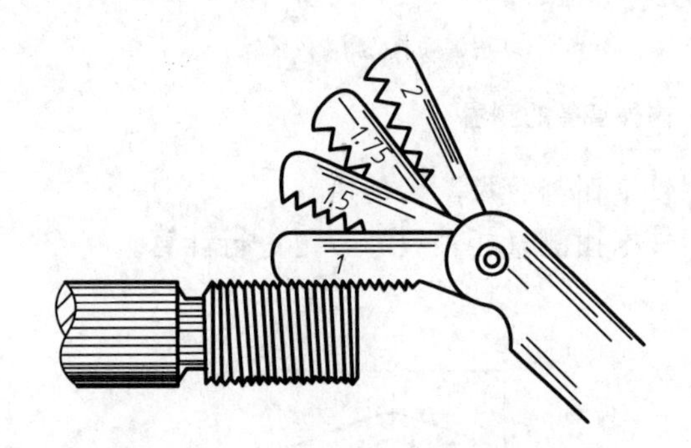

图 8.52　用螺纹规测量螺距

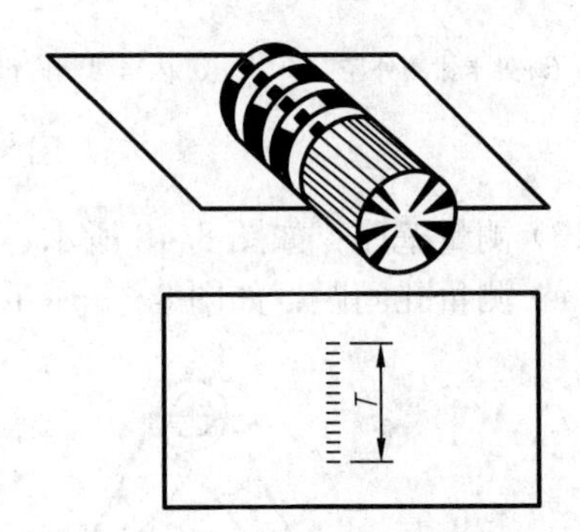

图 8.53　用直尺测量螺距

2. 测绘的方法和步骤

1) 了解、分析测绘对象

首先了解零件的名称、用途、材料及在机器或部件中的位置、作用，其次分析零件的结构形状和零件的制造方法等。

2) 确定表达方案

用形体分析法分析零件，确定零件属于哪类零件，按确定零件主视图的原则，确定主视图，再根据零件内、外结构的特点，选择必要的其他视图和必要的表达方法(剖视、断面等)。表达方案力求准确、清晰、简练。

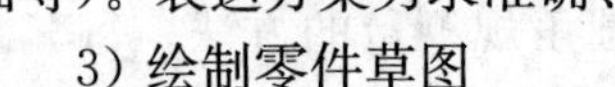

3) 绘制零件草图

用目测比例，徒手绘制的零件图，称为零件草图(徒手绘图参见第 1 章有关内容)。测绘零件一般在机器工作现场进行，先在现场绘制草图，后根据零件草图整理成零件工作图。因此零件草图应具备零件图的全部内容，力求做到表达正确，尺寸完整，图面线型分明、清晰，并标注有关的技术要求内容。

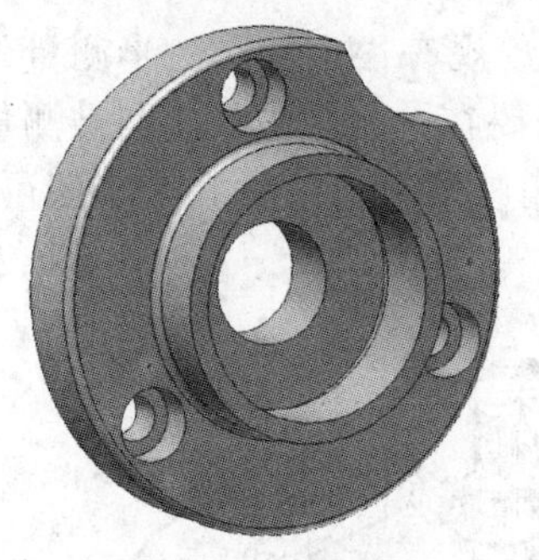
图 8.54　法兰盘零件

下面以绘制法兰盘零件(零件实物如图 8.54 所示)为例，说明绘制零件草图的步骤。

(1) 根据已确定的表达方案，在图纸上定出各视图的位置。绘制主视图、左视图的对称中心线和绘图基准线，布图时考虑到各视图之间有足够的空间，以便标注尺寸等，如图 8.55(a)所示。

(2) 用目测比例详细绘制出零件的结构形状，并绘制剖面符号如图 8.55(b)所示。

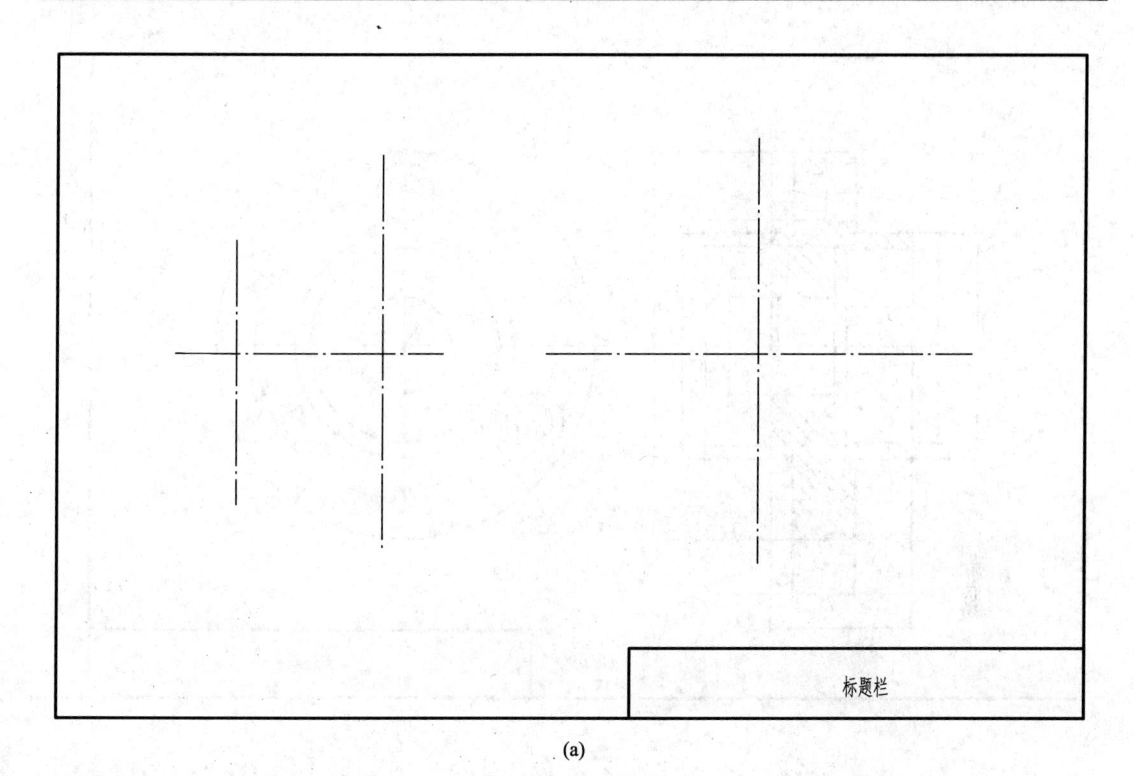

(a)

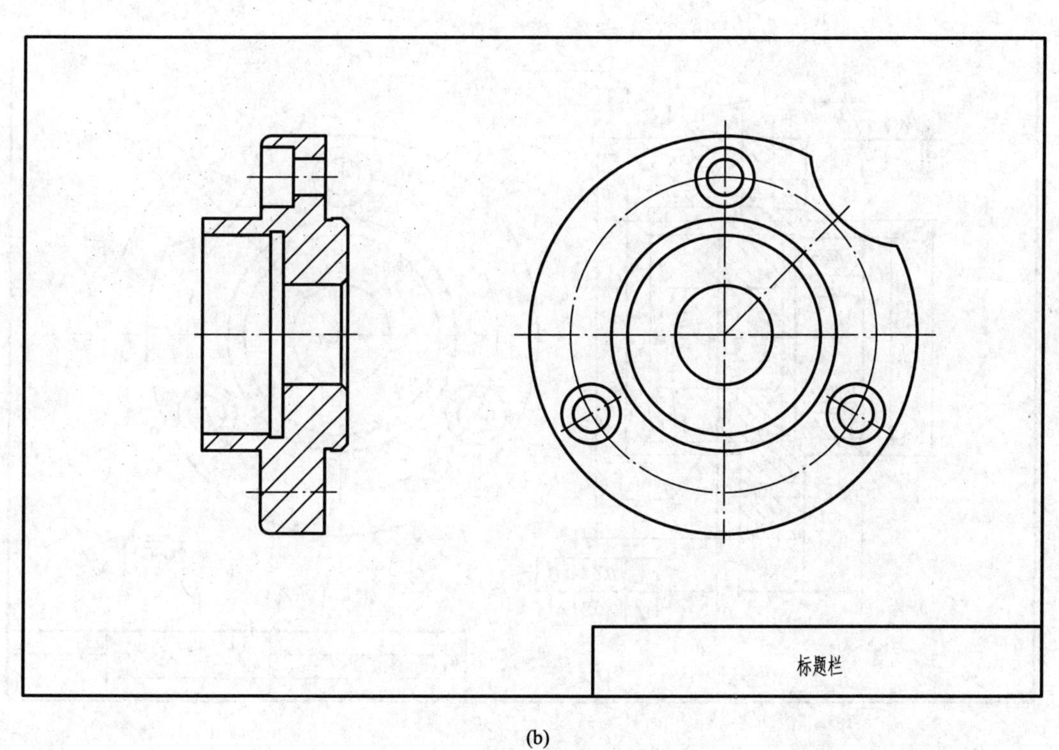

(b)

图 8.55　绘制零件图的步骤

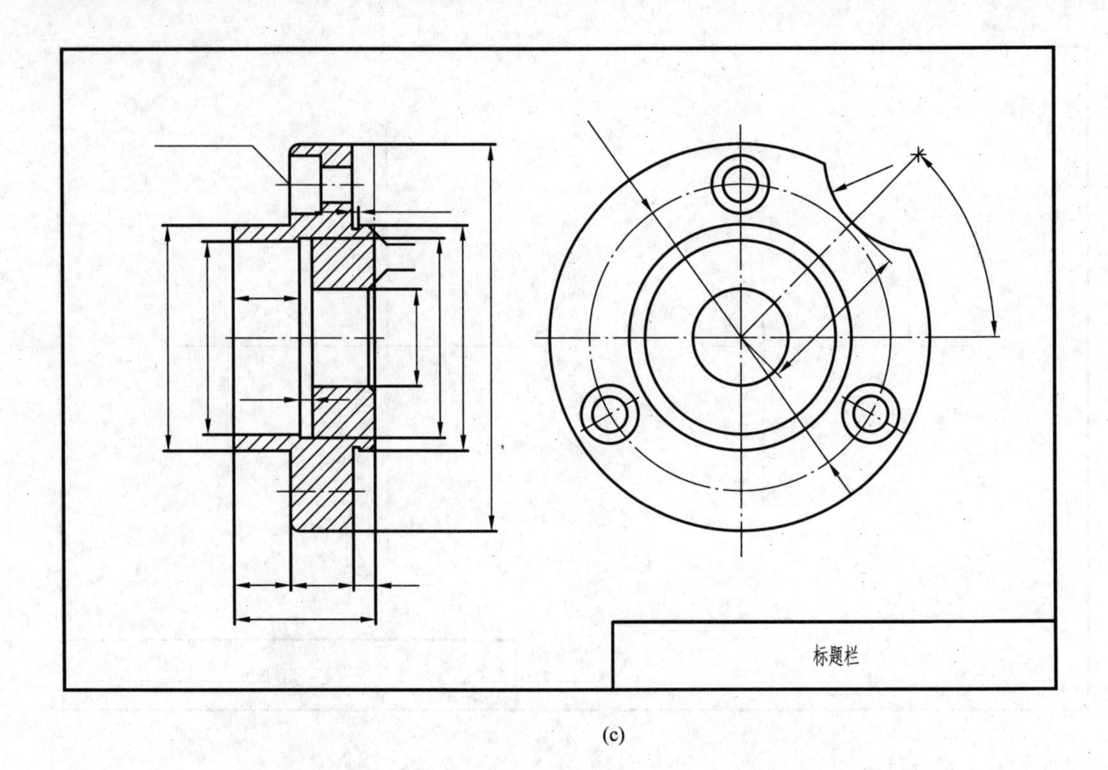

(c)

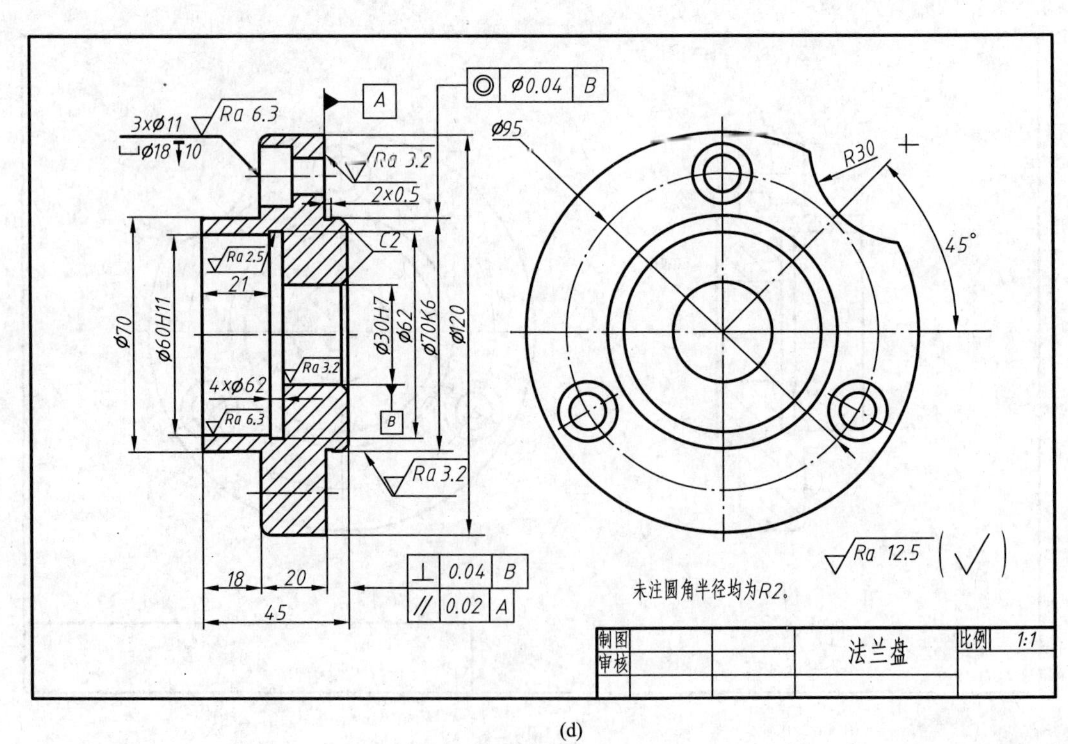

(d)

图 8.55　绘制零件图的步骤(续)

(3) 选定尺寸基准，按尺寸标注准确、完整、清晰和合理的要求，画出全部尺寸的尺寸界线、尺寸线和尺寸箭头(注意：不要测量一个尺寸标注一个尺寸，尺寸要集中测量)。经仔细校核后，按规定将图线加深，如图 8.55(c)所示。

(4) 逐个测量尺寸、填写尺寸数值，标注各表面的表面粗糙度代号，注写技术要求和标题栏，如图 8.55(d)所示。

(5) 对画好的零件草图进行复核，再绘制正式的法兰盘零件工作图。

3. 零件尺寸的测量

尺寸测量是零件测绘过程中一个重要的步骤。尺寸测量应集中进行，这样不但可以提高工作效率，还可以避免标注尺寸时漏标和错标尺寸。

测量零件尺寸时应注意以下问题：

(1) 根据零件尺寸不同的精度，确定相应的测量工具。选择量具时，既要保证测量精度，也要符合经济原则。可选择普通量具，如钢直尺、内、外卡钳等；普通精密量具，如游标卡尺、千分尺等；特殊量具，如螺纹规、圆角规等。

(2) 测量零件尺寸时，要正确选择零件的尺寸基准，然后根据尺寸基准依次测量，应尽量避免尺寸计算。对零件上不太重要的尺寸，如未经切削加工的表面尺寸，应将测量的尺寸值进行圆整。测量零件重要的相对位置尺寸，如箱体零件孔的中心距，应用精密仪器测量，并对测量尺寸进行计算、校核，不能随意圆整。

(3) 有配合的尺寸，如相配合的轴和孔，其基本尺寸应一致。由于测量的尺寸是实际尺寸，故应圆整到基本尺寸，而公差无法测量，应判断零件的配合性质，再从附录 21、22 极限与配合的表中查出极限偏差值并标出。

(4) 零件上损坏部分的尺寸不能直接测量，要对零件进行分析，按合理的结构形状，参考相邻零件的形状和相应的尺寸或有关技术资料再确定。测量零件磨损部分的尺寸，应尽可能在磨损较小部位测量，若整个配合面磨损较多，则应参照相关零件或查阅相关资料，进行具体分析。

(5) 对零件上的标准结构，如斜度、锥度、退刀槽、倒角、键槽、中心孔等，应将测量尺寸按有关标准圆整到标准值。

4. 零件测绘注意事项

(1) 零件上的制造缺陷如砂眼、气孔、裂纹等都不应画出。

(2) 零件上因制造、装配而形成的工艺结构，如铸造圆角、倒角、退刀槽、凸台、凹坑等，都必须画出，不能省略。

(3) 零件上损坏部分的尺寸，在分析清楚其作用情况下，应参考相邻零件的形状及有关技术资料，再将损坏部分按完整形状画出。

(4) 确定零件表面粗糙度时，可根据各表面的作用，并与表面粗糙度标准量块比较、目测或感触来判断。零件的制造、检验、热处理等技术要求，根据零件的作用，参照类似图样和有关资料用类比法确定。

(5) 尺寸测量的注意事项前已叙述，这里不再重复。

本章小结

本章重点是零件图的视图表达方法和掌握零件图的尺寸的注法，介绍了如下内容。

1. 零件图的内容

一张零件图包含一组视图、完整的尺寸、技术要求、标题栏等内容。

2. 零件图的视图选择

选择视图的原则是：在完整、清晰地表达零件内、外形状的前提下，尽量减少视图数量，以方便画图和看图。

选择视图时，要结合零件的工作位置或加工位置来考虑零件的安放位置。选择最能反映零件形状特征的视图作为主视图，并选择好其他视图，包括运用各种表达方法，如剖视、断面、局部放大图等。

3. 零件图的尺寸标注

零件图上的尺寸标注，除要符合前面已讲的完整、正确、清晰的要求外，还要求尺寸标注合理。所谓合理，即标注的尺寸能满足设计和加工工艺的要求，也就是既要使零件能很好地工作，又要使零件便于制造、测量和检验。

4. 看零件图的方法和步骤

(1) 读标题栏。

(2) 表达方案分析。

(3) 进行形体分析、线面分析和结构分析。

(4) 尺寸分析。

(5) 技术要求分析。

(6) 综合分析。

5. 零件测绘

测绘是以已有的机器或零件为对象，通过测量和分析，并绘制出零件图和装配图的过程。根据目的不同，测绘分为设计测绘、机修测绘、仿制测绘3种情况。

思考题

1. 零件图在生产中起什么作用？它应该包括哪些内容？

2. 零件的视图选择原则是什么？怎样选定主视图？视图选择的方法和步骤怎样？

3. 零件图的尺寸标注有哪些要求？

4. 零件图尺寸基准怎样选择？

5. 零件图中如何合理标注尺寸？应注意哪些方面的问题？零件上的哪些面和线常用作尺寸基准？在零件图上标注尺寸的基本要求是什么？

6. 零件上一般常见的工艺结构有哪些？试简述零件上的倒角、退刀槽、沉孔、螺孔、键槽等常见结构的作用、画法和尺寸注法。

7. 试简述画零件图和读零件图的步骤和方法。

8. 在零件测绘中，最简单的常用量具有哪些？试简述使用它们来测量零件尺寸的方法。

第9章 装配图

一台机器或一个部件都是由若干零件按一定的装配关系和技术要求组装起来的。表示机器或部件的图样称为装配图。它是表达设计思想及进行技术交流的工具，是指导生产的基本技术文件。在进行设计、装配、调整、检验、安装、使用和维修时都需要装配图。在设计(或测绘)机器时，首先要绘制装配图，然后再拆画零件图。装配图要反映出设计者的意图，表达出机器(或部件)的工作原理、性能要求、零件的装配关系和零件的主要结构形状，以及在装配、检验、安装时所需要的尺寸数据和技术要求。

本章将讨论装配图的内容、装配图的特殊表示法、装配图的画法和尺寸标注、看装配图和由装配图拆画零件图的方法、部件测绘以及绘制装配图等内容。

9.1 装配图的内容

一张完整的装配图应具备4项内容。图9.1所示球阀是实际生产用的装配图，其具体内容如下：

(1) 一组视图：用一般表达方法和特殊表达方法，正确、完整、清晰和简便地表达机器(或部件)的工作原理、零件之间的装配关系和零件的主要结构形状。

(2) 必要的尺寸：根据由装配图拆画零件图以及装配、检验、安装、使用机器的需要，在装配图中必须标注反映机器(或部件)的性能、规格、安装情况、部件或零件间的相对位置、配合要求和机器的总体大小尺寸。

(3) 技术要求：用文字或符号标注写出机器(或部件)的质量、装配、检验、使用等方面的要求。

(4) 标题栏、零件序号和明细栏：根据生产组织和管理工作的需要，按一定的格式，将零、部件逐一进行编注序号，并填写明细栏和标题栏。明细栏内容包括零件序号、代号、零件名称、数量、材料、重量、备注等项目。标题栏包含机器(或部件)的名称、材料、比例、重量、图样代号及设计、审核、工艺、标准化人员的签名等。

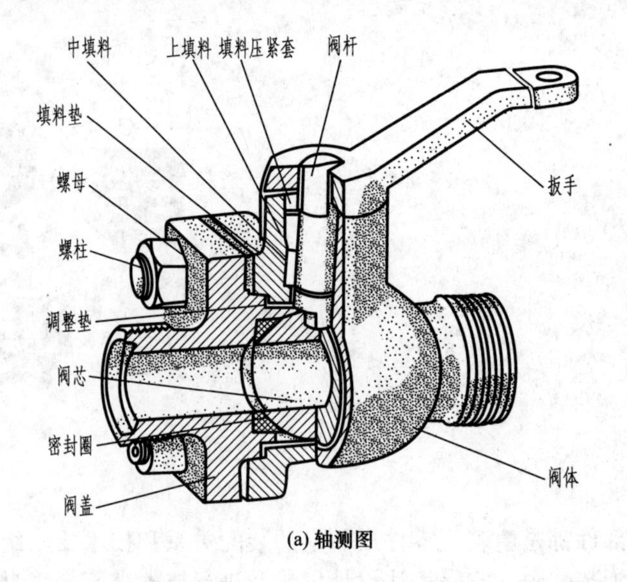

(a) 轴测图

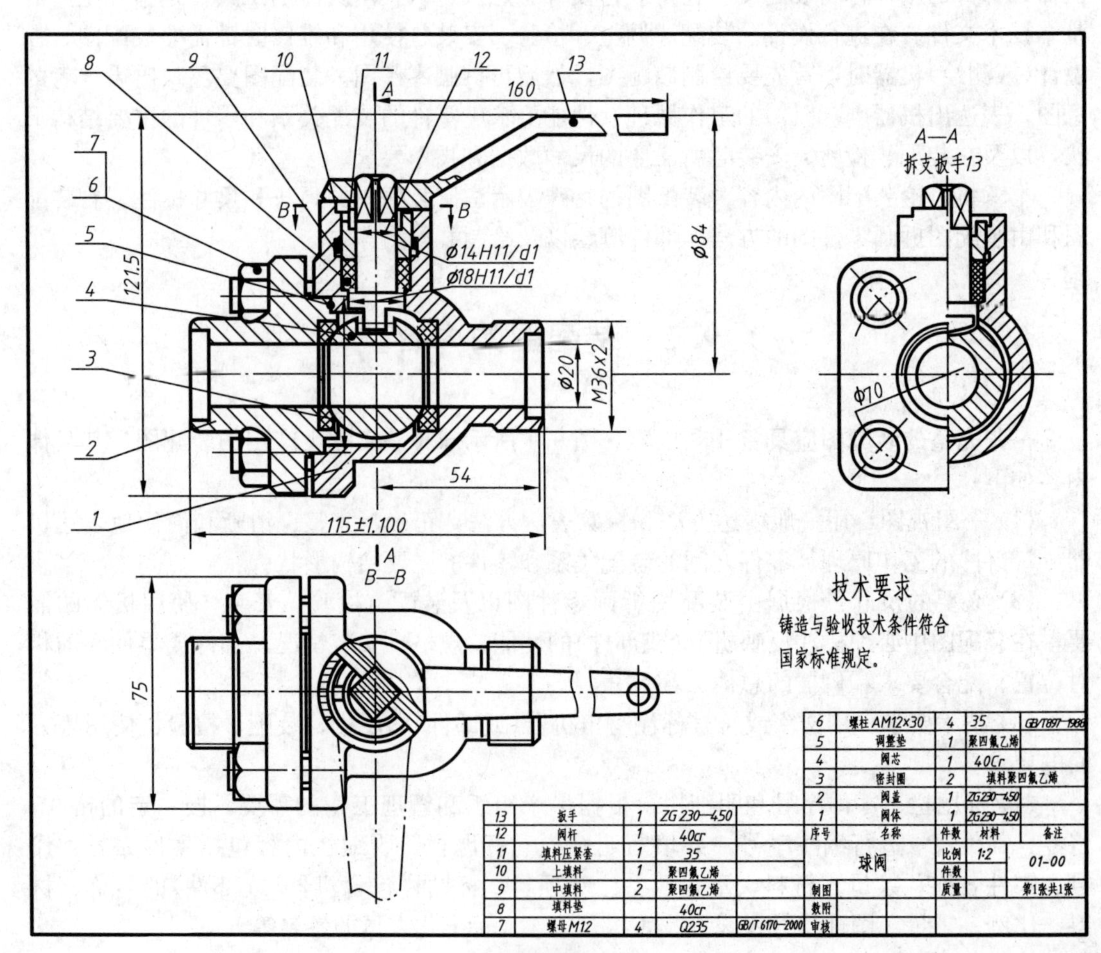

(b) 装配图

图 9.1　球阀

9.2　装配图的视图表达方法

在第6章“机件的各种表达方法”中，曾讨论了零件的各种表示法。那些方法对表达机器(或部件)也同样适用。但是装配图的表达方法也有它自身的一些特点。零件图所表达的是单个零件，而装配图表达的则是由若干零件所组成的部件。两种图样的要求不同，所表达的侧重面也就不同。装配图是以表达机器(或部件)的工作原理和装配关系为中心，采用适当的表示法把机器(或部件)的内部和外部的结构形状和零件的主要结构表示清楚。因此，为了清晰又简便地表达出机器(或部件)的工作原理、装配关系和内外部的结构形状等，国家标准《机械制图》还对装配图提出了一些规定画法和特殊表达方法。

1. 规定画法

装配图的规定画法在第7章螺纹紧固件装配连接的画法中已作过介绍，这里再强调如下。

(1) 相邻两零件的接触面和有配合关系的表面规定只画一条线。不接触的相邻两表面按投影位置分别画线。

(2) 相邻两金属零件的剖面线的倾斜方向应相反，或者方向一致而间隔不同。若3个以上零件相邻，采用同一倾斜方向剖面线的两个相邻零件应采用不同的剖面线间隔。在同一张装配图的各个视图中，同一零件的剖面线方向与间隔必须一致。

(3) 为了简化作图，在剖视图中，对一些实心杆件(如轴、拉杆等)和一些标准件(如螺母、螺栓、键、销等)，若剖切平面通过其轴线或对称面剖切这些零件，则这些零件只画零件外形，不画剖面线，如图9.1球阀装配图中件12(阀杆)和图9.2转子油泵装配图中件4(泵轴)。如果实心杆件上有些结构和装配关系需要表达时，可采用局部剖视，如图9.1

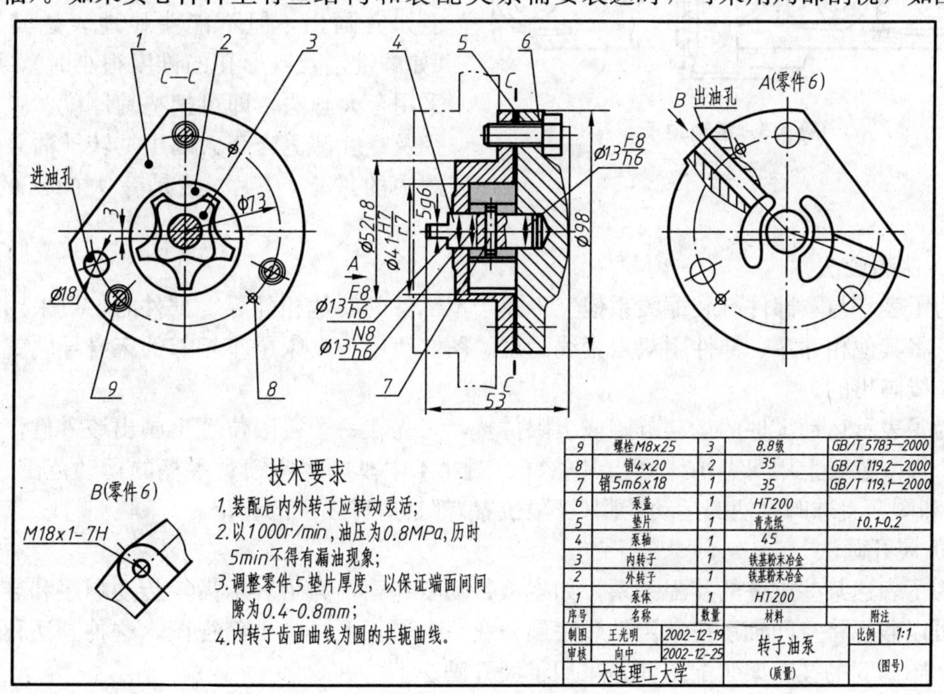

图9.2　转子油泵装配图

中的件4(阀芯)和图9.2中的件4(泵轴)。当剖切平面垂直其轴线剖切时，需画出其剖面线，如图9.2转子油泵件4(泵轴)在C-C剖视图中则需要画出剖面线。

2. 特殊表示法

1) 拆卸画法

当某一个或几个零件在装配图的某一视图中遮住了大部分装配关系或其他零件时，可假想拆去一个或几个零件，只画出所表达部分的视图，这种画法称为拆卸画法。图9.3所示滑动轴承装配图中俯视图的右半部分就是拆去轴承盖、上轴衬、螺栓和螺母后画出的。

2) 沿结合面剖切画法

为了表达内部结构，可采用沿结合面剖切画法。图9.2所示转子油泵右视图C-C就是在泵盖和泵体的结合面之间剖切后画出的。

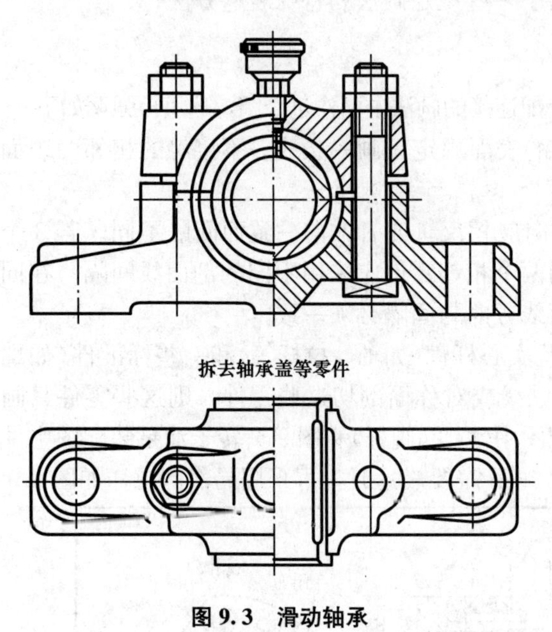

图9.3　滑动轴承

3) 单独表示某个零件

在装配图中，当某个零件的形状未表达清楚而又对理解装配关系有影响时，可另外单独画出该零件的某一视图。如转子油泵装配图中单独画出了件6(泵盖)的A和B两个方向的视图(图9.2)。

4) 夸大画法

在画装配图时，有时会遇到薄片零件、细丝零件、微小间隙等。对这些零件或间隙，无法按其实际尺寸画出，或者虽能如实画出，但不能明显地表达其结构(如圆锥销及锥形孔的锥度很小时)，均可采用夸大画法，即可把垫片厚度、弹簧线径及锥度都适当夸大画出。转子油泵装配图中的件5(垫片)就是夸大画出的(图9.2)。

5) 假想画法

为了表示与本部件有装配关系但又不属于本部件的其他相邻零、部件时，可采用假想画法，将其他相邻零、部件用双点画线画出。图9.4中与车床尾座相邻的床身导轨就是用双点画线画出的。

为了表示运动零件的运动范围或极限位置，可先在一个极限位置上画出该零件，再在另一个极限位置上用双点画线画出其轮廓。图9.4中车床尾座锁紧手柄的运动范围(极限位置)和图9.1球阀手柄的运动范围(极限位置)都是这样表示的。

6) 展开画法

为了表达某些重叠的装配关系，如多级传动变速箱，为了表示齿轮传动顺序和装配关系，可以假想将空间轴系按其传动顺序展开在一个平面上，画出剖视图，这种画法称展开画法。图9.5的挂轮架装配图就是采用了展开画法。

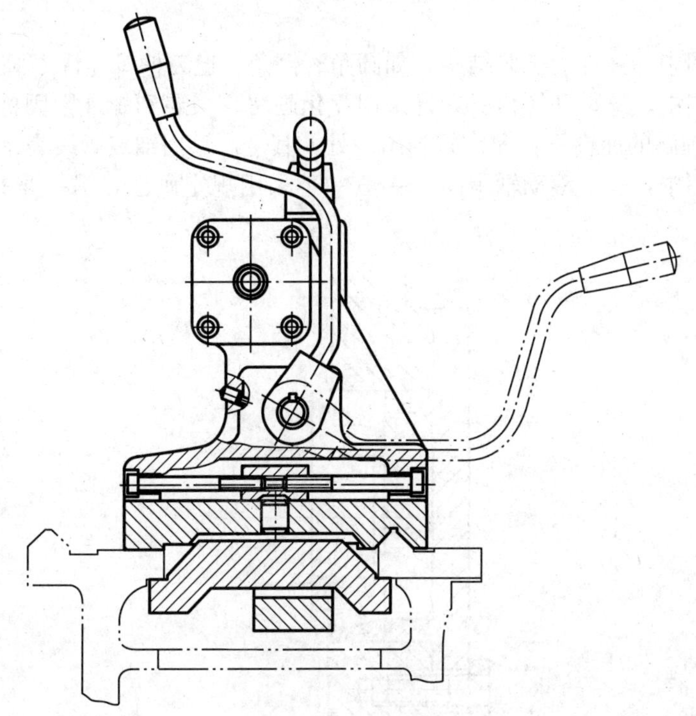

图 9.4　车床尾座

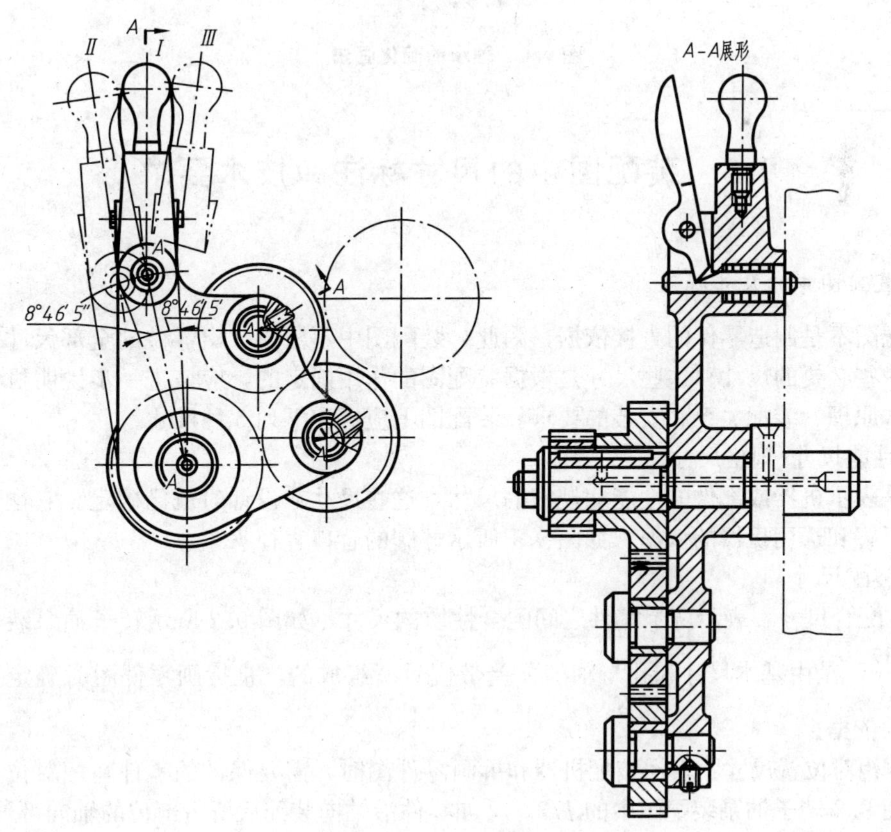

图 9.5　挂轮架

7）简化画法

(1) 在装配图中，零件的工艺结构，如圆角、倒角、退刀槽等允许不画。

(2) 在装配图中，螺母和螺栓头允许采用简化画法。当遇到螺纹紧固件等相同的零件组时，在不影响理解的前提下，允许只画出一处，其余可只用细点画线表示其中心位置。

(3) 在剖视图中，表示滚动轴承时，一般一半采用规定画法，另一半采用通用画法，如图 9.6 所示。

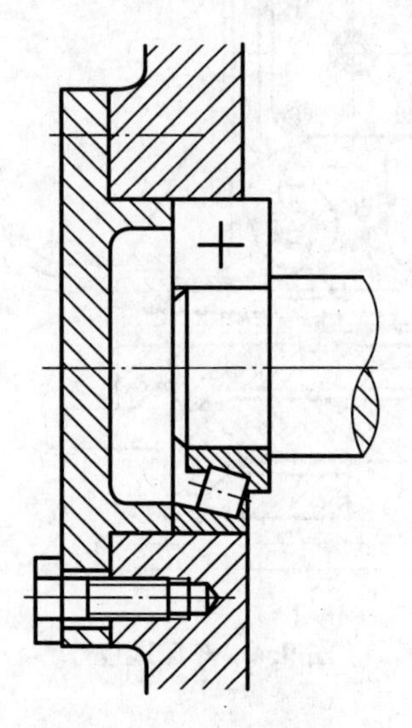

图 9.6　轴承的简化画法

9.3　装配图中的尺寸标注和技术要求

1. 装配图中的尺寸标注

装配图不是制造零件的直接依据，因此，装配图中不需要注出零件的全部尺寸，只需要注出一些必要的尺寸。这些尺寸是根据装配图的作用确定的，应该进一步说明机器的性能、工作原理、装配关系和安装的要求。装配图上应标注下列 5 种尺寸。

1）性能尺寸(规格尺寸)

它是表示机器或部件的性能和规格的尺寸，这些尺寸在设计时就已确定。它也是设计机器、了解和选用机器的依据，如图 9.1 所示球阀的管口直径 $\phi25$。

2）装配尺寸

(1) 配合尺寸：表示两个零件之间配合性质的尺寸，如图 9.2 所示转子油泵装配图上的 $\phi41\frac{H7}{f7}$，是由基本尺寸和孔与轴的公差带代号所组成的，是拆画零件图时确定零件尺寸偏差的依据。

(2) 相对位置尺寸：表示装配机器和拆画零件图时，需要保证的零件间相对位置的尺寸，如图 9.2 转子油泵装配图中的 $\phi73$。又如零件沿轴向装配后所占部位的轴向部位尺寸，是装配、调整所需要的尺寸，也是拆画零件图、校核图时所需要的尺寸。

3）外形尺寸

外形尺寸表示机器或部件外形轮廓的尺寸，即总长、总宽、总高。当机器或部件包装、运输时，以及厂房设计和安装机器时需要考虑外形尺寸，图 9.2 所示转子油泵装配图中的 53(总长)、ϕ90(总高和总宽)是外形尺寸。

4）安装尺寸

机器或部件安装在地基上或与其他机器或部件相连接时所需要的尺寸就是安装尺寸，如图 9.1 所示球阀装配图中的 M36×2，≈84.54 等。

5）其他重要尺寸

它是在设计中经过计算确定或选定的尺寸，但又未包括在上述 4 种尺寸之中。这种尺寸在拆画零件图时不能改变，如图 9.1 所示球阀装配图中的 115±1.100。

2. 装配图中的技术要求

不同性能的机器(或部件)，其技术要求也各不相同。因此，拟定某一机器(或部件)的技术要求时也要进行具体分析。

(1) 装配要求：包括装配后必须保证的准确度说明；需要在装配时加工的说明；装配后零件间关系的要求、对密封处的要求等等。

(2) 检验要求：包括基本性能的检验方法、条件及所要达到的标准。

(3) 使用要求：对产品的基本性能、维护、保养的要求以及使用操作时的注意事项加以说明。

(4) 其他方面的要求：对于一些高精密或特种机器设备，要对它们的运输、周围环境、地基、防腐、温度要求等加以说明。

上述各项内容并不要求每张装配图全部注写，而应根据具体情况确定。零件图上已有的技术要求在装配图上一般不再注写。

9.4 装配图中的零、部件序号及明细栏、标题拦

为便于读图、装配、图样管理以及做好生产准备工作，要对装配图上每种不同的零件、部件进行编号，这种编号称为零、部件的序号。同时要编制相应的明细栏，以了解零件的名称、材料数量等，有利于看图和图样管理。

1. 零件序号

为便于读图、装配、图样管理以及做好生产准备工作，要对装配图上每种不同的零件、部件进行编号，这种编号称为零、部件的序号。

(1) 序号(或代号)应注在图形轮廓线的外边，并填写在指引线的横线上或圆内，但在同一装配图中形式要一致。横线或圆用细实线画出。指引线应从所指零件的可见轮廓内引出，并写在指引线的横线上或圆内(指引线应指向圆心)，横线或圆用细实线画出。指引线应从所指零件的可见轮廓内(若剖开时，尽量由剖面区域内引出，并在末端画一小圆点，序号字体要比尺寸数字大一号，如图 9.7(a)所示。序号字体也可比尺寸数字大两号，如图 9.7(b)所示，也允许采用图 9.7(c)的标注形式。若在所指部分内不易画圆点(很薄的零件或涂黑的剖面区域)，可在指引线末端画出指向该部分轮廓的箭头，如图 9.8 所示。

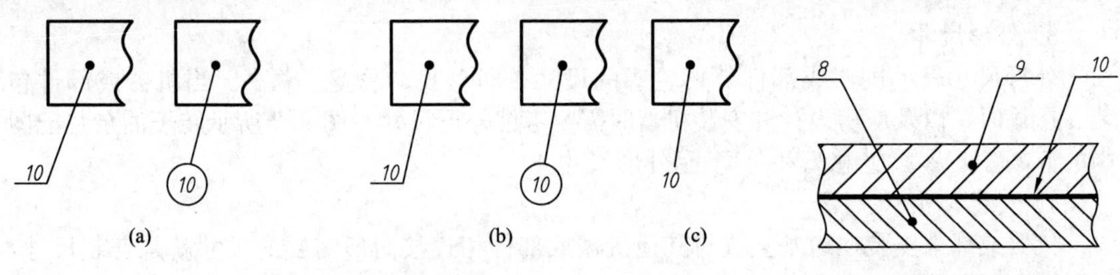

图 9.7　零件序号注写　　　　图 9.8　零件序号的箭头指引

(2) 指引线尽可能分布均匀，且不要彼此相交，也不要过长。指引线通过有剖面线的区域时，不要与剖面线平行，必要时可画成折线，但只允许弯折一次，如图 9.9 所示。紧固件组成装配关系清楚的零件组允许采用公共指引线，如图 9.10 所示，公共指引线常用于螺栓、螺母和垫圈零件组。

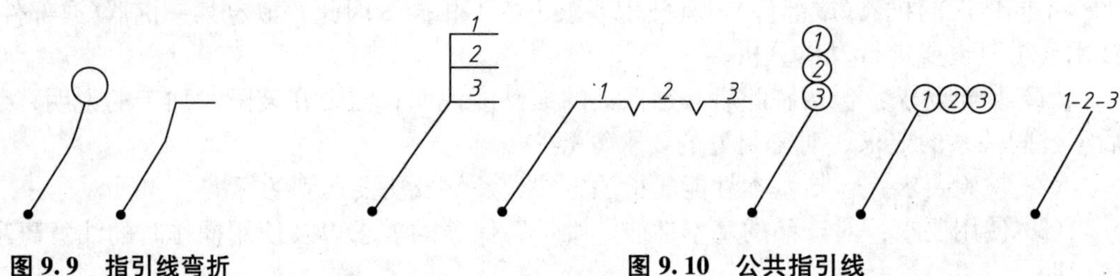

图 9.9　指引线弯折　　　　图 9.10　公共指引线

(3) 每一种零件在各视图上只编一个序号。对同一标准部件(如油杯、滚动轴承、电动机等)，在装配图上只编一个序号。

(4) 要沿水平或铅垂方向按顺时针或逆时针次序排列整齐，如图 9.1 和图 9.2 所示。

编注序号时，要注意如下两点.

(1) 为了使全图能布置的美观整齐，在画零件序号时，应先按一定位置画好横线或圆，然后再与零件一一对应，画出指引线。

(2) 序号编排方法通常是将一般件和标准件混合一起编排，见球阀装配图(图 9.1)。

2. 标题栏和明细栏

装配图标题栏与零件图的标题栏类似。装配图的明细栏画在标题栏上方，外框左右为粗实线，内框为细实线，假如地方不够，也可在标题栏的左方再画一排，如图 9.11 所示。

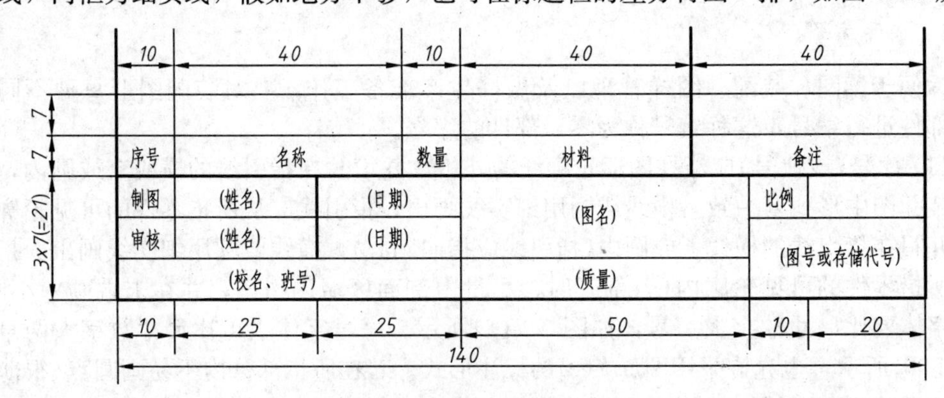

图 9.11　装配图标题栏、明细栏

图 9.11 所示格式可供学习时使用。明细栏中，零件序号编写顺序是从下往上，以便增加零件时可以继续向上画格。在实际生产中，明细栏也可不画在装配图内，按 A4 幅面作为装配图的续页单独绘出，编写顺序是从上到下，并可连续加页，但在明细栏下方应配置与装配图完全一致的标题栏。

9.5　装配结构的合理性简介

机器或部件上的结构，除应满足设计要求外，还要考虑机器或部件的装配工艺要求，为使零件装配成机器(或部件)后能达到性能要求并考虑到拆、装方便，对装配结构有一定的合理性要求。本节讨论几种常见装配结构的合理性。

1. 接触面与配合面的结构

(1) 当轴和孔配合，且轴肩与孔端面相互接触时，应在孔的接触端面上制成倒角，或在轴肩根部切槽以保证两零件接触良好(图 9.12(a)、(b))。在图 9.12(c)中，由于轴肩根部存在圆角，不能保证轴肩与孔端面接触。

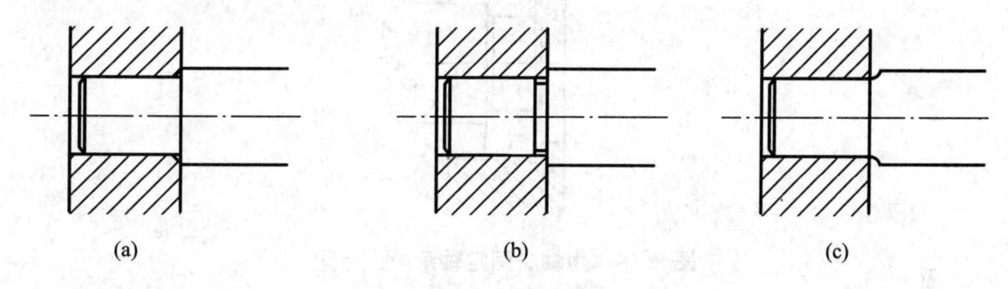

图 9.12　常见装配结构(一)

(2) 两个零件接触时，同一方向上的接触面在无特殊要求的情况下应该只有一个，这样既可满足装配要求，制造也比较方便(图 9.13)。

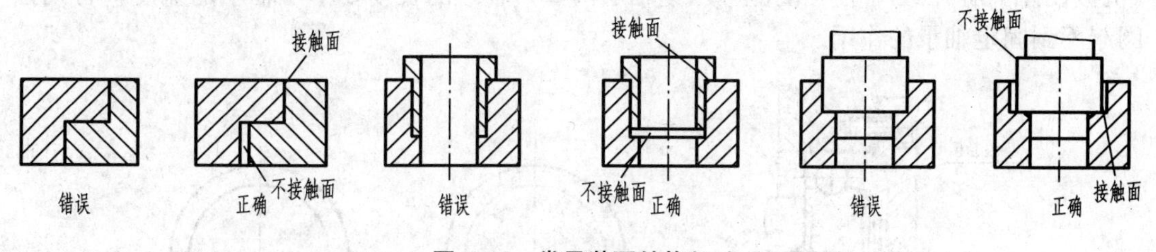

图 9.13　常见装配结构(二)

2. 螺纹连接的合理结构

除了第 7 章中螺纹连接的结构以外，为了便于拆装，设计时必须留出扳手的活动空间(图 9.14(a))和装、拆螺栓的空间(图 9.14(b))。

3. 轴向零件的固定结构

为了防止滚动轴承等轴上的零件产生轴向窜动，必须采用一定的结构来固定。以滚动

图 9.14　要留出扳手活动空间和螺钉装、拆空间

轴承为例，常用的固定结构方法有以下几种：

(1) 用轴肩固定，图 9.15 所示。

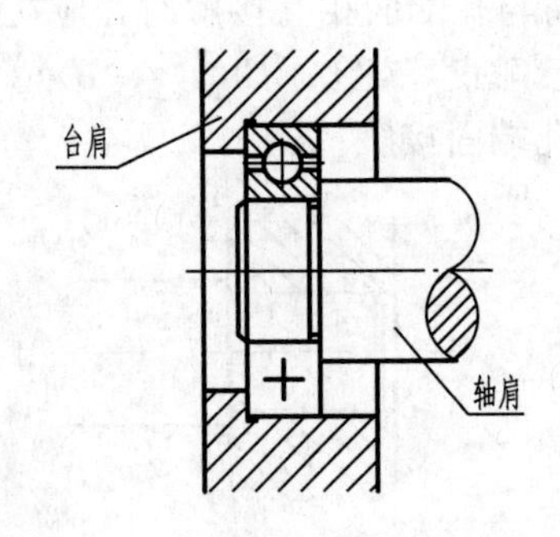

图 9.15　用轴肩固定轴承内、外圈

(2) 用弹性挡圈固定，如图 9.16(a)所示。弹性挡圈(图 9.16(b))为标准件。弹性挡圈和轴端环槽的尺寸可参阅《机械设计手册》。

(3) 用轴端挡圈固定，如图 9.17(a)。轴端挡圈(图 9.17(b))为标准件，尺寸可参阅《机械设计手册》。为了使挡圈能够压紧轴承内圈，轴颈的长度要小于轴承的宽度，否则挡圈起不到固定轴承的作用。

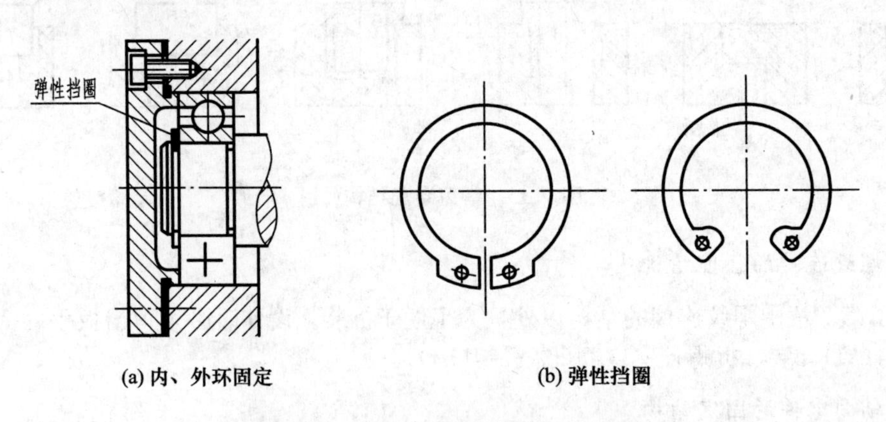

(a) 内、外环固定　　(b) 弹性挡圈

图 9.16　用弹性挡圈固定轴承内外圈

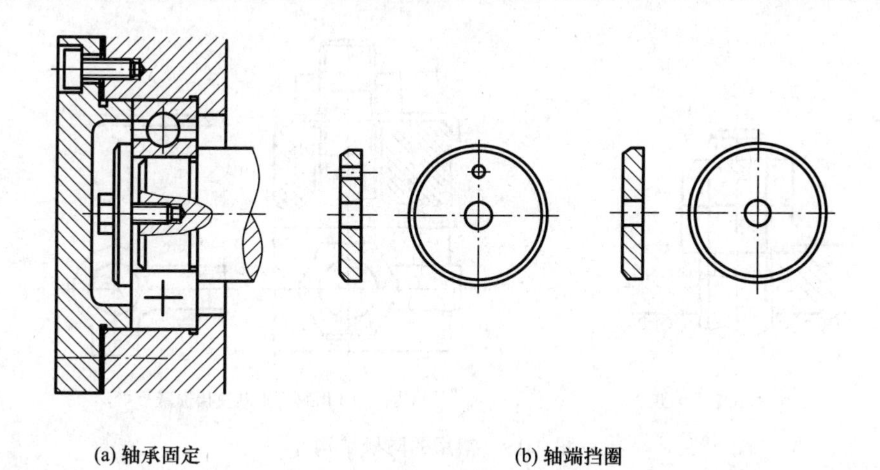

(a) 轴承固定　(b) 轴端挡圈

图 9.17　用轴端挡圈固定轴承内圈

(4) 用圆螺母及止动垫圈固定，如图 9.18(a)所示。圆螺母(图 9.18(b))及止动垫圈(图 9.18(c))均为标准件。

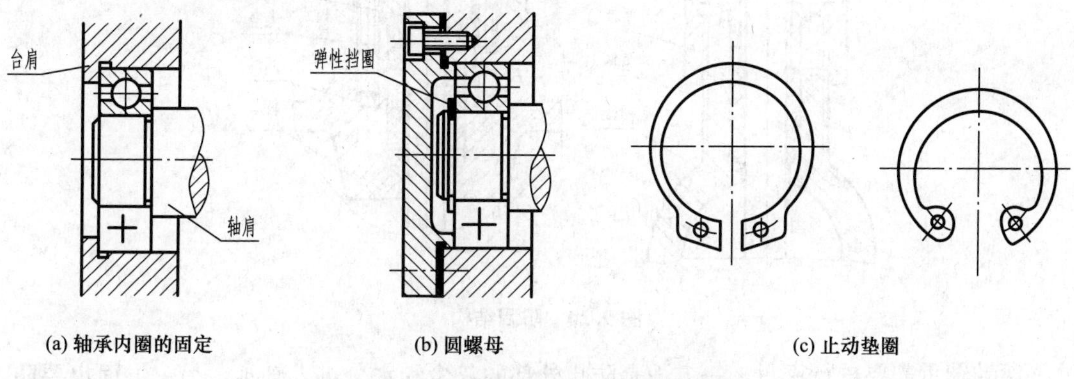

(a) 轴承内圈的固定　(b) 圆螺母　(c) 止动垫圈

图 9.18　用圆螺母及止动垫圈固定

4. 防松的结构

机器运转时，由于受到振动或冲击，螺纹连接间可能发生松动，有时甚至造成严重事故，因此，在某些机构中需要防松。除在第 7 章介绍了使用弹簧垫圈和开口销锁紧外，图 9.19 表示出了几种常用的防松结构。

(1) 用双螺母锁紧(图 9.19(a))。它依靠两螺母在拧紧后螺母之间产生的轴向力，使螺母牙与螺母牙之间的摩擦力增大而防止螺母自动松脱。

(2) 用止动垫圈防松(图 9.18)。这种装置常用来固定安装在轴端部的零件。轴端开槽，止动垫圈与圆螺母联合使用，可直接锁住螺母。

(3) 用双耳止动垫片锁紧(图 9.19(b))。螺母拧紧后弯倒止动垫片的止动边即可锁紧螺母。

5. 密封防漏的结构

在机器或部件中，为了防止内部液体外漏同时防止外部灰尘、杂质侵入，要采用密封防漏措施，图 9.20 示出了两种防漏的典型例子。用压盖或螺母将填料压紧起到防漏作用，压盖要画在开始压填料的位置，表示填料刚刚加满。

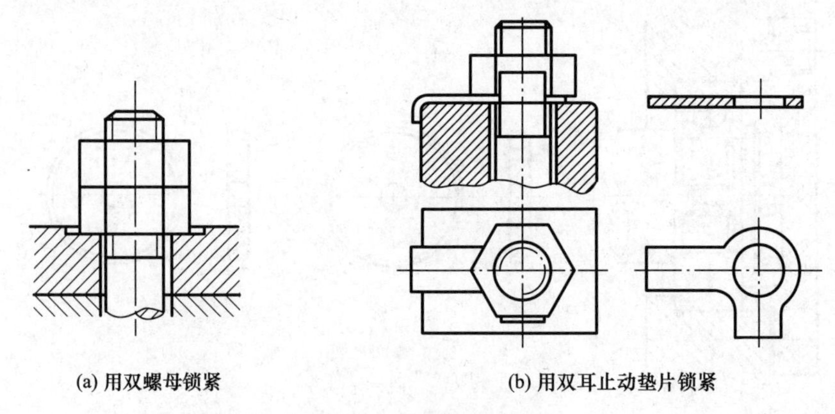

(a) 用双螺母锁紧　　(b) 用双耳止动垫片锁紧

图 9.19　常用的防松结构

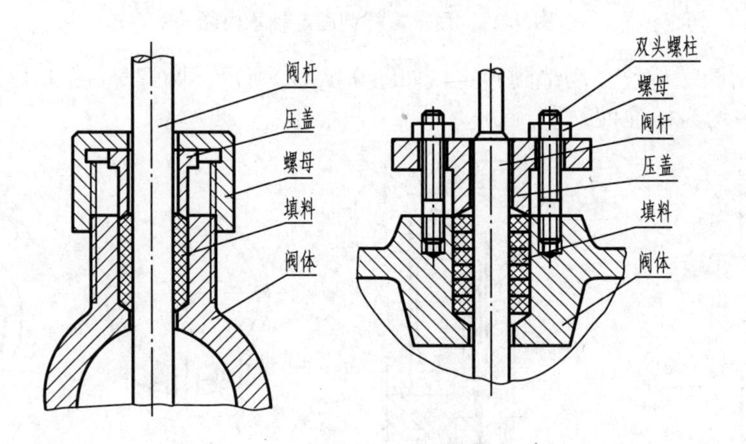

图 9.20　防漏结构

滚动轴承需要进行密封，一方面是防止外部的灰尘和水分进入轴承，另一方面也要防止轴承的润滑剂渗漏。常见的密封方法如图 9.21 所示。各种密封方法所用的零件，有的

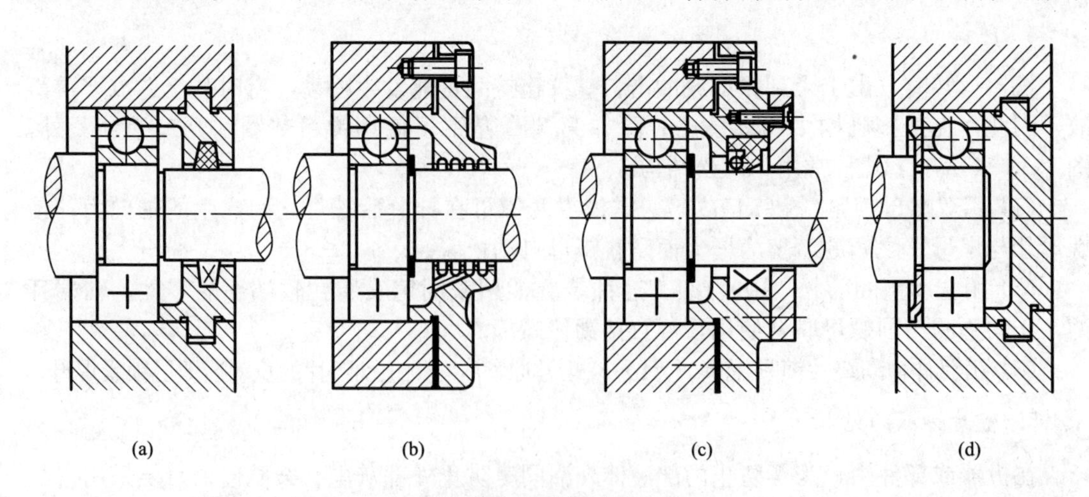

图 9.21　滚动轴承的密封

已经标准化，如密封圈和毡圈；有的某些局部结构标准化，如轴承盖的毡圈槽、油沟等，其尺寸要从有关手册中查取。图 9.21(a)、(c)中的密封圈在轴的一侧按规定画法画出，在轴的另一侧按通用画法画出。

9.6　装配图的画法

以铣刀头为例介绍装配图的画法。

1. 拟定表达方案

表达方案包括选择主视图，确定视图数量、表达方法并进行合理布局。

(1) 选择主视图。一般按机器(或部件)的工作位置摆放，并使主视图能够表达机器(或部件)的工作原理、传动关系、零部件间主要的或较多的装配关系。为此，装配图常用剖视图表示。

(2) 确定视图的数量和表达方法。根据部件的结构特点，在确定视图数量时，应同时选择合适的表达方法，然后对各个视图进行合理布局。

机器(或部件)上都存在着一条或几条装配干线，如减速器是以主、被动轴为同一平面上的两条装配主干线。为了清楚地表达这些装配关系，一般都通过装配干线的轴线取剖切平面，画出剖视图。为便于看图，各视图配置位置应尽可能符合投影关系。

铣刀头主视图的投射方向为图 9.22 所示的投射方向，并采用全剖视图表示其工作原理、传动关系以及零件间的主要装配关系。

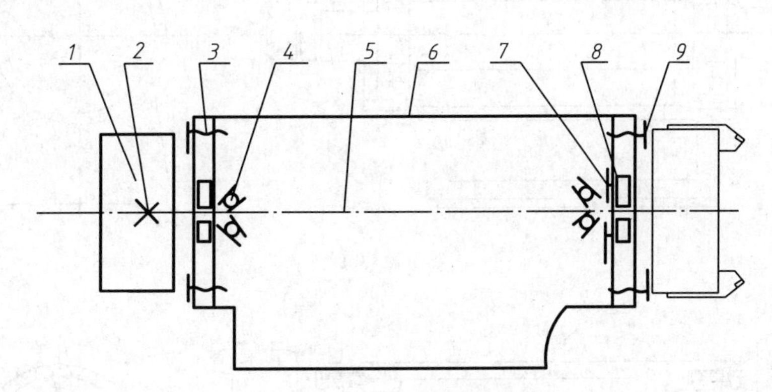

图 9.22　铣刀头装配示意图

1—带轮；2—平键；3—螺钉；4—轴承；5—轴；
6—座体；7—调整片；8—毡圈；9—端盖

除主视图外，还可采用局部剖的左视图及一个局部视图，以清楚地表达座体的结构形状。

2. 画装配图的步骤

(1) 根据所确定的表达方案，画主要基准线。铣刀头主视图以座体的底面为高度方向主要基准，按中心高(115mm)画出孔、轴的轴线；左视图以轴孔中心对称线为前后方向主要基准。在画这些线时，要选定合适位置，考虑总体布局(图 9.23(a))。

(2) 参照装配示意图(图 9.22)，沿装配主干线依次画齐各零件。可以从主视图入手，几个视图一起画。按装配干线顺序画座体—左、右轴承—轴—左、右端盖—带轮—刀盘等(图 9.23(a)、(b)、(c))。

(3) 完成全图。

(4) 标注尺寸，注出轴承内、外圈，带轮处的配合尺寸；相对位置尺寸 98、115 及安装尺寸 150、155。最后注出总体尺寸 190、386。

(5) 编写零、部件序号，填写明细栏、标题栏、技术要求，检查，描深(图 9.24)。

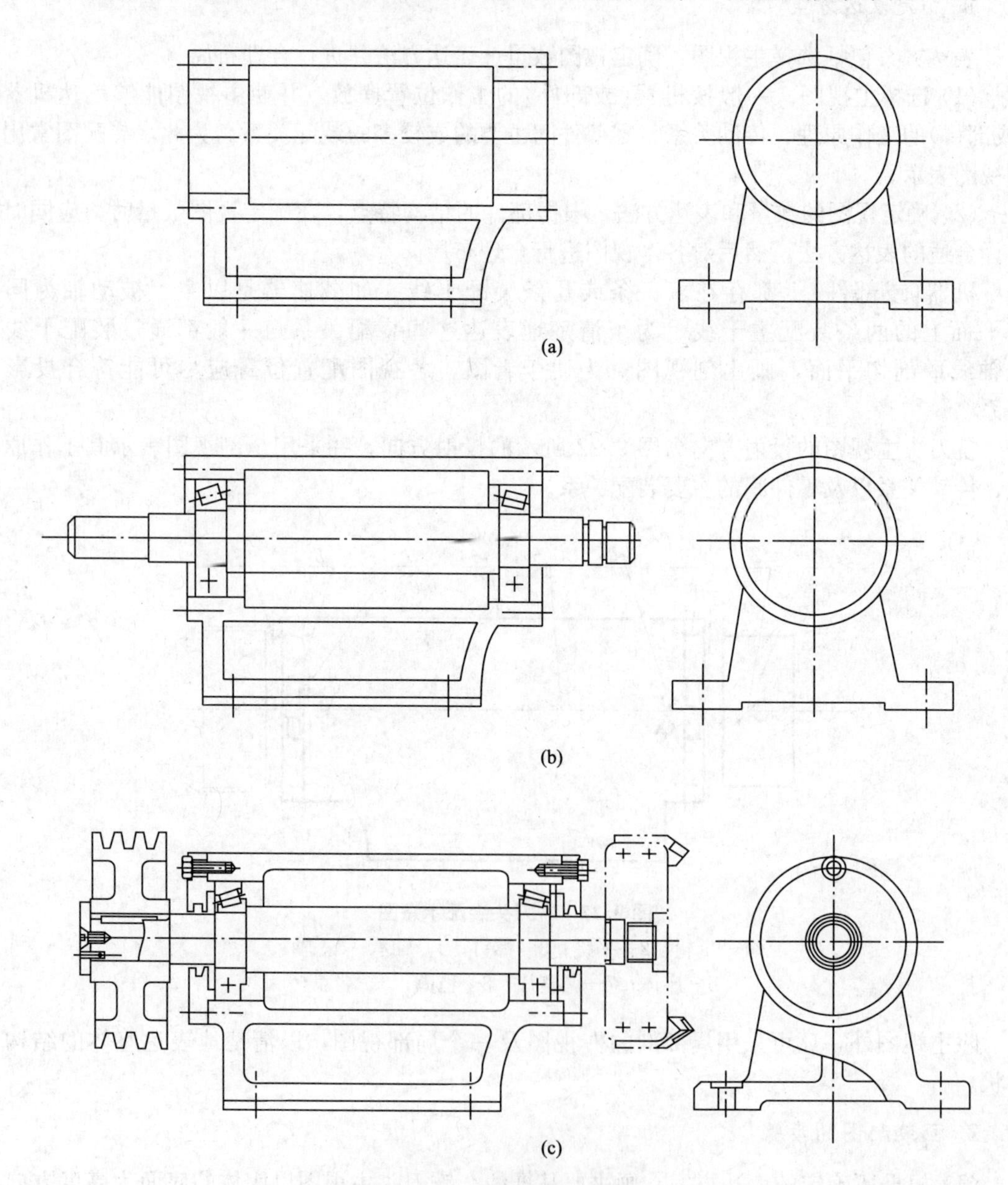

图 9.23　画装配图的步骤

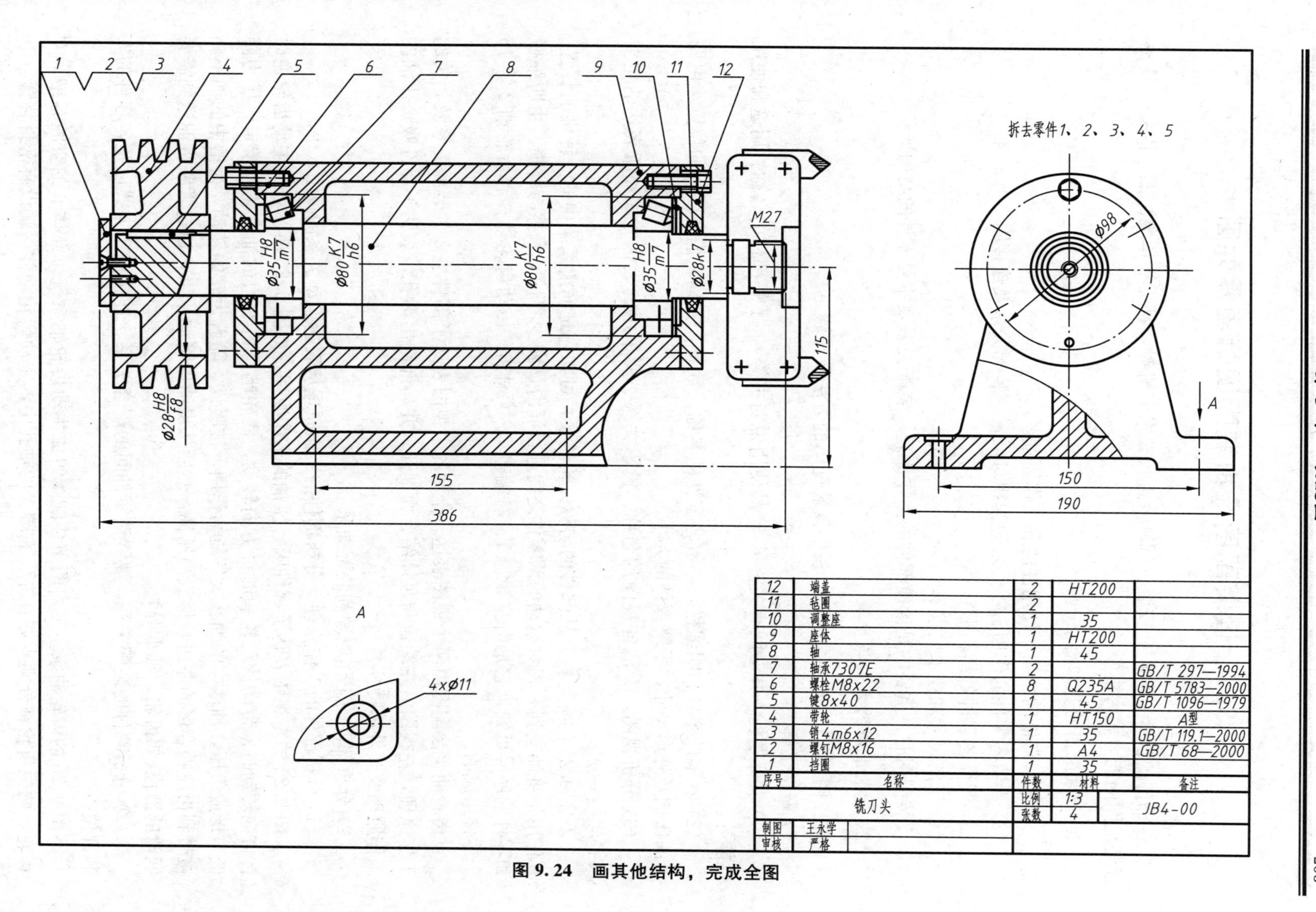

图 9.24 画其他结构，完成全图

9.7　读装配图及由装配图拆画零件图

在部件的设计、装配、安装、调试及进行技术交流时，都需要读装配图，因此，具备读装配图的能力尤为重要。

1. 读装配图的基本要求

(1) 了解部件的功用、使用性能和工作原理。

(2) 弄清各零件的作用、零件之间的相对位置、装配关系及连接固定方式等。

(3) 读懂各零件的结构形状。

(4) 了解尺寸和技术要求等。

读装配图时，重要的是读懂部件的工作原理、装配关系及主要零件的结构形状。

2. 读装配图的方法与步骤

现以图 9.25 齿轮油泵为例，说明读装配图的方法及步骤。

1) 概括了解

(1) 看标题栏，并参阅有关资料(产品使用说明书等)，了解部件的名称、用途和使用性能等。

(2) 看零件序号和明细栏，了解各零件的名称、数量，找到它们在图中的位置。由图形的比例及外形尺寸，了解部件的大小。

(3) 分析视图，弄清各视图的名称、投影关系、所采用的表达方式和所表达的主要内容。

看图 9.25 的标题栏，从部件的名称齿轮油泵，可知它是润滑系统中的一种供油装置。其作用是将油送到有相对运动的两零件之间进行润滑，减少零件的摩擦与磨损。由明细栏和零件的序号可知，它是由左端盖 1、右端盖 7、泵体 6、传动齿轮轴 3 和齿轮轴 2 等 15 个零件组成的。

齿轮油泵装配图由两个视图表达。全剖的主视图表达了部件主要的装配关系及相关的工作原理，左视图沿左端盖与泵体结合面剖开，并局部剖出油孔，表达了部件吸、压油的工作原理及其外部特征。

2) 分析部件的工作原理和装配关系

(1) 分析部件的工作原理。分析部件的工作原理从表达运动关系的视图入手。

图 9.25 的左视图表达了部件吸、压油的工作原理，如图 9.26 所示，当主动齿轮逆时针方向转动时，带动从动轮顺时针方向转动，两轮啮合区右边的油被轮齿带走，压力降低，形成负压，油池中的油在大气压力作用下被吸入。随着齿轮的转动，齿槽中的油不断被带到齿轮啮合区的左边，形成高压油，然后从出油口将油压出，通过管路将油送到需要润滑的部位(如齿轮、轴承等)。

(2) 分析部件的装配关系。要弄清零件间的配合关系、连接固定方式以及各零件的安装部位。

图 9.25 的齿轮油泵主要由两条装配线组成主动齿轮轴系统。泵体 6 的空腔容纳一对齿轮，两根齿轮轴分别支撑在左、右端盖的轴孔中，主动齿轮轴伸出端设有密封装置。

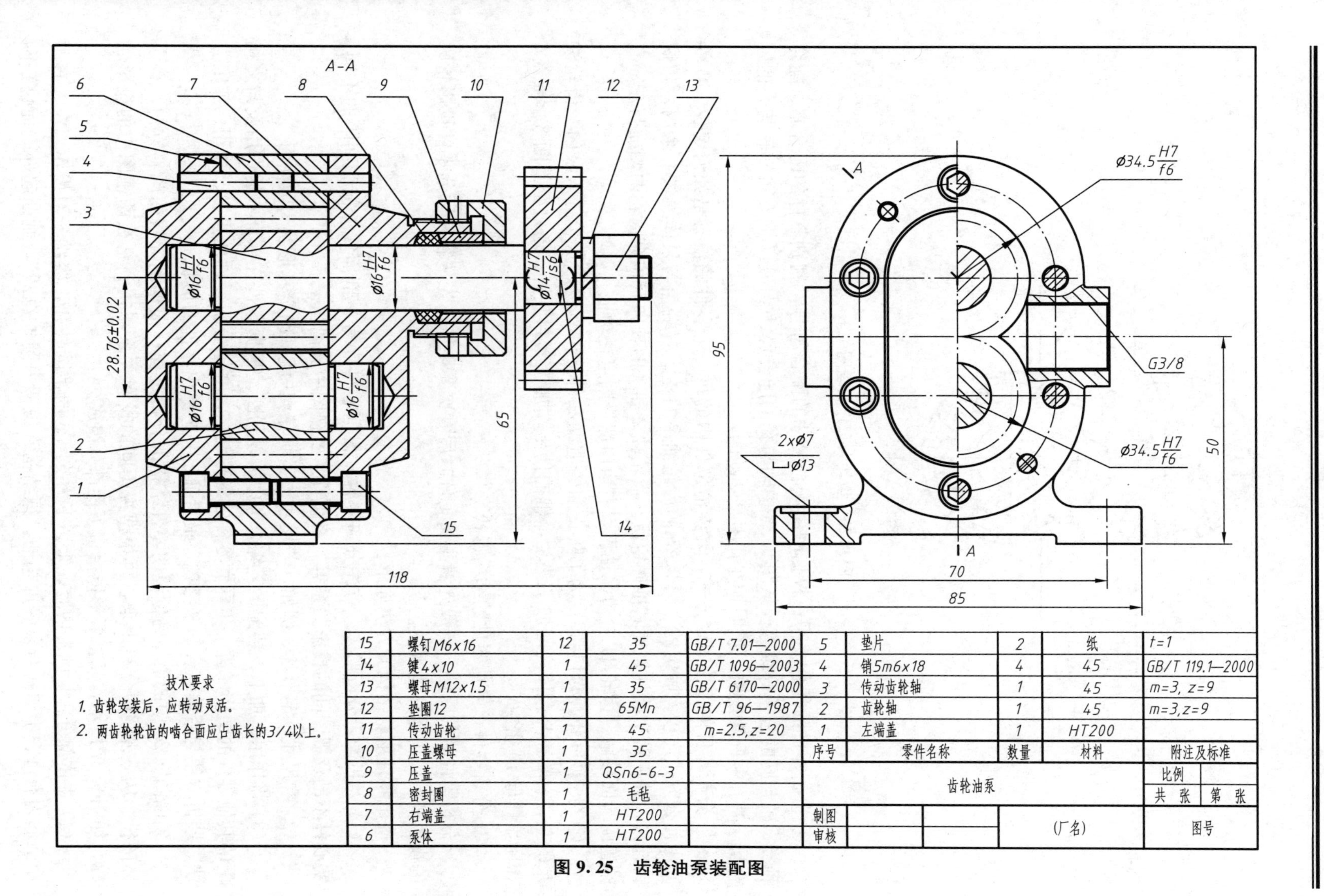

图 9.25 齿轮油泵装配图

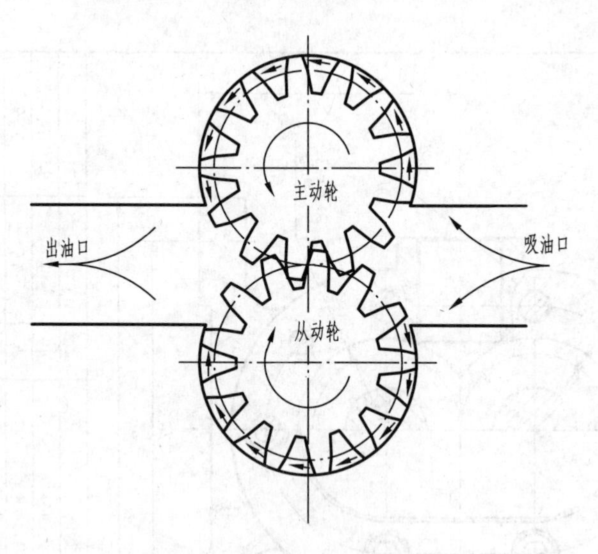

图 9.26 齿轮泵工作原理图

① 分析零件的配合关系：根据图中配合尺寸的配合符号，判别零件的配合制、配合种类、轴与孔的公差等级等。从图 9.25 中轴与孔的配合尺寸 ϕ16H7/f6，可知轴与孔的配合属于基孔制间隙配合，说明轴在孔中是转动的。

② 分析零件的连接固定方式：要弄清部件中的每一个零件的位置是如何定位，零件间用什么方式连接、固定的。图 9.25 的齿轮油泵的左、右端盖与泵体通过 6 个内六角螺钉连接，并用两个圆柱销使其准确定位。齿轮轴 2 和 3 的轴向定位靠齿轮两侧面与左、右端盖的端面接触。齿轮 11 左边靠轴肩，右边用螺母固定在轴上。

③ 分析采用的密封装置：为了防止油的泄漏和外界的水分、灰尘进入泵内，齿轮油泵的左、右端盖与泵体之间加了垫片，轴的伸出端加了密封装置，通过密封圈 8、压盖 9 和压盖螺母 10 密封。

3) 分析零件，弄清零件的结构形状

分析零件时的顺序：一般先看主要零件，后看次要零件；先从容易区分零件投影轮廓的视图开始，再看其他视图。

确定零件形状结构的方法如下。

(1) 对投影，分析形体。首先分离零件，根据零件序号、剖面线方向和间隔的不同、实心件不剖及视图间的投影关系等，将零件从各视图中分离出来。

(2) 看尺寸，定形状。例如，若尺寸数字前有 ϕ，就可确定其形状为圆柱面。

(3) 将作用、加工、装配工艺综合考虑加以判断。根据零件在部件中的作用及与之相配的其他零件的结构，进一步弄懂零件的细部结构，并把分析零件的投影、作用、加工方法、装拆方便与否等综合起来考虑，最后确定并想象出零件的形状。

现以图 9.25 中的泵体为例说明零件结构的分析过程。根据剖面线的倾斜方向，将泵体的投影从主视图中分离出来，再根据视图间的投影关系，找到它在两视图中的投影轮廓，如图 9.27 所示，其主要形体由以下两部分组成。

(1) 主体部分：长圆形内腔，上、下为 ϕ34.5 的半圆柱孔，容纳一对齿轮。左、右两个凸起内有进、出油孔与泵腔内相通。据结构常识“内圆外也圆”，则凸起外表面也是圆柱面。泵体左右有与左右端盖连接用的螺钉孔和销孔。

(2) 底板部分：底板是用来固定油泵的。结合主、左两视图可知，底板是长方形，下面的凹槽是为了减少加工面，使泵体固定平稳。底座两边各有一个固定油泵用的螺栓孔。

经过以上分析可知，泵体整体形状如图 9.28 所示。

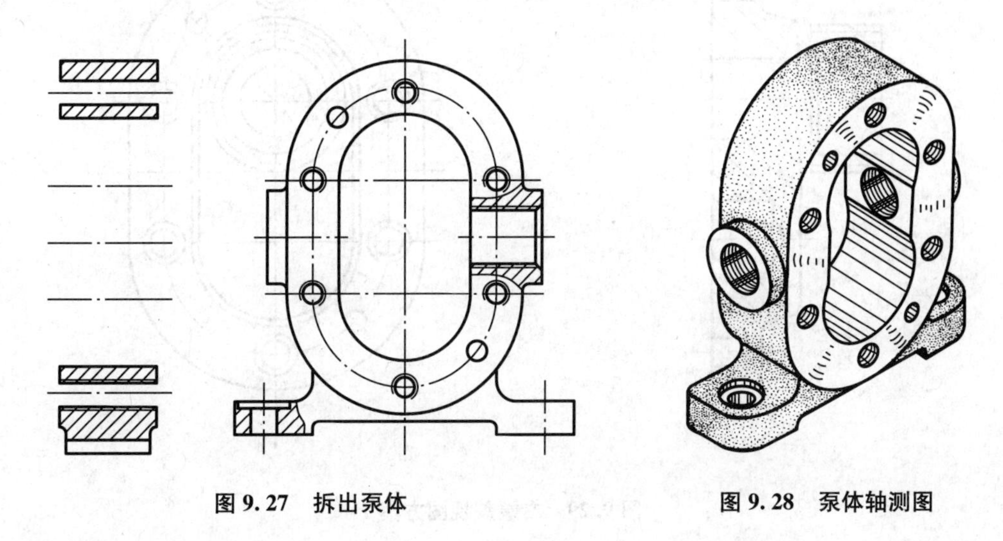

图 9.27 拆出泵体　　图 9.28 泵体轴测图

3. 由装配图拆画零件图的步骤

设计时首先画出装配图，再根据装配图拆画零件图，这是设计中的一个重要环节。

(1) 按读装配图的要求，看懂部件的工作原理、装配关系及零件的结构形状。

(2) 根据零件图视图表达要求，确定各零件的视图表达方案。

(3) 根据零件图的内容及画图要求，画出零件工作图。

4. 拆画零件图应注意的问题

拆画零件图是在看懂装配图的基础上进行的。装配图不表达单个零件的形状，拆画零件图时要将零件的结构补充表达完整，因此，拆画零件图的过程是零件设计的过程。应注意以下几点。

(1) 零件的视图表达方案要根据零件的形状结构确定，而不能盲目照抄装配图。如右端盖的视图表达方案应按图 9.29 或图 9.30 确定，而不能照抄装配图。这样，可在表达外形的视图上清楚地表达左端面的形状特征，以及沉孔、销孔的分布情况。剖视图表达各孔内形、整体结构、零件的工作状态等。经比较，剖视图所表达的信息量较多，做主视图较好。因此，图 9.29 所示方案 1 更好一些。

(2) 在装配图中允许省略不画的零件工艺结构，如倒角、圆角、退刀槽等，在零件图中应全部画出。

(3) 零件之间有配合要求的表面，其基本尺寸必须相同，并注出公差带代号和极限偏差数值。

(4) 零件图中的尺寸，除在装配图中已注出的外，其余尺寸都在装配图上按比例直接量取，并加以圆整。有关标准尺寸，如螺纹、倒角、圆角、退刀槽、键槽等，应查标准，按规定标注。

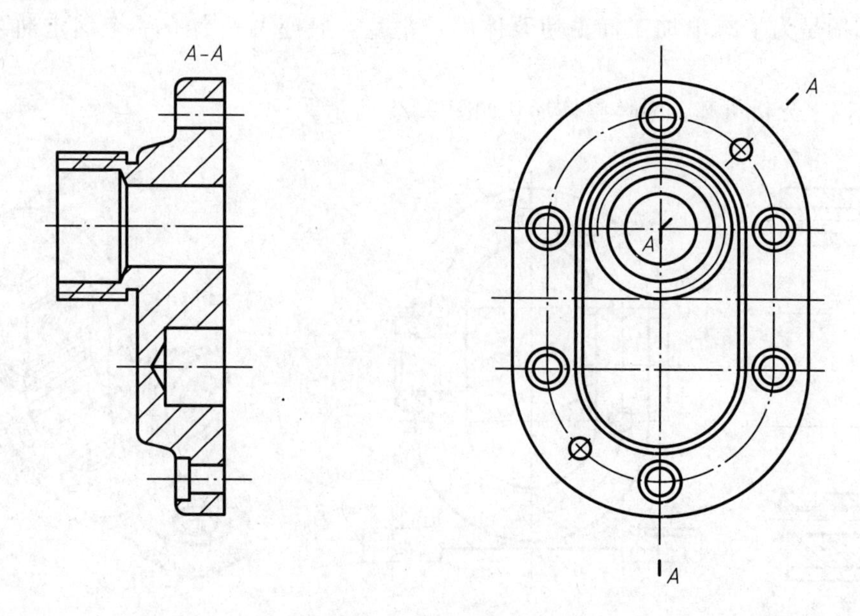

图 9.29　右端盖视图方案 1

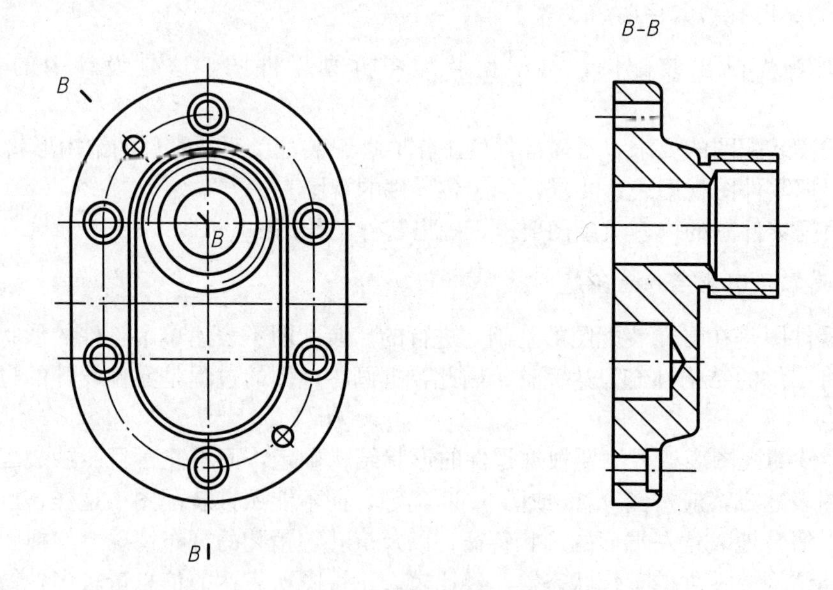

图 9.30　右端盖视图方案 2

(5) 根据零件各表面的作用和工作要求，注出表面粗糙度代号。

(6) 根据零件在部件中的作用和加工条件，确定零件图的其他要求。

图 9.31 是根据齿轮油泵装配图拆画的泵体零件图。

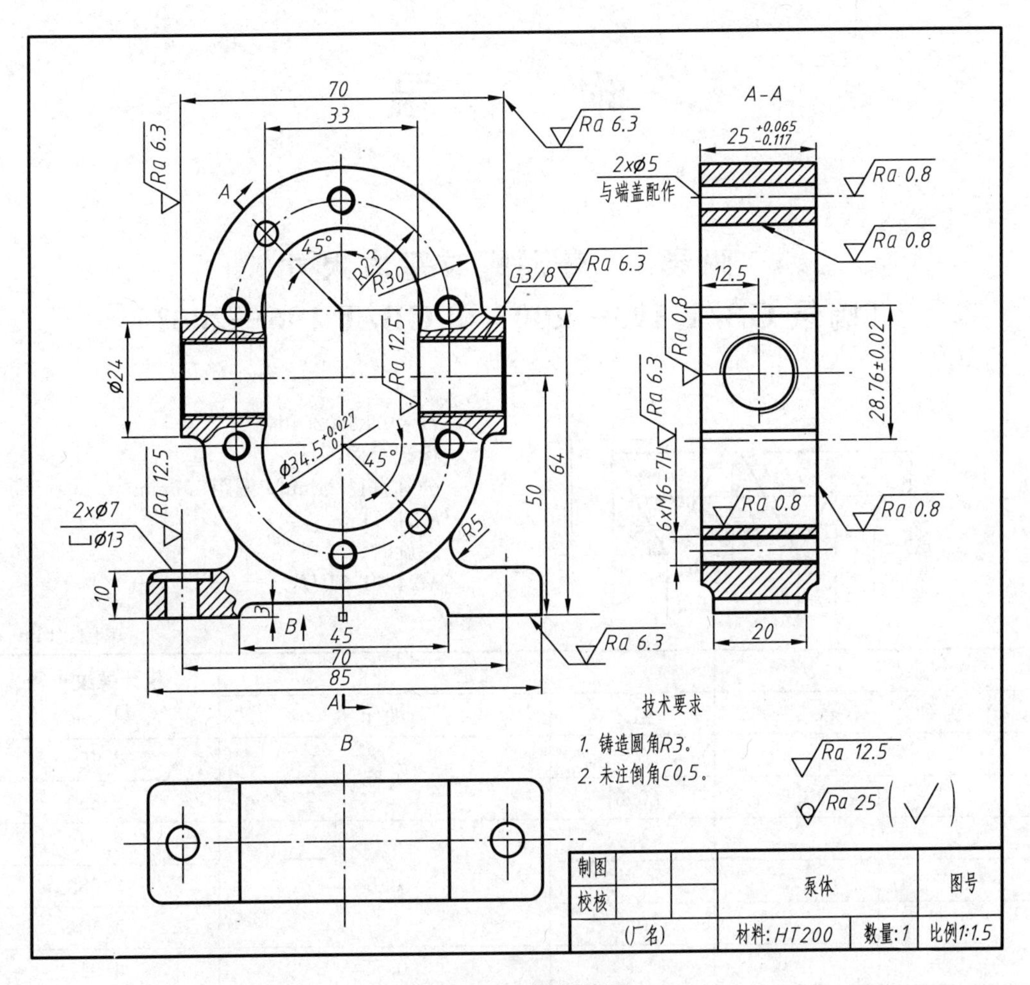

图 9.31　泵体零件图

本章小结

本章首先简单介绍了装配图在生产中的重要作用和装配图的内容，详细地叙述了机器(或部件)的表达方法、装配图中的尺寸标注、装配图的零件序号及明细栏和标题栏。之后又图文结合介绍了机器(或部件)中的常见装配结构。

思考题

1. 装配图有哪些规定画法?
2. 装配图有哪些特殊画法?
3. 装配图中标注哪几类尺寸?
4. 试说明看装配图的方法和步骤。
5. 试说明由装配图拆画零件图的方法和步骤。

附　　录

附录 1　普通螺纹基本尺寸（摘录 GB/T 193—2003 和 GB/T 196—2003）

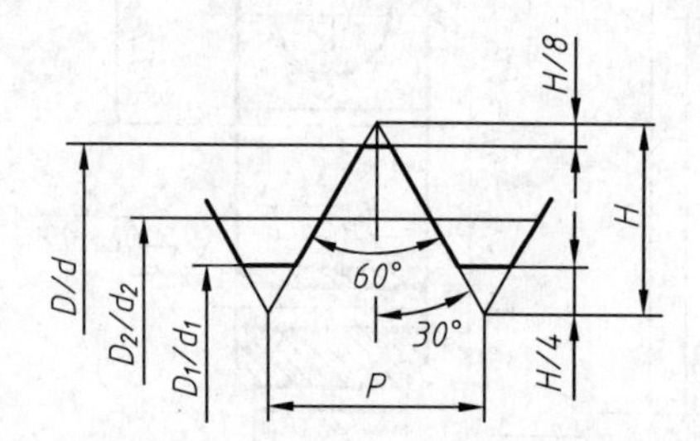

$H=0.866025404P$

标记示例：

公称直径 24mm，螺距 1.5mm

$M24\times1.5$

左旋时

$M24\times1.5LH$

单位：mm

公称直径 D、d		螺距 P		粗牙螺纹小径
第一系列	第二系列	粗牙	细牙	D_1、d_1
3		0.5	0.35	2.459
	3.5	0.6		2.850
4		0.7	0.5	3.242
	4.5	0.75		3.688
5		0.8		4.134
6		1	0.75	4.917
8		1.25	1、0.75	6.647
10		1.5	1.25、1、0.75	8.376
12		1.75	1.5、1.25、1	10.106
	14	2		11.835
16		2	1.5、1	13.835
	18	2.5	2、1.5、1	15.294
20				17.294
	22			19.294
24		3	2、1.5、1	20.752
	27	3	3、2、1.5、1	23.752
30		3.5	(3)、2、1.5、1	26.211
	33		(3)、2、1.5	29.211
36	—	4	3、2、1.5	31.670
—	39			34.670

注：优先选用第一系列，括号内尺寸尽可能不用。

附录 2　梯形螺纹的基本尺寸
（摘录 GB/T 5796.2—2005、GB/T 5796.3—2005）

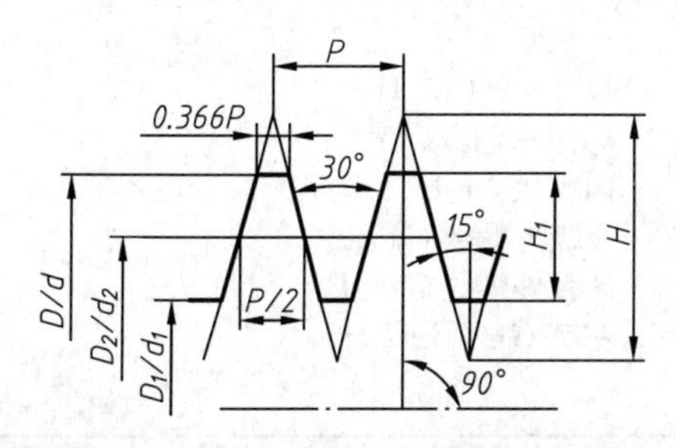

标记示例：
公称直径 40mm，导程 14mm，螺距 7mm 的双线左旋梯形螺纹
*Tr*40×14(*P*7)*LH*

单位：mm

公称直径 d 第一系列	公称直径 d 第二系列	螺距 P	中径 $D_2=d_2$	大径 D_4	小径 d_3	小径 D_1
8		1.5	7.25	8.30	6.20	6.50
	9	1.5	8.25	9.30	7.20	7.50
		2	8.00	9.50	6.50	7.00
10		1.5	9.25	10.30	8.20	8.50
		2	9.00	10.50	7.50	8.00
	11	2	10.00	11.50	8.50	9.00
		3	9.50	11.50	7.50	8.00
12		2	11.00	12.50	9.50	10.00
		3	10.50	12.50	8.50	9.00
	14	2	13.00	14.50	11.50	12.00
		3	12.50	14.50	10.50	11.00
16		2	15.00	16.50	13.50	14.00
		4	14.00	16.50	11.50	12.00
	18	2	17.00	18.50	15.50	16.00
		4	16.00	18.50	13.50	14.00
20		2	19.00	20.50	17.50	18.00
		4	18.00	20.50	15.50	16.00
	22	3	20.00	22.50	18.50	19.00
		5	19.50	22.50	16.50	17.00
		8	18.00	23.00	13.00	14.00
24		3	22.50	24.50	20.50	21.00
		5	21.50	24.50	18.50	19.00
		8	20.00	25.00	15.00	16.00

公称直径 d 第一系列	公称直径 d 第二系列	螺距 P	中径 $D_2=d_2$	大径 D_4	小径 d_3	小径 D_1
	26	3	24.50	26.50	22.50	23.00
		5	23.50	26.50	20.50	21.00
		8	22.00	27.00	17.00	18.00
28		3	26.50	28.50	24.50	25.00
		5	25.50	28.50	22.50	23.00
		8	24.00	29.00	19.00	20.00
30		3	28.50	30.50	26.50	29.00
		6	27.00	31.00	23.00	24.00
		10	25.00	31.00	19.00	20.00
32		3	30.50	32.50	28.50	29.00
		6	29.00	33.00	25.00	26.00
		10	27.00	33.00	21.00	22.00
34		3	32.50	34.50	30.50	31.00
		6	31.00	35.00	27.00	28.00
		10	29.00	35.00	23.00	24.00
36		3	34.50	36.50	32.50	33.00
		6	33.00	37.00	29.00	30.00
		10	31.00	37.00	25.00	26.00
38		3	36.50	38.50	34.50	35.00
		7	34.50	39.00	30.00	31.00
		10	33.00	39.00	27.00	28.00
40		3	38.50	40.50	36.50	37.00
		7	36.50	41.00	32.00	33.00
		10	35.00	41.00	29.00	30.00

附录 3　非螺纹密封的管螺纹(摘录 GB/T 7307—2001)

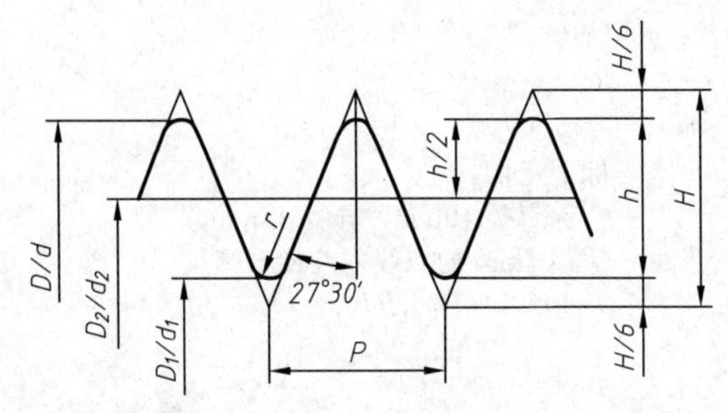

$P=25.4/n$

$H=0.960491P$

标记示例:

内螺纹　G1½

A 级外螺纹 G1½A

B 级外螺纹 G1½B

左旋 G1½B—LH

单位：mm

尺寸代号	每 25.4mm 内的牙数 n	螺距 P	牙高 h	基本直径		
				大径 $d=D$	中径 $d_2=D_2$	小径 $d_1=D_1$
1/16	28	0.907	0.581	7.723	7.142	6.561
1/8	28	0.907	0.581	9.728	9.147	8.566
1/4	19	1.337	0.856	13.157	12.301	11.445
3/8	19	1.337	0.856	16.662	15.806	14.950
1/2	14	1.814	1.162	20.955	19.793	18.631
5/8	14	1.814	1.162	22.911	21.749	20.587
3/4	14	1.814	1.162	26.441	25.279	24.117
7/8	14	1.814	1.162	30.201	29.039	27.877
1	11	2.309	1.479	33.249	31.770	30.291
1⅛	11	2.309	1.479	37.897	36.418	34.939
1¼	11	2.309	1.479	41.910	40.431	38.952
1½	11	2.309	1.479	47.803	46.324	44.845
1¾	11	2.309	1.479	53.746	52.267	50.788
2	11	2.309	1.479	59.614	58.135	56.656
2¼	11	2.309	1.479	65.710	64.231	62.752
2½	11	2.309	1.479	75.184	73.705	72.226
2¾	11	2.309	1.479	81.534	80.055	78.576
3	11	2.309	1.479	87.884	86.405	84.926
3½	11	2.309	1.479	100.330	98.851	97.372
4	11	2.309	1.479	113.030	111.551	110.072
4½	11	2.309	1.479	125.730	124.251	122.772
5	11	2.309	1.479	138.430	136.951	135.472
5½	11	2.309	1.479	151.130	149.651	148.172
6	11	2.309	1.479	163.830	162.351	160.872

附录 4　六角头螺栓

1. 六角头螺栓——C 级(GB/T 5780—2000)，六角头螺栓——全螺纹——C 级(GB/T 5781—2000)

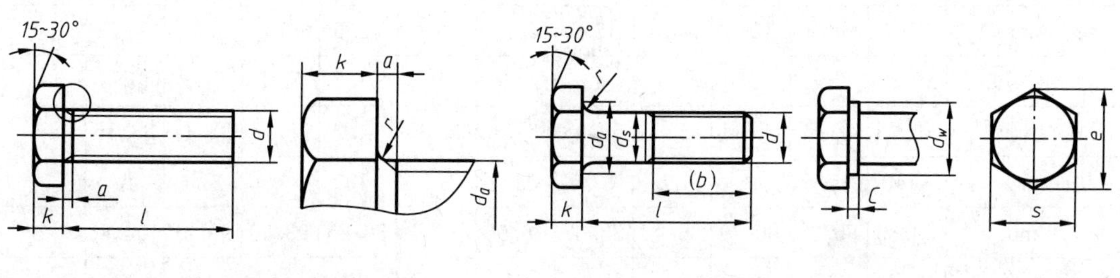

GB/T 5781—2000　　　　GB/T 5780—2000

标记示例：

螺纹规格 d=M12，公称长度 l=80mm，C 级

螺栓 GB/T 5780　M12×80

螺栓 GB/T 5781　M12×80

单位：mm

螺纹规格 d		M5	M6	M8	M10	M12	(M14)	M16	(M18)	M20	(M22)	M24	(M27)
b 参考	$l\leqslant 125$	16	18	22	26	30	34	38	42	40	50	54	60
	125～200	—	—	28	32	36	40	44	48	52	56	60	66
	$L>200$	—	—	—	—	—	53	57	61	65	69	73	79
c　max		0.5		0.6				0.8					
d_a　max		6	7.2	10.2	12.2	14.7	16.7	18.7	21.2	24.4	26.4	28.4	32.4
d_s　max		5.48	6.48	8.58	10.58	12.7	14.7	16.7	18.7	20.8	22.84	24.84	27.84
d_w　min		6.74	8.74	11.47	14.47	16.47	19.95	22	24.85	27.7	31.35	33.25	38
a　max		3.2	4	5	6	7	6	8	7.5	10	7.5	12	9
e　min		8.63	10.89	14.2	17.59	19.85	22.78	26.17	29.50	32.95	37.20	39.55	45.2
k　公称		3.5	4	5.3	6.4	7.5	8.8	10	11.5	12.5	14	15	17
r　min		0.2	0.25	0.4	0.4	0.6	0.6	0.6	0.6	0.8	1	0.8	1
s　max		8	10	13	16	18	21	24	27	30	34	36	41
l 范围	GB/T 5780—2000	25～50	30～60	35～80	40～100	45～120	60～140	55～160	80～180	65～200	90～220	80～240	100～260
	GB/T 5781—2000	10～50	12～60	16～80	20～100	25～120	30～140	35～160	35～180	40～200	15～220	50～240	55～280

（续）

螺纹规格 d		M30	(M33)	M36	(M39)	M42	(M45)	M48	(M52)	M56	(M60)	M64
b 参考	$l \leqslant 125$	66	72	78	84	—	—	—	—	—	—	—
	125～200	72	78	84	90	96	102	108	116	124	132	140
	$L>200$	85	91	97	103	109	115	121	129	137	145	153
c max		0.8			1							
d_a max		35.4	38.4	42.4	45.4	48.6	52.6	56.6	62.6	67	71	75
d_s max		30.84	34	37	40	43	46	49	53.2	57.2	61.2	65.2
d_w min		42.75	46.55	51.11	55.86	59.95	64.7	69.45	74.2	78.66	83.41	88.16
a max		14	10.5	16	12	13.5	13.5	15	15	16.5	16.5	18
e min		50.85	55.37	60.79	66.44	72.02	76.95	82.6	88.25	93.56	99.21	104.86
k 公称		18.7	21	22.5	25	26	28	30	33	35	38	40
r min		1	1	1	1	1.2	1.2	1.6	1.6	2	2	2
s max		46	50	55	60	65	70	75	80	85	90	95
l 范围	GB/T 5780—2000	90～300	130～320	110～300	150～400	160～420	180～440	180～480	200～500	220～500	240～500	260～600
	GB/T 5781—2000	60～300	65～360	70～360	80～400	80～420	90～440	90～480	100～500	110～500	120～500	120～500
l 系列		10、12、16、20～50(5 进位)、(55)、60、(65)、70～160(10 进位)、180、220、240、260、280、300、320、340、360、380、400、420、440、460、480、500										

注：尽可能不采用括号内的规格，C 级为产品等级。

2. 六角头螺栓——A 级和 B 级(GB/T 5782—2000)

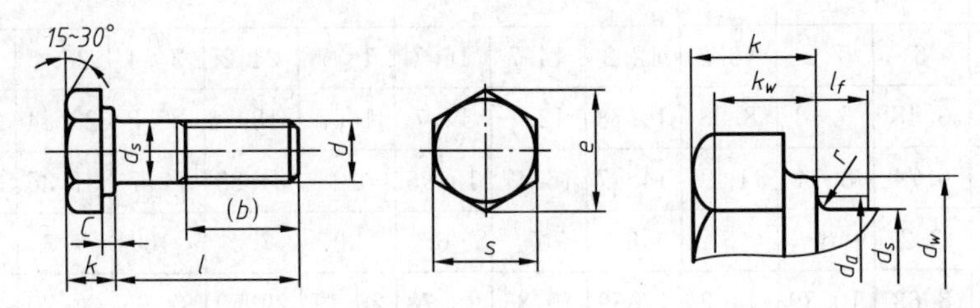

标记示例：

螺纹规格 d=M12，公称长度 l=80mm，A 级

螺栓 GB/T 5782—2000 M12×80

单位：mm

螺纹规格 d		M8	M10	M12	M16	M20	M24	M30	M36	M42	M48	M56	M64
b 参考	$l \leqslant 125$	22	26	30	38	46	54	66	78	—	—	—	—
	125～200	28	32	36	44	52	60	72	84	96	108	124	140
	$l>200$	41	45	49	57	65	73	85	97	109	121	137	153

（续）

螺纹规格 d			M8	M10	M12	M16	M20	M24	M30	M36	M42	M48	M56	M64
C	min		0.15	0.15	0.15	0.2	0.2	0.2	0.2	0.2	0.3	0.3	0.3	0.3
	max		0.6	0.6	0.6	0.8	0.8	0.8	0.8	0.8	1	1	1	1
d_a max			9.2	11.2	13.7	17.7	22.4	26.4	33.4	39.4	45.6	52.6	63	71
d_s	max		8	10	12	16	20	24	30	36	42	48	56	64
	min	A	7.78	9.78	11.73	15.73	19.67	23.67	—	—	—	—	—	—
		B	7.64	9.64	11.57	15.57	19.48	23.48	29.48	35.38	41.38	47.38	55.26	63.26
d_w	min	A	11.63	14.63	16.63	22.49	28.19	33.61	—	—	—	—	—	—
		B	11.47	14.47	16.47	22	27.7	33.25	42.75	51.11	59.95	69.45	78.66	88.16
e	min	A	14.38	17.77	20.03	26.75	33.53	39.98	—	—	—	—	—	—
		B	14.20	17.59	19.85	26.17	32.95	39.55	50.85	60.79	72.02	82.6	93.56	104.8
l_f max			2	2	3	3	4	4	6	6	8	10	12	13
k	公称		5.3	6.4	7.5	10	12.5	15	18.7	22.5	26	30	35	40
	A	min	5.15	6.22	7.32	9.82	12.28	14.78	—	—	—	—	—	—
		max	5.45	6.58	7.68	10.18	12.72	15.22	—	—	—	—	—	—
	B	min	5.06	6.11	7.21	9.71	12.15	14.65	18.28	22.08	25.58	29.58	34.6	39.5
		max	5.54	6.69	7.79	10.29	12.85	15.35	19.12	22.92	26.42	30.42	35.5	40.5
k_w	min	A	3.61	4.35	5.12	6.87	8.6	10.35	—	—	—	—	—	—
		B	3.54	4.28	5.05	6.8	8.51	10.26	12.8	15.46	17.91	20.91	24.15	27.65
r min			0.4	0.4	0.6	0.6	0.8	0.8	1	1	1.2	1.6	2	2
s	max=公称		13	16	18	24	30	36	46	55	65	75	85	95
	min	A	12.73	15.73	17.73	23.67	29.67	35.38	—	—	—	—	—	—
		B	12.57	15.57	17.57	23.16	29.16	35	45	53.8	63.8	73.1	82.8	92.8
l 商品规格范围			40～80	45～100	50～120	65～160	80～200	90～240	110～300	140～360	160～440	180～480	220～500	260～500
l 系列			20、25、30、35、40、45、50、(55)、60、(65)、70、80、90、100、110、120、130、140、150、160、180、200、220、240、260、280、300、320、340、360、380、400、420、440、460、480、500											

注：A 和 B 为产品等级，A 级用于 $d \leqslant 24$ 和 $l \leqslant 10d$ 或 $\leqslant 150$mm(按较小值)的螺栓，B 级用于 $d>24$ 或 $l>10\ d$ 或 >150mm(按较小值)的螺栓。尽可能不采用括号内的规格。

附录 5　开槽圆柱头螺钉(GB/T 65—2000)
开槽盘头螺钉(GB/T 67—2000)
开槽沉头螺钉(GB/T 68—2000)
开槽半沉头螺钉(GB/T 69—2000)

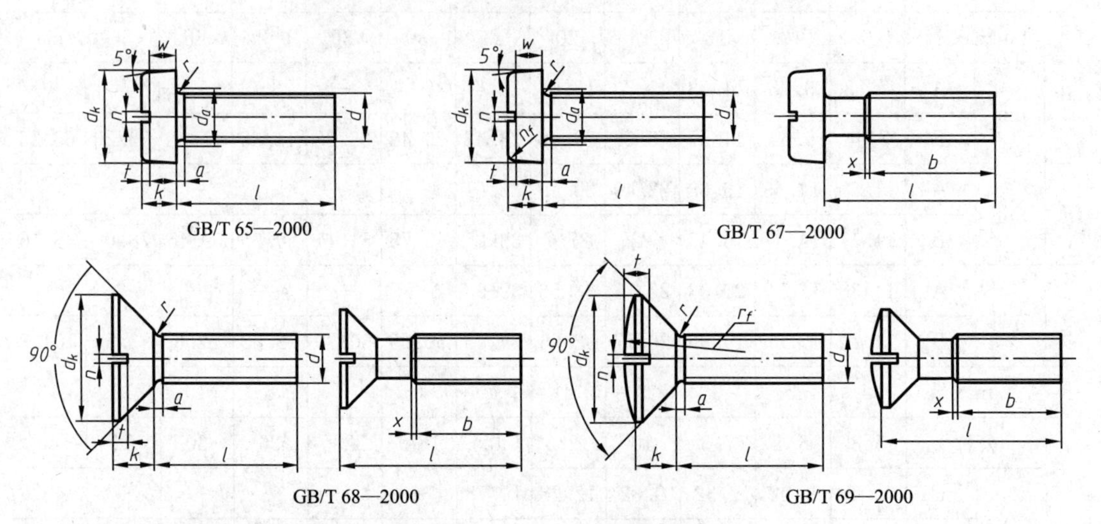

GB/T 65—2000　GB/T 67—2000

GB/T 68—2000　GB/T 69—2000

标记示例：螺纹规格 d=M5，公称长度 l=20mm，开槽圆柱头螺钉

螺钉 GB/T 71　M10×30

单位：mm

螺纹规格 d		M1.6	M2	M2.5	M3	M4	M5	M6	M8	M10
	p	0.35	0.4	0.45	0.5	0.7	0.8	1	1.25	1.5
	a max	0.7	0.8	0.9	1	1.4	1.6	2	2.5	3
	b min	25				38				
	n 公称	0.4	0.5	0.6	0.8	1.2		1.6	2	2.5
	d_a max	2	2.6	3.1	3.6	4.7	5.7	6.8	9.2	11.2
	x max	0.9	1	1.1	1.25	1.75	2	2.5	3.2	3.8
GB/T 65—2000	d_k max	3	3.8	4.5	5.5	7	8.5	10	13	16
	k max	1.1	1.4	1.8	2	2.6	3.3	3.9	5	6
	t min	0.45	0.6	0.7	0.85	1.1	1.3	1.6	2	2.4
	r min	0.1				0.2		0.25	0.4	
	公称长度 l	2～16	3～20	3～25	4～30	5～40	6～50	8～60	10～80	12～80
	全螺纹时最大长度	30				40				
GB/T 67—2000	d_k max	3.2	4	5	5.6	8	9.5	12	16	20
	k max	1	1.3	1.5	1.8	2.4	3	3.6	4.8	6
	t min	0.35	0.5	0.6	0.7	1	1.2	1.4	1.9	2.4
	r min	0.1				0.2		0.25	0.4	
	r_f 参考	0.5	0.6	0.8	0.9	1.2	1.5	1.8	2.4	3

（续）

GB/T 67—2000	公称长度 l		2～16	2.5～20	3～25	4～30	5～40	6～50	8～60	10～80	12～80
	全螺纹时最大长度		30				40				
GB/T 68—2000 GB/T 69—2000	d_k max		3	3.8	4.7	5.5	8.4	9.3	11.3	15.8	18.3
	k max		1	1.2	1.5	1.65	2.7	2.7	3.3	4.65	5
	t min	GB/T 68	0.32	0.4	0.5	0.6	1	1.1	1.2	1.8	2
		GB/T 69	0.64	0.8	1	1.2	1.6	2	2.4	3.2	3.8
	r max		0.4	0.5	0.6	0.8	1	1.3	1.5	2	2.5
	r_f 参考		3	4	5	6	9.5	9.5	12	16.5	19.5
	f		0.4	0.5	0.6	0.7	1	1.2	1.4	2	2.3
	公称长度 l		2.5～16	3～20	4～25	5～30	6～40	8～50	8～60	10～80	12～80
	全螺纹时最大长度		30				45				
l 系列			2、2.5、3、4、5、6、8、10、12、(14)、16、20、25、30、35、40、45、50、(55)、60、(65)、70、(75)、80								

注：b 不包括螺尾；括号内规格尽可能不采用。

附录 6 开槽锥端紧定螺钉(GB/T 71—1985) 开槽平端紧定螺钉(GB/T 73—1985) 开槽长圆柱端紧定螺钉(GB/T 75—1985)

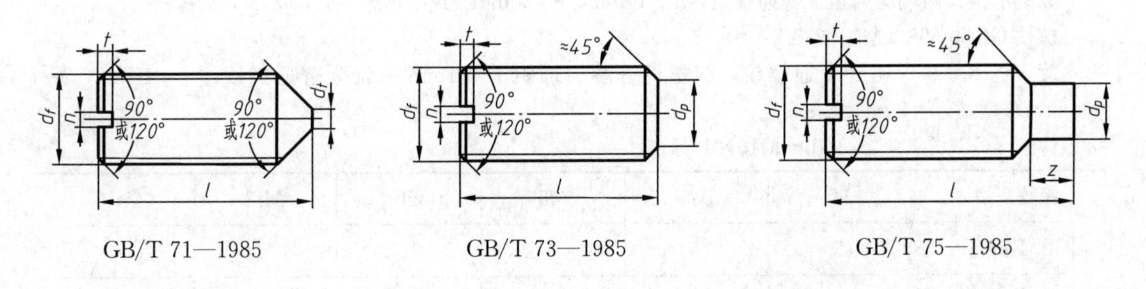

GB/T 71—1985　　GB/T 73—1985　　GB/T 75—1985

标记示例：螺纹规格 $d=M10$ 公称长度 $l=30$mm　　螺钉 GB/T 71　$M10\times30$

单位：mm

螺纹规格 d		$M1.6$	$M2$	$M2.5$	$M3$	$M4$	$M5$	$M6$	$M8$	$M10$	$M12$
d_p max		0.8	1	1.5	2	2.5	3.5	4	5.5	7	8.5
n 公称		0.25	0.25	0.4	0.4	0.6	0.8	1	1.2	1.6	2
t max		0.74	0.84	0.95	1.05	1.42	1.63	2	2.5	3	3.6
d_t max		0.16	0.2	0.25	0.3	0.4	0.5	1.5	2	2.5	3
z max		1.05	1.25	1.5	1.75	2.25	2.75	3.25	4.3	5.3	6.3
l 范围	GB/T 71—1985	2～8	3～10	3～12	4～16	6～20	8～25	8～30	10～40	12～50	14～60
	GB/T 73—1985	2～8	2～10	2.5～12	3～16	4～20	5～25	6～30	8～40	10～50	12～60
	GB/T 75—1985	2.5～8	3～10	4～12	5～16	6～20	8～25	8～30	10～40	12～50	14～60

（续）

公称长度	GB/T 71—1985	2.5	2.5	3	3	4	5	6	8	10	12
	GB/T 73—1985	2	2.5	3	3	4	5	6	6	8	10
	GB/T 75—1985	2.5	3	4	5	6	8	10	14	16	20
l 系列		2、2.5、3、4、5、6、8、10、12、(14)、16、20、25、30、35、40、45、50、(55)、60									

注：(1) 公称长度 l≤表内值时顶端制成 120°，l>表内值时顶端制成 90°。

(2) 尽可能不采用括号内规格。

附录 7　双 头 螺 柱

$b_m=1d$ (GB/T 897—1988)、$b_m=1.25d$(GB/T 898—1988)、$b_m=1.5d$ (GB/T 899—1988)、$b_m=2d$ (GB/T 900—1988)

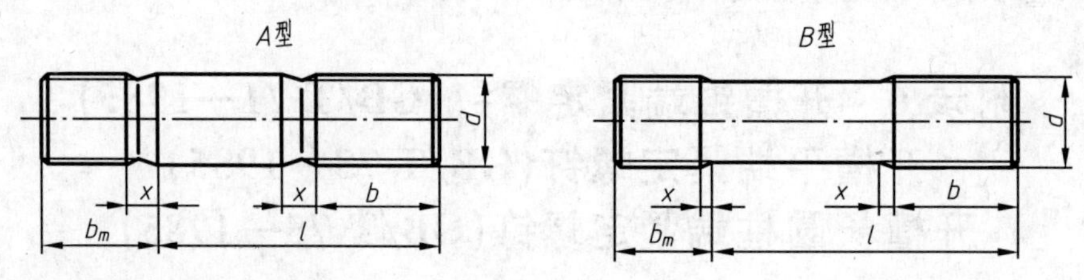

标记示例：两端均为粗牙普通螺纹，d=10mm，l=50mm　B 型，$b_m=1.25d$ 的双头螺柱。

螺柱 GB/T 898　M10×50

旋入机体一端为粗牙普通螺纹，旋螺母一端为螺距 P=1mm 的细牙普通螺纹，d=10mm，l=50mm，A 型，$b_m=2d$ 的双头螺柱：

螺柱　GB/T 900　AM10－M10×1×50

螺纹规格 d		M5	M6	M8	M10	M12	M16
b_m	GB/T 897—1988	5	6	8	10	12	16
	GB/T 898—1988	6	8	10	12	15	20
	GB/T 899—1988	8	10	12	15	18	24
	GB/T 900—1988	10	12	16	20	24	32
d		5	6	8	10	12	16
x		1.5P					
l/b		(16～22)/10 (25～50)/16	(20～22)/10 (25～30)/14 (32～75)/18	(20～22)/12 (25～30)/16 (32～90)/22	(25～28)/14 (30～38)/16 (40～120)/26 130/32	(25～30)/16 (32～40)/20 (45～120)/30 (130～180)/36	(30～38)/20 (40～55)/30 (60～120)/38 (130～200)/44

（续）

螺纹规格 d		$M20$	$M24$	$M30$	$M36$	$M42$	$M48$
b_m	GB/T 897—1988	20	24	30	36	42	48
	GB/T 898—1988	25	30	38	45	52	60
	GB/T 899—1988	30	36	45	54	65	72
	GB/T 900—1988	40	48	60	72	84	96
d		20	24	30	36	42	48
x		1.5P					
l/b		(35～40)/25 (45～65)/35 (70～120)/46 (130～200)/52	(45～50)/30 (55～75)/45 (80～120)/54 (130～200)/60	(60～65)/40 (70～90)/50 (95～120)/60 (130～200)/72 (210～250)/85	(60～75)/45 (80～110)/60 120/78 (130～200)/84 (210～300)/91	(60～80)/50 (85～110)/70 120/90 (130～200)/96 (210～300)/109	(80～90)/60 (95～110)/80 120/102 (130～200)/108 (210～300)/121
l 系列		16、(18)、20、(22)、25、(28)、30、(32)、35、(38)、40、45、50、(55)、60、(65)、70、(75)、80、(85)、90、(95)、100、110、120、130、140、150、160、170、180、190、200、210、220、230、240、250、260、280、300					

注：(1) 括号内的规格尽可能不采用。

(2) P 表示螺距。

(3) $b_m=d$ 一般用于钢对钢；$b_m=(1.25、1.5)\ d$ 一般用于钢对铸铁；$b_m=2d$ 一般用于钢对铝合金。

附录 8　六 角 螺 母

1 型六角螺母——A 和 B 级(GB/T 6170—2000)

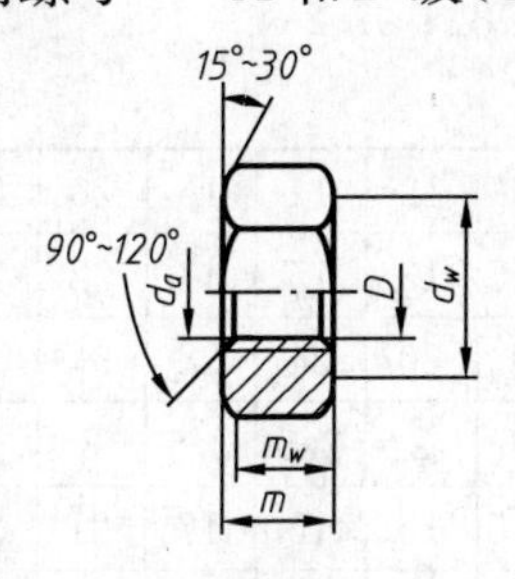

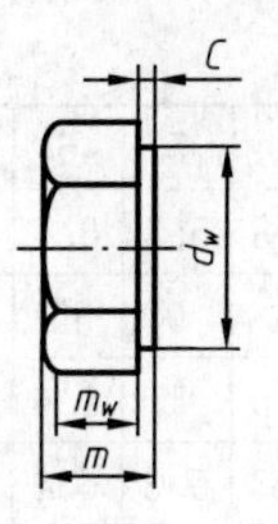

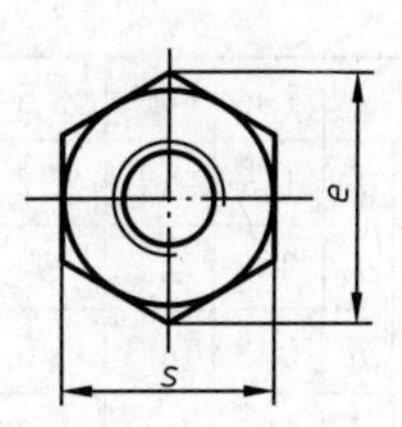

标记示例：

螺纹规格 $D=M12$，A 级 1 型六角螺母

螺母 GB/T 6170　$M12$

单位：mm

螺纹规格 D		$M3$	$M4$	$M5$	$M6$	$M8$	$M10$	$M12$	$M16$	$M20$	$M24$	$M30$	$M36$
c	max	0.4	0.4	0.5	0.5	0.6	0.6	0.6	0.8	0.8	0.8	0.8	0.8
d_a	max	3.45	4.6	5.75	6.75	8.75	10.8	13	17.3	21.6	25.9	32.4	38.9
	min	3	4	5	6	8	10	12	16	20	24	30	36

（续）

d_w	min	4.6	5.9	6.9	8.9	11.6	14.6	16.6	22.5	27.7	33.2	42.7	51.1
e	min	6.01	7.66	8.79	11.05	14.38	17.77	20.03	26.75	32.95	39.55	50.85	60.79
m	max	2.4	3.2	4.7	9.2	6.8	8.4	10.8	14.8	18	21.5	25.6	31
	min	2.15	2.9	4.4	4.9	6.44	8.04	10.37	14.1	16.9	20.2	24.3	29.4
m_w	min	1.7	2.3	3.5	3.9	5.1	6.4	8.3	11.3	13.5	16.2	19.4	23.5
s	max	5.5	7	8	10	13	16	18	24	30	36	45	55
	min	5.32	6.78	7.78	9.78	12.73	15.73	17.73	23.67	29.16	35	45	53.8

注：A级用于$D\leqslant16$的螺母；B级用于$D>16$的螺母。

附录9　垫　　圈

1. 小垫圈——A级(GB/T 848—2002)、平垫圈——A级(GB/T 97.1—2002)、平垫圈倒角型——A级(GB/T 97.2—2002)

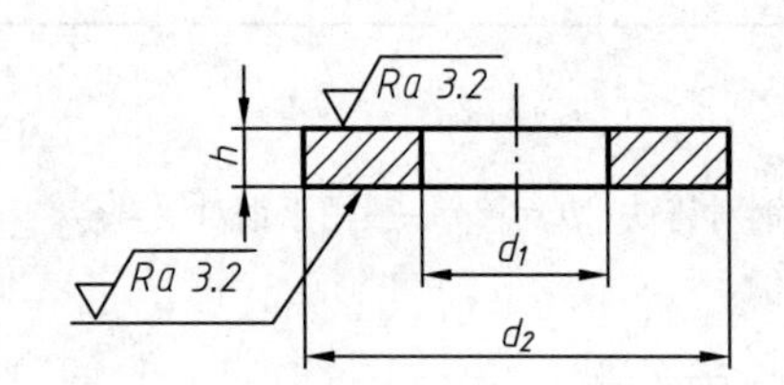

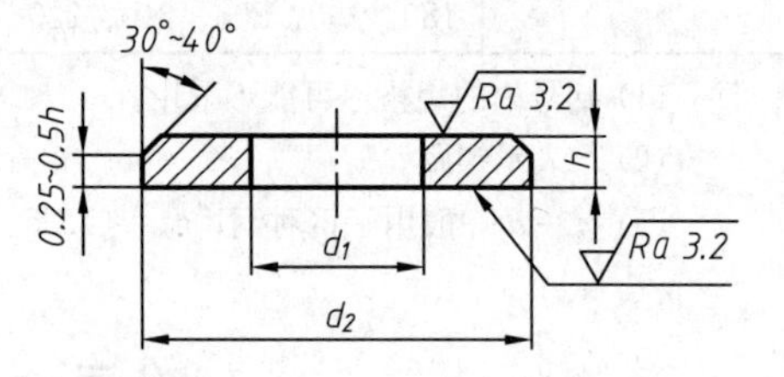

标记示例：标准系列，公称尺寸d=8mm
垫圈 GB/T 848
硬度等级为200HV
垫圈 GB/T 848　8

标记示例：标准系列，公称尺寸d=8mm
垫圈　GB/T 97.2
硬度等级为200HV，倒角型
垫圈 GB/T 97.2 8

单位：mm

公称尺寸d		1.6	2	2.5	3	4	5	6	8	10	12	14	16	20	24	30	36
GB/T 848—2002	d_1	1.7	2.2	2.7	3.2	4.3	5.3	6.4	8.4	10.5	13	15	17	22	26	33	36
	d_2	3.5	4.5	5	6	8	9	11	15	18	20	24	28	34	39	50	60
	h	0.3	0.3	0.5	0.5	0.5	1	1.6	1.6	1.6	2	2.5	2.5	3	4	4	5
GB/T 97.1—2002	d_1	1.7	2.2	2.7	3.2	4.3	5.3	6.4	8.4	10.5	13	15	17	21	25	31	37
	d_2	4	5	6	7	9	10	12	16	20	24	28	30	37	44	56	66
	h	0.3	0.3	0.5	0.5	0.8	1	1.6	1.6	2	2.5	2.5	3	3	4	4	5
GB/T 97.2—2002	d_1	—	—	—	—	—	5.3	6.4	8.4	10.5	13	15	17	21	25	31	37
	d_2	—	—	—	—	—	10	12	16	20	24	28	30	37	44	56	66
	h	—	—	—	—	—	1	1.6	1.6	2	2.5	2.5	3	3	4	4	5

注：(1) 硬度等级有200HV、300HV级；材料有钢和不锈钢两种。
(2) d的范围：GB/T 848为1.6～36mm，GB/T 97.1为1.6～64mm，GB/T 97.2为5～64mm。表中所列的仅为$d\leqslant36$mm的优选尺寸；$d>36$mm的优选尺寸和非优选尺寸，可查阅标准。

2. 标准弹簧垫圈(GB/T 93—1987)

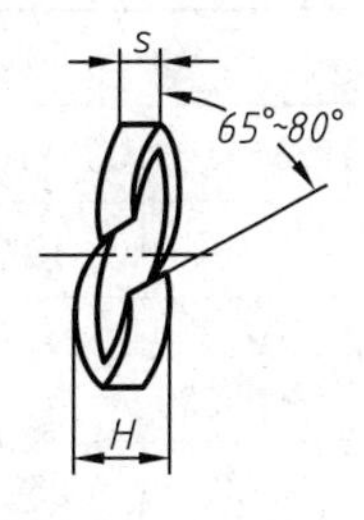

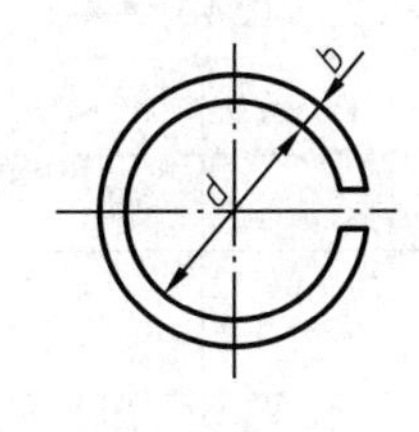

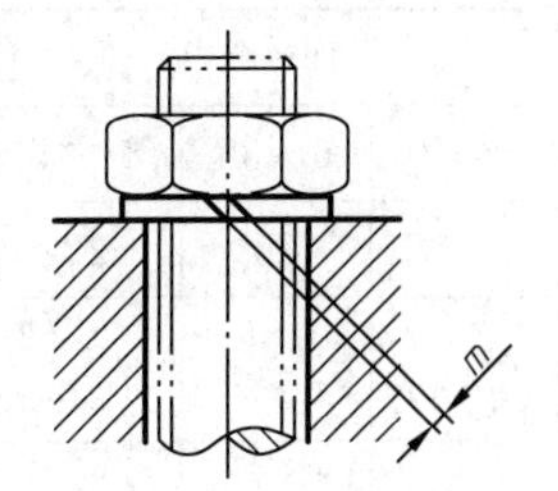

标记示例：

规格 16mm，材料为 64Mn、标准型弹簧垫圈：

垫圈 GB/T 93 16

单位：mm

规格螺纹大径	3	4	5	6	8	10	12	16	20	24	30
d_1 min	3.1	4.1	5.1	6.1	8.1	10.2	12.2	16.2	20.2	24.5	30.5
s 公称	0.8	1.1	1.3	1.6	2.1	2.6	3.1	4.1	5	6	7.5
b 公称	0.8	1.1	1.3	1.6	2.1	2.6	3.1	4.1	5	6	7.5
H max	2	2.75	3.25	4	5.25	6.5	7.75	10.25	12.5	15	18.75
$m\leqslant$	0.4	0.55	0.65	0.8	1.05	1.3	1.55	2.05	2.5	3	3.75

附录 10 普通平键型式及尺寸(GB/T 1096—2003)

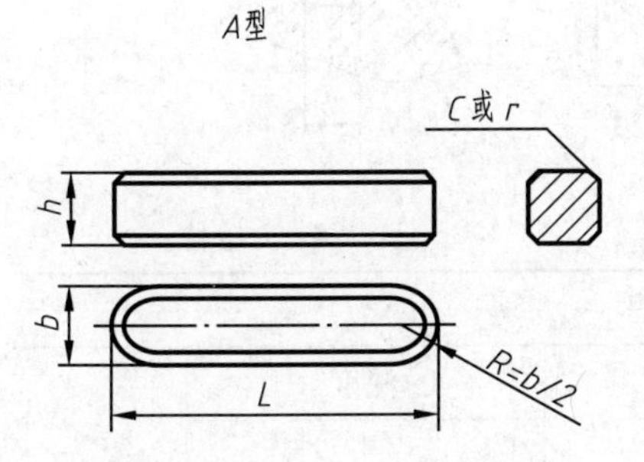

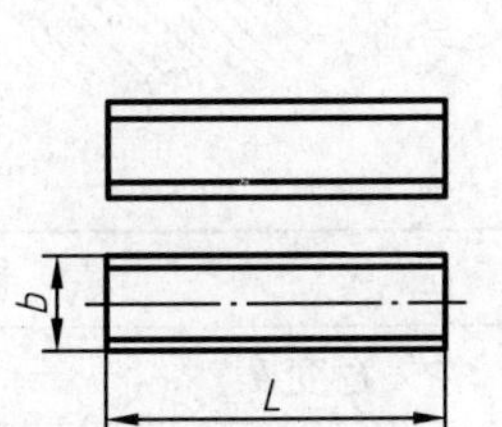

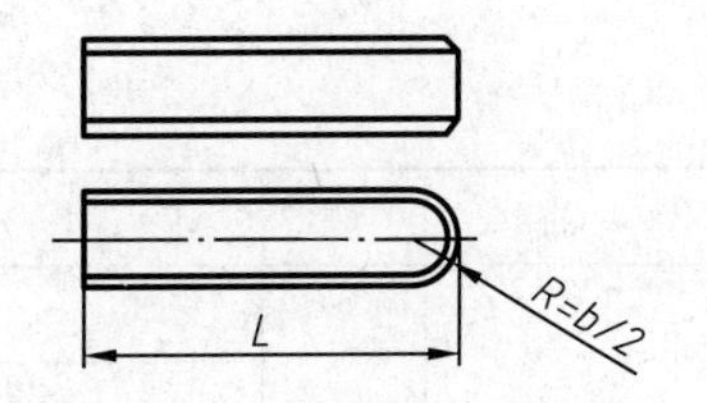

标记示例：

圆头普通平键(*A* 型)b=16mm，h=10mm，L=100mm　　键 16×100 GB/T 1096—1979

平头普通平键(*B* 型)b=16mm，h=10mm，L=100mm　　键 *B*16×100 GB/T 1096—1979

单圆头普通平键(*C* 型)b=16mm，h=10mm，L=100mm　　键 *C*16×100 GB/T 1096—1979

单位：mm

<table>
<tr><td rowspan="2">b</td><td>公称尺寸</td><td>2</td><td>3</td><td>4</td><td>5</td><td>6</td><td>8</td><td>10</td><td>12</td><td>14</td><td>16</td></tr>
<tr><td>偏差 h8</td><td colspan="2">0
−0.014</td><td colspan="3">0
−0.018</td><td colspan="2">0
−0.022</td><td colspan="3">0
−0.027</td></tr>
<tr><td rowspan="2">h</td><td>公称尺寸</td><td>2</td><td>3</td><td>4</td><td>5</td><td>6</td><td>7</td><td>8</td><td>8</td><td>9</td><td>10</td></tr>
<tr><td>偏差 h11</td><td colspan="2"></td><td colspan="3"></td><td colspan="5">0
−0.090</td></tr>
</table>

（续）

C或r		0.16～0.25			0.25～0.40			0.40～0.60			
L		6～20	6～36	8～45	10～56	14～70	18～90	22～110	28～140	36～160	45～180
b	公称尺寸	18	20	22	25	28	32	36	40	45	50
	偏差 h8	0 −0.027	0 −0.033				0 −0.039				
h	公称尺寸	11	12	14	14	16	18	20	22	25	28
	偏差 h11	0 −0.110						0 −0.130			
C或r		0.60～0.80						1.0～1.2			
L		50～ 200	56～ 220	63～ 250	70～ 280	80～ 320	90～ 360	100～ 400	100～ 400	110～ 450	125～ 500

L系列：6、8、10、12、14、16、18、20、22、25、28、32、36、40、45、50、56、63、70、80、90、100、110、125等

附录 11　平键和键槽的断面尺寸(GB/T 1095—2003)

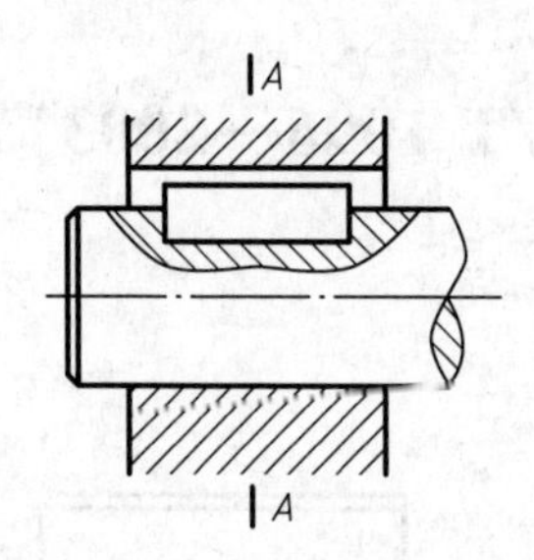

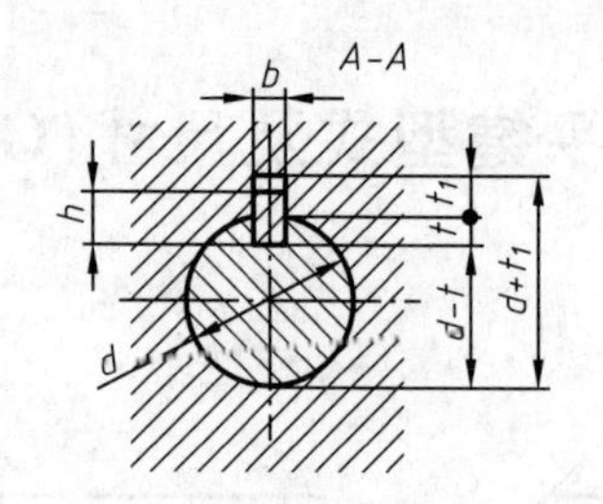

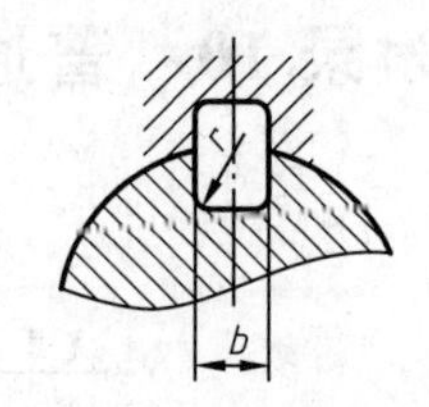

单位：mm

轴	键	键槽											
公称直径 d	公称尺寸 $b\times h$	宽度 b						深度				半径 r	
		公称尺寸	极限偏差					轴 t		毂 t_1			
			较松连接		一般连接		较紧连接						
			轴 H9	毂 D10	轴 N9	毂 JS9	轴和毂 P9	公称尺寸	极限偏差	公称尺寸	极限偏差	最小	最大
自 6～8	2×2	2	+0.025 0	+0.060 +0.020	−0.004 −0.029	±0.0125	−0.006 −0.031	1.2	+0.1 0	1	+0.1 0	0.08	0.16
<8～10	3×3	3						1.8		1.4			
<10～12	4×4	4	+0.030 0	+0.078 +0.030	0 −0.030	±0.015	−0.012 −0.042	2.5		1.8			
<12～17	5×5	5						3.0		2.3		0.16	0.20
<17～22	6×6	6						3.5		2.8			

（续）

轴	键	键槽											
		宽度 b						深度				半径 r	
			极限偏差					轴 t		毂 t_1			
公称直径 d	公称尺寸 b(h	公称尺寸	较松连接		一般连接		较紧连接						
			轴 H9	毂 D10	轴 N9	毂 JS9	轴和毂 P9	公称尺寸	极限偏差	公称尺寸	极限偏差	最小	最大
<22～30	8×7	8	+0.036 0	+0.098 +0.040	0 −0.036	±0.018	−0.015 −0.051	4.0	+0.2 0	3.3	+0.2 0	0.16	0.20
<30～38	10×8	10						5.0		3.3		0.25	0.40
<38～44	12×8	12	+0.043 0	+0.120 +0.050	0 −0.043	±0.0215	−0.018 −0.061	5.5		3.3			
<44～50	14×9	14						5.5		3.8			
<50～58	16×10	16						6.0		4.3			
<58～65	18×11	18						7.0		4.4			
<65～75	20×12	20	+0.052 0	+0.149 +0.065	0 −0.052	±0.026	−0.022 −0.074	7.5		4.9		0.40	0.60
<75～85	22×14	22						9.0		5.4			
<85～95	25×14	25						9.0		5.4			
<95～110	28×16	28						10.0		6.4			
<110～130	32×18	32	+0.062 0	+0.180 +0.080	0 −0.067	±0.031	−0.026 −0.088	11.0		7.4			
<130～150	36×20	36						12.0	+0.3 0	8.4	+0.3 0	0.70	1.0
<150～170	40×22	40						13.0		9.4			
<170～200	45×25	45						15.0		10.4			
<200～230	50×28	50						17.0		11.4			

注：(1) 在工作图中，轴槽深用 t 或($d-t$)标注，轮毂槽深用($d+t_1$)标注。

(2) 键的材料常用45钢。

(3) 键槽的极限偏差按轴(t)和轮毂(t_1)的极限偏差选取，但轴槽深($d-t$)的极限偏差值应取负号。

附录 12　圆柱销（GB/T 119.1—2000）

不淬硬钢和奥氏体不锈钢

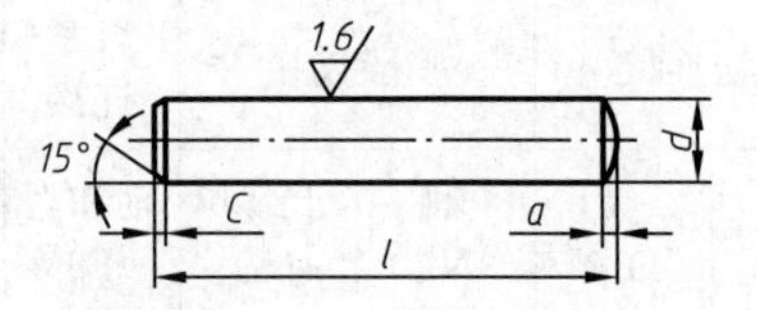

标记示例：

公称直径 d=8mm，长度 l=30mm，材料为钢 35，热处理硬度 28～38HRC，表面氧化

销 GB/T 119.1　A8×30

单位：mm

d(公称直径)	0.6	0.8	1	1.2	1.5	2	2.5	3	4	5
c	0.12	0.16	0.20	0.25	0.30	0.35	0.40	0.50	0.63	0.80
L（商品规格范围公称长度）	2～6	2～8	4～10	4～12	4～16	6～20	6～24	8～30	8～40	10～50
d(公称直径)	6	8	10	12	16	20	25	30	40	50
c	1.2	1.6	2.0	2.5	3.0	3.5	4.0	5.0	6.3	8.0
L（商品规格范围公称长度）	12～60	14～80	18～95	22～140	26～180	35～200	50～200	60～200	80～200	95～200
l 系列	2、3、4、5、6、8、10、12、14、16、18、20、22、24、26、28、30、32、35、40、45、50、55、60、65、70、75、80、85、90、95、100、120、140、160、180、200									

附录 13　圆锥销（GB/T 117—2000）

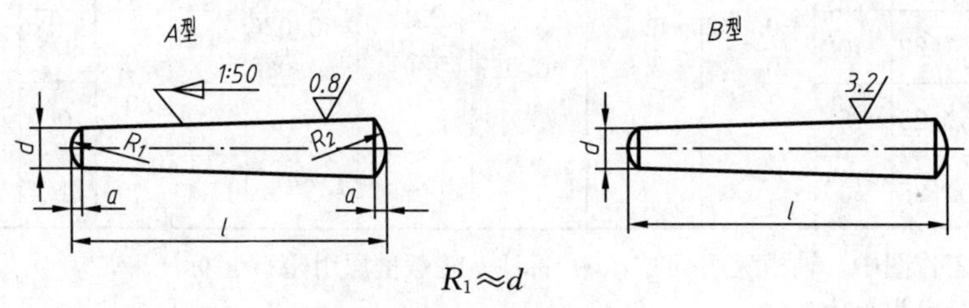

$R_1 \approx d$

$R_2 \approx a/2 + d - 0.021^2/8a$

标记示例：

公称直径 d=10mm，长度 l=70mm，材料为钢 35，热处理硬度 28～38HRC，表面氧化

销 GB/T 117 A10×70

单位：mm

d(公称直径)	0.6	0.8	1	1.2	1.5	2	2.5	3	4	5
a	0.08	0.1	0.12	0.16	0.2	0.25	0.3	0.4	0.5	0.63
L（商品规格范围公称长度）	2～8	5～12	6～16	6～20	8～24	10～35	10～35	12～45	14～55	18～60

（续）

d(公称直径)	6	8	10	12	16	20	25	30	40	50
a	0.8	1	1.2	1.6	2	2.5	3	4	5	6.3
L（商品规格范围公称长度）	22～90	22～120	26～160	32～180	40～200	45～200	50～200	55～200	60～200	65～200
l 系列	2、3、4、5、6、8、10、12、14、16、18、20、22、24、26、28、30、32、35、40、45、50、55、60、65、70、75、80、85、90、95、100、120、140、160、180、200									

附录 14　开口销(GB/T 91—2000)

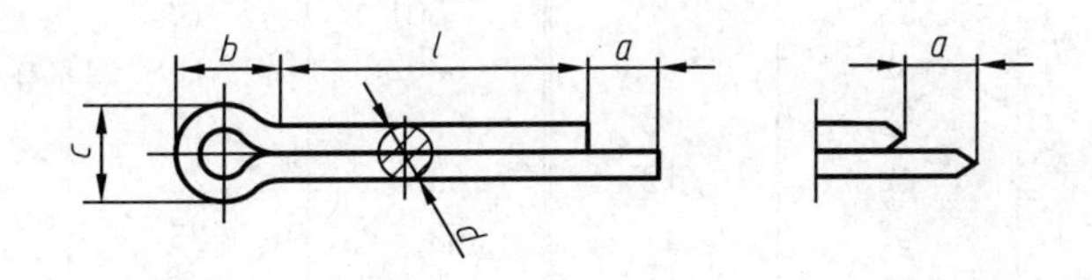

标记示例：

公称直径 d=8mm，长度 l=30mm，

销　GB/T 91　A8×30

单位：mm

d	公称	0.6	0.8	1	1.2	1.6	2	2.5	3.2	4	5	6.3	8	10	13
	min	0.4	0.6	0.8	0.9	1.3	1.7	2.1	2.7	3.5	4.4	5.7	7.3	9.3	12.1
	max	0.5	0.7	0.9	1	1.4	1.8	2.3	2.9	3.7	4.6	5.9	7.5	9.5	12.4
c	max	1	1.4	1.8	2	2.8	3.6	4.6	5.8	7.4	9.2	11.8	15	19	24.8
	min	0.9	1.2	1.6	1.7	2.4	3.2	4	5.1	6.5	8	10.3	13.1	16.6	21.7
b		2	2.4	3	3	3.2	4	5	6.4	8	10	12.6	16	20	26
a	max	1.6			2.5				3.2	4				6.3	

注：(1) 销孔的公称直径等于 d 公称。

(2) $a_{min}=1/2a_{max}$。

附录 15　深沟球轴承(GB/T 276—1994)

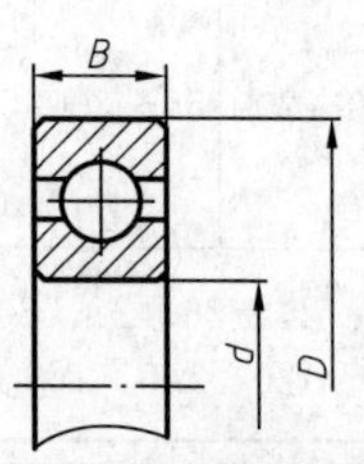

6000 型
标记示例：
轴承 6208　GB/T 276—1994

轴承型号	尺寸/mm			轴承型号	尺寸/mm		
	d	D	B		d	D	B
尺寸系列代号 10				尺寸系列代号 03			
6000	10	26	8	6300	10	35	11
6001	12	28	8	6301	12	37	12
6002	15	32	9	6302	15	42	13
6003	17	35	10	6303	17	47	14
6004	20	42	12	6304	20	52	15
6005	25	47	12	6305	25	62	17
6006	30	55	13	6306	30	72	19
6007	35	62	14	6307	35	80	21
6008	40	68	15	6308	40	90	23
6009	45	75	16	6309	45	100	25
6010	50	80	16	6310	50	110	27
6011	55	90	18	6311	55	120	29
6012	60	95	18	6312	60	130	31
6013	65	100	18	6313	65	140	33
6014	70	110	20	6314	70	150	35
尺寸系列代号 02				尺寸系列代号 04			
6200	10	30	9	6403	17	62	17
6201	12	32	10	6404	20	72	19
6202	15	35	11	6405	25	80	21
6203	17	40	12	6406	30	90	23
6204	20	47	14	6407	35	100	25
6205	25	52	15	6408	40	110	27
6206	30	62	16	6409	45	120	29
6207	35	72	17	6410	50	130	31
6208	40	80	18	6411	55	140	33
6209	45	85	19	6412	60	150	35
6210	50	90	20	6413	65	160	37
6211	55	100	21	6414	70	180	42
6212	60	110	22	6415	75	190	45
6213	65	120	23	6416	80	200	48
6214	70	125	24	6417	85	210	52
6215	75	130	25	6418	90	225	54
6216	80	140	26	6419	95	240	55

附录 16 圆锥滚子轴承(GB/T 297—1994)

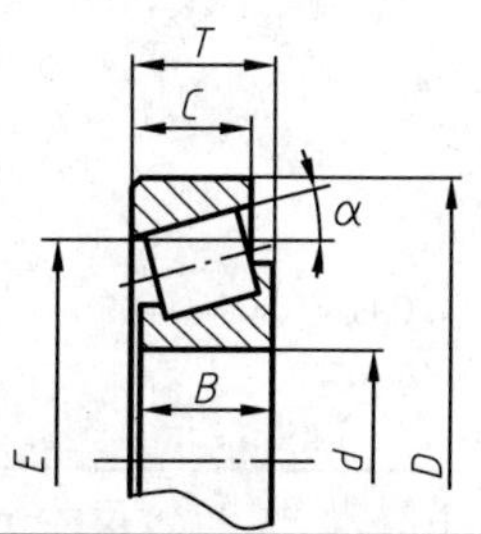

30000 型

标记示例：

轴承 30308 GB/T 297—1994

轴承型号	尺寸/mm				
	d	*D*	*T*	*B*	C
尺寸系列代号 02					
30204	20	47	15.25	14	12
30205	25	52	16.25	15	13
30206	30	62	17.25	16	14
30207	35	72	18.25	17	15
30208	40	80	19.75	18	16
30209	45	85	20.75	19	16
30210	50	90	21.75	20	17
30211	55	100	22.75	21	18
30212	60	110	23.75	22	19
30213	65	120	24.75	23	20
30214	70	125	26.25	24	21
30215	75	130	27.25	25	22
30216	80	140	28.25	26	22
30217	85	150	30.5	28	24
30218	90	160	32.5	30	26
30219	95	170	34.5	32	27
30220	100	180	37	34	29
尺寸系列代号 03					
30303	17	47	15.25	14	12
30304	20	52	16.25	15	13
30305	25	62	18.25	17	15
30306	30	72	20.75	19	16
30307	35	80	22.75	21	18
30308	40	90	25.25	23	20
30309	45	100	27.75	25	22
30310	50	110	29.25	27	23
30311	55	120	31.5	29	25
30312	60	130	33.5	31	26
30313	65	140	36	33	28
30314	70	150	38	35	30
30315	75	160	40	37	31
30316	80	170	42.5	39	33
30317	85	180	44.5	41	34
30318	90	190	46.5	43	36
30319	95	200	49.5	45	38
30320	100	215	51.5	47	39

轴承型号	尺寸/mm				
	d	*D*	*T*	*B*	C
尺寸系列代号 23					
32303	17	47	20.25	19	16
32304	20	52	22.25	21	18
32305	25	62	25.25	24	20
32306	30	72	28.75	27	23
32307	35	80	32.75	31	25
32308	40	90	35.25	33	27
32309	45	100	38.25	36	30
32310	50	110	42.25	40	33
32311	55	120	45.5	43	35
32312	60	130	48.5	46	37
32313	65	140	51	48	39
32314	70	150	54	51	42
32315	75	160	58	55	45
32316	80	170	61.5	58	48
尺寸系列代号 30					
33005	25	47	17	17	14
33006	30	55	20	20	16
33007	35	62	21	21	17
33008	40	68	22	22	18
33009	45	75	24	24	19
33010	50	80	24	24	19
33011	55	90	27	27	21
33012	60	95	27	27	21
33013	65	100	27	27	212
33014	70	110	31	31	25.5
33015	75	115	31	31	25.5
33016	80	125	36	36	29.5
尺寸系列代号 31					
33108	40	75	26	26	20.5
33109	45	80	26	26	20.5
33110	50	85	26	26	20
33111	55	95	30	30	23
33112	60	100	30	30	23
33113	65	110	34	34	26.5
33114	70	120	37	37	29

附录 17　推力球轴承(GB/T 301—1995)

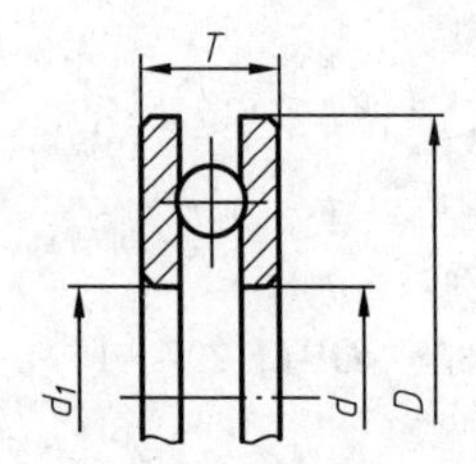

50000 型

标记示例:

轴承 51208　GB/T 301—1995

轴承型号	尺寸/mm				轴承型号	尺寸/mm			
	d	d_1 min	D	T		d	d_1 min	D	T
尺寸系列代号 11					尺寸系列代号 13				
51104	20	21	35	10	51304	20	22	47	18
51105	25	26	42	11	51305	25	27	52	18
51106	30	32	47	11	51306	30	32	60	21
51107	35	37	52	12	51307	35	37	68	24
51108	40	42	60	13	51308	40	42	78	26
51109	45	47	65	14	51309	45	47	85	28
51110	50	52	70	14	51310	50	52	95	31
51111	55	57	78	16	51311	55	57	105	35
51112	60	62	85	17	51312	60	62	110	35
51113	65	67	90	18	51313	65	67	115	36
51114	70	72	95	18	51314	70	72	125	40
51115	75	77	100	19	51315	75	77	135	44
51116	80	82	105	19	51316	80	82	140	44
51117	85	87	110	19	51317	85	88	150	49
51118	90	92	120	22	51318	90	93	155	50
51120	100	102	135	25	51320	100	103	170	55
尺寸系列代号 12					尺寸系列代号 14				
51204	20	22	40	14	51405	25	27	60	24
51205	25	27	47	15	51406	30	32	70	28
51206	30	32	52	16	51407	35	37	80	32
51207	35	37	62	18	51408	40	42	90	36
51208	40	42	68	19	51409	45	47	100	39
51209	45	47	73	20	51410	50	52	110	43
51210	50	52	78	22	51411	55	57	120	48
51211	55	57	90	25	51412	60	62	130	51
51212	60	62	95	26	51413	65	68	140	56
51213	65	67	100	27	51414	70	73	150	60
51214	70	72	105	27	51415	75	78	160	65
51215	75	77	110	27	51416	80	83	170	68
51216	80	82	115	28	51417	85	88	180	72
51217	85	88	125	31	51418	90	93	190	77
51218	90	93	135	35	51420	100	103	210	85
51220	100	103	150	38	51422	110	113	230	95

附录 18 标准公差数值表(GB/T 1800.3—1999)

基本尺寸/mm		公差等级																	
		IT1	IT2	IT3	IT4	IT5	IT6	IT7	IT8	IT9	IT10	IT11	IT12	IT13	IT14	IT15	IT16	IT17	IT18
大于	至	/μm											/mm						
—	3	0.8	1.2	2	3	4	6	10	14	25	40	60	0.1	0.14	0.25	0.4	0.6	1	1.4
3	6	1	1.5	2.5	4	5	8	12	18	30	48	75	0.12	0.18	0.3	0.48	0.75	1.2	1.8
6	10	1	1.5	2.5	4	6	9	15	22	36	58	90	0.15	0.22	0.36	0.58	0.9	1.5	2.2
10	18	1.2	2	3	5	8	11	18	27	43	70	110	0.18	0.27	0.43	0.7	1.1	1.8	2.7
18	30	1.5	2.5	4	6	9	13	21	33	52	84	130	0.21	0.33	0.52	0.84	1.3	2.1	3.3
30	50	1.5	2.5	4	7	11	16	25	39	62	100	160	0.25	0.39	0.62	1.0	1.6	2.5	3.9
50	80	2	3	5	8	13	19	30	46	74	120	190	0.3	0.46	0.74	1.2	1.9	3	4.6
80	120	2.5	4	6	10	15	22	35	54	87	140	220	0.35	0.54	0.87	1.4	2.2	3.5	5.4
120	180	3.5	5	8	12	18	25	40	63	100	160	250	0.4	0.63	1.6	1.6	2.5	4	6.3
180	250	4.5	7	10	14	20	29	46	72	115	185	290	0.46	0.72	1.15	1.85	2.9	4.6	7.2
250	315	6	8	12	16	23	32	52	81	130	210	320	0.52	0.81	1.3	2.1	3.2	5.2	8.1
315	400	7	9	13	18	25	36	57	89	140	230	360	0.57	0.89	1.4	2.3	3.6	5.7	8.9
400	500	8	10	15	20	27	40	63	97	155	250	400	0.63	0.97	1.55	2.5	4	6.3	9.7

附录 19 轴的基本偏差数值表

基本尺寸/mm		上偏差 *es*														
		所有标准公差等级												IT5和IT6	IT7	IT8
大于	至	a	b	c	cd	d	e	ef	f	fg	g	h	js	j		
—	3	−270	−140	−60	−34	−20	−14	−10	−6	−4	−2	0	偏差 $=\pm\frac{ITn}{2}$，式中 IT_n 是IT值数	−2	−4	−6
3	6	−270	−140	−70	−46	−30	−20	−14	−10	−6	−4	0		−2	−4	
6	10	−280	−150	−80	−56	−40	−25	−18	−13	−8	−5	0		−2	−5	
10	14	−290	−150	−95		−50	−32		−16		−6	0		−3	−6	
14	18															
18	24	−300	−160	−110		−65	−40		−20		−7	0		−4	−8	
24	30															
30	40	−310	−170	−120		−80	−50		−25		−9	0		−5	−10	
40	50	−320	−180	−130												
50	65	−340	190	−140		−100	−60		−30		−10	0		−7	−12	
65	80	−360	−200	−150												
80	100	−380	−220	−170		−120	−72		−36		−12	0		−9	−15	
100	120	−410	−240	−180												
120	140	−460	−260	−200		−145	−85		−43		−14	0		−11	−18	
140	160	−520	−280	−210												
160	180	−580	310	230												
180	200	−660	−340	−240		−170	−100		−50		−15	0		−13	−21	
200	225	−740	−380	−260												
225	250	−820	−420	−280												
250	280	−920	−480	−300		−190	−110		−56		−17	0		−16	−26	
280	315	−1050	−540	−330												
315	355	−1200	−600	−360		−210	−125		−62		−18	0		−18	−28	
355	400	−1350	−680	−400												
400	450	−1500	−760	−440		−230	−135		−68		−20	0		−20	−32	
450	500	−1650	−840	−480												

(GB/T1800.4—1999)

单位：μm

下偏差 ei

IT4~IT7	≤IT3 >IT7	所有标准公差等级													
k		m	n	p	r	s	t	u	v	x	y	z	za	zb	zc
0	0	+2	+4	+6	+10	+14		+18		+20		+26	+32	+40	+60
+1	0	+4	+8	+12	+15	+19		+23		+28		+35	+42	+50	+80
+1	0	+6	+10	+15	+19	+23		+28		+34		+42	+52	+67	+97
+1	0	+7	+12	+18	+23	+28		+33		+40		+50	+64	+90	+130
									+39	+45		+60	+77	+108	+150
+2	0	+8	+15	+22	+28	+35		+41	+47	+54	+63	+73	+98	+136	+188
							+41	+48	+55	+64	+75	+88	+118	+160	+218
+2	0	+9	+17	+26	+34	+43	+48	+60	+68	+80	+94	+112	+148	+200	+274
							+54	+70	+81	+97	+114	+136	+180	+242	+325
+2	0	+11	+20	+32	+41	+53	+66	+87	+102	+122	+14	+172	+226	+300	+405
					+43	+59	+75	+102	+120	+146	+174	+210	+274	+360	+480
+3	0	+13	+23	+37	+51	+71	+91	+124	+146	+178	+214	+258	+335	+445	+585
					+54	+79	+104	+144	+172	+210	+254	+310	+400	+525	+690
+3	0	+15	+27	+43	+63	+92	+122	+170	+202	+248	+300	+365	+470	+620	+800
					+65	−100	+134	+190	+228	+280	+340	+415	+535	+700	+900
					+68	+108	+146	+210	+252	+310	+380	+465	+600	+780	+1000
+4	0	+17	+31	+50	+77	+122	+166	+236	+284	+350	+425	+520	+670	+880	+1150
					+80	+130	+180	+258	+310	+385	+470	+575	+740	+960	+1250
					+84	+140	+196	+284	+340	+425	+520	+640	+820	+1050	+1350
+4	0	+20	+34	+56	+94	+158	+218	+315	+385	+475	+580	+710	+920	+1200	+1550
					+98	+170	+240	+350	+425	+525	+650	+790	+1000	+1300	+1700
+4	0	+21	+37	+62	+108	+190	+268	+390	+475	+590	+730	+900	+1150	+1500	+1900
					+114	+208	+294	+435	+530	+660	+820	+1000	+1300	+1650	+2100
+5	0	+23	+40	+68	+126	+232	+330	+490	+595	+740	+920	+1100	+1450	+1850	+2400
					+132	+252	+360	+540	+660	+820	+1000	+1250	+1600	+2100	+2600

附录 20 孔的基本偏差数值表

基本尺寸/mm		下偏差 EI																			
		所有标准公差等级												IT6	IT7	IT8	≤IT8	>IT8	≤IT8	>IT8
大于	至	A	B	C	CD	D	E	EF	F	FG	G	H	JS	J			K		M	
—	3	+270	+140	+60	+34	+20	+14	+10	+6	+4	+2	0	偏差 $=\pm\frac{ITn}{2}$，式中 ITn 是 IT 值数	+2	+4	+6	0	0	−2	−2
3	6	+270	+140	+70	+46	+30	+20	+14	+10	+6	+4	0		+5	+6	+10	−1+Δ		−4+Δ	−4
6	10	+280	+150	+80	+56	+40	+25	+18	+13	+8	+5	0		+5	+8	+12	−1+Δ		−6+Δ	−6
10	14	+290	+150	+95		+50	+32		+16		+6	0		+6	+10	+15	−1+Δ		−7+Δ	−7
14	18																			
18	24	+300	+160	+110		+65	+40		+20		+7	0		+8	+12	+20	−2+Δ		−8+Δ	−8
24	30																			
30	40	+310	+170	+120		+80	+50		+25		+9	0		+10	+14	+24	−2+Δ		−9+Δ	−9
40	50	+320	+180	+130																
50	65	+340	+190	+140		+100	+60		+30		+10	0		+13	+18	+28	−2+Δ		−11+Δ	−11
65	80	+360	+200	+150																
80	100	+380	+220	+170		+120	+72		+36		+12	0		+16	+22	+34	−3+Δ		−13+Δ	−13
100	120	+410	+240	+180																
120	140	+460	+260	+200		+145	+85		+43		+14	0		+18	+26	+41	−3+Δ		−15+Δ	−15
140	160	+520	+280	+210																
160	180	+580	+310	+230																
180	200	+660	+310	+240		+170	+100		+50		+15	0		+22	+30	+47	−4+Δ		−17+Δ	−17
200	225	+740	+380	+260																
225	250	+820	+420	+280																
250	280	+920	+480	+300		+190	+110		+56		+17	0		+25	+36	+55	−4+Δ		−20+Δ	−20
280	315	+1050	+540	+330																
315	355	+1200	+600	+360		+210	+125		+62		+18	0		+29	+39	+60	−4+Δ		−21+Δ	−21
355	400	+1350	+680	+400																
400	450	+1500	+760	+440		+230	+135		+68		+20	0		+33	+43	+66	−5+Δ		−23+Δ	−23
450	500	+1650	+840	+480																

注：(1) 基本尺寸小于或等于 1mm 时，基本偏差 A 和 B 及大于 IT8 的 N 均不采用。

(2) 公差带 JS7 至 JS11，若 ITn 值数是奇数，则取偏差 $=\pm\frac{ITn}{2}$

(3) 对小于或等于 IT8 的 K、M、N 和小于或等于 IT7 的 P～ZC，所需 Δ 值从表内右侧选取，$ES=-35+4=-31\mu m$。

(4) 特殊情况：250～315mm 段的 M6，$ES=-9\mu m$(代替 $-11\mu m$)。

(GB/T1800. 4—1999)

单位：μm

上偏差 *ES*															Δ值					
≤IT8	>IT8	≤IT7	标准公差等级大于 IT7												标准公差等级					
N		P~ZC	P	R	S	T	U	V	X	Y	Z	ZA	AB	ZC	IT3	IT4	IT5	IT6	IT7	IT8
−4	−4		−6	−10	−14		−18		−20		−26	−32	−40	−40	−60	0	0	0	0	0
−8+Δ	0		−12	−15	−19		−23		−28		−35	−42	−50	−80	1	1.5	1	3	4	6
−10+Δ	0		−15	−19	−23		−28		−34		−42	−52	−67	−97	1	1.5	2	3	6	7
−12+Δ	0		−18	−23	−28		−33		−40		−50	−64	−90	−130	1	2	3	3	7	9
								−39	−45		−60	−77	−108	−150						
−15+Δ	0		−22	−28	−35		−41	−47	−54	−63	−73	−98	−136	−188	1.5	2	3	4	8	12
						−41	−48	−55	−64	−75	−88	−118	−160	−218						
−17+Δ	0		−26	−34	−43	−48	−60	−68	−80	−94	−112	−148	−200	−274	1.5	3	4	5	9	14
						−54	−70	−81	−97	−114	−136	−180	−242	−325						
−20+Δ	0		−32	−41	−53	−66	−87	−102	−122	−144	−172	−226	−300	−405	2	3	5	6	11	16
				−43	−59	−75	−102	−120	−146	−174	−210	−274	−360	−480						
−23+Δ	0		−37	−51	−71	−91	−124	−146	−178	−214	−258	−335	−445	−585	2	4	5	7	13	19
				−54	−79	−104	−144	−172	−210	−254	−310	−400	−525	−690						
−27+Δ	0		−43	−63	−92	−122	−170	−202	−248	−300	−365	−470	−620	−800	3	4	6	7	15	23
				−65	−100	−134	−190	−228	−280	−340	−415	−535	−700	−900						
				−68	−108	−146	−210	−252	−310	−380	−465	−600	−780	−1000						
−31+Δ	0		−50	−77	−122	−166	−236	−284	−350	−425	−520	−670	−880	−1150	3	4	6	9	17	26
				−80	−130	−180	−258	−310	−385	−470	−575	−740	−960	−1250						
				−84	−140	−196	−284	−340	−425	−520	−640	−820	−1050	−1350						
−34+Δ	0		−56	−94	−158	−218	−315	−385	−475	−580	−710	−920	−1200	−1550	4	4	7	9	20	29
				−98	−170	−240	−350	−425	−525	−650	−790	−1000	−1300	−1700						
−37+Δ	0		−62	−108	−190	−268	−390	−475	−590	−730	−900	−1150	−1500	−1900	4	5	7	11	21	32
				−114	−208	−294	−435	−530	−660	−820	−1000	−1300	−1650	−2100						
−40+Δ	0		−68	−126	−232	−330	−490	−595	−740	−920	−1100	−1450	−1850	−2400	5	5	7	13	23	34
				−132	−252	−360	−540	−660	−820	−1000	−1250	−1600	−2100	−2600						

例如：18～30mm 段的 K7，$\Delta=8\mu$m，所以 $ES=-2+8=+6\mu$m；18～30mm 段的 S6，$\Delta=4\mu$m，所以

附录21 优先配合轴的极限偏差表

基本尺寸/mm		a	b		c			d				e			
大于	至	11	11	12	9	10	11	8	9	10	11	7	8	9	5
	3	-270 -330	-140 -300	-140 -240	-60 -85	-60 -100	-60 -120	-20 -34	-20 -45	-20 -60	-20 -80	-14 -24	-14 -28	-14 -39	-6 -10
3	6	-270 -345	-140 -215	-140 -260	-70 -100	-70 -118	-70 -145	-30 -48	-30 -60	-30 -78	-30 -105	-20 -32	-20 -38	-20 -50	-10 -15
6	10	-280 -370	-150 -240	-150 -300	-80 -116	-80 -138	-80 -170	-40 -62	-40 -76	-40 -98	-40 -130	-25 -40	-25 -47	-25 -61	-13 -19
10	14	-290	-150	-150	-95	-95	-95	-50	-50	-50	-50	-32	-32	-32	-16 -24
14	18	-400	-260	-330	-138	-165	-205	-77	-93	-120	-160	-50	-59	-75	
18	24	-300	-160	-160	-110	-110	-110	-65	-65	-65	-65	-40	-40	-40	-20 -29
24	30	-430	-290	-370	-162	-194	-240	-98	-117	-149	-195	-61	-73	-92	
30	40	-310 -470	-170 -330	-170 -420	-120 -182	-120 -220	-120 -280	-80 -119	-80 -142	-80 -180	-80 -240	-50 -75	-50 -89	-50 -112	-25 -36
40	50	-320 -480	-180 -340	-180 -430	-130 -192	-130 -230	-130 -290								
50	65	-340 -530	-190 -380	-190 -490	-140 -214	-140 -260	-140 -330	-100 -146	-100 -174	-100 -220	-100 -290	-60 -90	-60 -106	-60 -134	-30 -43
65	80	-360 -550	-200 -390	-200 -500	-150 -224	-150 -270	-150 -340								
80	100	-380 -600	-220 -440	-220 -570	-170 -257	-170 -310	-170 -390	-120 -174	-120 -207	-120 -260	-120 -340	-72 -107	-72 126	-72 -159	-36 -51
100	120	-410 -630	-240 -460	-240 -590	-180 -267	-180 -320	-180 -400								
120	140	-460 -710 -520	-260 -510 -280	-260 -660 -280	-200 -300 -210	-200 -360 -210	-200 -450 -210	-145 -208	-145 -245	-145 -305	-145 -395	-85 -125	-85 -148	-85 -185	-43 -61
140	160	-770	-530	-680	-310	-370	-460								
160	180	-580 -830	-310 -560	-310 -710	-230 330	-230 -390	-230 -480								
180	200	-660 -950 -740	-340 -630 -380	-340 -800 -380	-240 -355 -260	-240 -425 -260	-240 -530 -260	-170 -242	-170 -285	-170 -355	-170 -460	-100 -146	-100 -172	-100 -215	-50 -70
200	225	-1030	-670	-840	-375	-445	-550								
225	250	-820 -1110	-420 -710	-420 -880	-280 -395	-280 -465	-280 -570								
250	280	-920 -1240	-480 -800	-480 -1000	-300 -430	-300 -510	-300 -620	-190 -271	-190 -320	-190 -400	-190 -510	-110 -162	-110 -191	-110 -240	-56 -79
280	315	-1050 -1370	-540 -860	-540 -1060	-330 -460	-330 -540	-330 -650								
315	355	-1200 -1560	-600 -960	-600 -1170	-360 -500	-360 -590	-360 -720	-210 -299	-210 -350	-210 -440	-210 -570	-125 -182	-125 -214	-125 -265	-62 -87
355	400	-1350 -1710	-680 -1040	-680 -125	-400 -540	-400 -630	-400 -760								
400	450	-1500 -1900	-760 -1160	-760 -139	-440 -595	-440 -600	-440 -840	-230 -327	-230 -385	-230 -480	-230 -630	-135 -198	-135 -232	-135 -290	-68 -95
450	500	-1650 -2050	-840 -1240	-840 -1470	-480 -635	-480 -730	-480 -880								

（GB/T 1800.4—1999 摘编）

单位：μm

h				f			g							
6	7	8	9	5	6	7	5	6	7	8	9	10	11	12
−6 −12	−6 −16	−6 −20	−6 −31	−2 −6	−2 −8	−2 −12	0 −4	0 −6	0 −10	0 −14	0 −25	0 −40	0 −60	0 −100
−10 −18	−10 −22	−10 −28	−10 −40	−4 −9	−4 −12	−4 −16	0 −5	0 −8	0 −12	0 −18	0 −30	0 −48	0 −75	0 −120
−13 −22	−13 −28	−13 −35	−13 −49	−5 −11	−5 −14	−5 −20	0 −6	0 −9	0 −15	0 −22	0 −36	0 −58	0 −90	0 −150
−16 −27	−16 −34	−16 −43	−16 −59	−6 −14	−6 −17	−6 −24	0 −8	0 −11	0 −18	0 −27	0 −43	0 −70	0 −110	0 −180
−20 −33	−20 −41	−20 −53	−20 −72	−7 −16	−7 −20	−7 −28	0 −9	0 −13	0 −21	0 −33	0 −52	0 −84	0 −130	0 −210
−25 −41	−25 −50	−25 −64	−25 −87	−9 −20	−9 −25	−9 −34	0 −11	0 −16	0 −25	0 −39	0 −62	0 −100	0 −160	0 −250
−30 −49	−30 −60	−30 −76	−30 −104	−10 −23	−10 −20	−10 −40	0 −13	0 −19	0 −30	0 −46	0 −74	0 −120	0 −190	0 −300
−36 −58	−36 −71	−36 −90	−36 −123	−12 −27	−12 −34	−12 −47	0 −15	0 −22	0 −35	0 −54	0 −87	0 −140	0 −220	0 −350
−43 −68	−43 −83	−43 −106	−43 −143	−14 −32	−14 −39	−14 −54	0 −18	0 −25	0 −40	0 −63	0 −100	0 −160	0 −250	0 −400
−50 −79	−50 −96	−50 −122	−50 −165	−15 −35	−15 −44	−15 −61	0 −20	0 −90	0 −46	0 −72	0 −115	0 −185	0 −290	0 −400
−56 −88	−56 −108	−56 −137	−56 −186	−17 −40	−17 −49	−17 −69	0 −23	0 32	0 −52	0 −81	0 −130	0 −210	0 −320	0 −520
−62 −98	−62 −119	−62 −151	−62 −202	−18 −43	−18 −54	−18 −75	0 −25	0 −36	0 −57	0 −89	0 −140	0 −230	0 −360	0 −570
−68 −108	−68 −131	−68 −165	−68 −223	−20 −47	−20 −60	−20 −83	0 −27	0 −40	0 −63	0 −97	0 −155	0 −250	0 −400	0 −630

附录 22 优先配合孔的极限偏差(GB/T 1800.4—1999 摘编)

基本尺寸/mm		A	B		C		D				E		F			
大于	至	11	11	12	11	12	8	9	10	11	8	9	6	7	8	9
	3	+330 +227	+200 +140	+240 +140	+120 +60	+160 +60	+34 +20	+45 +20	+60 +20	+80 +20	+28 +14	+39 +14	+12 +6	+16 +6	+20 +6	+31 +6
3	6	+345 +270	+215 +140	+260 +140	+145 +70	+190 +70	+48 +30	+60 +30	+78 +30	+105 +30	+38 +20	+50 +20	+18 +10	+22 +10	+28 +10	+40 +10
6	10	+370 +280	+240 +150	+300 +150	+170 +80	+230 +80	+62 +40	+76 +40	+98 +40	+130 +40	+47 +25	+61 +25	+22 +13	+28 +13	+35 +13	+49 +13
10	14	+400	+260	+330	+205	+275	+77	+93	+120	+160	+59	+75	+27	+34	+43	+59
14	18	+290	+150	+150	+95	+50	+50	+50	+50	+50	+52	+32	+16	+16	+16	+16
18	24	+430	+290	+370	+240	+320	+98	+117	+149	+195	+73	+92	+33	+41	+53	+72
24	30	+300	+160	+110	+110	+65	+65	+65	+65	+65	+40	+40	+20	+20	+20	+20
30	40	+470 +310	+330 +170	+420 +170	+280 +120	+370 +120	+119 +80	+142 +80	+180 +80	+240 +80	+89 +50	+112 +50	+41 +25	+50 +25	+64 +25	+87 +25
40	50	+480 +320	+340 +180	+430 +180	+290	+380 +130										
50	65	+530 +340	+380 +190	+490 +190	+330 +140	+440 +140	+146 +100	+174 +100	+220 +100	+290 +60	+106 +60	+134 +60	+49 +30	+60 +30	+76 +30	+104 +30
65	80	+550 +360	+390 +200	+500 +200	+340 +150	+450 +150										
80	100	+600 +380	+440 +220	+570 +220	+390 +170	+520 +170	+174 +120	+207 +120	+260 +120	+340 +120	+126 +72	+159 +72	+58 +36	+71 +36	+90 +36	+123 +36
100	120	+630 +410	+460 +240	+590 +240	+400 +180	+530 +180										
120	140	+710 +460 +770	+510 +260 +530	+660 +260 +680	+450 +200 +460	+600 +200 +610	+208 +145	+245 +145	+305 +145	+395 +145	+148 +85	+185 +85	+68 +43	+83 +43	+106 +43	+143 +43
140	160	+520 +830	+280 +560	+280 +710	+210 +480	+210 +630										
140	160	+580	+310	+310	+230	+230										
180	200	+950 +660	+630 +340	+800 +340	+530 +2400	+700 +240	+242 +170	+285 +170	+355 +170	+460 +170	+172 +100	+215 +100	+79 +50	+96 +50	+122 +100	+165 +50
200	225	+1030 +740	+670 +380	+840 +380	+550 +260	+720 +260										
225	250	+1110 +820	+710 +420	+880 +420	+570 +280	+740 +280										

（续）

基本尺寸/mm		A	B		C		D				E		F			
大于	至	11	11	12	11	12	8	9	10	11	8	9	6	7	8	9
250	280	+1240 +920	+800 +480	+1000 +480	+620 +300	+820 +300	+270 +190	+320 +190	+400 +190	+510 +190	+191 +110	+240 +110	+88 +56	+108 +56	+137 +56	+186 +56
280	315	+1370 +1050	+860 +540	+10613 +540	+650 +330	+850 +330										
315	355	+1560 +1200	+960 +600	+11713 +600	+720 +360	+930 +360	+299 +210	+350 +210	+440 +210	+570 +210	+214 +125	+265 +125	+98 +62	+119 62	+151 +62	+202 +62
355	400	+1710 +1350	+1040 +680	+1250 +680	+760 +400	−970 +400										
400	450	+1900 +15013	+1160 +760	+13913 +760	+840 +440	+1070 +440	+327 +230	+385 +230	+480 +230	+630 +230	+232 +135	+290 +135	+108 +68	+131 +68	+165 +68	+232 +68
450	500	+2050 +1650	1240 +840	+14713 +840	+880 +480	+1110 +480										

基本尺寸/mm		G		H							E			K		
大于	至	6	7	6	7	8	9	10	11	12	6	7	8	6	7	8
	3	+8 +2	+12 +2	+6 0	+10 0	+14 0	+25 0	+40 0	+60 0	+100 0	±3	±5	±7	0 −6	0 −10	0 −14
3	6	+12 +4	+16 +4	+8 0	+12 0	+18 0	+30 0	+48 0	+75 0	+120 0	±4	±6	±9	+2 −6	+3 −9	+5 −13
6	10	+14 +5	+20 +5	+9 0	+15 0	+22 0	+36 0	+58 0	+90 0	+150 0	±4.5	±7	±11	+2 −7	+5 −10	+6 −16
10	14	+17 +6	+12 +6	+11 0	+48 0	+27 0	+43 0	+70 0	+110 0	+180	±5.5	±9	±13	+2 −0	+6 −17	+8 −19
14	18															
18	24	+20 +7	+28 +7	+13 0	+21 0	+33 0	+52 9	+84 0	+130 0	+210 0	±6.5	±10	±16	+2 −11	+6 −15	+10 −23
24	30															
30	40	+25 +9	+34 +9	+16 0	+25 0	+30 0	+62 0	+100 0	+160 0	+250 0	±8	±12	±19	+3 −13	+7 −18	+12 −27
40	50															
50	65	+29 +10	+40 +10	+19 0	+30 0	+46 0	+74 0	+120 0	+190 0	+300 0	±9.5	±15	±23	+4 −15	+9 −21	+14 −32
65	80															
80	100	+34 +12	+47 +12	+22 0	+35 0	+54 0	+87 0	+140 0	+220 0	+350 0	±11	±17	±27	+4 −18	+10 −25	+16 −38
100	120															
120	140	+39 +14	+54 +14	+25 0	+40 0	+63 0	+100 0	+160 0	+250 0	+400 0	±12.5	±20	±31	+4 −21	+12 −28	+20 −43
140	160															
160	180															

（续）

基本尺寸/mm		G		H							E			K		
大于	至	6	7	6	7	8	9	10	11	12	6	7	8	6	7	8
180	200	+44 +15	+61 +15	+29 0	+46 0	+72 0	+115 0	+185 0	+290 0	+490 0	±14.5	±23	±36	+5 -24	+13 -33	+22 -50
200	225															
225	250															
250	280	+49 +17	+60 +17	+32 0	+52 0	+81 0	+130 0	+210 0	+320 0	+520 0	±16	±26	±40	+5 -27	+16 -36	+25 -56
280	315															
315	355	+54 +18	+75 +18	+36 0	+57 0	+89 0	+140 0	+230 0	+360 0	+570 0	±18	±28	±44	+7 -29	+17 -40	+28 -61
355	400															
400	450	+60 +20	+83 +20	+40 0	+63 0	+97 0	+155 0	+250 0	+400 0	+630 0	±20	±31	±48	+8 -32	+18 -45	+29 -68
450	500															

基本尺寸/mm		M			N			P		R		S		T		U
大于	至	6	7	8	6	7	8	6	7	6	7	6	7	6	7	7
	3	-2 8	-2 -12	-2 -16	-4 -10	-4 -14	-4 -18	-6 -12	-6 -16	-10 -16	-10 -20	-14 -20	-14 -24			-18 -28
3	6	-1 -0	0 -12	+2 -16	-5 -13	-4 -16	-2 -20	-9 -17	-8 -20	-12 -20	-11 -23	-16 -24	-15 -27			-19 -31
6	10	-3 -12	0 -15	+1 21	-7 -16	-4 -19	-3 -25	-12 -21	-9 -24	-16 -25	-13 -28	-20 -29	-17 -32			-22 -37
10	14	-4 -15	0 -18	+4 -29	-9 -20	-5 -23	-3 -30	-15 -26	-11 -29	-20 -31	-16 -34	-25 -36	-21 -39			-26 +44
14	18															
18	24	-4 -17	0 -21	+4 -29	-11 -24	-7 -28	-3 -36	-18 -31	-14 -35	-24 -37	-20 -41	-31 -44	-27 -48			-33 -54
24	30													-37 -50	-33 -54	-40 -61
30	40	-4 -20	0 -25	+5 -34	-12 -28	-8 -33	-3 -42	-21 -37	-17 -42	-29 -45	-25 -50	-38 -54	-34 -59	-43 -59	-39 -64	-51 -76
40	50													-49 -65	-45 -70	-61 -86
50	65	-5 -24	0 -30	+5 -41	-14 -33	-9 -39	-4 -50	-26 -45	-21 -51	-35 -54	-30 -60	-47 -66	-42 -72	-60 -79	-55 -85	-76 -106
65	80									-37 -56	-32 -62	-53 -72	-48 -78	-69 -88	-64 -94	-9 -121
80	100	-6 -28	0 -35	+6 -48	-16 -38	-10 -45	-4 -58	-30 -52	-24 -59	-44 -66	-38 -73	-64 -86	-50 -93	-84 -106	-74 -113	-111 -146
100	120									-47 -69	-41 -76	-72 -94	-66 -101	-97 -119	-91 126	-131 -166

（续）

基本尺寸/mm		M			N			P		R		S		T		U
大于	至	6	7	8	6	7	8	6	7	6	7	6	7	6	7	7
120	140	−8 −33	0 −40	+8 −55	−20 −45	−12 −52	−4 −67	−36 −61	−28 −68	−56 −81	−48 88	−85 −110	−77 −117	−115 −140	−107 −147	−155 −195
140	160									−58 −83	−50 −90	−93 −118	−85 −125	−127 −152	−119 −159	−175 −215
160	180									−61 −86	−53 −93	−101 −126	−93 −133	−139 −164	−131 −171	−195 −235
180	200	−8 −3	0 −46	+9 −63	−22 −51	−14 −60	−5 −77	−41 −70	−33 −79	−68 −97	−60 −106	−113 −142	−105 −151	−157 −186	−149 −195	−219 −265
200	225									−71 −100	−63 −109	−121 −150	−113 −159	−171 −200	−163 −209	−241 −287
225	250									−75 −104	−67 −113	−131 −160	−123 −169	−187 −216	−179 −225	−267 −313
250	280	−9 −41	0 −52	+9 −72	−25 −57	−14 −66	−5 −86	−47 −79	−36 −88	−85 −117	−74 −126	−149 −181	−138 −100	−209 −241	−198 −250	−295 −347
280	315									−89 −121	−78 −130	−161 −193	−150 −202	−231 −263	−220 −272	−330 −382
315	355	−10 −46	0 −57	+11 −78	−26 −62	−16 −73	−5 −94	−51 −87	−41 −90	−97 −133	−87 −144	−179 −215	−169 −226	−257 −293	−247 −304	−369 −426
355	400									−103 −139	−93 −150	−197 −233	−187 −20	−283 −319	−273 −330	−414 −471
400	450	−10 −50	0 −63	+11 −86	−27 −67	−17 −80	−6 −103	−55 −95	−45 −108	−113 −153	−103 −166	−219 −259	−209 −272	−317 −357	−307 −379	−467 −530
450	500									−119 −159	−109 −172	−239 −279	−229 −292	−347 −387	−337 −400	−517 −580

参考文献

[1] 大连理工大学工程制图教研室. 画法几何学 [M]. 6版. 北京：高等教育出版社，2007.
[2] 同济大学，上海交通大学机械制图编写组. 机械制图 [M]. 6版. 北京：高等教育出版社，2009.
[3] 张艳. 画法几何 [M]. 哈尔滨：哈尔滨地图出版社，2002.
[4] 熬泌云，张志勤，朱清萍. 画法几何及工程制图 [M]. 北京：机械工业出版社，1997.
[5] 饶意忠，杨欣欣，李广君. 工程制图 [M]. 哈尔滨：哈尔滨工程大学出版社，1997.
[6] 西安交通大学工程制图教研室. 画法几何及机械制图 [M]. 西安：陕西科学技术出版社，2002.
[7] 杨慧英，王玉坤. 机械制图 [M]. 2版. 北京：清华大学出版社，2010.
[8] 刘小年，刘庆国. 工程制图 [M]. 北京：高等教育出版社，2004.
[9] 天津大学制图教研室. 画法几何及机械制图 [M]. 天津：天津科学技术出版社，1996.
[10] 全国技术产品文件标准化技术委员会. 机械制图卷 [M]. 北京：中国标准化出版社，2006.

北京大学出版社教材书目

✧ 欢迎访问教学服务网站www.pup6.cn，免费查阅下载已出版教材的电子书(PDF版)、电子课件和相关教学资源。

✧ 欢迎征订投稿。联系方式：010-62750667，童编辑，13426433315@163.com，pup_6@163.com, 欢迎联系。

序号	书　　名	标准书号	主　　编	定价	出版日期
1	机械设计	978-7-5038-4448-5	郑　江，许　瑛	33	2007.8
2	机械设计	978-7-301-15699-5	吕　宏	32	2009.9
3	机械设计	978-7-301-17599-6	门艳忠	40	2010.8
4	机械设计	978-7-301-21139-7	王贤民，霍仕武	49	2012.8
5	机械原理	978-7-301-11488-9	常治斌，张京辉	29	2008.6
6	机械原理	978-7-301-15425-0	王跃进	26	2010.7
7	机械原理	978-7-301-19088-3	郭宏亮，孙志宏	36	2011.6
8	机械原理	978-7-301-19429-4	杨松华	34	2011.8
9	机械设计基础	978-7-5038-4444-2	曲玉峰，关晓平	27	2008.1
10	机械设计课程设计	978-7-301-12357-7	许　瑛	35	2012.7
11	机械设计课程设计	978-7-301-18894-1	王　慧，吕　宏	30	2011.5
12	机电一体化课程设计指导书	978-7-301-19736-3	王金娥　罗生梅	35	2012.1
13	机械工程专业毕业设计指导书	978-7-301-18805-7	张黎骅，吕小荣	22	2012.5
14	机械创新设计	978-7-301-12403-1	丛晓霞	32	2010.7
15	机械系统设计	978-7-301-20847-2	孙月华	32	2012.7
16	机械设计基础实验及机构创新设计	978-7-301-20653-9	邹旻	28	2012.6
17	TRIZ 理论机械创新设计工程训练教程	978-7-301-18945-0	蒯苏苏，马履中	45	2011.6
18	TRIZ 理论及应用	978-7-301-19390-7	刘训涛，曹　贺 陈国晶	35	2011.8
19	创新的方法——TRIZ 理论概述	978-7-301-19453-9	沈萌红	28	2011.9
20	机械 CAD 基础	978-7-301-20023-0	徐云杰	34	2012.2
21	AutoCAD 工程制图	978-7-5038-4446-9	杨巧绒，张克义	20	2011.4
22	工程制图	978-7-5038-4442-6	戴立玲，杨世平	27	2012.2
23	工程制图	978-7-301-19428-7	孙晓娟，徐丽娟	30	2012.5
24	工程制图习题集	978-7-5038-4443-4	杨世平，戴立玲	20	2008.1
25	机械制图(机类)	978-7-301-12171-9	张绍群，孙晓娟	32	2009.1
26	机械制图习题集(机类)	978-7-301-12172-6	张绍群，王慧敏	29	2007.8
27	机械制图(第 2 版)	978-7-301-19332-7	孙晓娟，王慧敏	38	2011.8
28	机械制图习题集(第 2 版)	978-7-301-19370-7	孙晓娟，王慧敏	22	2011.8
29	机械制图	978-7-301-21138-0	张　艳，杨晨升	37	2012.8
30	机械制图与 AutoCAD 基础教程	978-7-301-13122-0	张爱梅	35	2011.7
31	机械制图与 AutoCAD 基础教程习题集	978-7-301-13120-6	鲁　杰，张爱梅	22	2010.9
32	AutoCAD 2008 工程绘图	978-7-301-14478-7	赵润平，宗荣珍	35	2009.1
33	AutoCAD 实例绘图教程	978-7-301-20764-2	李庆华，刘晓杰	32	2012.6
34	工程制图案例教程	978-7-301-15369-7	宗荣珍	28	2009.6
35	工程制图案例教程习题集	978-7-301-15285-0	宗荣珍	24	2009.6
36	理论力学	978-7-301-12170-2	盛冬发，闫小青	29	2012.5
37	材料力学	978-7-301-14462-6	陈忠安，王　静	30	2011.1

38	工程力学(上册)	978-7-301-11487-2	毕勤胜，李纪刚	29	2008.6
39	工程力学(下册)	978-7-301-11565-7	毕勤胜，李纪刚	28	2008.6
40	液压传动	978-7-5038-4441-8	王守城，容一鸣	27	2009.4
41	液压与气压传动	978-7-301-13129-4	王守城，容一鸣	32	2012.1
42	液压与液力传动	978-7-301-17579-8	周长城等	34	2010.8
43	液压传动与控制实用技术	978-7-301-15647-6	刘　忠	36	2009.8
44	金工实习(第 2 版)	978-7-301-16558-4	郭永环，姜银方	30	2012.5
45	机械制造基础实习教程	978-7-301-15848-7	邱　兵，杨明金	34	2010.2
46	公差与测量技术	978-7-301-15455-7	孔晓玲	25	2011.8
47	互换性与测量技术基础(第 2 版)	978-7-301-17567-5	王长春	28	2010.8
48	互换性与技术测量	978-7-301-20848-9	周哲波	35	2012.6
49	机械制造技术基础	978-7-301-14474-9	张　鹏，孙有亮	28	2011.6
50	机械制造技术基础	978-7-301-16284-2	侯书林　张建国	32	2012.8
51	先进制造技术基础	978-7-301-15499-1	冯宪章	30	2011.11
52	先进制造技术	978-7-301-20914-1	刘　璇，冯　凭	28	2012.8
53	机械精度设计与测量技术	978-7-301-13580-8	于　峰	25	2008.8
54	机械制造工艺学	978-7-301-13758-1	郭艳玲，李彦蓉	30	2008.8
55	机械制造工艺学	978-7-301-17403-6	陈红霞	38	2010.7
56	机械制造工艺学	978-7-301-19903-9	周哲波，姜志明	49	2012.1
57	机械制造基础(上)——工程材料及热加工工艺基础(第 2 版)	978-7-301-18474-5	侯书林，朱　海	40	2011.1
58	机械制造基础(下)——机械加工工艺基础(第 2 版)	978-7-301-18638-1	侯书林，朱　海	32	2012.5
59	金属材料及工艺	978-7-301-19522-2	于文强	44	2011.9
60	金属工艺学	978-7-301-21082-6	侯书林，于文强	32	2012.8
61	工程材料及其成形技术基础	978-7-301-13916-5	申荣华，丁　旭	45	2010.7
62	工程材料及其成形技术基础学习指导与习题详解	978-7-301-14972-0	申荣华	20	2009.3
63	机械工程材料及成形基础	978-7-301-15433-5	侯俊英，王兴源	30	2012.5
64	机械工程材料	978-7-5038-4452-3	戈晓岚，洪　琢	29	2011.6
65	机械工程材料	978-7-301-18522-3	张铁军	36	2012.5
66	工程材料与机械制造基础	978-7-301-15899-9	苏子林	32	2009.9
67	控制工程基础	978-7-301-12169-6	杨振中，韩致信	29	2007.8
68	机械工程控制基础	978-7-301-12354-6	韩致信	25	2008.1
69	机电工程专业英语(第 2 版)	978-7-301-16518-8	朱　林	24	2012.5
70	机床电气控制技术	978-7-5038-4433-7	张万奎	26	2007.9
71	机床数控技术(第 2 版)	978-7-301-16519-5	杜国臣，王士军	35	2011.6
72	自动化制造系统	978-7-301-21026-0	辛宗生，魏国丰	37	2012.8
73	数控机床与编程	978-7-301-15900-2	张洪江，侯书林	25	2011.8
74	数控技术	978-7-301-21144-1	吴瑞明	28	2012.9
75	数控加工技术	978-7-5038-4450-7	王　彪，张　兰	29	2011.7
76	数控加工与编程技术	978-7-301-18475-2	李体仁	34	2012.5
77	数控编程与加工实习教程	978-7-301-17387-9	张春雨，于　雷	37	2011.9
78	数控加工技术及实训	978-7-301-19508-6	姜永成，夏广岚	33	2011.9
79	数控编程与操作	978-7-301-20903-5	李英平	26	2012.8
80	现代数控机床调试及维护	978-7-301-18033-4	邓三鹏等	32	2010.11
81	金属切削原理与刀具	978-7-5038-4447-7	陈锡渠，彭晓南	29	2012.5
82	金属切削机床	978-7-301-13180-0	夏广岚，冯　凭	28	2012.7
83	典型零件工艺设计	978-7-301-21013-0	白海清	34	2012.8
84	精密与特种加工技术	978-7-301-12167-2	袁根福，祝锡晶	29	2011.12

85	逆向建模技术与产品创新设计	978-7-301-15670-4	张学昌	28	2009.9
86	CAD/CAM 技术基础	978-7-301-17742-6	刘　军	28	2012.5
87	CAD/CAM 技术案例教程	978-7-301-17732-7	汤修映	42	2010.9
88	Pro/ENGINEER Wildfire 2.0 实用教程	978-7-5038-4437-X	黄卫东，任国栋	32	2007.7
89	Pro/ENGINEER Wildfire 3.0 实例教程	978-7-301-12359-1	张选民	45	2008.2
90	Pro/ENGINEER Wildfire 3.0 曲面设计实例教程	978-7-301-13182-4	张选民	45	2008.2
91	Pro/ENGINEER Wildfire 5.0 实用教程	978-7-301-16841-7	黄卫东，郝用兴	43	2011.10
92	Pro/ENGINEER Wildfire 5.0 实例教程	978-7-301-20133-6	张选民，徐超辉	52	2012.2
93	SolidWorks 三维建模及实例教程	978-7-301-15149-5	上官林建	30	2009.5
94	UG NX6.0 计算机辅助设计与制造实用教程	978-7-301-14449-7	张黎骅，吕小荣	26	2011.11
95	Cimatron E9.0 产品设计与数控自动编程技术	978-7-301-17802-7	孙树峰	36	2010.9
96	Mastercam 数控加工案例教程	978-7-301-19315-0	刘　文，姜永梅	45	2011.8
97	应用创造学	978-7-301-17533-0	王成军，沈豫浙	26	2012.5
98	机电产品学	978-7-301-15579-0	张亮峰等	24	2009.8
99	品质工程学基础	978-7-301-16745-8	丁　燕	30	2011.5
100	设计心理学	978-7-301-11567-1	张成忠	48	2011.6
101	计算机辅助设计与制造	978-7-5038-4439-6	仲梁维，张国全	29	2007.9
102	产品造型计算机辅助设计	978-7-5038-4474-4	张慧姝，刘永翔	27	2006.8
103	产品设计原理	978-7-301-12355-3	刘美华	30	2008.2
104	产品设计表现技法	978-7-301-15434-2	张慧姝	42	2012.5
105	产品创意设计	978-7-301-17977-2	虞世鸣	38	2012.5
106	工业产品造型设计	978-7-301-18313-7	袁涛	39	2011.1
107	化工工艺学	978-7-301-15283-6	邓建强	42	2009.6
108	过程装备机械基础	978-7-301-15651-3	于新奇	38	2009.8
109	过程装备测试技术	978-7-301-17290-2	王毅	45	2010.6
110	过程控制装置及系统设计	978-7-301-17635-1	张早校	30	2010.8
111	质量管理与工程	978-7-301-15643-8	陈宝江	34	2009.8
112	质量管理统计技术	978-7-301-16465-5	周友苏，杨　飒	30	2010.1
113	人因工程	978-7-301-19291-7	马如宏	39	2011.8
114	工程系统概论——系统论在工程技术中的应用	978-7-301-17142-4	黄志坚	32	2010.6
115	测试技术基础(第 2 版)	978-7-301-16530-0	江征风	30	2010.1
116	测试技术实验教程	978-7-301-13489-4	封士彩	22	2008.8
117	测试技术学习指导与习题详解	978-7-301-14457-2	封士彩	34	2009.3
118	可编程控制器原理与应用(第 2 版)	978-7-301-16922-3	赵　燕，周新建	33	2010.3
119	工程光学	978-7-301-15629-2	王红敏	28	2012.5
120	精密机械设计	978-7-301-16947-6	田　明，冯进良等	38	2011.9
121	传感器原理及应用	978-7-301-16503-4	赵　燕	35	2010.2
122	测控技术与仪器专业导论	978-7-301-17200-1	陈毅静	29	2012.5
123	现代测试技术	978-7-301-19316-7	陈科山，王燕	43	2011.8
124	风力发电原理	978-7-301-19631-1	吴双群，赵丹平	33	2011.10
125	风力机空气动力学	978-7-301-19555-0	吴双群	32	2011.10
126	风力机设计理论及方法	978-7-301-20006-3	赵丹平	32	2012.1